普通高等教育“十三五”规划教材

土木工程材料

第二版

程云虹　陈四利　主　编
丛树民　副主编

化学工业出版社
·北京·

本书是普通高等教育“十三五”规划教材。

全书共分为11章，内容包括土木工程材料的基本性质、无机胶凝材料、水泥混凝土、砂浆、砌筑材料、土木工程用钢材、沥青及沥青混合料、木材、合成高分子材料、建筑功能材料、常用土木工程材料的试验方法。

本书可作为高等学校土木工程及其相关专业本科生的教材，也可供从事土木工程设计、施工、科研及管理等工作的人员参考。

图书在版编目（CIP）数据

土木工程材料/程云虹，陈四利主编．—2版．—北京：化学工业出版社，2017.6（2020.11重印）
普通高等教育“十三五”规划教材
ISBN 978-7-122-29351-0

Ⅰ.①土… Ⅱ.①程…②陈… Ⅲ.①土木工程-建筑材料-高等学校-教材 Ⅳ.①TU5

中国版本图书馆CIP数据核字（2017）第060956号

责任编辑：满悦芝　　文字编辑：荣世芳
责任校对：吴　静　　装帧设计：刘丽华

出版发行：化学工业出版社（北京市东城区青年湖南街13号　邮政编码100011）
印　　刷：三河市航远印刷有限公司
装　　订：三河市宇新装订厂
787mm×1092mm　1/16　印张16　字数392千字　　2020年11月北京第2版第4次印刷

购书咨询：010-64518888　　售后服务：010-64518899
网　　址：http://www.cip.com.cn
凡购买本书，如有缺损质量问题，本社销售中心负责调换。

定　　价：39.80元

前　言

《土木工程材料》出版以来，颇受广大读者欢迎，被相当多的教师、学生及工程技术人员选用。

《土木工程材料》（第二版）仍然以土木工程专业培养目标、课程设置及教学大纲为基本依据编写；适应“大土木”的需求，同时兼顾建筑工程、道路工程、桥梁工程及地下工程等多学科要求，有较宽的专业知识面。教材内容紧紧围绕专业需求，从本课程实际学时数出发，在保证内容完整的基础上，力求简明、实用、重点突出；着重于基本概念、基本理论及基本技能，注重理论联系实际。编者及时吸收了土木工程材料领域的最新成果知识，并根据土木工程领域最新标准、规范和规程修订了各章节内容。

本书由程云虹（东北大学）和陈四利（沈阳工业大学）任主编，丛树民（沈阳大学）任副主编。程云虹负责编写绪论、第1章、第2章（2.2节）、第3章（3.2节，3.3节，3.5节）、第4章、第5章、第6章（6.3节，6.4节）、第7章（7.1.1节，7.1.2节，7.2.3节，7.2.5节，7.2.7节）、第10章（10.1节）及第11章；陈四利负责编写第2章（2.1节）、第3章（3.4节，3.6节）、第6章（6.5节，6.6节）、第7章（7.2.1节，7.2.2节，7.2.4节，7.2.6节）、第8章、第9章、第10章（10.2节，10.3节）；丛树民负责编写第2章（2.3节）、第3章（3.1节）、第6章（6.1节，6.2节）、第7章（7.1.3节，7.1.4节，7.1.5节，7.1.6节）、第10章（10.4节）。另外，韩鹏、李文川、齐珊珊、郝晶及刘帅等参加了书稿修订的整理及校对工作。

由于编者水平的局限性，本书难免有疏漏之处，诚请各位读者批评指正。

编者

2017年4月

第一版前言

本书以土木工程专业培养目标、课程设置及教学大纲为基本依据编写，适应“大土木”的需求，同时兼顾建筑工程、道路工程、桥梁工程及地下工程等多学科要求，有较宽的专业知识面。教材紧紧围绕专业需求，从课程实际学时数出发，在保证内容完整的基础上，力求简明、实用、重点突出；着重于基本概念、基本理论及基本技能，注重理论联系实际。本书全部采用国家或行业颁布的最新标准、规范或规程，同时在内容上力求推陈出新。每章后附有适量的复习思考题，以方便学生对所学知识的理解、巩固和提高；同时，设置了开放讨论内容，以提高学生分析问题和解决问题的能力，拓展学生的知识面。

本书由程云虹（东北大学）和陈四利（沈阳工业大学）担任主编，丛树民（沈阳大学）担任副主编。程云虹负责编写绪论，第 1 章，第 2 章 2.2 节，第 3 章 3.2 节、3.3 节、3.5 节)，第 4 章，第 5 章，第 6 章 6.3 节、6.4 节、第 7 章 7.1.1 节、7.1.2 节、7.2.3 节、7.2.5 节、7.2.7 节，第 10 章 10.1 节及第 11 章；陈四利负责编写第 2 章 2.1 节，第 3 章 3.4 节、3.6 节、3.7 节，第 6 章 6.5 节、6.6 节，第 7 章 7.2.1 节、7.2.2 节、7.2.4 节、7.2.6 节，第 8 章，第 9 章，第 10 章 10.2 节，10.3 节；丛树民负责编写第 2 章 2.3 节，第 3 章 3.1 节、3.8 节、3.9 节，第 6 章 6.1 节、6.2 节，第 7 章 7.1.3～7.1.6 节，第 10 章 10.4 节。另外，李亚洲、秦志生、刘佳、侯建龙及徐龙硕等参加了书稿的整理及校对工作。

由于土木工程材料发展非常快，不断有新材料出现，国家及行业技术标准在不断更新，再加上编者水平和时间有限，书中疏漏之处在所难免，诚恳欢迎广大读者批评指正。

编者

2011 年 5 月

目录

绪　论

0.1　土木工程与土木工程材料

土木工程泛指建筑工程、道路桥梁工程、水利工程等建设性工程。在我国现代化建设中，土木工程占有极为重要的位置。土木工程材料是指土木工程中使用的各种材料及制品。土木工程材料是土木工程建设中不可缺少的原材料，是一切土木工程的物质基础。

土木工程材料品种繁多，性能各异，价格相差悬殊，而且用量巨大，因此，正确选择和合理使用土木工程材料，对土木工程的安全、适用、美观、耐久及经济都有着重大的意义。

土木工程对土木工程材料的基本要求是，必须具备足够的强度，能够安全地承受设计荷载；自身的质量（表观密度）以轻为宜，以减少下部结构和地基的负荷；具有与使用环境相适应的耐久性，以便减少维修费用；用于装饰的材料应能美化建筑，产生一定的艺术效果；用于特殊部位的材料，应具有相应的特殊功能。同时，土木工程材料在生产过程中应尽可能节约资源和能源，实现可持续发展。

材料、结构、施工是土木工程建设得以实现的物质技术条件，三者密切相关，缺一不可。从根本上说，材料是基础，是决定结构形式和施工方法的主要因素。新材料的出现，会促使结构设计方法的改进和施工技术的革新，如钢材和水泥的大量应用，使混凝土结构成为土木工程的主导结构，同时，混凝土结构的设计理论和施工技术应运而生，并日趋完善。

0.2　土木工程材料分类

土木工程材料可按不同原则进行分类。根据材料来源，分为天然材料和人工材料；根据材料功能，分为结构材料、非结构材料和功能材料；根据材料的化学成分，分为无机材料、有机材料和复合材料，见表 0.1。

表 0.1　土木工程材料按化学成分分类

无机材料	金属材料	黑色金属材料——钢、铁等 有色金属材料—铝、铜、铝合金等
	非金属材料	天然石材——砂、石、石材制品等 烧土制品——砖、瓦、玻璃、陶瓷等 胶凝材料——石灰、石膏、水玻璃、水泥等 混凝土及硅酸盐制品——混凝土、砂浆、硅酸盐制品等

续表

有机材料	植物材料——木材、竹材等 沥青材料——石油沥青、煤沥青、沥青制品等 高分子材料——塑料、涂料、胶黏剂、橡胶等
复合材料	金属材料与无机非金属材料复合材料——钢筋混凝土、钢纤维混凝土等 金属材料与有机材料复合材料——轻质金属夹芯板等 非金属材料与有机材料复合材料——沥青混凝土、聚合物混凝土等

0.3 土木工程材料发展

土木工程材料是伴随着人类社会的进步和社会生产力的发展而逐步发展起来的。经历了从无到有，从天然材料到人工材料，从手工业生产到工业化生产等几个阶段。

人类最早穴居巢处，随着社会生产力的发展，人类进入能制造简单工具的石器、铁器时代，便开始挖土、凿石为洞，伐木搭竹为棚，利用天然材料建造非常简陋的房屋等土木工程。随着对火的认识和利用，人类开始用黏土烧制砖、瓦，用岩石烧制石灰、石膏，在我国秦汉时期，砖瓦已经成为主要的土木工程材料，故有“秦砖汉瓦”之称。同时，这也意味着土木工程材料由天然材料进入了人工生产阶段，为较大规模建造土木工程创造了条件。

18～19世纪，资本主义兴起，工商业、交通运输业等各行各业蓬勃发展，以此为契机，土木工程材料进入了一个新的发展阶段。钢材、水泥、混凝土等的相继问世，一方面打破了传统材料的某些限制，使建筑向高层、大跨度发展有了可能；另一方面，新材料的性能远远优于传统材料，使土木工程更加坚固、耐久。这是土木工程材料发展史上的一次大革命，为现代土木工程建设奠定了良好的基础。

进入20世纪以后，土木工程材料不仅性能和质量不断改善，而且品种也在不断增加，先后出现了一大批具有特殊功能的新型土木工程材料，如绝热材料、吸声隔声材料、防水材料、装饰材料等，这些材料的出现，使建筑物的功能和外观发生了根本性的变化。

21世纪土木工程材料将向着轻质高强、耐久性、功能性、智能化的高性能材料和环保型绿色材料的方向发展。

0.4 土木工程材料标准化

为保证土木工程材料的质量，世界各国均采用标准化管理，即通过制定相关的标准来规范土木工程材料的生产及使用。土木工程材料的标准，既是企业生产产品的技术依据，也是供需双方对产品质量进行验收的重要依据。

我国的标准分为国家标准、行业（或部级）标准、地方标准和企业标准四级，各级标准分别由相应的标准化管理部门批准并颁布。

国家标准是由国家标准局发布的全国性的指导技术文件。国家标准有强制性标准（代号GB）和推荐性标准（代号GB/T）。强制性标准是全国必须执行的标准，产品的技术指标不得低于标准中规定的要求。推荐性标准在执行时也可采用其他相关标准的规定。

行业标准也是全国性的指导技术文件，是各行业（或主管部门）为了规范本行业的产品而制定的技术标准，由主管生产部门发布，如建材行业标准（代号 JC）、建工行业标准（代号 JG）、交通行业标准（代号 JT）等。

地方标准是地方主管部门发布的地方性指导技术文件（代号 DB），适于在该地区使用，且所制定的技术要求应高于类似（或相关）产品的国家标准。

企业标准是由企业制定发布的指导本企业生产的技术文件（代号 QB），仅适用于本企业。凡没有制定国家标准、部级标准的产品，均应制定企业标准。而企业标准所制定的技术要求应高于类似（或相关）产品的国家标准。

我国的技术标准全称由标准名称、部门代号、编号和批准年份等组成。例如，国家 2007 年颁布的 175 号国家强制性标准为《通用硅酸盐水泥》（GB 175—2007），建设部 2006 年颁布的 52 号行业标准为《普通混凝土用砂、石质量及检验方法标准》（JGJ 52—2006），等等。

世界各国均有自己的标准，如美国的“ASTM”标准、德国的“DIN”标准、英国的“BS”标准、日本的“JIS”标准等。另外，还有在世界范围统一使用的“ISO”国际标准。

0.5　本课程的性质和任务

“土木工程材料”是土木工程类专业的专业基础课。学生学习的重点在于了解常用土木工程材料的性质及其应用。在本课程学习过程中，应注意了解事物的本质和内在联系。首先，学习某一种材料的性质时，不能只满足于知道该材料具有哪些性质，有哪些表象，更重要的是应当知道形成这些性质的内在原因以及这些性质之间的相互关系。其次，对于同一类属的不同品种的材料，不但要了解它们的共性，还要了解它们的个性以及具备这些性质的原因。另外，材料的性质不是固定不变的，在运输、储存及使用过程中，它们的性质都会发生不同程度的变化，为此，应了解材料性质变化的内在和外在原因，掌握变化规律，采取相应的应对措施。在充分了解材料的性质的基础上，重点掌握常用材料的合理应用，对于一些需要配制的材料，如混凝土，应掌握材料的配合设计原理及方法。

试验课是本课程的重要教学环节。试验课的目的是验证基本理论，学习试验方法，培养科学研究能力和严谨的科学态度。试验过程中，应严肃认真，规范操作；试验结束后，应对试验结果做出正确的分析和判断。

第1章　土木工程材料的基本性质

【学习要点】

1. 了解土木工程材料的组成、结构和构造及其与材料基本性质之间的关系。
2. 掌握土木工程材料的基本物理性质。
3. 掌握土木工程材料的基本力学性质。
4. 了解土木工程材料的耐久性。

土木工程材料是构成土木工程的物质基础。所有的建筑物、桥梁、道路都是由各种不同的材料经设计、施工建造而成的。这些材料所处的环境和部位不同，所起的作用也各不相同，为此要求材料必须具备相应的基本性质。例如，用作受力构件的结构材料，要承受各种力的作用，因此必须具有良好的力学性能；墙体材料应具有绝热、隔声等性能；屋面材料应具有防水等性能；路面材料应具有防滑、耐磨损等性能等。另外，由于土木工程在长期的使用过程中，经常要受到风吹、雨淋、日晒、冰冻和周围各种有害介质的侵蚀，故还要求材料具有良好的耐久性能。

可见，材料的应用与其所具有的性质密切相关，为了在工程设计与施工中正确选择和合理使用材料，应该熟悉和掌握各种材料的基本性质。

1.1　材料的组成、结构和构造

根据材料科学的基本理论，材料的组成、结构和构造是决定材料性质的基本因素。

1.1.1　材料的组成

1.1.1.1　化学组成

化学组成是指材料的化学成分，即指构成材料的化学元素及化合物的种类和数量。不同种类材料的化学组成的表示方法不同。无机非金属材料的化学组成常用各种氧化物的含量来表示，如石灰的主要化学成分是CaO；金属材料的化学组成常以化学元素的含量来表示，如不同的碳素钢碳元素含量不同；合成高分子材料的化学成分常以其链节重复形式表示，如聚乙烯的链节是C_2H_4，等等。

土木工程材料的很多性质都与其化学组成有关，如木材的燃烧，钢材的腐蚀，高分子材料的老化等，即这些材料与环境中的物质接触时，按化学变化规律发生作用。

1.1.1.2　矿物组成

材料中具有特定的晶体结构和特定物理力学性能的组织结构称为矿物。矿物组成是指构成材料的矿物种类和数量。天然石材、无机胶凝材料等的矿物组成是决定其性质的重要因素。例如，硅酸盐水泥中，熟料矿物硅酸三钙含量高，则硬化速度较快，强度较高。

1.1.1.3　相组成

材料中结构相近、性质相同的均匀部分称为相。相组成是指构成材料的相的种类和数量。同一种材料可由多相物质组成，例如，钢中有铁素体、渗碳体和珠光体三相，它们的比例不同，钢的强度和塑性将发生变化。复合材料是宏观层次上的多相组成材料，如混凝土等。

1.1.2　材料的结构

1.1.2.1　宏观结构

宏观结构是指用肉眼或放大镜能够分辨的粗大组织。材料宏观结构主要有密实结构、多孔结构、纤维结构、层状结构、散粒结构和纹理结构。

(1) 密实结构　密实结构的材料内部基本上无孔隙，结构致密。这类材料的特点是吸水性小，抗渗性较好，强度较高，如钢材、天然石材等。

(2) 多孔结构　多孔结构的材料内部存在大体上呈均匀分布的、独立或部分连通的孔隙，孔隙率较高，孔隙有大孔和微孔之分。这类材料质轻，吸水率较高，抗渗性较差，强度较低，但绝热性较好，如石膏制品、加气混凝土、烧结普通砖等。

(3) 纤维结构　纤维结构的材料由纤维状物质构成，其内部组成具有方向性，纵向较紧密而横向较疏松，纤维之间存在相当多的孔隙。这类材料的性质具有明显的方向性，一般平行纤维方向的强度较高，导热性较好，如木材、玻璃纤维、矿棉等。

(4) 层状结构　层状结构的材料具有叠合结构，即胶结料将不同的片状材料胶合成整体，各层材料性质不同，但叠合后材料的综合性能较好，从而扩大了材料的适用范围，如胶合板、纸面石膏板等。

(5) 散粒结构　散粒结构是指呈松散颗粒状的材料。砂子、石子等密实颗粒，常用于做混凝土骨料；陶粒、膨胀珍珠岩等轻质多孔颗粒，常用于做绝热材料。

(6) 纹理结构　纹理结构是指天然材料在生长或形成过程中，自然形成有天然纹理的结构，如木材、大理石、花岗石等；或人工制造材料时特意造成的纹理，如人造石材、瓷砖等。不同的纹理结构装饰效果不同。

1.1.2.2　细观结构

细观结构是指在光学显微镜下能观察到的结构。土木工程材料的细观结构，应根据具体材料分类研究。对于水泥混凝土，通常是研究水泥石的孔隙结构及界面特性等结构；对于金属材料，通常是研究其金相组织，即晶界及晶粒尺寸等；对于木材，通常是研究木纤维、管胞、髓线等组织的结构。材料在细观结构层次上的差异对材料的性能有着显著的影响。例如，混凝土中毛细孔的数量、大小等显著影响混凝土的强度和抗渗性；钢材的晶粒尺寸越小，钢材的强度越高。

1.1.2.3　微观结构

微观结构是指用电子显微镜或X射线来分析研究的原子、分子层次的结构。按微观结构材料可分为晶体、玻璃体和胶体。

(1) 晶体　质点（离子、原子、分子）在空间上按特定的规则呈周期性排列的固体称为晶体。晶体具有特定的几何形状和固定的熔点，且具有化学稳定性。根据组成晶体的质点及化学键的不同，晶体可分为原子晶体、金属晶体、离子晶体和分子晶体。

① 原子晶体：中性原子以共价键结合而成的晶体，如石英。

② 金属晶体：金属阳离子排列成一定形式的晶格，由自由电子与金属阳离子间的金属键结合而成的晶体，如钢铁材料。

③ 离子晶体：正负离子以离子键结合而成的晶体，如 NaCl。

④ 分子晶体：以分子间的范德华力即分子键结合而成的晶体，如有机化合物。

晶体质点间结合键的特性决定着晶体材料的特性。从键的结合力来看，共价键和离子键最强，金属键较强，分子键最弱。如纤维状矿物材料，纤维与纤维间的分子键结合力要比纤维内链状结构方向上的共价键结合力弱得多，所以这类材料容易分散成纤维；层状结构材料的层与层之间是范德华力，结合力较弱，故这类材料容易被剥离成薄片；岛状结构材料如石英，硅氧原子以共价键结合成四面体，四面体在三维空间形成立体空间网架结构，该结构强度较大，因此，这类材料具有坚硬的质地。

(2) 玻璃体　玻璃体是熔融的物质经急冷而形成的无定形体。由于冷却速度较快，质点来不及按一定规律进行排列就已经凝固成固体。玻璃体是非晶体，质点排列无规律（图 1.1)，因而玻璃体没有固定的几何形状，具有各向同性。玻璃体没有固定的熔点，加热时会出现软化。

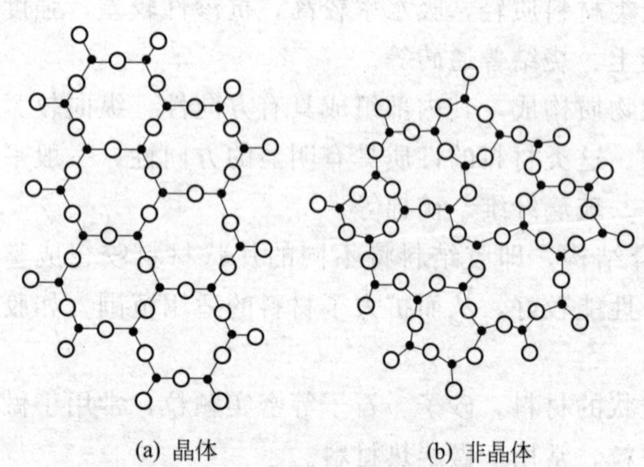

图 1.1　晶体与非晶体的原子排列示意图

在急冷过程中，质点来不及做定向排列，故未达到能量最低位置，质点间的能量以内能的形式储存起来。因而，玻璃体具有化学不稳定性，即具有潜在的化学活性，在一定条件下容易与其他物质发生化学反应。粉煤灰、火山灰、粒化高炉矿渣等都含有大量玻璃体成分，这些成分赋予它们潜在的活性。

(3) 胶体　胶体是指以粒径为 $10^{-10} \sim 10^{-7}$ m 的固体颗粒作为分散相（称为胶粒），分散在连续相介质中，形成的分散体系。在胶体结构中，若胶粒较少，则胶粒悬浮、分散在连续相介质中，此时连续相介质的性质对胶体的性质影响较大，这种胶体结构称为溶胶结构。若胶粒数量较多，则胶粒在表面能作用下发生凝聚，彼此相连形成空间网络结构，从而胶体强度增大，变形减少，形成固体或半固体状态，这种胶体结构称为凝胶结构。介于两者之间的是溶胶-凝胶结构。

胶体的分散相（胶粒）很小，比表面积很大。因而胶体表面能大，吸附能力很强，质点间具有很强的黏结力。如硅酸盐水泥水化形成的水化产物中的凝胶将砂和石黏结成整体，形成人工石材。凝胶结构具有固体性质，但在长期应力作用下会具有黏性液体的流动性质。这是由于胶粒表面有一层吸附膜，膜层越厚，流动性越大。如混凝土中含有大量水泥水化时形成的凝胶体，混凝土在应力作用下具有类似液体的流动性质，会产生不可恢复的塑性变形。

与晶体及玻璃体结构相比，胶体结构的强度低、变形能力大。

1.1.3　材料的构造

材料的构造是指具有特定性质的材料结构单元间的互相组合搭配情况。构造与结构相比，更强调相同材料或不同材料间的搭配组合关系。如某材料从结构上来说是多孔的，但如果孔隙是开口、细微且连通的，则材料易吸水、吸湿，耐久性差；如果孔隙是封闭的，其吸水性会大大下降，抗渗性提高。又如某墙板是由具有不同性质的材料经一定组合搭配而成的一种复合墙板，各材料间合理的组合搭配将赋予墙板良好的绝热、隔声、防水、坚固耐用等性能。

1.2　材料的基本物理性质

1.2.1　密度、表观密度与堆积密度

1.2.1.1　密度

密度是指材料在绝对密实状态下单位体积的质量，按下式计算：

$$\rho=\frac{m}{V}$$

式中，ρ 为密度，g/cm^3；m 为材料的质量，g；V 为材料在绝对密实状态下的体积，cm^3。

绝对密实状态下的体积是指不包括孔隙在内的体积。除了钢材、玻璃等少数材料外，绝大多数材料都有一些孔隙。测定有孔隙材料的密度时，应将材料磨成细粉，干燥后，用李氏瓶测定其体积。砖、石等都用这种方法测定其密度。材料磨得越细，测得的数值就越准确。

1.2.1.2　表观密度

表观密度是指材料在自然状态下单位体积的质量。按下式计算：

$$\rho_0=\frac{m}{V_0}$$

式中，ρ_0 为表观密度，g/cm^3 或 kg/m^3；m 为材料的质量，g 或 kg；V_0 为材料在自然状态下的体积，或称表观体积，cm^3 或 m^3。

表观体积是指包含内部孔隙的体积。土木工程中用的粉状材料，如水泥等，其颗粒很小，与一般石料测定密度时所研碎制作的试样粒径相近似，因而它们的表观密度特别是干表观密度值与其密度值可视为相等。砂、石等骨料类散粒材料自然状态下的表观密度测定是将其饱水后在水中称量质量，按排水法计算其体积，体积包括固体实体积和闭口孔隙体积，而不包括其开口孔隙（在混凝土拌合物中，这部分孔隙被水占据）和颗粒间隙，计算结果称为视密度或近似密度。块状材料采用几何外形计算体积或用静水天平置换法求体积，包括材料全部体积即实体体积与所含全部孔隙体积之和，计算结果称为体积密度。

当材料内部孔隙含水时，其质量和体积均将变化，故测定材料的表观密度时，应注意其含水情况。一般情况下，表观密度是指气干状态下的表观密度；而在烘干状态下的表观密度，称为干表观密度。

1.2.1.3　堆积密度

堆积密度是指散粒状材料（如粉状、颗粒状材料等）在堆积状态下单位体积的质量，按下式计算：

$$\rho_0'=\frac{m}{V_0'}$$

式中，ρ_0' 为堆积密度，kg/m^3；m 为材料的质量，kg；V_0' 为材料的堆积体积，m^3。

测定散粒状材料的堆积密度时，材料的质量是指填充在一定容器内的材料质量，其堆积体积是指所用容器的容积，因此，材料的堆积体积包括了颗粒之间的空隙。

常用土木工程材料的密度、表观密度与堆积密度见表1.1。

表1.1 常用土木工程材料的密度、表观密度与堆积密度

材料	密度/(g/cm^3)	表观密度/(kg/m^3)	堆积密度/(kg/m^3)
石灰岩	2.60	1800～2600	—
花岗岩	2.60～2.80	2500～2900	—
碎石(石灰岩)	2.60	1800～2600	1400～1700
砂	2.60	1800～2900	1450～1650
黏土	2.60	—	1600～1800
普通黏土砖	2.50～2.80	1600～1800	—
黏土空心砖	2.50	1000～1400	—
水泥	3.10	—	1200～1300
普通混凝土	—	2100～2600	—
钢材	7.85	7850	—
木材	1.55	400～800	—
泡沫塑料	—	20～50	—

1.2.2 密实度与孔隙率

1.2.2.1 密实度

密实度是指材料体积内被固体物质充实的程度，按下式计算：

$$D=\frac{V}{V_0}\times100\%=\frac{\rho_0}{\rho}\times100\%$$

1.2.2.2 孔隙率

孔隙率是指材料体积内孔隙体积所占的比例。按下式计算：

$$P=\left(\frac{V_0-V}{V_0}\right)\times100\%=\left(1-\frac{V}{V_0}\right)\times100\%=\left(1-\frac{\rho_0}{\rho}\right)\times100\%$$

显然，$D+P=1$。

材料的孔隙率或密实度反映了材料的密实程度。材料的孔隙率高，则表示密实程度小。

大多数土木工程材料内部都含有孔隙，这些孔隙会对材料的性能产生不同程度的影响。通常认为，孔隙对材料性能的影响，一方面是孔隙的多少，另一方面是孔隙的特征。孔隙的多少用孔隙率表示，孔隙的特征是指孔隙的大小、形状、分布、连通与否等孔隙构造方面的特征。按孔隙尺寸大小，可把孔隙分为微孔、细孔和大孔；按孔隙之间是否相互贯通，把孔隙分为互相隔开的孤立孔和互相贯通的连通孔；按孔隙与外界之间是否连通，把孔隙分为与外界相连通的开口孔隙（简称开孔）和与外界不连通的封闭孔隙（简称闭孔）。

在一般浸水条件下，连通的开口孔隙能吸水饱和，故此种孔隙能提高材料的吸水性、透水性、吸声性，并降低材料的抗冻性；孤立的闭口孔隙能提高材料的绝热性能和耐久性。

1.2.3 填充率与空隙率

1.2.3.1 填充率

填充率是指散粒状材料在自然堆积状态下，颗粒体积占自然堆积状态下体积的百分率。按下式计算：

$$D'=\frac{V_0}{V_0'}\times100\%=\frac{\rho_0'}{\rho_0}\times100\%$$

1.2.3.2　空隙率

空隙率是指散粒状材料在自然堆积状态下，颗粒之间的空隙占自然堆积状态下体积的百分率。按下式计算：

$$P'=\frac{V_0'-V_0}{V_0'}\times 100\%=\left(1-\frac{V_0}{V_0'}\right)\times 100\%=\left(1-\frac{\rho_0'}{\rho_0}\right)\times 100\%$$

显然，$D'+P'=1$。

材料的空隙率或填充率反映了散粒状材料颗粒之间互相填充的程度。值得注意的是，用于计算混凝土骨料的填充率和空隙率的表观密度，应为视密度，因为此处的开口孔隙体积算作空隙体积的一部分。

1.2.4　材料与水有关的性质

1.2.4.1　材料的亲水性和憎水性

材料与水接触时，水分与材料表面的亲和情况不一样。如果水可以在材料表面铺展开，即材料表面可以被水所润湿，则称材料具有亲水性；如果水不能在材料表面铺展开，即材料表面不能被水所润湿，则称材料具有憎水性。

在材料、水和空气的交点处，沿水滴表面的切线与水和固体接触面所成的夹角（θ）称为润湿边角，见图 1.2。θ 越小，水在材料表面越趋向于铺展开，表明材料易被水润湿，如果 $\theta=0$，则表示该材料完全被水润湿。一般认为，当 $\theta\leqslant 90°$时，此种材料称为亲水性材料；当 $\theta>90°$时，此种材料称为憎水性材料。

材料具有亲水性或憎水性的原因在于材料的分子结构。材料与水接触时，材料分子与水分子之间的相互吸引力大于水分子之间的内聚力，材料表面易被水润湿，表现为亲水性；反之，材料分子与水分子之间的相互吸引力小于水分子之间的内聚力，材料表面不易被水润湿，表现为憎水性。

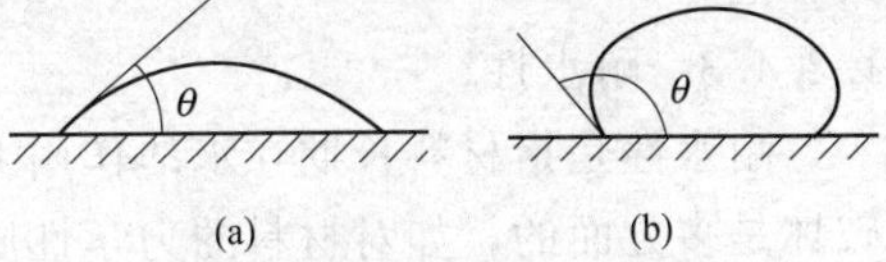

图 1.2　材料的润湿边角

（a）亲水性材料；（b）憎水性材料

亲水性材料可以被水润湿，当材料存在孔隙时，水分能通过孔隙的毛细作用渗入材料内部；而憎水性材料不能被水润湿，水分不易渗入材料毛细管中。憎水性材料常用作防水材料，还可用于亲水性材料的表面处理，可改善其耐水性能。

大多数土木工程材料，如砖、木材、混凝土等都属于亲水性材料；沥青、石蜡等属于憎水性材料。

1.2.4.2　材料的吸水性与吸湿性

（1）吸水性　材料在水中吸收水分的能力称为材料的吸水性。材料的吸水性常用吸水率表示，有质量吸水率和体积吸水率两种表示方法。

质量吸水率是指材料吸收的水分质量与材料干燥质量之比，按下式计算：

$$W_m=\frac{m_1-m}{m}\times 100\%$$

式中，W_m 为材料的质量吸水率，%；m 为材料在干燥状态下的质量，g；m_1 为材料在吸水饱和状态下的质量，g。

体积吸水率是指材料吸收的水分体积与材料自然体积之比。按下式计算：

$$W_V=\frac{m_1-m}{V_0}\times\frac{1}{\rho_W}\times 100\%$$

式中，W_V 为材料的体积吸水率，%；m 为材料在干燥状态下的质量，g；m_1 为材料在吸水饱和状态下的质量，g；ρ_W 为水的密度，g/cm^3，常温下取 $1.0g/cm^3$；V_0 为材料的表观体积。

材料的吸水率大小主要取决于材料的孔隙率及孔隙特征。具有微细而连通孔隙且孔隙率大的材料吸水率较大；具有粗大孔隙的材料，虽然水分容易进入，但不易在孔内存留，仅起到润湿孔壁的作用，因而其吸水率不高；孔隙率较小及仅有封闭孔隙的材料，水分难以进入，故吸水率较小。

（2）吸湿性　材料在潮湿空气中吸收水分的性质称为材料的吸湿性。材料的吸湿性常以含水率表示，按下式计算：

$$W=\frac{m_1-m}{m}\times 100\%$$

式中，W 为材料的含水率，%；m 为材料在干燥状态下的质量，g；m_1 为材料在含水状态下的质量，g。

含水率表示材料在某一状态时的含水状态，它随环境温度和空气湿度的变化而变化，与空气温、湿度相平衡时的含水率称为平衡含水率。

材料吸水或吸湿后，对材料性质将产生一系列不良影响，它会使材料的表观密度增大、体积膨胀、强度下降、保温性能降低、抗冻性变差等，所以材料的含水状态对材料性质有很大影响。

1.2.4.3　耐水性

耐水性是指材料长期在水的作用下不破坏，而且强度也不显著降低的性质。水对材料的破坏是多方面的，如对材料的力学性质、光学性质、装饰性质等都会产生破坏作用。材料的耐水性用软化系数表示，按下式计算：

$$K_R=\frac{f_1}{f_0}$$

式中，f_1 为材料在吸水饱和状态下的抗压强度，MPa；f_0 为材料在干燥状态下的抗压强度，MPa。

很多材料在水的作用下，强度都会降低。水的作用使材料强度降低的原因很多，其中主要原因是由于水分进入材料内部后，削弱了材料微粒间的结合力所致。

软化系数的范围在 0～1 之间，通常将软化系数大于 0.85 的材料称为耐水材料。对用于受潮较轻或次要结构物的材料，其软化系数不宜低于 0.75；对用于长期处于水中或潮湿环境中的重要结构的材料，软化系数不宜小于 0.85。特殊情况下，软化系数应当更高。

1.2.4.4　抗渗性

抗渗性是指材料抵抗压力水渗透的性质。材料的抗渗性常用渗透系数表示，按下式计算：

$$K=\frac{Qd}{AtH}$$

式中，K 为渗透系数，cm/h；Q 为透水量，cm^3；d 为试件厚度，cm；A 为透水面积，cm^2；t 为时间，h；H 为静水压力水头，cm。

渗透系数反映了材料抵抗压力水渗透的性质，渗透系数越大，材料的抗渗性越差。

对于土木工程中大量使用的砂浆、混凝土等材料，其抗渗性能常用抗渗等级来表示。抗渗等级由规定的试件、在标准试验方法下所能承受的最大水压力确定。

材料抗渗性的好坏，与材料的孔隙率和孔隙特征密切相关。孔隙率很小而且是封闭孔隙的材料具有较高的抗渗性。对于地下建筑及水工构筑物，因常受到压力水的作用，故要求材料具有一定的抗渗性；对于防水材料，则要求具有更高的抗渗性。

材料的抗渗性与材料的耐久性有着非常密切的关系。一般而言，材料的抗渗性越高，水及各种腐蚀性液体或气体越不容易进入材料内部，则材料的耐久性越好。

1.2.4.5　抗冻性

抗冻性是指材料在吸水饱和状态下，能经受多次冻结和融化作用（冻融循环）而不破坏，强度也不显著降低的性质。

材料吸水后，如果在负温下受冻，水在材料孔隙中结冰，体积膨胀约 9%。冰的冻胀压力将造成材料的内应力，使材料遭到局部破坏，随着冻结和融化的循环进行，冰冻对材料的破坏作用逐步加剧。材料经多次冻融交替作用后，表面将出现裂纹、剥落等现象，造成质量损失，强度降低。

土木工程中用量最大的材料之一混凝土的抗冻性用抗冻等级或抗冻标号来表示。抗冻等级或抗冻标号是由混凝土试件吸水饱和后，所能承受的最大冻融循环次数来划分。

材料的抗冻性与其强度、孔隙率、孔隙特征、含水率等因素有关。材料强度越高，抗冻性越好；孔对抗冻性的影响与其对抗渗性的影响相似。当材料含水未达到饱和时，冻融破坏作用较小。

1.2.5　热工性质

1.2.5.1　导热性

当材料两侧存在温度差时，热量将由温度高的一侧通过材料传递到温度低的一侧，材料的这种传导热量的能力称为导热性。

材料的导热性用热导率来表示，热导率是指一定厚度的材料，两侧存在温差时，单位时间内透过单位面积材料的热量。热导率按下式计算：

$$\lambda=\frac{Q\times d}{A\times(T_2-T_1)\times t}$$

式中，λ 为热导率，W/(m·K)；Q 为传导的热量，J；d 为材料的厚度，m；A 为材料的传热面积，m^2；（T_2-T_1）为材料两侧的温差，K；t 为传热时间，s。

材料的热导率越小，表示越不易导热，绝热性能越好。各种材料的热导率差别很大，工程中通常把 $\lambda\leqslant 0.23$W/(m·K) 的材料称为绝热材料。

热导率与材料孔隙构造密切相关。密闭空气的热导率很小［$\lambda=0.023$W/(m·K)］，所以，材料的孔隙率较大者其热导率较小，但如果孔隙粗大或贯通，由于对流作用的影响，材料的热导率反而增高。材料受潮或受冻后，其热导率会大大提高，这是由于水和冰的热导率比空气的热导率高很多［分别为 0.58W/(m·K) 和 2.20W/(m·K)］。因此，绝热材料应经常处于干燥状态，以利于发挥材料的绝热效能。

1.2.5.2　热容量

热容量是指材料在温度变化时吸收或放出热量的能力，按下式计算：

$$Q=cm(T_2-T_1)$$

式中，Q 为材料的热容量，J；c 为材料的比热容，J/(g·K)；m 为材料的质量，g；（T_2-T_1）为材料受热或冷却前后的温度差，K。

比热容是指单位质量的材料在温度每变化1K时所吸收或放出的热量，比热容是反映材料的吸热或放热能力大小的物理量。不同材料的比热容不同，即使同一种材料，由于所处物态不同，比热容也不同，例如，水的比热容为4.18J/(g·K)，而结冰后比热容则为2.09J/(g·K)。

比热容对保持建筑室内温度稳定有很大作用，比热容大的材料，能在热流变动或采暖设备供热不均匀时，缓和室内的温度波动。

材料的热导率和比热容是建筑热工计算的重要参数，设计时应选择热导率较小而比热容较大的材料。常用土木工程材料的热导率和比热容见表1.2。

表1.2 常用土木工程材料的热导率和比热容

材 料	热导率/[W/(m·K)]	比热容/[J/(g·K)]	材 料	热导率/[W/(m·K)]	比热容/[J/(g·K)]
钢	55	0.47	泡沫塑料	0.03	1.30
普通混凝土	1.5	0.88	冰	2.33	2.05
普通黏土砖	0.6	0.84	水	0.58	4.19
松木	横纹0.17,顺纹0.35	2.51	密闭空气	0.023	1.00

1.3 材料的基本力学性质

材料的力学性质是指材料在外力作用下抵抗破坏和产生变形的性质。

1.3.1 强度和比强度

1.3.1.1 强度

强度是材料抵抗外力破坏的能力。当材料承受外力作用时，内部将产生应力，外力逐渐增加，应力也相应增大，直到材料内部质点间的作用力不再能够承受时，材料即发生破坏。此时的极限应力就是材料的强度。

根据外力作用方式的不同，材料强度可分为抗压强度、抗拉强度、抗剪强度及抗弯强度等，如图1.3所示。材料的抗压强度、抗拉强度和抗剪强度按下式计算：

$$f=\frac{F}{A}$$

式中，f为材料强度，MPa；F为材料破坏时最大荷载，N；A为试件受力截面面积，mm^2。

材料的抗弯强度与受力情况有关，单点集中加荷和三分点加荷，且构件有两个支点，材料截面为矩形时，抗弯强度按下式计算：

$$f=\frac{3FL}{2bh^2}$$ [单点集中加荷，见图1.3(c)]

$$f=\frac{FL}{bh^2}$$ [三分点加荷，见图1.3(d)]

式中，f为材料的抗弯强度，MPa；F为材料破坏时最大荷载，N；L为两支点间距离，mm；b，h分别为受弯试件截面的宽度和高度，mm。

材料的强度与其组成和构造有关。不同种类的材料抵抗外力作用的能力不同，即使是相

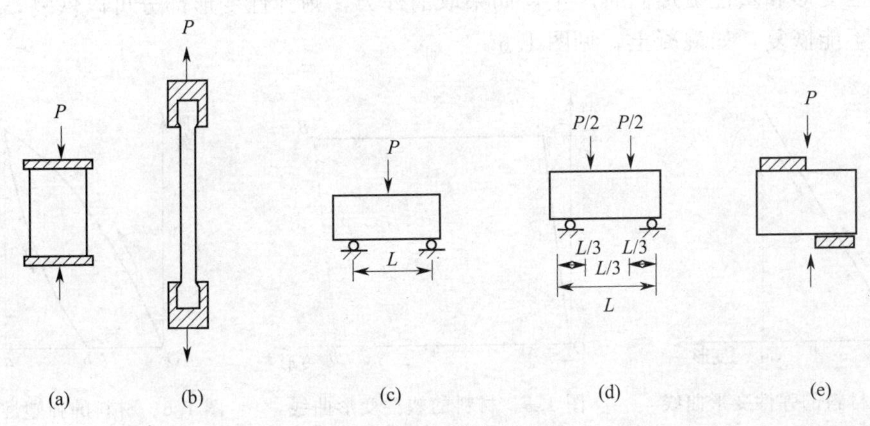

图1.3　材料受力示意图

同种类的材料，由于其内部构造不同，其强度也有很大差异。孔隙率对材料强度有很大影响，一般情况下，材料孔隙率越大，强度越低。

同种材料抵抗不同类型外力作用的能力不同，如砖、石材、混凝土和铸铁等材料的抗压强度较高，但抗拉及抗弯强度很低；钢材的抗拉、抗压强度都较高等。另外，试验条件等因素也会对材料强度值的测试结果产生较大的影响。

土木工程材料常根据其强度划分为若干等级，即材料的强度等级。例如，钢材按拉伸试验测得屈服强度确定钢材牌号或等级，水泥按抗压强度和抗折强度确定强度等级，混凝土按抗压强度确定强度等级。将土木工程材料划分若干等级，对掌握材料性质，合理选用材料，正确进行设计和控制工程质量都非常重要。

1.3.1.2　比强度

比强度是指按单位体积质量计算的材料强度，或材料的强度与其表观密度之比，它是衡量材料轻质高强特性的参数。

结构材料在土木工程中的主要作用是承受结构荷载。对多数结构物来说，相当一部分的承载能力用于抵抗本身或其上部结构材料的自重荷载，只有剩余部分的承载能力才能用于抵抗外荷载。为此，提高材料承受外荷载的能力，不仅应提高其强度，还应减轻其自重，材料必须具有较高的比强度，才能满足高层建筑及大跨度结构工程的要求。

1.3.2　弹性与塑性

材料在外力作用下产生变形，当外力去除后，能够完全恢复原来形状的性质，称为弹性，这种可完全恢复的变形称为弹性变形，见图1.4。若去除外力后，材料仍保持变性后的形状和尺寸，且不产生裂缝的性质，称为塑性，此种不可恢复的变形称为塑性变形，见图1.5。

材料在弹性范围内，其应力与应变之间的关系符合虎克定律：

$$\sigma = E\varepsilon$$

式中，σ 为应力，MPa；ε 为应变；E 为弹性模量，MPa。

弹性模量是材料刚度的度量，反映了材料抵抗变形的能力，是结构设计中的主要参数之一。

实际上，完全的弹性材料或完全的塑性材料是不存在的。有的材料在受力不大的情况下，表现为弹性变形，但受力超过一定限度后，则表现为塑性变形，如钢材；有的材料在受力后，弹性变形和塑性变形同时产生，如果取消外力，则弹性变形部分可以恢复，而塑性变形部分则不能恢复，如混凝土，见图 1.6。

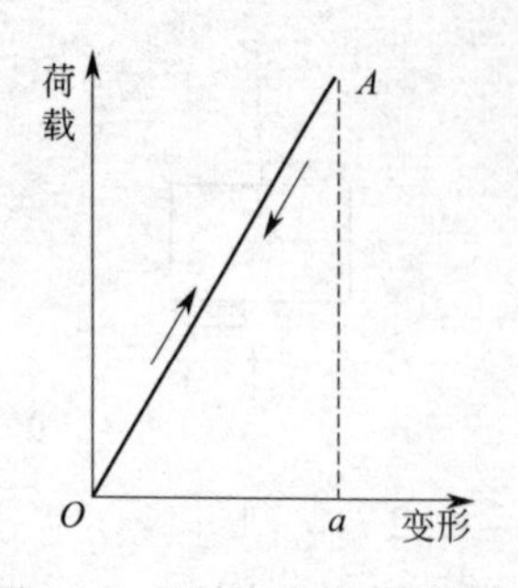

图 1.4 材料的弹性变形曲线

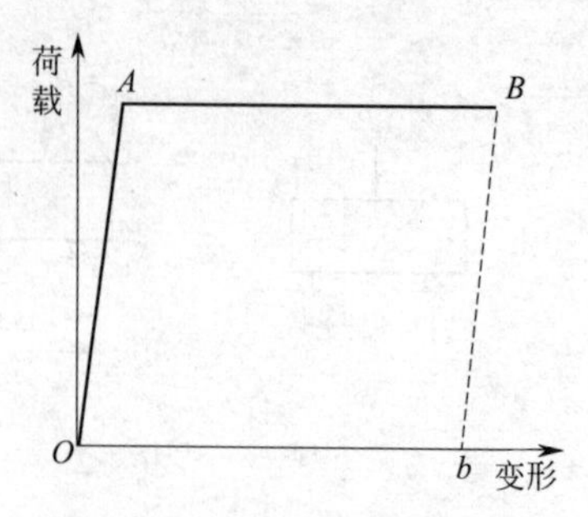

图 1.5 材料的塑性变形曲线

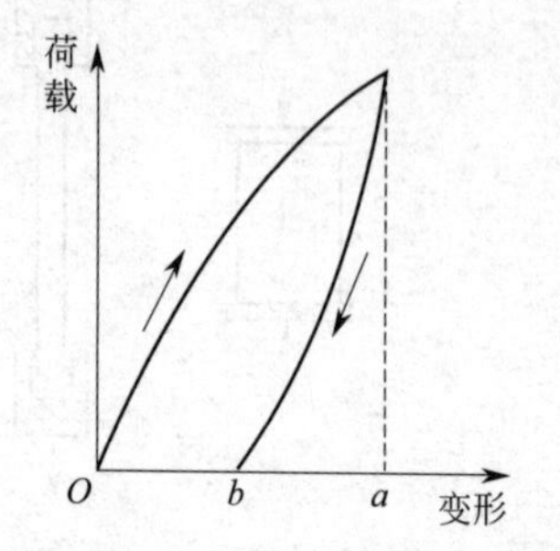

图 1.6 材料的弹塑性变形曲线

1.3.3 脆性与韧性

材料在外力作用下，无明显塑性变形而突然破坏的性质，称为脆性，具有这种性质的材料称为脆性材料，见图 1.7。

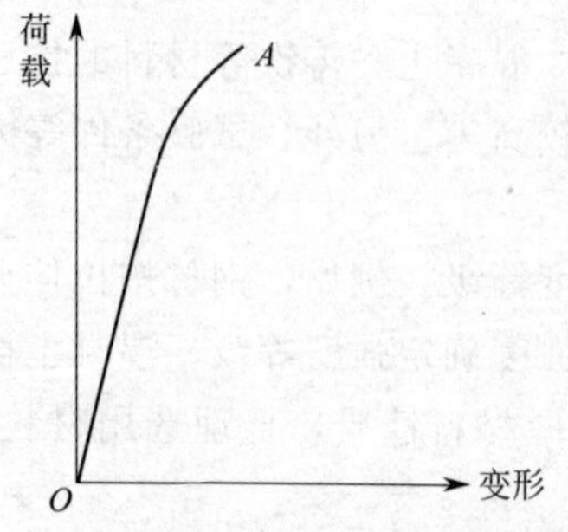

图 1.7 脆性材料的变形曲线

脆性材料的特点是，破坏时变形很小，抗压强度远大于其抗拉强度，会使结构发生突然破坏（这是工程中应避免的），而且对承受振动或抵抗冲击荷载是不利的。无机非金属材料多属于脆性材料，例如天然石材、普通混凝土、砂浆、普通砖、玻璃及陶瓷等。

材料在冲击或振动荷载作用下能吸收较大能量，产生一定的变形而不破坏的性质，称为韧性，具有这种性质的材料称为韧性材料。材料的韧性是由冲击试验来检验的，因而又称为冲击韧性，它用材料受荷载达到破坏时所吸收的能量来表示。

韧性材料的特点是变形大，特别是塑性变形大，抗拉强度与抗压强度接近，低碳钢、木材等属于韧性材料。

在土木工程中，对要求承受冲击荷载的结构，如吊车梁、路面、桥梁等，以及有抗震要求的结构，选材时都需要考虑材料的韧性。

1.3.4 硬度与耐磨性

1.3.4.1 硬度

硬度是指材料表面抵抗其他物体压入或刻划的能力。常用压入法和刻划法来评价材料的硬度。刻划法常用于测定天然矿物的硬度，矿物硬度分为 10 级，其硬度递增的顺序为：滑石，1；石膏，2；方解石，3；萤石，4；磷灰石，5；正长石，6；石英，7；黄玉，8；刚玉，9；金刚石，10。通过以它们对材料的划痕来确定所测材料的硬度，称为莫氏硬度。金属材料等的硬度常用压入法测定，以一定的压力将一定规格的钢球或金刚石制成的尖端压入试样表面，根据压痕面积或深度来测定其硬度，常用的压入法有布氏法、洛氏法和维氏法，相应的硬度分别为布氏硬度、洛氏硬度和维氏硬度。

硬度高的材料具有很好的耐磨性，但不易加工。如花岗石的硬度高于大理石，其耐磨性比大理石好，但大理石较易加工。有些材料的硬度与强度具有较好的相关性，如混凝土的硬度越高，相应的抗压强度也越高。回弹法测混凝土强度就是通过测定混凝土的表面硬度，间接推算混凝土强度。

1.3.4.2　耐磨性

耐磨性是指材料表面抵抗磨损的能力，材料的耐磨性用磨损率表示，按下式计算：

$$N=\frac{m_1-m_2}{A}$$

式中，N 为材料的磨损率，g/cm^2；m_1-m_2 为试件磨损前后的质量损失，g；A 为试件受磨面积，cm^2。

材料的耐磨性与其组成、结构和表面硬度有关，材料越致密，硬度越高，耐磨性越好。在土木工程中，对于道路路面、桥面、地面等受磨损的部位，选择材料时应考虑耐磨性。

1.4　材料的耐久性

耐久性是指材料在长期使用过程中，能保持原有性能而不变质、不破坏的能力。土木工程材料在使用过程中，除受到各种外力的作用外，还要受到环境中各种因素的破坏作用，这些破坏作用有物理作用、化学作用、生物作用和机械作用等。

物理作用主要有干湿变化、温度变化及冻融循环等，这些变化会使材料体积产生膨胀或收缩，或产生内应力，导致内部裂缝的扩展，长时期或反复作用会使材料逐渐破坏。

化学作用是指材料受到包括大气和环境水中的酸、碱、盐等物质的水溶液或其他有害物质对材料的侵蚀作用，以及日光、紫外线等对材料的作用，使材料的组成成分发生质的变化，而引起材料的破坏，如钢材的腐蚀、沥青的老化等。

生物作用主要是指材料受到昆虫、菌类等的侵害作用而导致材料发生蛀蚀、腐朽等破坏，如木材及植物纤维材料的腐烂等。

材料在长期使用过程中的破坏是多方面因素共同作用的结果，即耐久性是一种综合性质，包括抗渗性、抗冻性、耐腐蚀性、耐老化性、耐磨性等。在实际工程中，应根据材料所处的结构部位和使用环境等因素，综合考虑其耐久性，并根据各种材料的耐久性特点，合理选用材料。

提高材料的耐久性对改善土木工程的技术经济效果具有重大意义，材料的耐久性是土木工程耐久性的基础。合理使用耐久性好的材料，能有效提高工程的使用寿命，降低工程的维修成本，减少材料的消耗，对节约资源、能源以及保护环境具有重要意义。

复习思考题

1.1　举例说明材料的化学组成、矿物组成及相组成与材料性质之间的关系。

1.2　举例说明材料的构造与材料的结构有何不同?

1.3　材料的含水状态对材料的密度、表观密度和堆积密度各有何影响?

1.4　孔隙如何影响材料的性质?

1.5　亲水材料与憎水材料有何不同?

1.6 材料的吸水性、吸湿性、耐水性及抗渗性分别用什么指标表示，各指标的具体含义是什么？

1.7 绝热材料为什么应处于干燥状态？

1.8 比热容的意义是什么？

1.9 比强度的意义是什么？

1.10 脆性材料有何特点？

1.11 在使用环境中，材料主要受到哪几个方面的作用？

开放讨论

谈一谈复合材料的组成、性能及其在土木工程中的应用。

第2章 无机胶凝材料

【学习要点】

1. 了解石灰、石膏和水玻璃的生产及相关技术标准。
2. 掌握石灰、石膏和水玻璃的硬化机理、主要技术性质及应用。
3. 了解通用硅酸盐水泥的生产及相关技术标准。
4. 掌握通用硅酸盐水泥的矿物组成、硬化机理、主要技术性质及应用。
5. 了解其他品种水泥的性质和应用。

土木工程材料中，凡是经过一系列物理、化学作用，能将散粒状或块状材料黏结成整体的材料，统称为胶凝材料。

胶凝材料按其化学组成可分为有机胶凝材料和无机胶凝材料两大类。有机胶凝材料是以天然的或合成的有机高分子化合物为基本成分的胶凝材料，常用的有沥青、各种合成树脂等。无机胶凝材料是以无机化合物为基本成分的胶凝材料，常用的有石灰、石膏、各种水泥等。根据硬化条件不同，无机胶凝材料又可分为气硬性胶凝材料和水硬性胶凝材料两类。气硬性胶凝材料是只能在空气中硬化，也只能在空气中保持或继续发展其强度的胶凝材料，如石灰、石膏等，这类胶凝材料一般只适用于地上或干燥环境中，而不宜用于潮湿环境，更不可用于水中。水硬性胶凝材料是不仅能在空气中硬化，而且能更好地在水中硬化，并保持和继续发展其强度的胶凝材料，如各种水泥，这类胶凝材料既适用于地上工程，也适用于地下或水中工程。

2.1 气硬性胶凝材料

2.1.1 石灰

石灰是土木工程中使用最早的一种气硬性胶凝材料，因其原材料蕴藏丰富，生产设备简单，成本低廉，所以至今在土木工程中仍得到广泛应用。

2.1.1.1 石灰的生产

生产石灰的主要原材料是以碳酸钙为主要成分的天然岩石，通常有石灰石、白云石、白垩、贝壳等。

石灰石等原材料在适当的温度下煅烧，碳酸钙分解，释放出 CO_2，得到以 CaO 为主要成分的生石灰，反应式如下：

$$CaCO_3 \xrightarrow{900℃} CaO + CO_2\uparrow$$

生石灰是一种白色或灰色的块状物质，若将块状生石灰磨细，则可得到生石灰粉。由于石灰原料中常含有一些碳酸镁成分，所以经煅烧生成的生石灰中，常含有 MgO 成分。

在实际生产中，为了加快石灰石的分解过程，使原料充分煅烧，并考虑到热损失，通常将煅烧温度提高至 1000～1200℃。若煅烧温度过低，煅烧时间不充分，则 $CaCO_3$ 不能完全分解，将生成欠火石灰，欠火石灰使用时，产浆量较低，质量较差，降低了石灰的利用率；若煅烧温度过高，煅烧时间过长，将生成颜色较深、密度较大的过火石灰，过火石灰表面常被黏土杂质融化形成的玻璃釉状物包覆，熟化很慢，使得石灰硬化后仍继续熟化而产生体积膨胀，引起局部隆起和开裂而影响工程质量。所以，在石灰生产过程中，应根据原材料的性质严格控制煅烧温度和煅烧时间。

2.1.1.2 石灰的熟化

工地上使用生石灰前通常要进行熟化。熟化是指生石灰（CaO）与水作用消解为熟石灰或消石灰［其主要成分为 $Ca(OH)_2$］的过程，这个过程又称为石灰的消化。其反应式如下：

$$CaO + H_2O \longrightarrow Ca(OH)_2 + 64.9 \times 10^3 J$$

石灰熟化过程中，放出大量的热，使温度升高，而且体积增大 1.0～2.5 倍。煅烧良好且 CaO 含量高的生石灰熟化较快，放热量和体积增大也较多。

工地上，石灰熟化的方法通常有两种，即石灰浆法和消石灰粉法。

(1) 石灰浆法　将块状生石灰在化灰池中用过量的水（为生石灰体积的 3～4 倍）熟化成石灰浆，然后通过筛网进入储灰坑。

生石灰熟化时，放出大量热，使熟化速度加快，但温度过高且水量不足时，会造成 $Ca(OH)_2$ 凝聚在 CaO 周围，阻碍熟化进行，所以熟化时要加入大量水，并不断搅拌散热，控制温度不致过高。

生石灰中常含有过火石灰。为了使石灰熟化得更加充分，尽量消除过火石灰的危害，石灰浆应在储灰坑中存放两星期以上，这个过程称为石灰的陈伏。陈伏期间，石灰浆表面应保持有一层水，使之与空气隔绝，避免 $Ca(OH)_2$ 碳化。

石灰浆在储灰坑中沉淀后，除去上层水分，即得到石灰膏。石灰膏是建筑工程中砌筑砂浆和抹面砂浆常用的材料之一。

(2) 消石灰粉法　将生石灰加适量的水熟化成消石灰粉。生石灰熟化成消石灰粉理论需水量为生石灰质量的 32.1%，由于一部分水分会蒸发掉，所以实际加水量较多（约占生石灰质量的 60%～80%），这样可使生石灰充分熟化，又不致过湿成团。工地上常采用喷淋等方法进行消化。人工消化，劳动强度大、效率低、质量不稳定，目前多在工厂中用机械加工方法将生石灰熟化成消石灰粉，再供应使用。

消石灰粉也需放置一段时间，使其进一步熟化后使用。消石灰粉可用于拌制灰土及三合土，因其熟化不一定充分，一般不宜用于拌制砂浆及灰浆。

2.1.1.3 石灰的硬化

石灰在空气中的硬化包括两个同时进行的过程。

(1) 结晶过程　石灰浆在使用过程中，因游离水分逐渐蒸发和被砌体吸收，引起溶液某种程度的过饱和，使 $Ca(OH)_2$ 逐渐结晶析出，促进石灰浆体硬化。

(2) 碳化过程　$Ca(OH)_2$ 与空气中的 CO_2 作用，生成不溶解于水的碳酸钙晶体，析出的水分则逐渐蒸发。其反应式如下：

$$Ca(OH)_2 + CO_2 + nH_2O \longrightarrow CaCO_3 + (n+1)H_2O$$

这个过程称为碳化过程，形成的 $CaCO_3$ 晶体，使硬化石灰浆体结构致密，强度提高。

2.1.1.4　石灰的技术性质

（1）保水性和可塑性好　消石灰浆中的氢氧化钙为极细小的颗粒（粒径约为 1μm），呈胶体分散状态，其表面吸附一层较厚的水膜，由于颗粒数量多，比表面积大，可吸附大量水，这是保水性好的主要原因。吸附于颗粒表面的较厚的水膜，降低了颗粒之间的摩擦力，因此浆体具有良好的可塑性，易于铺摊成均匀的薄层。在水泥砂浆中加入石灰浆，可使其可塑性和保水性显著提高。

（2）硬化速度慢　由于空气中 CO_2 的含量少，碳化作用主要发生在与空气接触的表层上，而且表层生成的致密 $CaCO_3$ 膜层阻碍了空气中 CO_2 进一步渗入，同时也阻碍了内部水分向外蒸发，使 $Ca(OH)_2$ 晶体作用也进行得较慢，随着时间的增长，表层 $CaCO_3$ 厚度增加，阻碍作用更大，在相当长的时间内，仍然是表层为 $CaCO_3$，内部为 $Ca(OH)_2$。所以，石灰硬化是一个相当缓慢的过程。

（3）硬化后强度低　石灰浆在使用过程中，氢氧化钙颗粒间的毛细孔隙失水，使毛细管产生负压力，氢氧化钙颗粒间距逐渐减少而接触紧密，从而获得一定强度，这种强度类似黏土失水后而获得的强度，强度值不高；同时，因失去水分，氢氧化钙会在过饱和溶液中结晶析出，并产生一定强度，但因结晶数量较少，产生的强度较低。硬化后石灰的强度主要来源于这两个方面（在硬化后的石灰中，大部分仍是尚未碳化的氢氧化钙），但这两方面的增强作用都很有限，且遇水后即会丧失。因为再遇水，毛细管负压消失，氢氧化钙颗粒间紧密程度降低，且氢氧化钙易溶于水。故此，硬化后石灰强度较低。

（4）耐水性差　在石灰硬化体中，大部分仍是尚未碳化的氢氧化钙，氢氧化钙易溶于水，这会使硬化石灰体遇水后产生溃散，故石灰不宜用于潮湿环境。

（5）硬化时体积收缩大　由于石灰浆中存在大量的游离水分，硬化时大量水分蒸发，导致内部毛细管失水紧缩，引起显著的体积收缩变形，使硬化的石灰浆出现干缩裂纹。所以，石灰除了调成石灰乳做薄层粉刷外，不宜单独使用。通常施工时要掺入一定量的骨料（如砂子等）或纤维材料（如麻刀、纸筋等）。

2.1.1.5　石灰的技术标准

（1）建筑生石灰　根据《建筑生石灰》（JC/T 479—2013），建筑生石灰的分类、化学成分及物理性质见表 2.1～表 2.3。

表 2.1　建筑生石灰分类

类　别	名　称	代　号
钙质石灰	钙质石灰 90	CL90
	钙质石灰 85	CL85
	钙质石灰 75	CL75
镁质石灰	镁质石灰 85	ML85
	镁质石灰 80	ML80

注：钙质石灰主要由氧化钙或氢氧化钙组成，而不添加任何水硬性的或火山灰质的材料；镁质石灰主要由氧化钙和氧化镁（MgO>5%）或氢氧化钙和氢氧化镁组成，而不添加任何水硬性的或火山灰质的材料。

表 2.2　建筑生石灰化学成分

名　称	(CaO+MgO)含量/%	MgO 含量/%	CO_2 含量/%	SO_3 含量/%
CL90-Q CL90-QP	≥90	≤5	≤4	≤2
CL85-Q CL85-QP	≥85	≤5	≤7	≤2
CL75-Q CL75-QP	≥75	≤5	≤12	≤2
ML85-Q ML85-QP	≥85	>5	≤7	≤2
ML80-Q ML80-QP	≥80	>5	≤7	≤2

表 2.3　建筑生石灰物理性质

名　称	产浆量/(dm^3/10kg)	细度	
		0.2mm 筛余量/%	90μm 筛余量/%
CL90-Q	≥26	—	—
CL90-QP	—	≤2	≤7
CL85-Q	≥26	—	—
CL85-QP	—	≤2	≤7
CL75-Q	≥26	—	—
CL75-QP	—	≤2	≤7
ML85-Q ML85-QP	—	— ≤2	— ≤7
ML80-Q ML80-QP	—	— ≤7	— ≤2

注：其他物理特性，根据用户要求，可按照 JC/T 478.1 进行测试。

生石灰的识别标志由产品名称、加工情况和产品依据标准编号组成，生石灰块在代号后加 Q，生石灰粉在代号后加 QP。例如，符合 JC/T 479—2013 的钙质生石灰粉 90 标记为 CL90-QP JC/T 479—2013，其中，CL 表示钙质石灰；90 表示（CaO+MgO）含量；QP 表示粉状；JC/T 479—2013 表示产品依据标准。

（2）建筑消石灰　根据《建筑消石灰》（JC/T 481—2013），建筑消石灰的分类、化学成分及物理性质见表 2.4～表 2.6。

表 2.4　建筑消石灰分类

类　别	名　称	代　号
钙质消石灰	钙质消石灰 90	HCL90
	钙质消石灰 85	HCL85
	钙质消石灰 75	HCL75
镁质消石灰	镁质消石灰 85	HML85
	镁质消石灰 80	HML80

表 2.5　建筑消石灰化学成分

名　称	($CaO+MgO$)含量/%	MgO 含量/%	SO_3 含量/%
HCL90 HCL85 HCL75	≥90 ≥85 ≥75	≤5	≤2
HML85 HML80	≥85 ≥80	>5	≤2

注：表中数值以试样扣除游离水和化学结合水后的干基为基准。

表 2.6　建筑消石灰物理性质

名　称	游离水/%	细度		安定性
		0.2mm 筛余量/%	90μm 筛余量/%	
HCL90	≤2	≤2	≤7	合格
HCL85				
HCL75				
HML85				
HML80				

消石灰的识别标志由产品名称和产品依据标准编号组成。例如，符合 JC/T 481—2013 的钙质消石灰 90 标记为 HCL90 JC/T 481—2013，其中，HCL 表示钙质消石灰；90 表示 ($CaO+MgO$) 含量；JC/T 481—2013 表示产品依据标准。

2.1.1.6　石灰的应用

(1) 制作石灰乳涂料　将消石灰粉或熟化好的石灰膏加入大量水搅拌稀释，成为石灰乳。石灰乳是一种廉价易得的传统涂料，主要用于室内墙面和顶棚粉刷。石灰乳中加入各种耐碱颜料，可形成彩色石灰乳。

(2) 配制砂浆　石灰浆和消石灰粉可以单独或与水泥一起配制成石灰砂浆或混合砂浆，用于墙体的砌筑和抹面。为了克服石灰浆收缩性大的缺点，配制时可加入纸筋等纤维质材料。

(3) 拌制石灰土和三合土　石灰与黏土拌合后称为灰土或石灰土，再加上砂（或碎石、炉渣等）即成为三合土。石灰可改善黏土的和易性，在强力夯打之下，大大提高黏土的紧密程度。而且，黏土颗粒表面的少量活性氧化硅和氧化铝可与氢氧化钙发生化学反应，生成不溶于水的水化硅酸钙和水化铝酸钙，将黏土颗粒胶结起来，使黏土的抗渗性、抗压强度、耐水性得到改善。灰土和三合土主要用于建筑基础、路面和地面垫层。

(4) 生产硅酸盐制品　硅酸盐制品是以石灰与硅质材料（如砂、粉煤灰、煤矸石等）为主要原料，经过配料、拌合、成形、养护（蒸汽养护或蒸压养护）等工序制成的制品。因其内部的胶凝物质基本上是水化硅酸钙，所以统称为硅酸盐制品，如灰砂砖、粉煤灰砖、粉煤灰砌块等。

2.1.1.7　石灰的运输与贮存

生石灰在空气中存放时间过长，会吸收水分而熟化成消石灰粉，再与空气中的二氧化碳作用形成失去胶凝能力的碳酸钙粉末，熟化时要放出大量热，并产生体积膨胀。因此，石灰在储存和运输过程中，要防止受潮，防止碳化，并注意周围不要堆放易燃物，防止熟化时放热酿成火灾。

2.1.2 石膏

石膏是以硫酸钙为主要成分的气硬性胶凝材料。石膏及其制品具有许多优良的性质，原料来源丰富，生产能耗低，在土木工程中得到广泛应用。

2.1.2.1 石膏的生产

生产石膏胶凝材料的原料主要是天然石膏和化工石膏。天然石膏有天然二水石膏，又称软石膏或生石膏，是以二水硫酸钙（$CaSO_4 \cdot 2H_2O$）为主要成分的矿石；还有天然无水石膏（$CaSO_4$），又称硬石膏，不含结晶水，质地较二水石膏硬。化工石膏是含 $CaSO_4 \cdot 2H_2O$ 或 $CaSO_4 \cdot 2H_2O$ 与 $CaSO_4$ 混合物的化工副产品，如磷石膏，是生产磷酸和磷肥时所得的废料，硼石膏是生产硼酸时所得到的废料，氟石膏是制造氟化氢时的副产品，此外，还有盐石膏、芒硝石膏、钛石膏等。

生产石膏胶凝材料的主要工艺流程是破碎、加热与磨细。根据加热方式和煅烧温度不同，可生产出不同性质的石膏产品。

当加热温度为65～75℃时，$CaSO_4 \cdot 2H_2O$ 开始脱水，至107～170℃时，生成半水石膏（$CaSO_4 \cdot 0.5H_2O$），其反应式为：

$$CaSO_4 \cdot 2H_2O \longrightarrow CaSO_4 \cdot 0.5H_2O + 1.5H_2O$$

在该加热阶段中，因加热方式不同，所获得的半水石膏有 α 型半水石膏和 β 型半水石膏。若将二水石膏在常压窑炉中煅烧，得到的是 β 型半水石膏，称为建筑石膏。建筑石膏的晶粒较细，调制成一定稠度的浆体时，需水量较大，因而硬化后强度较低。若将二水石膏置于0.13MPa、125℃过饱和蒸汽条件下的蒸压釜中蒸炼，得到的是 α 型半水石膏，称为高强石膏，高强石膏的晶粒较粗，调制成一定稠度的浆体时，需水量较小，因而硬化后强度较高。

当加热温度为170～200℃时，半水石膏继续脱水，成为可溶性硬石膏，与水调和后仍能很快凝结硬化；当加热温度至250℃时，石膏中残留很少的水，凝结硬化非常缓慢；当加热温度超过400℃时，石膏完全失去水分，成为不溶性硬石膏，失去凝结硬化能力，称为死烧石膏；当温度超过800℃时，部分石膏分解出氧化钙，在氧化钙的激发下，产物又具有凝结硬化能力，此产品称为煅烧石膏或过烧石膏。

在土木工程中，应用较多的石膏胶凝材料主要是建筑石膏。

2.1.2.2 建筑石膏的水化、凝结和硬化

建筑石膏加水拌合，与水发生如下水化反应：

$$CaSO_4 \cdot 0.5H_2O + 1.5H_2O \longrightarrow CaSO_4 \cdot 2H_2O$$

建筑石膏加水后，首先溶解，并很快形成饱和溶液，溶液中的半水石膏与水化合，生成二水石膏。由于二水石膏在水中的溶解度比半水石膏小得多（仅为半水石膏溶解度的1/5），所以半水石膏的饱和溶液对二水石膏来说，就成了过饱和溶液。因此，二水石膏从过饱和溶液中以胶体微粒析出，从而破坏了半水石膏溶解的平衡，使半水石膏继续溶解和水化，如此循环进行，直到半水石膏全部耗尽。在这一过程中，浆体中的游离水分逐渐减少，二水石膏胶体微粒不断增加，浆体稠度逐渐增大，可塑性逐渐降低，此时称之为“凝结”；随着浆体继续变稠，胶体微粒逐渐凝聚成为晶体，晶体逐渐长大、共生并相互交错，使浆体产生强度，并不断增长，这个过程称为“硬化”。由此可见，石膏的水化、凝结和硬化是一个连续进行的复杂的物理化学变化过程。

2.1.2.3　建筑石膏的技术性质

（1）凝结硬化快　建筑石膏与水拌合后，在常温下一般数分钟即可初凝，30min 以内即可达终凝，一星期左右完全硬化。凝结时间可按要求进行调整，若要延缓凝结时间，可掺入缓凝剂，以降低半水石膏的溶解度和溶解速度，如柠檬酸、硼酸等；若要加速凝结，则可掺入速凝剂，如氯化钠、氯化镁等，以增加半水石膏的溶解度和溶解速度。

（2）硬化时体积微膨胀　建筑石膏在凝结硬化过程中，体积略有膨胀，硬化时不出现裂缝，所以可不掺加填料而单独使用，并能很好地填充模型。硬化后的石膏，表面光滑饱满，颜色洁白，质地细腻，其制品尺寸准确、轮廓清晰，可浇筑出纹理细致的浮雕花饰。同时，可锯可钉，具有很好的装饰性。

（3）硬化后孔隙率大　建筑石膏的水化，理论需水量只占半水石膏质量的 18.6%，但实际上，为使石膏浆具有一定的可塑性，往往需加水 60%～80%，多余的水分在硬化过程中逐渐蒸发，使硬化后的石膏留有大量的孔隙，一般孔隙率为 50%～60%，因此，建筑石膏硬化后，强度低，表观密度较小，导热性较低，吸声性较好。

（4）有一定的调温、调湿作用　建筑石膏热容量大，吸湿性强，故能对室内温度和湿度起到一定的调节作用。

（5）防火性能良好　火灾发生时，二水石膏中的结晶水蒸发成水蒸气，吸收大量热；石膏中结晶水蒸发后产生的水蒸气形成蒸汽幕，有效阻止火势蔓延；脱水后的石膏隔热性能更好，形成隔热层，并且无有害气体产生。但建筑石膏制品不宜长期用于靠近 65℃以上高温的部位，以免二水石膏在此温度作用下分解而失去强度。

（6）耐水性和抗冻性差　建筑石膏硬化后，具有很强的吸湿性和吸水性，在潮湿的环境中晶体间的黏结力会被削弱，强度明显降低；若长期浸泡在水中，水化生成的二水石膏晶体会逐渐溶解，而导致强度下降，硬化石膏的软化系数为 0.2～0.3。若石膏吸水后受冻，则孔隙内的水分结冰，产生体积膨胀，使硬化后的石膏破坏。所以，石膏的耐水性和抗冻性均较差。

2.1.2.4　建筑石膏的技术标准

建筑石膏是白色粉末，密度为 2.60～2.75g/cm^3，堆积密度为 800～1100kg/m^3。根据《建筑石膏》(GB/T 9776—2008)，建筑石膏的技术指标见表 2.7。

表 2.7　建筑石膏的技术指标

等级	细度(0.2mm 方孔筛筛余)/%	凝结时间/mm		2h 强度/MPa	
		初凝	终凝	抗折强度	抗压强度
3.0	≤10%	≥3	≤30	≥3.0	≥6.0
2.0				≥2.0	≥4.0
1.6				≥1.6	≥3.0

2.1.2.5　建筑石膏的应用

（1）制备粉刷石膏　建筑石膏硬化时不收缩，故使用时可不掺填料，直接做成抹面灰浆，也可与石灰、砂等填料混合使用，制成室内抹面灰浆或砂浆。石膏抹灰层具有表面坚硬、光滑细腻、不起灰、不开裂等特点，并且便于进行再装饰，如贴墙纸、刷涂料等。

（2）制作各种石膏板材　石膏板具有轻质、保温隔热、吸声、不燃和可锯可钉等性能，还可调节室内温湿度，而且原料来源广泛，工艺简单，成本低，广泛用于各种建筑物内隔墙、吊顶和墙面装饰。常用的石膏板有纸面石膏板、纤维石膏板、空心石膏板、装饰石膏板等。

(3) 装饰制品　建筑石膏配以纤维增强材料、胶黏剂等可制成各种石膏制品，如石膏角线、线板、角花、灯圈、罗马柱、雕塑等艺术石膏制品。

2.1.2.6　建筑石膏的运输与贮存

建筑石膏在运输和贮存过程中不得受潮和混入杂物；在正常运输与储存条件下，贮存期为三个月，超过三个月以后，强度明显降低。

2.1.3　水玻璃

水玻璃俗称泡花碱，是一种能溶于水的硅酸盐，由不同比例的碱金属氧化物和二氧化硅组成，化学通式为 $R_2O \cdot nSiO_2$，其中，n 为二氧化硅与碱金属氧化物之间的分子比，称为水玻璃模数。模数的大小决定着水玻璃的品质及其应用性能，水玻璃模数一般在 1.5～3.5。土木工程中常用的水玻璃有硅酸钠水玻璃（$Na_2O \cdot nSiO_2$）和硅酸钾水玻璃（$K_2O \cdot nSiO_2$），以硅酸钠水玻璃最为常用。

2.1.3.1　水玻璃的生产

水玻璃的生产方法有湿法和干法两种。湿法生产硅酸钠水玻璃时，将石英砂和苛性钠溶液置于压蒸釜内用蒸汽加热，并加以搅拌，使之直接生成液体水玻璃，其反应式如下：

$$2NaOH + nSiO_2 \longrightarrow Na_2O \cdot nSiO_2 + H_2O$$

干法是将石英砂和碳酸钠磨细，按一定比例混合均匀，在熔炉内加热熔化，冷却后为固体水玻璃，其反应式如下：

$$Na_2CO_3 + nSiO_2 \longrightarrow Na_2O \cdot nSiO_2 + CO_2$$

固体水玻璃加水溶解，即可得到液体水玻璃，其溶液具有碱性溶液的性质。模数低的固体水玻璃易溶于水，模数为 1 的水玻璃能溶解于常温水中；模数为 1～3 时，只能在热水中溶解；模数大于 3时，要在 4 个大气压以上的蒸汽中才能溶解。

纯净的水玻璃应为无色透明液体，因含杂质而常呈青灰色、绿色或为黄色。

2.1.3.2　水玻璃的硬化

液体水玻璃在空气中吸收二氧化碳，形成碳酸钠和无定形硅酸，反应式如下：

$$Na_2O \cdot nSiO_2 + CO_2 + mH_2O \longrightarrow Na_2CO_3 + nSiO_2 \cdot mH_2O$$

这一反应在进行过程中，水分逐渐被消耗和蒸发，硅酸逐渐凝聚成硅酸凝胶而析出，产生凝结和硬化。

水玻璃硬化过程进行得很慢，为了加速硬化，可将水玻璃加热或加入促硬剂，最常用的促硬剂为氟硅酸钠（Na_2SiF_6），反应式如下：

$$2(Na_2O \cdot nSiO_2) + Na_2SiF_6 + mH_2O \longrightarrow (2n+1)SiO_2 \cdot mH_2O + 6NaF$$

氟硅酸钠的适宜掺量一般为水玻璃质量的 12%～15%。氟硅酸钠用量不仅影响硬化速度，而且能提高强度和耐水性。

2.1.3.3　水玻璃（硬化后）的技术性质

(1) 黏结能力强　水玻璃具有良好的黏结性能，硬化时析出的硅酸凝胶可堵塞毛细孔隙，从而防止水渗透。水玻璃模数越大，胶体组分越多，越难溶于水，黏结能力越强；同一模数的水玻璃溶液，其浓度越大，则密度越大，黏结力越强。

(2) 不燃烧、耐高温　水玻璃不燃烧，在高温下硅酸凝胶干燥得更加强烈，强度不降低，甚至有所增加。可以用于配制水玻璃耐热混凝土和水玻璃耐热砂浆。

(3) 耐酸能力强　水玻璃具有很强的耐酸能力，能抵抗大多数无机酸和有机酸的作用。

(4) 不耐水　水玻璃在加入氟硅酸钠后仍不能完全硬化，还有一定量的 $Na_2O \cdot nSiO_2$，

由于 $Na_2O \cdot nSiO_2$ 可溶于水，所以水玻璃硬化后不耐水。

(5) 不耐碱　硬化后水玻璃中 $Na_2O \cdot nSiO_2$ 和无定形二氧化硅凝胶均可溶于碱，因而水玻璃不耐碱。

另外，水玻璃对眼睛和皮肤有一定的灼伤作用，用作促硬剂的氟硅酸钠具有毒性，使用过程中应注意安全防护。

2.1.3.4　水玻璃的应用

(1) 涂刷材料表面　水玻璃涂刷材料表面可提高材料抗风化能力。用水玻璃浸渍或涂刷砖、水泥混凝土、石材等多孔材料，可使这些材料的密实度、强度、抗渗性、抗冻性和耐腐蚀性有不同程度的提高。这是因为水玻璃与空气中的二氧化碳反应生成硅酸凝胶，对于含有氢氧化钙的材料，水玻璃可与材料中的氢氧化钙反应生成硅酸钙凝胶，此两种凝胶填充于材料的孔隙，使材料致密。

水玻璃不能用于涂刷或浸渍石膏制品，因为硅酸钠会与硫酸钙反应生成硫酸钠，在制品孔隙中结晶，体积膨胀，导致制品开裂。

(2) 配制防水剂　以水玻璃为基料，加入两种、三种或四种矾可配制成二矾、三矾或四矾防水剂。这种防水剂凝结迅速，一般不超过 1min，适用于与水泥调和，堵塞漏洞、缝隙等局部抢修。因为凝结过快，不宜用于配制防水砂浆。

(3) 用于土壤加固　将模数为 2.5～3 的液体水玻璃和氯化钙溶液通过金属管流向地层压入，两种溶液发生化学反应，析出硅酸胶体，将土壤颗粒包裹并填实其空隙。硅酸胶体是一种吸水膨胀的果冻状凝胶，因吸收地下水而经常处于膨胀状态，阻止水分的渗透和使土壤固结，其反应式如下：

$$Na_2O \cdot nSiO_2 + CaCl_2 + xH_2O \longrightarrow nSiO_2 \cdot (x-1)H_2O + 2NaCl + Ca(OH)_2$$

另外，水玻璃可用于配制耐酸、耐热混凝土和砂浆等，水玻璃还可以用于配制建筑涂料等。

2.2　水泥

水泥呈粉末状，与水混合后，经过物理化学反应过程能由可塑性浆体变为坚硬的石状体，它不仅能在空气中硬化，而且能更好地在水中硬化，保持并继续发展其强度，因此水泥属于水硬性胶凝材料。

水泥是最主要的土木工程材料之一，在国民经济建设中起着十分重要的作用，被广泛应用于工业与民用建筑、道路、桥梁、铁路、水利及国防等工程中，素有“建筑业的粮食”之称。

水泥品种很多，按其组成，可分为硅酸盐类水泥、铝酸盐类水泥和硫铝酸盐类水泥等；按其性能及用途，可分为通用水泥（大量用于一般土木工程的水泥）、专用水泥（具有专门用途的水泥，如道路水泥、砌筑水泥等）、特性水泥（具有独特性能的水泥，如快硬水泥、膨胀水泥等）。

在众多水泥品种中，通用硅酸盐水泥是最基本的水泥。本节以通用硅酸盐水泥为主要内容，在此基础上介绍其他品种水泥。

2.2.1　通用硅酸盐水泥

根据《通用硅酸盐水泥》(GB 175—2007)，通用硅酸盐水泥是以硅酸盐水泥熟料和适量的石膏，以及规定的混合材料制成的水硬性胶凝材料。

通用硅酸盐水泥按混合材料的品种和掺量分为硅酸盐水泥、普通硅酸盐水泥、矿渣硅酸盐水泥、火山灰质硅酸盐水泥、粉煤灰硅酸盐水泥和复合硅酸盐水泥，见表 2.8。

表 2.8　通用硅酸盐水泥

品　种	代号	组　分/%				
		熟料＋石膏	粒化高炉矿渣	火山灰质混合材料	粉煤灰	石灰石
硅酸盐水泥	P·Ⅰ	100	—	—	—	—
	P·Ⅱ	≥95	≤5	—	—	—
		≥95	—	—	—	≤5
普通硅酸盐水泥	P·O	≥80 且＜95	＞5 且≤20①			—
矿渣硅酸盐水泥	P·S·A	≥50 且＜80	＞20 且≤50②	—	—	—
	P·S·B	≥30 且＜50	＞50 且≤70②	—	—	—
火山灰质硅酸盐水泥	P·P	≥60 且＜80	—	＞20 且≤40③	—	—
粉煤灰硅酸盐水泥	P·F	≥60 且＜80	—	—	＞20 且≤40④	—
复合硅酸盐水泥	P·C	≥50 且＜80	＞20 且≤50⑤			

① 本组分材料为符合标准的活性混合材料，其中允许用不超过水泥质量 8%且符合标准的非活性混合材料或不超过水泥质量 5%且符合标准的窑灰代替。

② 本组分材料为符合 GB/T 203 或 GB/T 18046 的活性混合材料，其中允许用不超过水泥质量 8%且符合标准的活性混合材料或非活性混合材料或窑灰中的任一种材料代替。

③ 本组分材料为符合 GB/T 2847 的活性混合材料。

④ 本组分材料为符合 GB/T 1596 的活性混合材料。

⑤ 本组分材料为由两种（含）以上符合标准的活性混合材料或/和符合标准的非活性混合材料组成，其中允许用不超过水泥质量 8%且符合标准的窑灰代替。掺矿渣时混合材料掺量不得与矿渣硅酸盐水泥重复。

2.2.2　通用硅酸盐水泥的生产

由表 2.5 可知，通用硅酸盐水泥的主要成分是硅酸盐水泥熟料，故其生产的关键是熟料的生产。

通用硅酸盐水泥的生产过程为：先把几种原材料按适当比例配合，共同磨制成生料；再将生料送入水泥窑中进行煅烧至部分熔融，得到以硅酸钙为主要成分的硅酸盐水泥熟料；然后，将熟料与适量石膏共同粉磨，制成Ⅰ型硅酸盐水泥；熟料加入适量石膏和不同种类的混合材料共同粉磨，可制得不同品种的其他通用硅酸盐水泥。即通用硅酸盐水泥的生产可概括为“两磨一烧”，见图 2.1。

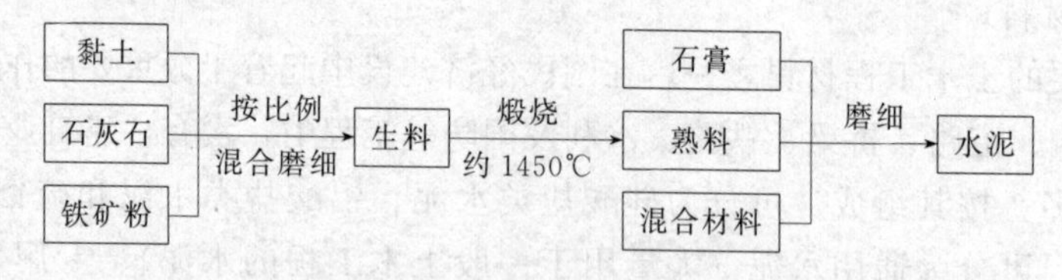

图 2.1　通用硅酸盐水泥主要生产流程

2.2.3　通用硅酸盐水泥的组成

2.2.3.1　硅酸盐水泥熟料

硅酸盐水泥熟料的矿物组成见表 2.9，其中硅酸三钙和硅酸二钙的总含量在 70%以上，铝酸三钙与铁铝酸四钙的总含量在 25%左右。除了主要熟料矿物外，还含有少量游离氧化钙、游离的氧化镁和碱，但其总含量一般不超过水泥质量的 10%。

其中 CaO 主要由石灰质原料提供，如石灰石等，SiO_2、Al_2O_3 主要由黏土质原料提供，Fe_2O_3 主要由铁质原料提供，如铁矿粉等。

表 2.9　硅酸盐水泥熟料矿物组成

名　　称	矿物成分	简称	含量/%
硅酸三钙	$3CaO \cdot SiO_2$	C_3S	37～60
硅酸二钙	$2CaO \cdot SiO_2$	C_2S	15～37
铝酸三钙	$3CaO \cdot Al_2O_3$	C_3A	7～15
铁铝酸四钙	$4CaO \cdot Al_2O_3\ Fe_2O_3$	C_4AF	10～18

硅酸盐水泥熟料矿物的基本特性见表 2.10。

表 2.10　硅酸盐水泥熟料的基本特性

名　　称	水化反应速率	水化放热量	强度	耐化学侵蚀性	干缩
硅酸三钙 C_3S	快	大	高	中	中
硅酸二钙 C_2S	慢	小	早期低，后期高	良	小
铝酸三钙 C_3A	最快	最大	低	差	大
铁铝酸四钙 C_4AF	快	中	低	优	小

水泥熟料在硬化时强度及放热发展规律见图 2.2 及图 2.3。

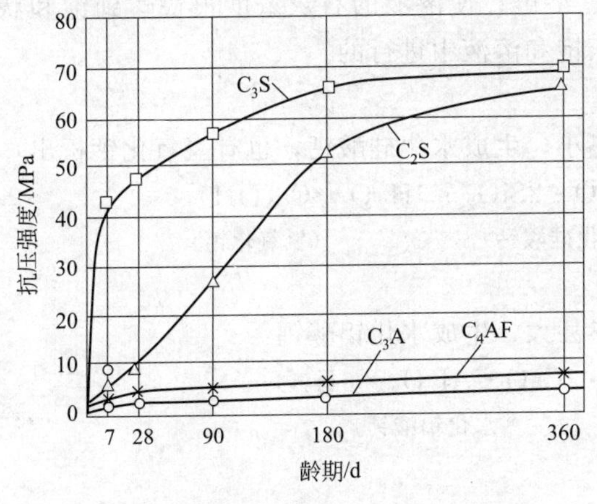

图 2.2　水泥熟料硬化时的强度增长曲线

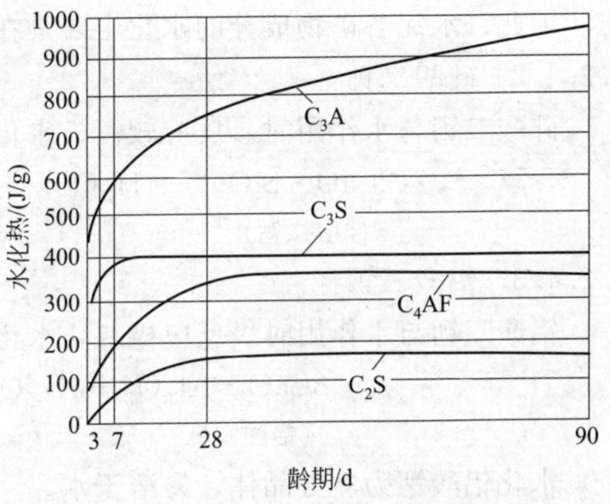

图 2.3　水泥熟料硬化时的放热曲线

水泥是几种熟料矿物的混合物，改变熟料矿物成分间的比例，水泥的性质会发生相应的变化。例如，要使水泥具有凝结硬化快、强度高的性能，就必须适当提高熟料中 C_3S 和 C_3A 的含量；要使水泥具有较低的水化热，就应降低 C_3A 和 C_3S 的含量。

2.2.3.2　石膏

天然石膏：符合 GB/T 5483 中规定的 G 类或 M 类二级（含）以上的石膏或混合石膏。

工业副产石膏：以硫酸钙为主要成分的工业副产物，采用前应经过试验证明对水泥性能无害。

2.2.3.3　混合材料

（1）活性混合材料　常用的活性混合材料有符合《用于水泥中的粒化高炉矿渣》（GB/T 203）、《用于水泥和混凝土中的粒化高炉矿渣粉》（GB/T 18046）、《用于水泥和混凝土中的粉煤灰》（GB/T 1596）、《用于水泥中的火山灰质混合材料》（GB/T 2847）要求的粒化高炉矿渣、粒化高炉矿渣粉、粉煤灰和火山灰质混合材料。

（2）非活性混合材料　活性指标分别低于《用于水泥中的粒化高炉矿渣》（GB/T 203）、

《用于水泥和混凝土中的粒化高炉矿渣粉》(GB/T 18046)、《用于水泥和混凝土中的粉煤灰》(GB/T 1596)、《用于水泥中的火山灰质混合材料》(GB/T 2847) 要求的粒化高炉矿渣、粒化高炉矿渣粉、粉煤灰和火山灰质混合材料；石灰石和砂岩，其中石灰石中的三氧化二铝含量应不超过2.5%。

(3) 窑灰 窑灰是从水泥回转窑窑尾废气中收集的粉尘，应符合《掺入水泥中的回转窑窑灰》(JC/T 742) 的规定。

2.2.4 硅酸盐水泥的水化

水泥颗粒与水接触后，水泥熟料中各矿物立即与水发生水化作用，生成新的水化物，并放出一定的热量。

2.2.4.1 硅酸三钙

水泥熟料矿物中，硅酸三钙含量最高。硅酸三钙与水作用时，反应较快，水化放热量大，生成水化硅酸钙及氢氧化钙：

$$\underset{\text{(硅酸三钙)}}{2(3CaO \cdot SiO_2)} + 6H_2O = \underset{\text{(水化硅酸钙)}}{3CaO \cdot 2SiO_2 \cdot 3H_2O} + \underset{\text{(氢氧化钙)}}{3Ca(OH)_2}$$

水化硅酸钙几乎不溶于水，而立即以胶体微粒析出，并逐渐凝聚而成为凝胶。氢氧化钙呈六方晶体，易溶于水。由于氢氧化钙的生成、溶解，使溶液的石灰浓度很快达到饱和状态。因此，水泥各矿物成分的水化主要是在石灰饱和溶液中进行的。

2.2.4.2 硅酸二钙

硅酸二钙与水作用时，反应较慢，水化放热小，生成水化硅酸钙，也有氢氧化钙析出：

$$\underset{\text{(硅酸二钙)}}{2(2CaO \cdot SiO_2)} + 4H_2O = \underset{\text{(水化硅酸钙)}}{3CaO \cdot 2SiO_2 \cdot 3H_2O} + \underset{\text{(氢氧化钙)}}{Ca(OH)_2}$$

2.2.4.3 铝酸三钙

铝酸三钙与水作用时，反应极快，水化放热甚大，生成水化铝酸钙：

$$\underset{\text{(铝酸三钙)}}{3CaO \cdot Al_2O_3} + 6H_2O = \underset{\text{(水化铝酸钙)}}{3CaO \cdot Al_2O_3 \cdot 6H_2O}$$

水化铝酸钙为立方晶体，易溶于水。

2.2.4.4 铁铝酸四钙

铁铝酸四钙与水作用时，反应也较快，水化放热中等，生成水化铝酸钙及水化铁酸钙：

$$\underset{\text{(铁铝酸四钙)}}{4CaO \cdot Al_2O_3 \cdot Fe_2O_3} + 7H_2O = \underset{\text{(水化铝酸钙)}}{3CaO \cdot Al_2O_3 \cdot 6H_2O} + \underset{\text{(水化铁酸钙)}}{CaO \cdot Fe_2O_3 \cdot H_2O}$$

水化铁酸钙为凝胶。

此外，为调节水泥凝结时间而掺入少量石膏，会与水化铝酸钙作用，生成高硫型水化硫铝酸钙，也称钙矾石：

$$3CaO \cdot Al_2O_3 \cdot 6H_2O + 3(CaSO_4 \cdot 2H_2O) + 19H_2O = \underset{\text{(高硫型水化硫铝酸钙)}}{3CaO \cdot Al_2O_3 \cdot 3CaSO_4 \cdot 31H_2O}$$

高硫型水化硫铝酸钙呈针状晶体，难溶于水。当石膏反应完以后，部分钙矾石将转变为单硫型水化硫铝酸钙 ($3CaO \cdot Al_2O_3 \cdot CaSO_4 \cdot 12H_2O$)。

如果忽略一些次要的和少量的成分，则硅酸盐水泥与水作用后，生成的主要水化产物有水化硅酸钙和水化铁酸钙凝胶，氢氧化钙、水化铝酸钙和水化硫铝酸钙晶体。在充分水化的水泥石中，水化硅酸钙约占70%，氢氧化钙约占20%，钙矾石和单硫型水化硫铝酸钙约占 7%。

2.2.5　硅酸盐水泥的凝结和硬化

水泥加水拌合后，水泥颗粒表面的矿物溶解于水并与水发生水化反应，形成具有可塑性的浆体，随着水化反应的进行，水泥浆体逐渐变稠失去可塑性，但还不具有强度的过程，称为水泥的凝结；随着水泥水化的进一步进行，凝结的水泥浆体开始产生强度，并逐渐发展成为坚硬的水泥石，这一过程称为水泥的硬化。水泥的凝结和硬化是一个连续的复杂的物理化学变化过程。

硅酸盐水泥的凝结硬化过程一般按水化反应速度和物理化学的主要变化，分为四个阶段，见表 2.11。

表 2.11　水泥凝结硬化时的几个划分阶段

凝结硬化阶段	一般的放热反应速度	一般的持续时间	主要的物理化学变化
初始反应期	168J/(g·h)	5～10min	初始溶解和水化
潜伏期	4.2J/(g·h)	1h	凝胶体膜层围绕水泥颗粒成长
凝结期	在 6h 内逐渐增加到 21J/(g·h)	6h	膜层增厚,水泥颗粒进一步水化
硬化期	在 24h 内逐渐降低到 4.2J/(g·h)	6h 至若干年	凝胶体填充毛细孔

2.2.5.1　初始反应期

水泥加水拌合后，水泥颗粒分散在水中，成为水泥浆体。水化反应在水泥颗粒表面剧烈进行，生成的水化物溶于水中。

2.2.5.2　潜伏期

随着水化反应的进行，水泥颗粒周围的溶液很快成为水化产物的饱和或过饱和溶液。若水化反应继续进行，水化产物便从溶液中析出，附在水泥颗粒表面，形成凝胶膜包裹层，此凝胶膜层阻止了水泥颗粒与水的接触，使水化反应速度很慢。这一阶段水化放热小，水化产物增加不多，包有水化物膜层的水泥颗粒之间分离着，水泥浆体仍具有可塑性。

2.2.5.3　凝结期

水泥颗粒不断水化，水化物增多，包在水泥颗粒表面的水化物膜层增厚，膜层内部的水化物不断向外突出，最终导致膜层破裂，水化又重新加速。水泥颗粒间的空隙逐渐缩小，包有凝胶体的水泥颗粒逐渐接近，以致相互接触，接触点在范德华力作用下凝结成多孔的空间网络，形成凝聚结构。这种结构不具有强度，在振动的作用下会破坏。凝聚结构的形成使水泥浆开始失去可塑性，此时进入凝结期。

2.2.5.4　硬化期

水泥水化反应继续进行，水化产物不断增多，颗粒间的接触点数目增加，结晶体和凝胶体互相贯穿形成的网状结构不断加强。而固相颗粒之间的空隙（毛细孔）不断减少，结构逐渐紧密，直至水泥浆体完全失去可塑性并开始产生强度，此时进入硬化期。进入硬化期以后，水化速度逐渐减慢，水化物随时间的增长而逐渐增加，扩展到毛细孔中，使结构更趋致密，强度相应提高。

由此可见，水泥的水化反应是由颗粒表面逐渐深入到内核的。当水化物增多时，堆积在水泥颗粒周围的水化物不断增加，以致阻碍水分继续进入，使水泥颗粒内部的水化愈来愈困难，经过长时间（几个月，甚至几年）的水化以后，多数颗粒仍剩余尚未水化的内核。因此，硬化后的水泥石是由水化产物（凝胶体和晶体）、未水化的水泥颗粒内核、水及孔隙

（毛细孔和凝胶孔）组成的不匀质结构体。

水泥水化凝结硬化过程示意如图 2.4。

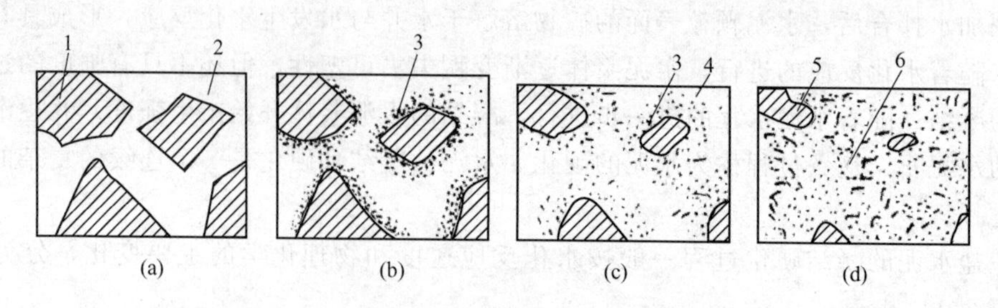

图 2.4 水泥凝结硬化过程示意图

（a）分散在水中未水化的水泥颗粒；（b）水泥颗粒表面形成水化物膜层；（c）膜层长大并互相连接（凝结）；（d）水化物进一步发展，填充毛细孔（硬化）

1—水泥颗粒；2—水分；3—凝胶；4—晶体；5—水泥颗粒的未水化内核；6—毛细孔

2.2.6 影响硅酸盐水泥凝结硬化的主要因素

2.2.6.1 熟料矿物组成

矿物组成是影响水泥凝结硬化的主要内因。由表 2.10 可知，各种矿物的水化特性不同，当水泥中各种矿物的相对含量变化时，水泥的凝结硬化将发生变化。

2.2.6.2 石膏掺量

硅酸盐水泥熟料粉末直接加水，将会发生瞬凝现象。瞬凝是一种有害的凝结现象。其特征是，水泥浆很快凝结成为一种很粗糙、强度不高的混合物，并放出大量的热量。这主要是由于熟料中 C_3A 在溶液中电离出三价离子（Al^{3+}），它与硅酸钙凝胶的电荷相反，促使胶体凝聚。加入一定量石膏的水泥与水接触，石膏迅速溶于水，并与水化铝酸钙发生反应，生成钙矾石，钙矾石难溶于水，沉淀在水泥颗粒表面上形成保护膜，从而降低了溶液中 Al^{3+} 的浓度，并阻碍了 C_3A 的水化反应，延缓了水泥的凝结。

石膏的掺量主要受水泥中铝酸三钙含量的影响。如果石膏掺得太少，缓凝效果不显著；如果掺得太多，则会促使水泥凝结加快（二水石膏从溶液中快速结晶沉淀，使水泥浆体快速稠化，这种现象称为假凝），同时，还会在后期引起水泥石的膨胀而开裂破坏。

2.2.6.3 细度

细度是指水泥颗粒的粗细程度。在矿物组成相同的条件下，水泥颗粒越细，凝结硬化速度越快。这是因为水泥颗粒越细，总表面积越大，与水接触面积就大，水化迅速，因此，凝结硬化速度快，早期强度也高。但水泥颗粒越细，早期放热量和硬化收缩比较大，并且成本较高，储存期较短。所以，水泥的细度应适当。

2.2.6.4 温度和湿度

足够的温度和湿度有利于水泥的水化、凝结和硬化，有利于水泥的早期强度发展。当温度升高时，水化反应加快，凝结硬化速度快，水泥强度增长也较快；当温度降低时，水化作用减慢，凝结硬化速度变慢，水泥强度增长较缓慢。当温度低于 5℃时，水化、凝结和硬化大大减慢，当温度低于 0℃时，水化反应基本停止。同时，温度低于 0℃，水结冰膨胀，还会破坏水泥石结构。潮湿环境下，能保持足够的水分进行水化，生成的水化产物不断填充毛细孔而产生凝结和硬化；如果环境十分干燥，内部水分不断蒸发，导致水泥不能充分水化，同时凝结硬化将停止，严重时会使水泥石发生裂缝。

2.2.6.5　养护时间

保持环境的温度和湿度，使水泥石强度不断增长的措施，称为养护。水泥的水化是从表面开始向内部逐渐深入进行的，随着时间的延续，水泥的水化程度不断增大，水化产物不断增加并填充毛细孔，使毛细孔孔隙率逐渐减少，如图 2.5 所示。水泥加水拌合后前 4 周的水化速度较快，强度发展也快，4 周之后显著减慢。但是，只要维持适当的温度和湿度，水泥的水化将不断进行，其强度在几个月、几年甚至几十年后还会继续增长。

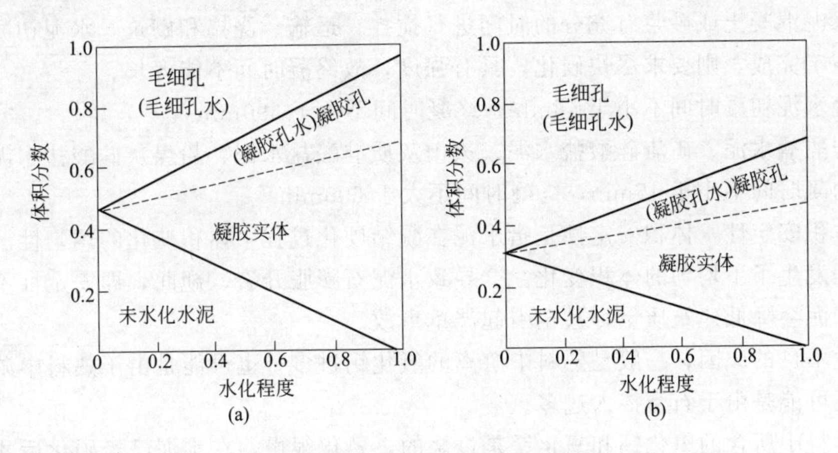

图 2.5　不同水化程度水泥石的组成

(a) 水胶比 0.4；(b) 水胶比 0.7

2.2.6.6　水胶比

水胶比是指水和水泥的质量比。水胶比越大，水泥浆越稀，水泥颗粒间水分增加，水泥凝结硬化时间延长。因而，测定水泥凝结时间应采用标准稠度的水泥浆。同时，水胶比越大，硬化后水泥石毛细孔越多，如图 2.5 所示，水泥石强度越低。

2.2.7　通用硅酸盐水泥的技术要求

根据《通用硅酸盐水泥》(GB 175—2007)，通用硅酸盐水泥技术要求如下。

2.2.7.1　化学指标

通用硅酸盐水泥化学指标应符合表 2.12 的规定。

表 2.12　通用硅酸盐水泥的化学指标

品　种	代号	不溶物/%	烧失量/%	三氧化硫/%	氧化镁/%	氯离子/%
硅酸盐水泥	P·Ⅰ	≤0.75	≤3.0	≤3.5	≤5.0①	≤0.06③
	P·Ⅱ	≤1.50	≤3.5			
普通硅酸盐水泥	P·O	—	≤5.0			
矿渣硅酸盐水泥	P·S·A	—	—	≤4.0	≤6.0②	
	P·S·B	—	—		—	
火山灰质硅酸盐水泥	P·P	—	—	≤3.5	≤6.0②	
粉煤灰硅酸盐水泥	P·F	—	—			
复合硅酸盐水泥	P·C	—	—			

① 如果水泥压蒸试验合格，则水泥中氧化镁的含量（质量分数）允许放宽至 6.0%。

② 如果水泥中氧化镁的含量（质量分数）大于 6.0%时，需进行水泥压蒸安定性试验并合格。

③ 当有特殊要求时，该指标由买卖双方协商确定。

2.2.7.2 含碱量（选择性指标）

水泥中碱含量按 $Na_2O+0.658K_2O$ 计算值表示。若使用活性骨料，用户要求提供低碱水泥时，水泥中的碱含量不大于 0.60%或由买卖双方协商确定。

2.2.7.3 物理指标

（1）凝结时间　初凝时间为水泥加水拌合时起至标准稠度净浆开始失去可塑性所需的时间；终凝时间为水泥加水拌合时起至标准稠度净浆完全失去可塑性并开始产生强度所需的时间。为使水泥混凝土或砂浆有充分的时间进行搅拌、运输、浇捣和砌筑，水泥初凝时间不能过短；当施工完成，则要求尽快硬化，具有强度，故终凝时间不能太长。

硅酸盐水泥初凝时间不小于 45min，终凝时间不大于 390min。

普通硅酸盐水泥、矿渣硅酸盐水泥、火山灰质硅酸盐水泥、粉煤灰硅酸盐水泥和复合硅酸盐水泥初凝时间不小于 45min，终凝时间不大于 600min。

（2）体积安定性　体积安定性是指水泥在凝结硬化过程中体积变化的均匀性。当水泥浆体硬化过程发生了不均匀的体积变化，会导致水泥石膨胀开裂、翘曲，即安定性不良。安定性不良的水泥会降低建筑质量，甚至引起严重事故。

安定性不良的原因，一般是熟料中游离的氧化钙过多，也可能是由于熟料中游离的氧化镁过多，还可能是由于石膏掺入过多。

水泥熟料中所含的氧化钙和氧化镁是过烧的，熟化很慢，在水泥已经硬化后才熟化，即与水反应生成氢氧化钙和氢氧化镁，该反应体积膨胀，使水泥发生不均匀体积变化。

当石膏掺量过多时，水泥硬化后，石膏会与固态的水化铝酸钙发生反应，生成高硫型水化硫铝酸钙（钙矾石），体积约增大 1.5 倍，引起水泥石开裂。

氧化镁和三氧化硫已做定量限制，见表 2.12，而游离氧化钙对安定性的影响不仅与其含量有关，还与水泥的煅烧温度有关，故难以定量。

用煮沸法检验水泥的体积安定性，煮沸法合格即为体积安定性合格。

（3）强度　不同品种不同强度等级的通用硅酸盐水泥，其不同龄期的强度应符合表 2.13 的规定。

表 2.13　通用硅酸盐水泥各龄期的强度要求

品　种	强度等级	抗压强度		抗折强度	
		3d	28d	3d	28d
硅酸盐水泥	42.5	≥17.0	42.5	≥3.5	≥6.5
	42.5R	≥22.0		≥4.0	
	52.5	≥23.0	52.5	≥4.0	≥7.0
	52.5R	≥27.0		≥5.0	
	62.5	≥28.0	62.5	≥5.0	≥8.0
	62.5R	≥32.0		≥5.5	
普通硅酸盐水泥	42.5	≥17.0	42.5	≥3.5	≥6.5
	42.5R	≥22.0		≥4.0	
	52.5	≥23.0	52.5	≥4.0	≥7.0
	52.5R	≥27.0		≥5.0	
矿渣硅酸盐水泥 火山灰质硅酸盐水泥 粉煤灰硅酸盐水泥	32.5	≥10.0	32.5	≥2.5	≥5.5
	32.5R	≥15.0		≥3.5	
	42.5	≥15.0	42.5	≥3.5	≥6.5
	42.5R	≥19.0		≥4.0	
	52.5	≥21.0	52.5	≥4.0	≥7.0
	52.5R	≥23.0		≥4.5	

续表

品　种	强度等级	抗压强度		抗折强度	
		3d	28d	3d	28d
复合硅酸盐水泥	32.5R	≥15.0	32.5	≥3.5	≥5.5
	42.5	≥15.0	42.5	≥3.5	≥6.5
	42.5R	≥19.0		≥4.0	
	52.5	≥21.0	52.5	≥4.0	≥7.0
	52.5R	≥23.0		≥4.5	

(4) 细度（选择性指标）　硅酸盐水泥和普通硅酸盐水泥的细度以比表面积表示，其比表面积不小于 $300m^2/kg$；矿渣硅酸盐水泥、火山灰质硅酸盐水泥、粉煤灰硅酸盐水泥和复合硅酸盐水泥以筛余表示，其 $80\mu m$ 方孔筛筛余不大于 10%或 $45\mu m$ 方孔筛筛余不大于 30%。

2.2.8　水泥混合材料

生产水泥时，为改善水泥性能、调节水泥强度等级而加到水泥中去的人工或天然的矿物材料，称为水泥混合材料。水泥混合材料包括活性混合材料、非活性混合材料和窑灰。

2.2.8.1　非活性混合材料

非活性混合材料与水泥成分不起化学作用（无化学活性）或化学作用很小，掺入硅酸盐水泥中仅起提高水泥产量、降低水泥强度等级和减少水化热等作用。

2.2.8.2　活性混合材料

磨细的活性混合材料与石灰或石膏拌合，加水后在常温下能生成具有水硬性的水化产物。活性混合材料具有潜在的水硬性，或称火山灰活性。常用的活性混合材料通常有粒化高炉矿渣、粉煤灰和火山灰质混合材料等。

粒化高炉矿渣：在高炉冶炼生铁时，所得以硅酸盐和铝酸盐为主要成分的熔融物，经淬冷成粒后，即为粒化高炉矿渣，简称矿渣。

粉煤灰：电厂煤粉炉烟道气体中收集的粉末称为粉煤灰。

火山灰质混合材料：火山灰是火山喷发的细粒碎屑的疏松沉积物，具有火山灰性的天然或人工矿物质材料为火山灰质混合材料。

2.2.8.3　活性混合材料的活性

活性混合材料中都含有大量活性氧化硅（SiO_2）和活性氧化铝（Al_2O_3）。与水调和后，它们本身不会硬化或硬化极为缓慢，强度很低。但在氢氧化钙溶液中，会发生显著的水化，而在饱和的氢氧化钙溶液中水化更快。反应式如下：

$$x\mathrm{Ca(OH)_2}+\mathrm{SiO_2}+m\mathrm{H_2O} = x\mathrm{CaO}\cdot\mathrm{SiO_2}\cdot(m+x)\mathrm{H_2O}$$

$$y\mathrm{Ca(OH)_2}+\mathrm{Al_2O_3}+n\mathrm{H_2O} = y\mathrm{CaO}\cdot\mathrm{Al_2O_3}\cdot(n+y)\mathrm{H_2O}$$

式中，x 和 y 值取决于混合材料的种类、石灰和活性氧化物的比例、环境温度及反应延续的时间等，一般为 1 或稍大；n 和 m 值一般为 1～2.5。

当液相中有石膏存在时，与水化铝酸钙反应生成水化硫铝酸钙。水化硫铝酸钙具有相当高的强度。

氢氧化钙和石膏的存在使活性混合材料潜在活性得以发挥，即氢氧化钙和石膏起着激发水化、促进凝结硬化的作用，故称为激发剂。

当水泥中掺入活性混合材料，首先是熟料矿物的水化，熟料矿物水化生成氢氧化钙，再与活性混合材料发生反应生成水化硅酸钙和水化铝酸钙；当有石膏存在时，还会进一步反应生成水化硫铝酸钙。

通常将水泥中活性混合材料参与的水化反应称为二次水化反应或二次反应。掺活性混合材料水泥的二次反应必须在水泥熟料水化生成氢氧化钙后才能进行。二次反应的速度较慢，水化放热量很低，反应消耗了水泥石中部分氢氧化钙。

2.2.9 通用硅酸盐水泥石的腐蚀与防止

水泥石在通常使用条件下有较好的耐久性，但长时间处于侵蚀性环境中，会逐渐受到腐蚀而破坏。

2.2.9.1 软水侵蚀（溶出性侵蚀）

雨水、雪水、蒸馏水、工厂冷凝水及含重碳酸盐很少的河水与湖水等都属于软水。水泥石长期与这些水接触时，最先溶出的是氢氧化钙（每升水能溶解氢氧化钙1.3g以上）。如在静水和无压水的情况下，水泥石周围的水易被溶出的氢氧化钙所饱和，氢氧化钙溶解作用中止，所以溶出仅限于表层，影响不大。但在流水及压力水作用下，氢氧化钙会不断溶解流失。而且，由于水泥石中氢氧化钙不断减少，还会引起其他水化物的分解，使水泥石结构遭受进一步的破坏。

当环境水的水质较硬，即水中重碳酸盐含量较高时，重碳酸盐与水泥石中的氢氧化钙反应：

$$Ca(OH)_2 + Ca(HCO_3)_2 \longrightarrow 2CaCO_3 + 2H_2O$$

生成的碳酸钙几乎不溶于水，积聚在水泥石的孔隙内形成密实保护层，阻止外界水的侵入和内部氢氧化钙的扩散析出。如环境水中含有一定数量的重碳酸盐时，这种“自动填实”作用可以制止溶出性侵蚀的继续进行。

2.2.9.2 盐类腐蚀

（1）硫酸盐的腐蚀　在海水、湖水、盐沼水、地下水、某些工业污水及流经高炉矿渣或煤渣的水中常含钠、钾、铵等的硫酸盐，它们与水泥石中的氢氧化钙起置换作用，生成硫酸钙：

$$SO_4^{2-} + Ca(OH)_2 \longrightarrow CaSO_4 + 2OH^-$$

反应生成的硫酸钙再与水泥石中固态水化铝酸钙作用生成高硫型水化硫铝酸钙（Aft）：

$$4CaO \cdot Al_2O_3 \cdot 12H_2O + 3CaSO_4 + 20H_2O \longrightarrow 3CaO \cdot Al_2O_3 \cdot 3CaSO_4 \cdot 31H_2O + Ca(OH)_2$$

生成的高硫型水化硫铝酸钙含有大量结晶水，比原有体积增加1.5倍以上，对水泥石产生极大的膨胀破坏作用。高硫型水化硫铝酸钙通常被称为“水泥杆菌”。

当水中硫酸盐浓度较高时，硫酸钙将在水泥石孔隙中直接结晶成二水石膏，体积膨胀，导致水泥石破坏。

（2）镁盐的腐蚀　海水和地下水中常含有大量镁盐，主要是硫酸镁和氯化镁，它们与水泥石中的氢氧化钙起复分解反应：

$$MgSO_4 + Ca(OH)_2 + 2H_2O \longrightarrow CaSO_4 \cdot 2H_2O + Mg(OH)_2$$

$$MgCl_2 + Ca(OH)_2 \longrightarrow CaCl_2 + Mg(OH)_2$$

生成的氢氧化镁松软无胶凝能力，氯化钙易溶于水，二水石膏则引起硫酸盐破坏。因此，硫酸镁对水泥石起镁盐和硫酸盐的双重腐蚀作用。

2.2.9.3 酸类腐蚀

（1）碳酸腐蚀　工业污水、地下水中常溶解有较多的二氧化碳。开始时，二氧化碳与水泥石中的氢氧化钙作用生成碳酸钙：

$$Ca(OH)_2 + CO_2 \longrightarrow CaCO_3 + H_2O$$

生成的碳酸钙再与含碳酸的水作用转变成碳酸氢钙：

$$CaCO_3 + CO_2 + H_2O \longrightarrow Ca(HCO_3)_2$$

生成的碳酸氢钙易溶于水。以上反应是可逆反应，当水中含有较多的碳酸并超过平衡浓度，则反应向右进行。这样，水泥石中的氢氧化钙通过转变为易溶的碳酸氢钙而溶失。碱度降低，还会导致水泥石中其他水化物的分解，使腐蚀作用进一步加剧。

(2) 一般酸腐蚀　水泥石中含有大量氢氧化钙，在酸性环境中会发生中和反应，故一般酸类对水泥石都有不同程度的腐蚀作用。

例如，盐酸与水泥石中的氢氧化钙作用：

$$2HCl + Ca(OH)_2 \longrightarrow CaCl_2 + H_2O$$

生成的氯化钙易溶于水。

再如，硫酸与水泥石中的氢氧化钙作用：

$$H_2SO_4 + Ca(OH)_2 \longrightarrow CaSO_4 \cdot 2H_2O$$

生成的二水石膏或者直接在水泥石孔隙中结晶产生膨胀，或者与水泥石中的水化铝酸钙作用，生成高硫型水化硫铝酸钙，其破坏性更大。

2.2.9.4 强碱的腐蚀

水泥石一般具有较好的抗碱能力，但铝酸盐含量较高的硅酸盐水泥遇到强碱（如氢氧化钠）作用后也会被破坏。氢氧化钠与水泥熟料中未水化的铝酸盐作用，生成易溶的铝酸钠：

$$3CaO \cdot Al_2O_3 + 6NaOH \longrightarrow 3Na_2O \cdot Al_2O_3 + 3Ca(OH)_2$$

当水泥石被氢氧化钠浸透后又在空气中干燥，氢氧化钠会残留在水泥石孔隙中，与空气中的二氧化碳发生反应生成碳酸钠：

$$2NaOH + CO_2 + H_2O \longrightarrow Na_2CO_3 + 2H_2O$$

碳酸钠在水泥石毛细孔中结晶沉淀，使水泥石胀裂。

除上述腐蚀类型外，对水泥石有腐蚀作用的还有其他一些物质，如糖、铵盐、动物脂肪、含环烷酸的石油产品等。

2.2.9.5 水泥石腐蚀的防止

水泥石腐蚀是一个极为复杂的物理化学过程，腐蚀时，很少仅有单一的腐蚀作用，往往是几种作用同时存在，互相影响。从以上分析可知，引起水泥石腐蚀的基本原因有两个方面：一是水泥石中存在着易腐蚀的组分，如氢氧化钙和水化铝酸钙；二是水泥石本身不密实，有很多毛细孔通道，侵蚀性介质易进入其内部。

根据对水泥石腐蚀原因的分析，可采取以下措施防止水泥石腐蚀。

① 根据腐蚀环境特点，合理选用水泥品种。当水泥石遭受软水等侵蚀时，可选用水化产物中氢氧化钙含量较少的水泥；水泥石如处于硫酸盐的腐蚀环境中，可采用铝酸三钙含量较低的抗硫酸盐水泥。另外，在硅酸盐水泥熟料中掺入活性混合材料，可提高水泥石对多种介质的抗腐蚀能力。

② 提高水泥石的密实程度。水泥石越密实，抗渗能力越强，环境的侵蚀介质也越难进入。因此，提高水泥石的密实程度，是阻止腐蚀性介质进入水泥石内部，提高水泥石耐腐蚀性的有力措施。

③ 加保护层。当腐蚀作用较强时，可用耐腐蚀性好的材料，如树脂、沥青、塑料等，在水泥石表面做耐腐蚀性高而且不透水的保护层，防止腐蚀性介质与水泥石接触。

2.2.10 通用硅酸盐水泥的技术性质及应用

2.2.10.1 硅酸盐水泥与普通硅酸盐水泥

普通硅酸盐水泥中混合材料掺量少，性能与硅酸盐水泥相近。在应用方面，普通硅酸盐水泥与硅酸盐水泥也相似。

① 凝结硬化快，早期强度高。硅酸盐水泥中含有较多的熟料，即硅酸三钙多，水泥的早期强度和后期强度均较高。适用于早期强度要求较高的工程、冬季施工的工程、高强混凝土和预应力混凝土工程等。

② 抗冻性好。硅酸盐水泥如采用较小的水胶比并经充分养护，可获得密实的水泥石。因此，适用于严寒地区遭受反复冻融的混凝土工程。

③ 水化热大。水泥在水化过程中放出的热称为水泥的水化热。硅酸盐水泥中含有大量的硅酸三钙和铝酸三钙，水化时放热速度快且放热量大，不宜用于大体积混凝土工程，但有利于冬期施工。

④ 耐腐蚀性差。硅酸盐水泥的水化产物中含有较多可被腐蚀的物质（氢氧化钙等），因此，它不宜用于经常与流动的淡水接触的工程，也不宜用于受海水和其他有侵蚀性介质作用的工程。

⑤ 耐热性差。硅酸盐水泥石中的水化产物在高温下发生脱水和分解，结构遭受破坏。具体说，250～300℃时，水化产物脱水，强度开始降低；700～1000℃时，水化产物分解，水泥石结构几乎完全破坏。所以，硅酸盐水泥不适用于高温环境的工程。

⑥ 干缩小。硅酸盐水泥在硬化过程中，形成大量的水化硅酸钙凝胶体，使水泥石密实，游离水分少。因此，硬化时干燥收缩小，不易产生干缩裂纹，可用于干燥环境中的混凝土工程。

⑦ 耐磨性好。硅酸盐水泥石结构致密、强度高，故耐磨性好，可用于路面与机场跑道等混凝土工程。

⑧ 抗碳化性能好。水泥石中氢氧化钙与空气中二氧化碳反应生成碳酸钙的过程称为碳化。硅酸盐水泥水化后，水泥石中含有较多的氢氧化钙，碳化时碱度下降不明显，因此抗碳化性能好。

2.2.10.2 矿渣硅酸盐水泥、火山灰质硅酸盐水泥、粉煤灰硅酸盐水泥和复合硅酸盐水泥

粒化高炉矿渣、火山灰质混合材料和粉煤灰等活性混合材料在水泥中表现出相似的活性，因此掺入活性混合材料的水泥有许多共同的性质。

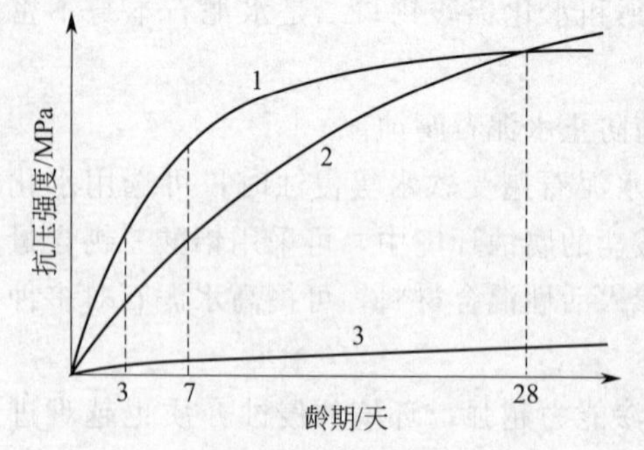

图 2.6 不同品种水泥强度发展规律
1—硅酸盐水泥；2—掺混合材料硅酸盐水泥；3—混合材料

① 早期强度低，后期强度发展较快。四种水泥中熟料含量少，且二次水化反应又比较慢，因此早期（3d，7d）强度低，但后期由于二次水化反应的不断进行及熟料的继续水化，水化产物不断增多，使得水泥强度发展较快，后期强度可赶上甚至超过同强度等级的硅酸盐水泥或普通硅酸盐水泥，如图 2.6 所示。活性混合材料掺量越多，早期强度降低越多，但后期强度增长越多，该四种水泥不宜用于早期强度要求高的混凝土工程。

② 水化热低。四种水泥中熟料含量少，而且活

性混合材料的二次水化反应速度慢，因而水化放热量低，放热时间比较分散，故适用于大体积混凝土工程。

③ 耐腐蚀性较好。四种水泥中熟料数量相对较少，硬化后的水泥石中，氢氧化钙和水化铝酸钙数量少，且活性混合材料的二次水化反应又消耗了部分氢氧化钙，使得水泥抵抗软水等侵蚀的能力有所提高。但当侵蚀介质浓度较高或耐腐蚀性要求高时，仍不宜使用。

④ 抗碳化性能差。四种水泥在硬化后，水泥石中氢氧化钙数量少，低碱度使碳化作用进行得较快且碳化深度也较大，故抵抗碳化的能力比较差。

⑤ 适合高温养护。四种水泥在低温下水化速度较慢，强度较低。采用高温养护（蒸汽养护、蒸压养护等）可大大加速活性混合材料的水化（二次反应对温度敏感），可显著加快硬化速度，且不影响后期强度的发展。

⑥ 抗冻性差，耐磨性差。矿渣和粉煤灰易泌水形成连通或粗大孔隙，火山灰一般需水量较大，水分蒸发后孔隙较多，导致抗冻性和耐磨性均较差。

除了以上共性外，由于掺入的活性混合材料不同，矿渣硅酸盐水泥、火山灰质硅酸盐水泥、粉煤灰硅酸盐水泥和复合硅酸盐水泥还有各自的特点。

① 矿渣硅酸盐水泥特性。磨细的粒化高炉矿渣有尖锐棱角，矿渣硅酸盐水泥中混合材料掺量较多，所以矿渣硅酸盐水泥的标准稠度需水量较大。矿渣呈玻璃体结构，保持水分的能力较差，故矿渣硅酸盐水泥易产生泌水而使水泥石中形成连通孔隙。因此，矿渣硅酸盐水泥抗渗性差，干缩较大。矿渣本身耐热性好，且矿渣硅酸盐水泥水化后氢氧化钙的含量少，故矿渣硅酸盐水泥的耐热性较好。矿渣硅酸盐水泥适用于有耐热要求的混凝土工程，不适用于有抗渗要求的混凝土工程。

② 火山灰质硅酸盐水泥特性。火山灰质混合材料颗粒较细，拌合需水量较大，水化硬化时吸收氢氧化钙而产生膨胀胶化作用，并且形成较多的水化硅酸钙凝胶，使水泥石结构致密，因而其抗渗性好。火山灰质硅酸盐水泥水化后含有较多的水化硅酸钙凝胶，如长期处于干燥环境，胶体会脱水，干缩大，易产生微细裂纹，且空气中的二氧化碳作用于表面的水化硅酸钙凝胶，生成碳酸钙和氧化硅粉状物，这种现象称为起粉。火山灰质硅酸盐水泥适用于有一般抗渗要求的工程，不宜用于干燥环境及耐磨性要求较高的混凝土工程。

③ 粉煤灰硅酸盐水泥特性。粉煤灰是表面致密的球形颗粒，流动性较好，同时，粉煤灰内比表面积较小，拌合需水量少，水泥的干缩较小。但由于粉煤灰吸附水的能力较差，故水泥保水性差，泌水性大。粉煤灰硅酸盐水泥不宜用于抗渗性及耐磨性要求高的混凝土工程。

④ 复合硅酸盐水泥特性。复合硅酸盐水泥的特性取决于所掺各种混合材料的种类、掺量及相对比例，与矿渣硅酸盐水泥、火山灰质硅酸盐水泥、粉煤灰硅酸盐水泥有不同程度的相似。在实际工程中，应根据所掺入的混合材料种类，参照其他掺混合材料硅酸盐水泥的使用范围和工程经验选用。

在混凝土工程中，通用硅酸盐水泥可参照表 2.14 选用。

2.2.11　通用硅酸盐水泥的运输与贮存

水泥在运输与贮存时不得受潮和混入杂物，不同品种和强度等级的水泥在贮运中避免混杂。

表 2.14　通用硅酸盐水泥的选用

混凝土工程特点或所处环境条件		优先选用	可以选用	不宜选用
普通混凝土	1. 在普通气候环境中的混凝土	普通硅酸盐水泥	矿渣硅酸盐水泥 火山灰质硅酸盐水泥 粉煤灰硅酸盐水泥 复合硅酸盐水泥	—
	2. 在干燥环境中的混凝土	普通硅酸盐水泥	粉煤灰硅酸盐水泥 复合硅酸盐水泥	火山灰质硅酸盐水泥 矿渣硅酸盐水泥
	3. 在高温高湿环境中或永远处在水下的混凝土	矿渣硅酸盐水泥	普通硅酸盐水泥 火山灰质硅酸盐水泥 粉煤灰硅酸盐水泥 复合硅酸盐水泥	—
	4. 厚大体积的混凝土	粉煤灰硅酸盐水泥 矿渣硅酸盐水泥 火山灰质硅酸盐水泥 复合硅酸盐水泥	普通硅酸盐水泥	硅酸盐水泥
有特殊要求的混凝土	1. 要求快硬、高强（大于 C60）的混凝土	硅酸盐水泥	普通硅酸盐水泥	矿渣硅酸盐水泥 火山灰质硅酸盐水泥 粉煤灰硅酸盐水泥 复合硅酸盐水泥
	2. 严寒地区的露天混凝土，寒冷地区的处在水位升降范围内的混凝土	普通硅酸盐水泥	矿渣硅酸盐水泥	火山灰质硅酸盐水泥 粉煤灰硅酸盐水泥
	3. 严寒地区处在水位升降范围内的混凝土	普通硅酸盐水泥	—	火山灰质硅酸盐水泥 矿渣硅酸盐水泥 粉煤灰硅酸盐水泥 复合硅酸盐水泥
	4. 有抗渗性要求的混凝土	普通硅酸盐水泥 火山灰质硅酸盐水泥	—	矿渣硅酸盐水泥
	5. 有耐磨性要求的混凝土	硅酸盐水泥 普通硅酸盐水泥	矿渣硅酸盐水泥	火山灰质硅酸盐水泥 粉煤灰硅酸盐水泥
	6. 受侵蚀性介质作用的混凝土	矿渣硅酸盐水泥 火山灰质硅酸盐水泥 粉煤灰硅酸盐水泥 复合硅酸盐水泥	—	硅酸盐水泥

即使在良好的贮存条件下，也不可贮存过久，因为水泥会吸收空气中的水分和二氧化碳，使颗粒表面水化甚至碳酸化，丧失胶凝能力，强度大为降低。一般水泥的贮存期为三个月，超过三个月以后，水泥的强度会有不同程度的下降。使用存放三个月以上的水泥，必须重新检验其强度，否则不得使用。

2.3　其他品种水泥

2.3.1　白色硅酸盐水泥与彩色硅酸盐水泥

2.3.1.1　白色硅酸盐水泥

由氧化铁含量少的硅酸盐水泥熟料、适量石膏及符合标准要求的混合材料磨细制成的水硬性胶凝材料称为白色硅酸盐水泥（简称“白水泥”），代号 P·W。

白水泥生产的技术关键是严格限制着色氧化物（如 Fe_2O_3、MnO、CrO_2、TiO_2 等）

的含量。为了保证白色，首先，采用含极少量着色物质的原料，如纯净的高岭土、纯石英砂、纯石灰石等；其次，在煅烧、粉磨和运输时均应防止着色物质混入，如常采用天然气、煤气或重油作燃料，磨机中用硅质石材或坚硬的白色陶瓷作为衬板及研磨体，不能用钢板和钢球，以免铁锈混入；另外，在熟料磨细时可加入总量不超过10%的石灰石或窑灰。

白水泥与通用硅酸盐水泥的性质基本相同。根据《白色硅酸盐水泥》（GB/T 2015—2005），白色硅酸盐水泥分为32.5、42.5和52.5三个强度等级，各龄期强度应不低于表2.15的规定。水泥白度值应不低于87。

表2.15 白色硅酸盐水泥强度要求

强度等级	抗压强度/MPa		抗折强度/MPa	
	3d	28d	3d	28d
32.5	12.0	32.5	3.0	6.0
42.5	17.0	42.5	3.5	6.5
52.5	22.0	52.5	4.0	7.0

2.3.1.2 彩色硅酸盐水泥

凡由硅酸盐水泥熟料及适量石膏（或白色硅酸盐水泥）、混合材料及着色剂磨细或混合制成的带有色彩的水硬性胶凝材料称为彩色硅酸盐水泥。

根据着色方法不同，彩色硅酸盐水泥有两种生产方式，即染色法和直接烧成法。染色法是将硅酸盐水泥熟料（白水泥熟料或普通水泥熟料）、适量石膏和耐碱矿物颜料共同磨细制得彩色水泥；直接烧成法是在水泥生料中加入着色原料而直接煅烧成彩色水泥熟料，再加入适量石膏共同磨细制成彩色水泥。

彩色硅酸盐水泥与通用硅酸盐水泥的性质基本相同。根据《彩色硅酸盐水泥》（JC/T 870—2012），彩色硅酸盐水泥分为27.5、32.5和42.5三个强度等级，各龄期强度应不低于表2.16的规定。另外，对于彩色硅酸盐水泥，还提出了色差和颜色耐久性要求。

表2.16 彩色硅酸盐水泥强度要求

强度等级	抗压强度/MPa		抗折强度/MPa	
	3d	28d	3d	28d
27.5	7.5	27.5	2.0	5.0
32.5	10.0	32.5	2.5	5.5
42.5	15.0	42.5	3.5	6.5

2.3.1.3 白色和彩色硅酸盐水泥的应用

白色和彩色硅酸盐水泥，主要用于建筑物内外的表面装饰工程，如地面、楼面、楼梯、墙、柱及台阶等。可制成灰浆、砂浆及混凝土，也可用于雕塑及装饰部件或制品。使用白色或彩色硅酸盐水泥时，应以彩色大理石、石灰石、白云石等彩色石子和石英砂作为粗细骨料，既可以在工地现场浇制，也可以在工厂预制。

2.3.2 抗硫酸盐硅酸盐水泥

抗硫酸盐硅酸盐水泥按其抗硫酸盐性能分为中抗硫酸盐硅酸盐水泥和高抗硫酸盐硅酸盐水泥两类。

中抗硫酸盐硅酸盐水泥是指以特定矿物组成的硅酸盐水泥熟料，加入适量石膏，磨细制成的具有抵抗中等浓度硫酸根离子侵蚀的水硬性胶凝材料，简称中抗硫酸盐水泥，代号P·MSR。高抗硫酸盐硅酸盐水泥是指以特定矿物组成的硅酸盐水泥熟料，加入适量石膏，磨细制成的具有抵抗较高浓度硫酸根离子侵蚀的水硬性胶凝材料，简称高抗硫酸盐水泥，代号 P·HSR。

根据《抗硫酸盐硅酸盐水泥》(GB 748—2005)，抗硫酸盐硅酸盐水泥中硅酸三钙和铝酸三钙含量应符合表 2.17 规定。

表 2.17 抗硫酸盐硅酸盐水泥中硅酸三钙和铝酸三钙含量（质量分数）

分类	硅酸三钙含量/%	铝酸三钙含量/%
中抗硫酸盐水泥	≤55.0	≤5.0
高抗硫酸盐水泥	≤50.0	≤3.0

根据《抗硫酸盐硅酸盐水泥》(GB 748—2005)，抗硫酸盐硅酸盐水泥强度等级有 32.5 和 42.5 两个等级，各龄期的抗压强度和抗折强度应不低于表 2.18 的规定。

表 2.18 抗硫酸盐硅酸盐水泥的强度要求

分类	强度等级	抗压强度/MPa		抗折强度/MPa	
		3d	28d	3d	28d
中抗硫酸盐水泥	32.5	10.0	32.5	2.5	6.0
高抗硫酸盐水泥	42.5	15.0	42.5	3.0	6.5

抗硫酸盐水泥适用于受硫酸盐侵蚀的海港、水利、地下、隧道、涵洞、道路和桥梁基础等工程。

2.3.3 中热硅酸盐水泥、低热硅酸盐水泥及低热矿渣硅酸盐水泥

中热硅酸盐水泥是指以适当成分的硅酸盐水泥熟料，加入适量石膏，磨细制成的具有中等水化热的水硬性胶凝材料，简称中热水泥，代号 P·MH。中热水泥熟料中，硅酸三钙($3CaO\cdot SiO_2$)的含量应不超过 55%，铝酸三钙($3CaO\cdot Al_2O_3$)的含量应不超过 6%，游离氧化钙的含量应不超过 1.0%。

低热硅酸盐水泥是指以适当成分的硅酸盐水泥熟料，加入适量石膏，磨细制成的具有低水化热的水硬性胶凝材料，简称低热水泥，代号 P·LH。低热水泥熟料中，硅酸二钙($2CaO\cdot SiO_2$)的含量应不小于 40%，铝酸三钙($3CaO\cdot Al_2O_3$)的含量应不超过 6%，游离氧化钙的含量应不超过 1.0%。

低热矿渣硅酸盐水泥是指以适当成分的硅酸盐水泥熟料，加入粒化高炉矿渣、适量石膏，磨细制成的具有低水化热的水硬性胶凝材料，简称低热矿渣水泥，代号 P·SLH。水泥中粒化高炉矿渣掺加量按质量分数计为 20%～60%，允许用不超过混合材料总量 50%的粒化电炉磷渣或粉煤灰代替部分粒化高炉矿渣。低热矿渣水泥熟料中，铝酸三钙($3CaO\cdot Al_2O_3$)的含量应不超过 8%，游离氧化钙含量应不超过 1.2%，氧化镁的含量不宜超过 5.0%；如果水泥压蒸安定性试验合格，在熟料中氧化镁的含量允许放宽到 6.0%。

根据《中热硅酸盐水泥、低热硅酸盐水泥、低热矿渣硅酸盐水泥》(GB 200—2003)，中热水泥和低热水泥强度等级为 42.5，低热矿渣硅酸盐水泥强度等级为 32.5，各龄期的抗压强度和抗折强度应不低于表 2.19 的规定。三种水泥各龄期水化热应不大于表 2.20 的规定。

表 2.19 中热水泥、低热水泥、低热矿渣水泥的强度要求

品种	强度等级	抗压强度/MPa			抗折强度/MPa		
		3d	7d	28d	3d	7d	28d
中热水泥	42.5	12.0	22.0	42.5	3.0	4.5	6.5
低热水泥	42.5	—	13.0	42.5	—	3.5	6.5
低热矿渣水泥	32.5	—	12.0	32.5	—	3.0	5.5

表 2.20　中热水泥、低热水泥、低热矿渣水泥的水化热要求

品种	强度等级	水化热/(kJ/kg)		
		3d	7d	28d
中热水泥	42.5	251	293	—
低热水泥	42.5	230	260	310
低热矿渣水泥	32.5	197	230	—

中热硅酸盐水泥、低热硅酸盐水泥及低热矿渣硅酸盐水泥的主要特点是水化热低，体积稳定性好，不易开裂，适用于大坝等大体积混凝土工程。

2.3.4　道路硅酸盐水泥

道路硅酸盐水泥是指由道路硅酸盐水泥熟料、适量石膏、符合标准规定的混合材料磨细制成的水硬性胶凝材料，简称道路水泥，代号 P·R。

道路水泥熟料中铝酸三钙（$3CaO \cdot Al_2O_3$）的含量应不超过 5.0%，铁铝酸四钙（$4CaO \cdot Al_2O_3 \cdot Fe_2O_3$）的含量应不低于 16.0%，游离氧化钙的含量，旋窑生产应不大于 1.0%，立窑生产应不大于 1.8%。道路水泥中活性混合材料的掺加量按质量分数计为 0～10%。

道路水泥的技术要求与通用硅酸盐水泥基本相同。根据《道路硅酸盐水泥》(GB 13693—2005)，道路水泥分为 32.5，42.5 和 52.5 三个强度等级，各龄期的抗压强度和抗折强度应不低于表 2.21 的规定。另外，对于道路硅酸盐水泥，还提出了干缩率和耐磨性要求。

表 2.21　道路硅酸盐水泥强度要求

强度等级	抗压强度/MPa		抗折强度/MPa	
	3d	28d	3d	28d
32.5	16.0	32.5	3.5	6.5
42.5	21.0	42.5	4.0	7.0
52.5	26.0	52.5	5.0	7.5

道路水泥的主要特点是抗折强度高，干缩性小，耐磨性好，抗冲击性、抗冻性、抗硫酸盐能力较好，道路水泥适用于道路路面、机场跑道道面、车站、广场、停车场等对耐磨、抗干缩性能要求高的混凝土工程。

2.3.5　铝酸盐水泥

凡以铝酸钙为主的铝酸盐水泥熟料，磨细制成的水硬性胶凝材料称为铝酸盐水泥，代号 CA。根据需要也可在磨制 Al_2O_3 含量大于 68%的水泥时掺加适量的 α-Al_2O_3 粉，这种水泥快硬、高强、耐腐蚀、耐热性能好。

铝酸盐水泥熟料是以铝矾土和石灰石为原料，经煅烧制得以铝酸钙为主要成分、氧化铝含量约 50%的熟料。铝酸盐水泥的主要矿物成分为铝酸一钙（$CaO \cdot Al_2O_3$，CA），另外还含有其他铝酸盐，如 $CaO \cdot 2Al_2O_3$（CA_2）、$2CaO \cdot Al_2O_3 \cdot SiO_2$（$C_2AS$）、$12CaO \cdot 7Al_2O_3$（$C_{12}A_7$）等，有时还含有很少量的 $2CaO \cdot SiO_2$ 等。

2.3.5.1　铝酸盐水泥的水化

铝酸盐水泥的水化和硬化，主要是铝酸一钙的水化及其水化物的结晶，一般认为其水化产物随温度的不同而不同。

当温度小于 20℃时，其反应如下：

$$\underset{\text{铝酸一钙}}{CaO \cdot Al_2O_3} + 10H_2O \longrightarrow \underset{\text{水化铝酸钙 (}CAH_{10}\text{)}}{CaO \cdot Al_2O_3 \cdot 10H_2O}$$

当温度在 20～30℃时，其反应如下：

$$2(CaO \cdot Al_2O_3)+11H_2O \longrightarrow \underset{\text{水化铝酸二钙}(C_2AH_8)}{2CaO \cdot Al_2O_3 \cdot 8H_2O}+Al_2O_3 \cdot 3H_2O$$

当温度大于 30℃时，其反应如下：

$$3(CaO \cdot Al_2O_3)+12H_2O \longrightarrow \underset{\text{水化铝酸三钙}(C_3AH_6)}{3CaO \cdot Al_2O_3 \cdot 6H_2O}+2(Al_2O_3 \cdot 3H_2O)$$

一般情况下，当环境温度低于 30℃时，铝酸一钙水化主要生成 CAH_{10} 和 C_2AH_8 两种水化物，两种水化物同时形成并共存，其相对比例随温度的改变而改变。当环境温度高于 30℃时，水化产物主要为 C_3AH_6。

水化物 CAH_{10} 或 C_2AH_8 都属六方晶系，具有细长的针状和板状结构，能互相结成坚固的结晶连生体，形成晶体骨架。析出的氢氧化铝凝胶难溶于水，填充于晶体骨架的空隙中，形成较密实的水泥石结构。

值得注意的是，CAH_{10} 和 C_2AH_8 都是不稳定的，会逐渐转化为比较稳定的 C_3AH_6，这个转化过程随着环境温度的上升而加速。晶体转化的结果，使水泥石析出游离水，增大孔隙率；同时，C_3AH_6 本身强度较低，所以水泥石的强度明显下降。

2.3.5.2 铝酸盐水泥的技术要求

铝酸盐水泥通常为黄色或褐色，也有呈灰色的，铝酸盐水泥的密度和堆积密度与普通硅酸盐水泥相近。根据《铝酸盐水泥》（GB/T 201—2015），铝酸盐水泥按照 Al_2O_3 的质量分数分为四个品种：CA50（$50\% \leqslant Al_2O_3 < 60\%$），CA60（$60\% \leqslant Al_2O_3 < 68\%$），CA70（$68\% \leqslant Al_2O_3 < 77\%$），CA80（$77\% \leqslant Al_2O_3$）。各品种铝酸盐水泥应满足以下技术要求。

（1）化学成分 铝酸盐水泥的化学成分按水泥质量分数计应符合表 2.22 要求。

表 2.22 铝酸盐水泥化学成分

<table>
<tr><th>类型</th><th>Al_2O_3/%</th><th>SiO_2/%</th><th>Fe_2O_3/%</th><th>(Na_2O+0.658K_2O)/%</th><th>S(全硫)%</th><th>Cl^-/%</th></tr>
<tr><td>CA50</td><td>≥50 且<60</td><td>≤9.0</td><td>≤3.0</td><td>≤0.50</td><td>≤0.2</td><td rowspan="4">≤0.06</td></tr>
<tr><td>CA60</td><td>≥60 且<68</td><td>≤5.0</td><td>≤2.0</td><td rowspan="3">≤0.40</td><td rowspan="3">≤0.1</td></tr>
<tr><td>CA70</td><td>≥68 且<77</td><td>≤1.0</td><td>≤0.7</td></tr>
<tr><td>CA80</td><td>≥77</td><td>≤0.5</td><td>≤0.5</td></tr>
</table>

（2）细度 比表面积不小于 $300m^2/kg$ 或 $45\mu m$ 筛余不大于 20%，有争议时以比表面积为准。

（3）凝结时间 铝酸盐水泥凝结时间应符合表 2.23 要求。

表 2.23 铝酸盐水泥凝结时间

<table>
<tr><th colspan="2">类 型</th><th>初凝时间/min</th><th>终凝时间/min</th></tr>
<tr><td colspan="2">CA50</td><td>≥30</td><td>≤360</td></tr>
<tr><td rowspan="2">CA60</td><td>CA60-Ⅰ</td><td>≥30</td><td>≤360</td></tr>
<tr><td>CA60-Ⅱ</td><td>≥60</td><td>≤1080</td></tr>
<tr><td colspan="2">CA70</td><td>≥30</td><td>≤360</td></tr>
<tr><td colspan="2">CA80</td><td>≥30</td><td>≤360</td></tr>
</table>

（4）强度　各类型铝酸盐水泥各龄期强度指标应符合表 2.24 的规定。

表 2.24　铝酸盐水泥的强度要求

类型		抗压强度/MPa				抗折强度/MPa			
		6h	1d	3d	28d	6h	1d	3d	28d
CA50	CA50-Ⅰ	20①	≥40	≥50	—	≥3.0①	≥5.5	≥6.5	—
	CA50-Ⅱ		≥50	≥60	—		≥6.5	≥7.5	—
	CA50-Ⅲ		≥60	≥70	—		≥7.5	≥8.5	—
	CA50-Ⅳ		≥70	≥80	—		≥8.5	≥9.5	—
CA60	CA60-Ⅰ	—	≥65	≥85	—	—	≥7.0	≥10.0	—
	CA60-Ⅱ	—	≥20	≥45	≥85	—	≥2.5	≥5.0	≥10.0
CA70		—	≥30	≥40	—	—	≥5.0	≥6.0	—
CA80		—	≥25	≥30	—	—	≥4.0	≥5.0	—

① 当用户要求时，生产厂应提供试验结果。

2.3.5.3　铝酸盐水泥的主要技术性质

① 早期强度增长快，长期强度有降低的趋势。铝酸盐水泥 1d 龄期即可达到其最高强度的 75%以上，水化 5～7d 以后，水化产物的数量很少增加，强度即趋向稳定。因此铝酸盐水泥早期强度增长得很快，而后期强度增长得不太显著。同时，晶体转化使水泥石强度下降，故铝酸盐水泥后期强度则呈下降趋势。使用铝酸盐水泥时，要控制其硬化温度，最适宜的硬化温度为 15℃，一般不得超过 25℃，如果温度过高，会发生晶体转化，使强度降低，湿热条件下，强度下降更为剧烈。

② 水化热大，放热快。铝酸盐水泥硬化时放热量较大，而且集中在早期放出，1d 内即可放出水化热总量的 70%～80%，而硅酸盐水泥仅放出水化热总量的 25%～50%。

③ 耐热性好。铝酸盐水泥不宜在高于 25℃ 温度下施工，但硬化后的铝酸盐水泥石在 1000℃以上仍能保持较高强度。这是因为在高温下各组分发生固相反应成烧结状态，代替了原来的水化产物，所以铝酸盐水泥有较好的耐热性。

④ 耐硫酸盐腐蚀性强。铝酸盐水泥水化时不析出氢氧化钙，而且硬化后结构致密，因此它具有较好的耐硫酸盐及耐海水的腐蚀能力。同时，对碳酸水、稀盐酸等侵蚀性溶液也有很好的稳定性，但晶体转化后，孔隙率增加，耐蚀性也相应降低。

⑤ 耐碱性差。铝酸盐水泥耐碱性极差，与碱溶液接触，甚至在混凝土骨料内含有少量碱性化合物，都会引起不断的侵蚀。

2.3.5.4　铝酸盐水泥的应用

根据铝酸盐水泥的技术性质，铝酸盐水泥主要适用于紧急军事工程（如筑路、搭桥等）、抢修工程（如堵漏等），也可用于配制耐热混凝土（如高温窑炉炉衬等），还可用于寒冷地区冬期施工的混凝土工程。

铝酸盐水泥不宜用于大体积混凝土工程，也不可用于长期承重的结构及高温高湿环境中施工的工程，不可用于与碱性溶液接触的工程，另外，铝酸盐水泥制品不能用蒸汽养护。

铝酸盐水泥水化过程中遇到氢氧化钙会产生闪凝（所谓闪凝，即浆体迅速失去流动性，以致无法施工），并生成高碱性的水化铝酸钙，使混凝土开裂甚至破坏。因此，施工时不得与石灰和硅酸盐水泥混合，也不得与尚未硬化的硅酸盐水泥接触。

复习思考题

2.1 气硬性胶凝材料和水硬性胶凝材料的最根本区别是什么？

2.2 生石灰熟化时为什么要进行陈伏？陈伏期间应注意什么？

2.3 为什么石灰的硬化速度比较慢？

2.4 石灰是气硬性胶凝材料，但灰土为什么能在潮湿环境中作基础垫层？

2.5 建筑石膏的凝结硬化过程是如何发生的？

2.6 为什么建筑石膏具有良好的防火性？

2.7 水玻璃有哪些技术性质？

2.8 通用硅酸盐水泥包括哪些品种水泥？

2.9 在通用硅酸盐水泥生产过程中，“两磨一烧”指的是什么？

2.10 硅酸盐水泥熟料由哪些主要矿物组成？这些矿物成分的水化产物分别是什么？

2.11 现有A、B两厂生产硅酸盐水泥熟料，其矿物组成见表2.25。试估计这两厂所生产的硅酸盐水泥的强度增长和水化热等性质有何差异？为什么？

表2.25 硅酸盐水泥熟料矿物组成

生产厂	熟料矿物组成/%			
	C_3S	C_2S	C_3A	C_4AF
A厂	53	20	11	16
B厂	42	33	7	18

2.12 生产通用硅酸盐水泥时，为什么要加入适量石膏？

2.13 影响硅酸盐水泥凝结硬化的主要因素有哪些？如何影响？

2.14 为什么说水泥的初凝时间不能太短，而终凝时间不能太迟？

2.15 引起水泥体积安定性不良的原因是什么？

2.16 常用的活性混合材料有哪些？它们如何发挥作用？

2.17 水泥石的软水侵蚀破坏是如何发生的？

2.18 硫酸镁如何引起水泥石的腐蚀破坏？

2.19 为什么铝酸盐水泥早期强度增长快，而长期强度有降低趋势？

2.20 有下列混凝土构件和工程，试分别选用合适的水泥品种，并说明理由。①现浇混凝土楼板、梁、柱；②大体积混凝土工程；③紧急抢修工程或紧急军事工程；④与硫酸盐介质接触的混凝土工程；⑤采用湿热养护的混凝土构件；⑥高炉基础；⑦道路工程。

开放讨论

谈一谈波特兰水泥的发展过程。

第3章 水泥混凝土

【学习要点】

1. 掌握普通混凝土组成材料的技术性质及要求。
2. 掌握混凝土拌合物和易性等性能。
3. 掌握硬化混凝土的强度、变形及耐久性等性能。
4. 了解混凝土配合比设计基本要求及相关规定。
5. 掌握普通混凝土配合比设计方法。
6. 了解其他品种混凝土。

混凝土是由胶凝材料、粗细骨料和水按适当比例配合，拌制成拌合物，经一定时间硬化而成的人造石材。其中，胶凝材料为水泥的混凝土称为水泥混凝土。

混凝土的种类很多，按所用胶凝材料分为水泥混凝土、沥青混凝土、聚合物混凝土及聚合物水泥混凝土等；按表观密度大小分为重混凝土（表观密度大于2600kg/m^3）、普通混凝土（表观密度为1950～2500kg/m^3）、轻混凝土（表观密度小于1950kg/m^3）；按生产方法分为现场搅拌混凝土和预拌混凝土；按施工工艺分为普通浇筑混凝土、泵送混凝土、喷射混凝土及碾压混凝土等；按用途分为结构混凝土、防水混凝土、耐热混凝土、防辐射混凝土、水工混凝土及道路混凝土等。此外，混凝土还可以有其他形式的分类方式。

混凝土的主要特点是原材料来源丰富，造价低廉，混凝土中砂、石等地方材料约占80%以上，符合就地取材和经济的原则；性能可按需要调节，即通过调整原材料种类和比例，配制不同性能的混凝土，满足不同工程的需要；混凝土在凝结硬化前具有良好的塑性，可浇筑成各种形状和大小的构件或结构；硬化后具有较高的强度；硬化后具有较高的耐久性；热膨胀系数与钢筋接近，且与钢筋有牢固的黏结力，两者结合在一起共同工作，可制成钢筋混凝土，扩大了混凝土的应用范围。以上是混凝土的优点，混凝土的主要不足之处是自重大，比强度小，抗拉强度低，生产周期比较长。

3.1 普通混凝土的组成材料

普通混凝土的基本组成材料是水泥、砂、石和水，另外还常掺入适量的外加剂和掺合料。

在混凝土中，砂、石起骨架作用，抵抗水泥凝结硬化过程中产生的体积变化，增加混凝土的体积稳定性；水泥和水形成水泥浆，水泥浆包裹在骨料表面并填充其空隙。硬化前，水泥浆起润滑作用，赋予拌合物一定的流动性，便于施工；硬化后，将骨料胶结成坚实的整体，使混凝土产生强度。硬化后混凝土的组织结构见图3.1。

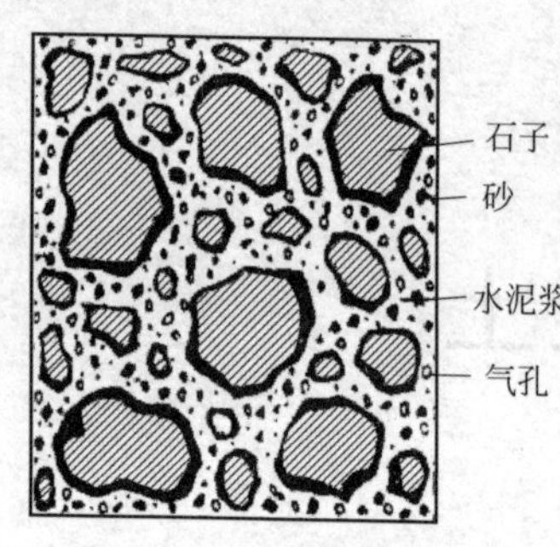

图 3.1　硬化混凝土结构

掺入适宜的外加剂和掺合料，目的是为了改善混凝土的某些性能，如和易性、强度及耐久性等。在现代混凝土中，外加剂及掺合料已成为混凝土的不可缺少的组分，通常被称为混凝土的第五组分和第六组分。活性掺合料在一定条件下，可进行水化反应，生成具有胶凝特性的物质，故亦称其为辅助胶凝材料。

混凝土的质量及技术性能在很大程度上取决于组成材料的性能，因此了解这些材料的性质及质量要求非常重要。

3.1.1　水泥

3.1.1.1　水泥品种

配制混凝土时，应根据工程的特点、部位、工程所处环境状况及施工条件，依据各种水泥的特性合理选用水泥品种。配制普通混凝土通常使用通用水泥，即硅酸盐水泥、普通硅酸盐水泥、矿渣硅酸盐水泥、火山灰质硅酸盐水泥、粉煤灰硅酸盐水泥及复合硅酸盐水泥，必要时也可使用其他品种水泥。水泥的具体选用参见表 2.11。

3.1.1.2　水泥强度等级

水泥强度等级应与混凝土的设计强度等级相适应。水泥强度等级选择的一般原则是：配制高强度等级的混凝土，选用高强度等级的水泥；配制低强度等级的混凝土，选用低强度等级的水泥。

水泥强度等级的选择既要满足混凝土强度的要求，又要兼顾和易性、耐久性及经济性等方面的要求。如果用低强度等级的水泥配制高强度等级的混凝土，会使水泥用量过多，非但不经济，还会影响混凝土其他技术性能（如产生较大的收缩和水化热等）。如果用高强度等级的水泥配制低强度等级的混凝土，会使水泥用量偏少，使得混凝土拌合物和易性变差，不易获得均匀密实的混凝土，影响混凝土的耐久性。如必须用高强度等级的水泥配制低强度等级的混凝土，可掺入一定数量的矿物掺合料。

3.1.2　骨料

普通混凝土所用骨料按粒径大小分为两种，公称粒径小于 5.00mm 的骨料称为细骨料，亦称砂；公称粒径大于 5.00mm 的骨料称为粗骨料，亦称石。

细骨料包括天然砂和人工砂。天然砂是由天然岩石长期风化等自然条件作用而形成的，按其产源不同，可分为河砂、海砂和山砂。河砂和海砂由于长期受水流的冲刷作用，颗粒表面比较圆滑、洁净，且产源较广，但海砂中常含有贝壳碎片及盐类等有害杂质；山砂颗粒多棱角，表面粗糙，砂中含泥量及有机质等有害杂质较多。土木工程中多采用河砂作为细骨料。人工砂是岩石经除土开采、机械破碎、筛分而成的，颗粒尖锐，多棱角，较洁净，但片状颗粒及细粉含量较多。一般只在当地缺乏天然砂源时，才采用人工砂。

粗骨料包括卵石和碎石。卵石是由天然岩石经自然条件长期作用而形成的；碎石是由天然岩石或卵石经破碎、筛分而形成的。与碎石比较，卵石表面光滑，但卵石中有机杂质含量比较多。

粗、细骨料的总体积一般占混凝土体积的 60%～80%，所以骨料质量的优劣，将直接影响到混凝土各项性能的好坏。为此，我国在《普通混凝土用砂、石质量及检验方法标准》(JGJ 52—2006) 中，对砂、石提出了明确的技术质量要求。

3.1.2.1　泥和泥块含量

含泥量是指砂、石中公称粒径小于 80μm 颗粒的含量。泥块含量是指，砂中公称粒径大于 1.25mm，经水洗、手捏后变成小于 630μm 的颗粒的含量；石中公称粒径大于 5.00mm，经水洗、手捏后变成小于 2.50mm 的颗粒的含量。

骨料中的泥颗粒极细，会黏附在骨料表面，影响水泥石与骨料之间的胶结能力，并增加拌合用水量；而泥块会在混凝土中形成薄弱部分，严重影响混凝土质量。因此，《普通混凝土用砂、石质量及检验方法标准》（JGJ 52—2006）中，对骨料中的泥和泥块的含量做出规定，见表 3.1 及表 3.2。

表 3.1　骨料中含泥量

混凝土强度等级	砂中含泥量(按质量计)/%	碎石或卵石中含泥量(按质量计)/%
≥C60	≤2.0	≤0.5
C55～C30	≤3.0	≤1.0
≤C25	≤5.0	≤2.0

表 3.2　骨料中泥块含量

混凝土强度等级	砂中泥块含量(按质量计)/%	碎石或卵石中泥块含量(按质量计)/%
≥C60	≤0.5	≤0.2
C55～C30	≤1.0	≤0.5
≤C25	≤2.0	≤0.7

3.1.2.2　有害物质含量

骨料中除不应混有草根、树叶、树枝、塑料、煤块、矿渣等杂物外，还应限制骨料中所含的硫化物、硫酸盐和有机物等的含量，限制砂中云母、轻物质（表观密度小于 2000kg/m^3）的含量。如果是海砂，还应考虑氯盐的含量。

硫化物及硫酸盐对水泥石有腐蚀作用；有机物通常是植物的腐烂产物，影响水泥的正常水化；云母为表面光滑的层片状物质，与水泥石的黏结较差；轻物质本身强度低，会影响混凝土的强度；氯离子对钢筋有腐蚀作用。

《普通混凝土用砂、石质量及检验方法标准》（JGJ 52—2006）中，对骨料中有害物质的含量做出规定，见表 3.3 及表 3.4。

表 3.3　砂中有害物质含量

项目	指标
云母含量(按质量计)/%	≤2.0
轻物质含量(按质量计)/%	≤1.0
硫化物及硫酸盐含量(折算成 SO_3,按质量计)/%	≤1.0
有机物含量(用比色法试验)	颜色不应深于标准色。当颜色深于标准色时,应按水泥胶砂强度试验方法进行强度对比试验,抗压强度比不应低于 0.95

表 3.4　碎石或卵石中有害物质含量

项目	指标
硫化物及硫酸盐含量(折算成 SO_3 按质量计)/%	≤1.0
卵石中有机物含量(用比色法试验)	颜色不应深于标准色。当颜色深于标准色时,应配制成混凝土进行强度对比试验,抗压强度比不应低于 0.95

3.1.2.3　坚固性

坚固性是指骨料在气候、环境变化或其他物理因素作用下抵抗破裂的能力。也就是说，温度变化、干湿变化及冻融循环等因素作用都会引起骨料的破坏。《普通混凝土用砂、石质量及检验方法标准》（JGJ 52—2006）规定，用硫酸钠溶液检验，试样经 5 次循环后，其质量损失应符合要求，见表 3.5。

表 3.5 骨料的坚固性

混凝土所处的环境条件及其性能要求	5 次循环后的质量损失/%	
	砂	碎石或卵石
在严寒及寒冷地区室外使用并经常处于潮湿或干湿交替状态下的混凝土 对于有抗疲劳、耐磨、抗冲击要求的混凝土 有腐蚀介质作用或经常处于水位变化区的地下结构混凝土	≤8	≤8
其他条件下使用的混凝土	≤10	≤12

3.1.2.4 碱活性

骨料中若含有碱活性矿物，会在一定条件下与混凝土中的碱发生化学反应，产生膨胀并导致混凝土开裂。因此，对于重要工程混凝土所用的骨料或对骨料有怀疑时，应按《普通混凝土用砂、石质量及检验方法标准》(JGJ 52—2006) 规定，进行骨料的碱活性检验，以确认骨料是否可用。

3.1.2.5 颗粒形状及表面特征

骨料的颗粒形状以近似立方体或近似球状体为佳。粗骨料中可能会含有一些针状颗粒(颗粒长度大于该颗粒所属粒级的平均粒径 2.4 倍者为针状颗粒) 和片状颗粒 (厚度小于平均粒径 0.4 倍者为片状颗粒)，这种粒形的颗粒会影响混凝土拌合物的和易性，而且受力时易折断，使骨料空隙率增大，从而影响混凝土的强度。《普通混凝土用砂、石质量及检验方法标准》(JGJ 52—2006) 对碎石或卵石中针、片状颗粒含量做出规定，见表 3.6.

表 3.6 针、片状颗粒含量

混凝土强度等级	针、片状颗粒含量(按质量计)/%
≥C60	≤8
C55～C30	≤15
≤C25	≤25

骨料的表面特征是指骨料的表面粗糙程度，表面特征主要影响混凝土拌合物的和易性及骨料与水泥石的胶结。表面粗糙的骨料配制的混凝土与表面光滑的骨料配制的混凝土比较，其拌合物和易性较差，但骨料与水泥石的胶结较好。故若配合比一定，碎石配制的混凝土的强度比卵石配制的混凝土的强度相对较高。

3.1.2.6 颗粒级配和粗细程度

骨料的颗粒级配是指骨料中不同粒径颗粒的分布 (或搭配) 情况；骨料的粗细程度是指不同粒径的颗粒混在一起的平均粗细程度。

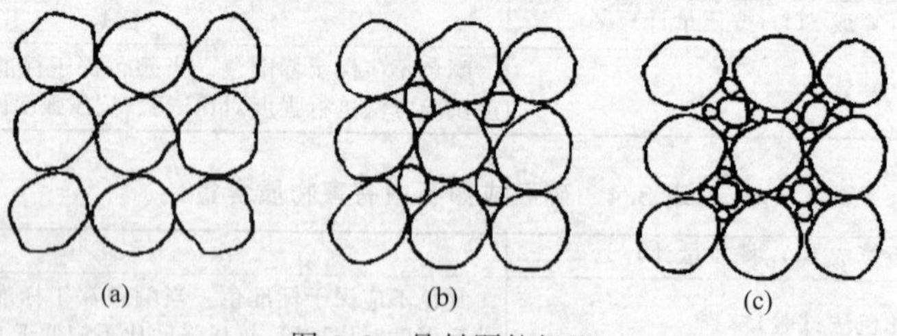

图 3.2 骨料颗粒级配

图 3.2 给出 3 种颗粒级配情况。图(a) 中，骨料的粒径分布在同一尺寸范围内；图(b) 中，骨料的粒径分布在两种尺寸范围内；图(c) 中，骨料的粒径分布在更多种尺寸范围内。显然，图(a) 中的骨料间空隙最大，图(b) 中的骨料间空隙次之，图(c) 中的骨料间空隙最小。由此可见，不同粒径颗粒搭配不一样，颗粒级配不一样，骨料间空隙不一样。在混凝土中，骨料间空隙由水泥浆填充，为达到节约水泥的目的，应尽量减少骨料间的空隙。

相同质量的骨料，粒径越小，总表面积越大；粒径越大，总表面积越小。在混凝土中，骨料由水泥浆包裹，大粒径的颗粒所需包裹其表面的水泥浆量少，而小粒径的颗粒所需包裹其表面的水泥浆量多。为节约水泥，应尽量选择大粒径骨料。

可见，骨料间的空隙由颗粒级配来控制，骨料的总表面积由颗粒的粗细程度来控制。因此，在配制混凝土时，骨料的颗粒级配和粗细程度这两个因素应同时考虑。比较理想的骨料应该是，颗粒级配良好且颗粒粒径较大，这样，不仅水泥浆用量较少，而且还可以提高混凝土的密实性及强度。

(1) 砂的颗粒级配和粗细程度 砂的颗粒级配和粗细程度用筛分析法测定。砂的筛分析方法是，用一套筛孔边长为9.50mm、4.75mm、2.36mm、1.18mm、0.600mm、0.300mm、0.150mm的方孔筛，将500g干砂试样由粗到细依次过筛，然后称量余留在各筛上的砂的质量，并计算出各筛上的分计筛余百分率a_1、a_2、a_3、a_4、a_5、a_6（各筛上的筛余量占砂样总量的百分率）及累计筛余百分率A_1、A_2、A_3、A_4、A_5、A_6（各筛与比该筛粗的所有筛的分计筛余百分率之和）。累计筛余百分率与分计筛余百分率的关系见表3.7。

表3.7 累计筛余百分率与分计筛余百分率的关系

方孔筛筛孔边长/mm	分计筛余百分率/%	累计筛余百分率/%
4.75	a_1	$A_1=a_1$
2.36	a_2	$A_2=a_1+a_2$
1.18	a_3	$A_3=a_1+a_2+a_3$
0.600	a_4	$A_4=a_1+a_2+a_3+a_4$
0.300	a_5	$A_5=a_1+a_2+a_3+a_4+a_5$
0.150	a_6	$A_6=a_1+a_2+a_3+a_4+a_5+a_6$

《普通混凝土用砂、石质量及检验方法标准》（JGJ 52—2006）规定，砂按筛孔边长0.600mm筛的累计筛余百分率分成3个级配区，见表3.8。

表3.8 砂的颗粒级配区

方孔筛筛孔边长/mm	级配区（表中数字为累计筛余百分率）/%		
	Ⅰ区	Ⅱ区	Ⅲ区
9.50	0	0	0
4.75	10～0	10～0	10～0
2.36	35～5	25～0	15～0
1.18	65～35	50～10	25～0
0.600	85～71	70～41	40～16
0.300	95～80	92～70	85～55
0.150	100～90	100～90	100～90

砂的颗粒级配用级配区表示，混凝土用砂的颗粒级配应处于表3.8中任何一个级配区内。砂的实际颗粒级配与表中所列的累计筛余百分率相比，除4.75mm和0.600mm筛号外，其余筛号的累计筛余百分率允许稍有超出分界线，但超出总量不应大于5%。

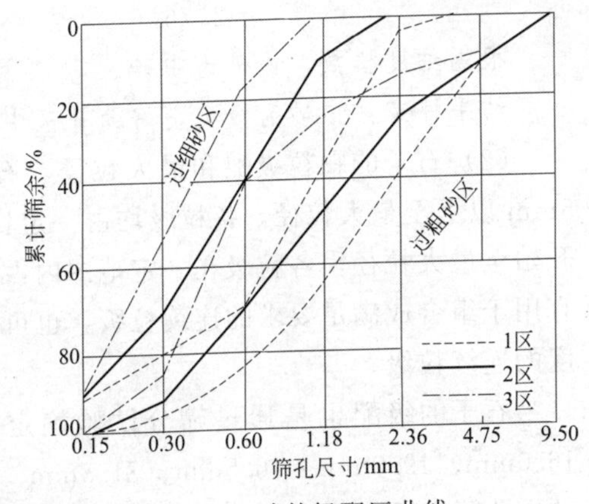

图3.3 砂的级配区曲线

以累计筛余百分率为纵坐标，以筛孔尺寸为横坐标，根据表3.8可以画出砂的Ⅰ、Ⅱ、Ⅲ三个级配区上下限的筛分曲线，见图3.3。根据所用砂的筛分曲线是否完全落在3个级配区的任一区内，可以来判定该砂级配的合格性。同时，根据筛分曲线也可大致判断砂的粗细程度，当筛分曲线偏向右下方时，表示砂较粗，筛分曲线偏向左上方时，表示砂较细。

配制混凝土时，宜优先选用Ⅱ区砂。当采用Ⅰ区砂时，应适当提高砂率，并保证足够的水泥用量，以满足混凝土的和易性；当采用Ⅲ区砂时，宜适当降低砂率，以保证混凝土强度。

在实际工程中，若砂的自然级配不合适，可采用人工级配的方法来改善。即将粗砂和细砂按适当比例掺配使用；或将砂过筛，筛除过粗或过细颗粒。

砂的粗细程度用细度模数表示，细度模数（μ_f）的计算公式为：

$$\mu_f=[(A_2+A_3+A_4+A_5+A_6)-5A_1]/(100-A_1)$$

细度模数越大，表示砂越粗。普通混凝土用砂的细度模数范围一般为 3.7～1.6，其中 $\mu_f=3.7\sim3.1$ 为粗砂，$\mu_f=3.0\sim2.3$ 为中砂，$\mu_f=2.2\sim1.6$ 为细砂。配制混凝土时宜优先选用中砂。

【例 3.1】 某砂样经筛分析试验，各筛筛余量见表 3.9，试评定该砂的粗细程度及颗粒级配情况。

表 3.9 筛分析试验结果

筛孔尺寸/mm	4.75	2.36	1.18	0.600	0.300	0.150	筛底
筛余量/g	40	60	80	120	100	90	10

解： 分计筛余百分率和累计筛余百分率的计算结果见表 3.10。

表 3.10 分计筛余百分率和累计筛余百分率的计算结果

筛孔尺寸/mm	4.75	2.36	1.18	0.600	0.300	0.150
分计筛余百分率/%	8	12	16	24	20	18
累计筛余百分率/%	8	20	36	60	80	98

确定级配区：由表 3.10 可知，该砂各筛的累计筛余百分率均落在Ⅱ区砂的范围内（表 3.8），因此，可以判定该砂为Ⅱ区砂。

计算细度模数：

$$\begin{aligned}\mu_f&=[(A_2+A_3+A_4+A_5+A_6)-5A_1]/(100-A_1)\\&=(20+36+60+80+98-5\times8)/(100-8)\\&=2.76\end{aligned}$$

根据细度模数，该砂为中砂。

结果评定：该砂为级配良好的Ⅱ区中砂。

(2) 石子的颗粒级配和最大粒径　石子的级配有连续级配和单粒级两种。连续粒级指 5mm 以上至最大粒径，各粒级均占一定比例，且在一定范围内。单粒级指从 1/2 最大粒径开始至最大粒径，各粒级在一定范围内占有一定比例。连续粒级在工程中应用较多；单粒级宜用于组合成满足要求的连续粒级，也可与连续粒级混合使用，以改善其级配或配成较大粒度的连续粒级。

石子的级配也是通过筛分试验确定，一套筛孔边长为 2.36mm、4.75mm、9.5mm、16.0mm、19.0mm、26.5mm、31.5mm、37.5mm、53.0mm、63.0mm、75.0mm、90.0mm 的方孔筛，根据需要选择筛号进行筛分，然后计算每个筛号的分计筛余百分率和累计筛余百分率（计算方法与砂相同）。《普通混凝土用砂、石质量及检验方法标准》（JGJ 52—2006）规定，普通混凝土用碎石及卵石的颗粒级配应满足表 3.11 的要求。

表 3.11　碎石或卵石的颗粒级配范围

级配情况	公称粒级/mm	累计筛余百分率(按质量)/% 方孔筛筛孔边长尺寸/mm											
		2.36	4.75	9.5	16.0	19.0	26.5	31.5	37.5	53.0	63.0	75.0	90.0
连续粒级	5～10	95～100	80～100	0～15	0	—	—	—	—	—	—	—	—
	5～16	95～100	85～100	30～60	0～10	0	—	—	—	—	—	—	—
	5～20	95～100	90～100	40～80	—	0～10	0	—	—	—	—	—	—
	5～25	95～100	90～100	—	30～70	—	0～5	0	—	—	—	—	—
	5～31.5	95～100	90～100	70～90	—	15～45	—	0～5	0	—	—	—	—
	5～40	—	95～100	70～90	—	30～65	—	—	0～5	0	—	—	—
单粒级	10～20	—	95～100	85～100	—	0～15	0	—	—	—	—	—	—
	16～31.5	—	95～100	—	85～100	—	—	0～10	0	—	—	—	—
	20～40	—	—	95～100	—	80～100	—	—	0～10	0	—	—	—
	31.5～63	—	—	—	95～100	—	—	75～100	45～75	—	0～10	0	—
	40～80	—	—	—	—	95～100	—	—	70～100	—	30～60	0～10	0

粗骨料公称粒径的上限称为该骨料的最大粒径。当骨料粒径增大时，其总表面积减小，因此包裹它表面所需的水泥浆或水泥砂浆的数量也相应减少，可节约水泥。因此，在条件许可的情况下，粗骨料最大粒径应尽量用得大些。但是，在普通混凝土中，粗骨料粒径大于 40mm 并没有好处，因为此时骨料与浆体黏结面积较小，而且大粒径骨料会造成拌合物不均匀。同时，粗骨料最大粒径还受到结构形式和配筋疏密的限制，根据《混凝土质量控制标准》（GB 50164—2011），对于混凝土结构，粗骨料最大公称粒径不得大于构件截面最小尺寸的 1/4，且不得大于钢筋最小净间距的 3/4；对于混凝土实心板，骨料的最大公称粒径不宜大于板厚的 1/3，且不得大于 40mm；对于大体积混凝土，粗骨料最大公称粒径不宜小于 31.5mm。

对于泵送混凝土，为防止混凝土泵送时管道堵塞，保证泵送顺利进行，根据泵送高度不同，其粗骨料的最大粒径与输送管内径之比应满足相应要求。

对于大体积混凝土或疏筋混凝土，为节约水泥用量，降低收缩，常用毛石做粗骨料，此时，粗骨料最大粒径通常受到搅拌、运输及成形等设备条件的限制。

3.1.2.7　含水状态

骨料的含水状态一般有干燥状态、气干状态、饱和面干状态和湿润状态四种，如图 3.4 所示。含水率等于或接近于零时称干燥状态；含水率与大气湿度相平衡时称气干状态；骨料表面干燥而内部孔隙含水达饱和时称饱和面干状态；骨料不仅内部孔隙充满水，而且表面还附有一层表面水时称湿润状态。

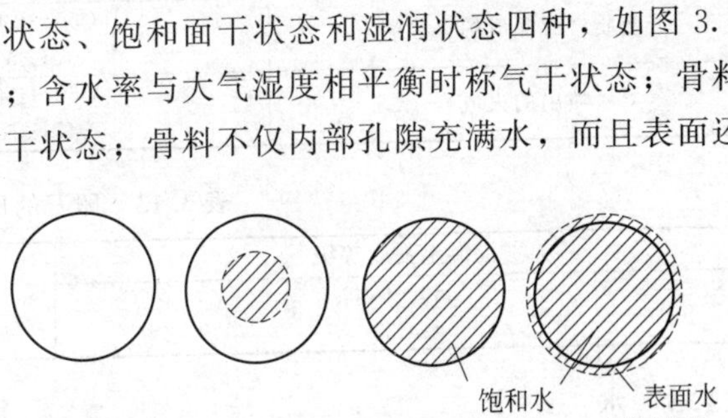

在拌制混凝土时，骨料含水状态的不同，将影响混凝土的用水量和骨料用量。骨料在饱和面干状态时的含水率，称为饱和面干含水率。在计算混凝土配合比时，如以饱和面干骨料为基准，则不会影响混凝土的用水量和骨料用量，因为饱和面干状态骨料既不从混凝土拌合物中吸取水分，也不向混凝土拌合物中释放水分，这样，混凝土的用水量和骨料用量的控制就比较准确。因此，一些大型水利工程、道路工程常以饱和面干

饱和水　表面水

(a) 干燥状态　(b) 气干状态　(c) 饱和面干状态　(d) 湿润状态

图 3.4　骨料含水状态

状态骨料为基准来设计混凝土配合比。

在一般工业及民用建筑工程中混凝土配合比设计，常以干燥状态骨料为基准。在工程施工中，必须经常测定骨料的含水率，以及时调整混凝土骨料及水的实际用量，从而保证混凝土质量。

砂的体积和堆积密度与其含水状态紧密相关。当砂的含水率增加而使颗粒表面形成一层吸附水膜时，砂粒被推挤分开而引起砂的体积增加，这种现象称为砂的容胀。由于存在容胀现象，在拌制混凝土时，砂的用量应该按质量计量，而不应以体积计量，以免引起混凝土砂量不足。而石子的粒径远大于水膜，因此在粗骨料中没有容胀现象。

3.1.2.8 强度

骨料的强度是指粗骨料的强度。为保证混凝土的强度，粗骨料必须致密并具有足够的强度。碎石的强度用岩石的抗压强度和压碎指标表示，卵石的强度用压碎指标表示。当混凝土强度等级大于或等于 C60 时，应进行岩石抗压强度检验。

岩石抗压强度测定，是将碎石的原始岩石制成边长为 50mm 的立方体（或直径与高均为 50mm 的圆柱体）试件，测定其在水饱和状态下的抗压强度。岩石的抗压强度应比所配制的混凝土强度至少高 20%，火成岩抗压强度应不小于 80MPa，变质岩抗压强度应不小于 60MPa，水成岩抗压强度应不小于 30MPa。

压碎指标测定，是将一定质量气干状态的公称粒级为 10.0～20.0mm 的石子装入标准筒内，按规定的加荷速率，均匀加荷至 200kN，然后卸荷并称取试样质量 m_0，再用筛孔边长为 2.36mm 的方孔筛筛除被压碎的细粒，称量剩留在筛上的试样质量 m_1。计算压碎指标 δ_a：

$$\delta_a=(m_0-m_1)/m_0\times100\%$$

压碎指标值越小，粗骨料抵抗受压破碎的能力越强。《普通混凝土用砂、石质量及检验方法标准》(JGJ 52—2006) 规定，石子的压碎指标值应满足表 3.12 和表 3.13 的要求。

表 3.12 碎石的压碎值指标

岩石品种	混凝土强度等级	碎石压碎值指标/%
沉积岩	C60～C40 ≤C35	≤10 ≤16
变质岩或深成的火成岩	C60～C40 ≤C35	≤12 ≤20
喷出的火成岩	C60～C40 ≤C35	≤13 ≤30

表 3.13 卵石的压碎值指标

混凝土强度等级	压碎值指标/%
C60～C40 ≤C35	≤12 ≤16

3.1.3 水

混凝土用水的基本质量要求是：不影响混凝土的凝结和硬化，无损于混凝土强度发展及耐久性，不加快钢筋锈蚀，不引起预应力钢筋脆断，不污染混凝土表面。

《混凝土用水标准》(JGJ 63—2006) 规定，混凝土拌合用水水质应符合表 3.14 要求。

表3.14　混凝土拌合用水水质要求

项　目	预应力混凝土	钢筋混凝土	素混凝土
pH值	≥5.0	≥4.5	≥4.5
不溶物/(mg/L)	≤2000	≤2000	≤5000
可溶物/(mg/L)	≤2000	≤5000	≤10000
氯离子/(mg/L)	≤500	≤1000	≤3500
硫酸根离子/(mg/L)	≤600	≤2000	≤2700
碱含量/(mg/L)	≤1500	≤1500	≤1500

注：碱含量按 $Na_2O+0.658K_2O$ 计算值来表示。采用非碱活性骨料时，可不检验碱含量。

凡符合国家标准的生活饮用水，均可拌制混凝土，海水不得用于拌制钢筋混凝土、预应力混凝土及有饰面要求的混凝土。对水质有怀疑时，应取水样送检，检验合格者才可使用。

3.1.4　外加剂

混凝土外加剂是一种在混凝土搅拌之前或拌制过程中加入的、用以改善新拌混凝土和（或）硬化混凝土性能的材料，其掺量一般不大于胶凝材料质量的5%（特殊情况除外）。

在混凝土中，外加剂掺量虽小，但其技术经济效果显著，因此，外加剂已成为混凝土的重要组成部分，被称为混凝土的第五组分，越来越广泛地应用于混凝土中。

混凝土外加剂按其主要使用功能分为四类：改善混凝土拌合物流变性能的外加剂，如减水剂、引气剂和泵送剂等；调节混凝土凝结时间、硬化性能的外加剂，如缓凝剂、速凝剂和早强剂等；改善混凝土耐久性的外加剂，如引气剂、防水剂和阻锈剂等；改善混凝土其他性能的外加剂，如膨胀剂、防冻剂和着色剂等。

3.1.4.1　减水剂

在混凝土坍落度基本相同的条件下，能减少拌合用水量的外加剂称为减水剂。

减水剂是一种表面活性剂。表面活性剂是指能显著降低溶液表面张力的物质，其分子具有不对称结构，分子中同时含有亲水基团和憎水基团。表面活性剂加入水溶液中，亲水基团指向溶液，而憎水基团指向空气、非极性液体或固体，做定向排列，形成吸附膜而降低水的表面张力。

水泥加水拌合后，由于水泥颗粒间分子凝聚力的作用，使水泥浆形成絮凝结构，如图3.5所示，这种絮凝结构将一部分拌合水（游离水）包裹在水泥颗粒间，降低了混凝土拌合物的流动性。如在水泥浆中加入减水剂，减水剂的憎水基团定向吸附于水泥颗粒表面，使水泥颗粒表面带有相同的电荷。在电性斥力作用下，水泥颗粒分开，如图3.6(a)所示，从而将絮凝结构内的游离水释放出来，减水剂的这种分散作用使混凝土拌合物在不增加用水量的情况下增加了流动性。同时，减水剂的分散作用增加了水泥颗粒与水的接触面积，使水泥颗粒充分被水润湿，有利于混凝土拌合物和易性的改善。此外，减水剂分子中的憎水基团定向吸附于水泥颗粒表面，亲水基团指向水溶液，在水泥颗粒表面形成一层稳定的溶剂化水膜，如图3.6(b)所示，这层水膜在水泥颗粒间起到很好的润滑作用，也有利于提高混凝土拌合物的流动性。

减水剂的吸附分散、润湿和润滑作用使其具有良好的技术经济效果。具体体现在：①在不减少单位用水量的情况下，增加混凝土拌合物的流动性；②在保持混凝土拌合物流动性和水泥用量不变的情况下，减少用水量，从而降低水胶比；③在保持混凝土拌合物流动性和水胶比不变的情况下，在减水的同时，相应减少单位水泥用量，节约水泥；④缓凝型减水剂具有延缓拌合物的凝结时间和降低水化放热速度等效果。

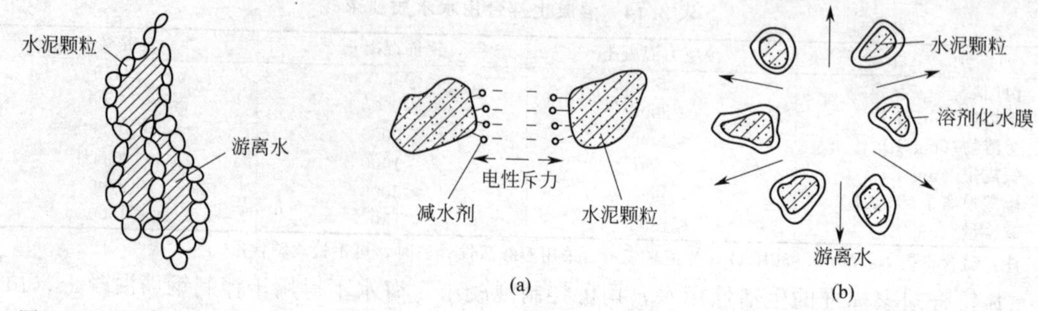

图 3.5 水泥浆的絮凝结构

图 3.6 减水剂作用简图

减水剂种类很多，按照减水效果分类，有普通减水剂、高效减水剂及高性能减水剂；按照凝结时间分类，有标准型减水剂、早强型减水剂及缓凝型减水剂；按照是否引气分类，有引气型减水剂和非引气型减水剂。

（1）木质素系减水剂　木质素系减水剂属于普通减水剂，这类减水剂主要包括木质素磺酸钙（木钙）、木质素磺酸钠（木钠）及木质素磺酸镁（木镁）等，其中木钙减水剂（又称M型减水剂）使用较为广泛。

木钙减水剂是由生产纸浆或纤维浆的木质废液，经发酵处理、脱糖、浓缩、喷雾干燥而成的黄棕色粉末。木钙减水剂的适宜掺量一般为0.2%～0.3%，减水率为10%～15%，可提高混凝土28d抗压强度10%～20%。木钙减水剂对混凝土有缓凝作用，掺量过多或在低温条件下，其缓凝作用更为显著。

（2）萘系减水剂　萘系减水剂由萘或萘的同系物经磺化与甲醛缩合而成，萘系减水剂属于高效减水剂。萘系减水剂的适宜掺量一般为0.5%～1.0%，减水率为15%～25%，可提高混凝土28d抗压强度20%以上。萘系减水剂对混凝土有显著的早强效果。

（3）聚羧酸类减水剂　聚羧酸类减水剂由含有羧基的不饱和单体和其他单体共聚而成，聚羧酸类减水剂属于高性能减水剂。这类减水剂分子呈梳型结构，带极性阴离子基团的主链吸附在水泥颗粒表面上，而带亲水性基团的支链伸展于水中，产生显著的空间位阻斥力作用，如图3.7所示，羧基负离子电斥力与空间位阻斥力同时起作用，对水泥颗粒产生更好的分散作用。

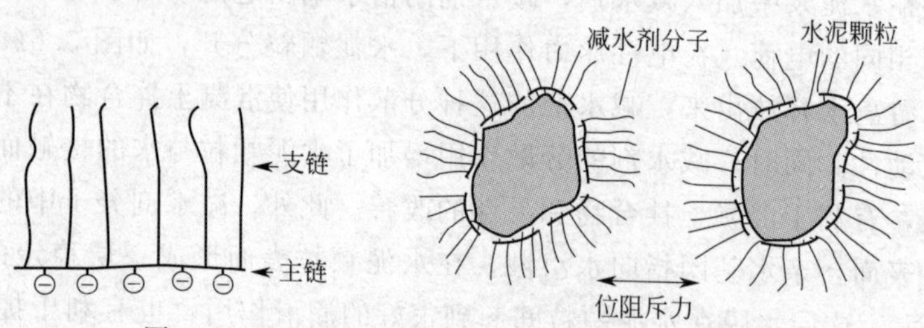

图 3.7 减水剂梳型分子结构及其分散作用示意图

聚羧酸类减水剂掺量低（0.05%～0.50%），减水率高（20%～40%），对胶凝材料适应性好，混凝土拌合物坍落度损失小，增强效果显著，有一定的引气作用。

3.1.4.2 引气剂

在混凝土搅拌过程中能引入大量均匀分布、稳定而封闭的微小气泡，而且这些气泡能保留在硬化混凝土中的外加剂称为引气剂。

引气剂是表面活性剂。混凝土在搅拌过程中，会引入一些空气，加入引气剂后，引气剂能够吸附在水-气界面上，显著降低水的表面张力和界面能，使水溶液在搅拌过程中极易产生大量微小的封闭气泡（气泡直径大多在 200μm 以下）；引气剂分子定向吸附在气泡表面，形成较为牢固的泡膜，使气泡稳定而不易破裂。

引气剂对混凝土性能有较大影响，主要体现在以下几个方面。

（1）改善混凝土拌合物的和易性　混凝土拌合物中引入大量微小气泡以后，水泥浆的体积相应增加，水泥浆的润滑作用增强；封闭的小气泡犹如滚珠，减少骨料颗粒间的摩擦阻力，从而提高混凝土拌合物的流动性。同时，水分均匀分布在气泡表面，使混凝土拌合物中自由移动的水量减少，混凝土拌合物的泌水量减少，而保水性和黏聚性提高。

（2）提高混凝土的抗渗性和抗冻性　混凝土中引入大量微小封闭的气泡，堵塞并阻断了混凝土中的毛细管通道；同时，保水性的提高，减少了因泌水而产生的孔道；另外，和易性的改善，减少了施工造成的孔隙。可以说，引气剂的加入改善了混凝土内部的孔隙结构，从而使混凝土抗渗性显著提高。

此外，大量微小的气泡均匀分布在混凝土内部，一方面，气泡提供空间，使未结冰的水进入，从而使结冰产生的水压力得以释放；另一方面，结冰所产生的膨胀压力压缩气泡，使结冰引起的体积膨胀被气泡压缩所平衡。这样，可以在很大程度上保护混凝土免受冻害的破坏。

（3）降低混凝土抗压强度及弹性模量　引气混凝土中，由于气泡的存在，混凝土的有效受力面积减少了，从而造成混凝土抗压强度下降。水胶比一定时，混凝土含气量每增加1%，抗压强度下降 3%～5%，故引气剂的掺量应严格控制，以使混凝土具有适宜的含气量（一般引气量以 3%～6%为宜）。

大量气泡的存在，使混凝土的弹性变形增大，弹性模量有所降低。

引气剂主要品种有松香树脂类（松香热聚物、松香皂、改性松香皂等）、烷基和烷基芳烃磺酸盐类（十二烷基磺酸盐、烷基苯磺酸盐、石油磺酸盐等）、脂肪醇磺酸盐类（脂肪醇聚氧乙烯磺酸钠、脂肪醇硫酸钠等）、非离子聚醚类（脂肪醇聚氧乙烯醚、烷基苯酚聚氧乙烯醚等）、皂苷类（三萜皂苷等）以及不同品种引气剂的复合物。其中，松香热聚物应用最为广泛，其适宜掺量为水泥质量的 0.005%～0.02%，引气量为 3%～5%。

3.1.4.3　早强剂

加速混凝土早期强度发展的外加剂称为早强剂。

早强剂主要品种有无机盐类（硫酸盐、硫酸复盐、硝酸盐、碳酸盐、亚硝酸盐、氯盐、硫氰酸盐等）和有机化合物类（三乙醇胺、甲酸盐、乙酸盐、丙酸盐等）。其中最常用的早强剂是氯化钙、硫酸钠和三乙醇胺。

各种早强剂的早强机理不尽相同，但多是以加速水泥水化，促进水化产物的早期结晶和沉淀，增大水泥石中固相物质的比例，达到早强的目的。

氯化钙早强作用机理：氯化钙溶液与水泥中 C_3A 反应生成水化氯铝酸钙，同时还与氢氧化钙作用生成氧氯化钙。水化氯铝酸钙和氧氯化钙均是不溶的，水化氯铝酸钙和氧氯化钙的固相早期析出，增加了水泥浆中的固相比例，形成骨架，加速水泥浆体结构的形成；同时由于水泥浆中氢氧化钙浓度的降低，有利于 C_3S 水化反应的进行，从而使混凝土早期强度获得提高。

硫酸钠早强作用机理：硫酸钠与水泥水化生成的氢氧化钙发生反应［Na_2SO_4 +

$Ca(OH)_2+2H_2O \Longrightarrow CaSO_4 \cdot 2H_2O+2NaOH$]，生成的二水石膏呈高度分散，均匀分布于混凝土中，与 C_3A 迅速反应生成水化硫铝酸钙，同时加速 C_3S 的水化，从而大大加快了混凝土的硬化过程，提高了混凝土早期强度。

三乙醇胺早强作用机理：三乙醇胺是一种络合剂，在水泥水化的碱性溶液中，能与 Fe^{3+} 和 Al^{3+} 等离子形成比较稳定的络离子，这种络离子与水泥水化产物作用生成溶解度很小的络盐，使水泥浆体中固相比例增加，有利于早期骨架形成，提高混凝土早期强度。

《混凝土外加及应用技术规范》（GB 50119—2013）指出，早强剂中硫酸钠掺入混凝土的量应符合表 3.15，三乙醇胺掺入混凝土的量不应大于胶凝材料质量的 0.05%，早强剂在素混凝土中的氯离子含量不应大于胶凝材料质量的 1.8%。其他品种早强剂的掺量应经试验确定。

早强剂多用于冬期施工及抢修工程，或用于加快模板周转等状况。

表 3.15 硫酸钠掺量限制

混凝土种类	使用环境	掺量限值(胶凝材料质量)/%
预应力混凝土	干燥环境	≤1.0
钢筋混凝土	干燥环境	≤2.0
	潮湿环境	≤1.5
有饰面要求的混凝土	—	≤0.8
素混凝土	—	≤3.0

3.1.4.4 缓凝剂

延长混凝土凝结时间的外加剂称为缓凝剂。

缓凝剂主要品种有糖类化合物（葡萄糖、蔗糖、糖蜜、糖钙等），羟基羧酸及其盐类[柠檬酸（钠）、酒石酸（钾钠）、葡萄糖酸（钠）、水杨酸及其盐类等]，多元醇及其衍生物（山梨醇、甘露醇等），有机磷酸及其盐类[2-膦酸丁烷-1,2,4-三羧酸（PBTC），氨基三亚甲基膦酸（ATMP）及其盐类等]，无机盐类（磷酸盐、锌盐、硼酸及其盐类、氟硅酸盐等）。

常用的缓凝剂为糖蜜（制糖下脚料经石灰处理而成），其缓凝效果较好。糖蜜缓凝剂的适宜掺量为 0.1%～0.3%，混凝土凝结时间可延长 2～4h。

有机类缓凝剂多为表面活性剂，吸附于水泥颗粒及水化产物颗粒表面，使颗粒表面带有相同电荷，从而使水泥颗粒相互排斥，阻碍水泥水化产物凝聚，起到缓凝作用。大多数无机类缓凝剂与水泥水化产物反应生成难溶的复盐，沉积于水泥颗粒表面，对水泥颗粒的正常水化起阻碍作用，从而导致缓凝。

缓凝剂的主要作用是延缓混凝土凝结时间及降低水化放热速度，多用于高温季节施工、大体积混凝土工程、泵送施工、滑膜施工、较长时间停放或远距离运输的混凝土等。

缓凝剂对水泥品种适应性较差，不同水泥品种缓凝效果不同，使用前须进行适应性试验。

3.1.4.5 速凝剂

能使混凝土迅速凝结硬化的外加剂称为速凝剂。

速凝剂主要品种有以铝酸盐、碳酸盐等为主要成分的粉状速凝剂；以硫酸铝、氢氧化铝为主要成分与其他无机盐、有机物复合而成的低碱粉状速凝剂；以铝酸盐、硅酸盐为主要成分与其他无机盐、有机物复合而成的液体速凝剂；以硫酸铝、氢氧化铝等为主要成分与其他无机盐、有机物复合而成的低碱液体速凝剂。

速凝剂掺入混凝土后，能使混凝土在5min内初凝，10min内终凝，1h产生强度，1d强度提高2～3倍；速凝剂会使混凝土后期强度下降，28d强度约为不掺时的80%～90%。

速凝剂的作用机理是使石膏丧失其原有的缓凝作用，从而加快水泥水化，致使混凝土迅速凝结。

速凝剂通常用于采用喷射法施工的喷射混凝土以及需要速凝的其他混凝土。

3.1.4.6　防冻剂

能使混凝土在负温下硬化，并在规定养护条件下达到预期性能的外加剂称为防冻剂。

防冻剂主要品种有氯盐类（以氯盐为防冻组分的外加剂）、氯盐阻锈类（含有阻锈组分，以氯盐为防冻组分的外加剂）、无氯盐类（以亚硝酸盐、硝酸盐等无机盐为防冻组分的外加剂）、有机化合物类（以某些醇类、尿素等有机化合物为防冻组分的外加剂）、复合型防冻剂（以防冻组分复合早强、引气、减水等组分的外加剂）。

常用防冻剂通常是由多组分复合而成，其主要组分有防冻组分、减水组分、引气组分和早强组分等。防冻组分降低水的冰点，保证混凝土在负温下有液相存在，使水泥在负温下仍能继续水化；减水组分减少混凝土拌合用水量，以减少混凝土中的成冰量，并使冰晶粒度细小且均匀分散，减轻结冰时对混凝土的破坏应力；引气组分在混凝土中引入一定量的封闭微小的气泡，减缓冰冻时产生的破坏应力；早强组分提高混凝土的早期强度，增强混凝土抵抗冰冻产生的破坏应力。防冻剂中几种组分综合作用，显著提高混凝土的抗冻性。

防冻剂用于负温条件下施工的混凝土，配合混凝土冬期施工措施，可用于混凝土冬期施工。

3.1.4.7　膨胀剂

在混凝土硬化过程中因化学作用能使混凝土产生一定体积膨胀的外加剂称为膨胀剂。

膨胀剂有硫铝酸钙类、硫铝酸钙-氧化钙类和氧化钙类。

硫铝酸钙类膨胀剂加入混凝土后，膨胀剂中的无水硫铝酸钙水化或参与水泥矿物的水化或与水泥水化产物反应，生成大量钙矾石，使固相体积大为增加而导致体积膨胀；氧化钙类膨胀剂的膨胀主要是由氧化钙水化生成氢氧化钙晶体体积增大所致。

膨胀剂的膨胀源（钙矾石或氢氧化钙）不仅使混凝土体积产生了适度膨胀，减少了混凝土的收缩，而且能填充、堵塞和割断混凝土中的毛细孔及其他孔隙，从而改善混凝土的孔结构，提高混凝土的密实度。

膨胀剂主要用于补偿收缩混凝土、填充用膨胀混凝土、灌浆用膨胀砂浆及自应力混凝土。

3.1.4.8　泵送剂

能改善混凝土拌合物泵送性能的外加剂称为泵送剂。泵送性能是指混凝土拌合物具有能顺利通过输送管道、不阻塞、不离析、塑性良好的性能。混凝土工程中，可采用一种减水剂与缓凝组分、引气组分、保水组分和黏度调节组分复合而成的泵送剂，可采用两种或两种以上减水剂与缓凝组分、引气组分、保水组分和黏度调节组分复合而成的泵送剂，可采用一种减水剂作为泵送剂，亦可采用两种或两种以上减水剂复合而成的泵送剂。

泵送剂适用于工业与民用建筑及其他构筑物的泵送施工的混凝土；特别适用于大体积混凝土、高层建筑和超高层建筑；适用于滑模施工等；适用于水下灌注桩混凝土。

3.1.5 掺合料

为了节约水泥、改善混凝土性能，在拌制混凝土时掺入的矿物粉状材料称为掺合料。

混凝土掺合料通常有活性矿物掺合料和非活性矿物掺合料两大类。活性矿物掺合料本身不硬化或硬化速度很慢，但能与水泥水化生成的氢氧化钙在常温下发生化学反应，生成具有胶凝性的组分，如粉煤灰、粒化高炉矿渣粉、硅灰等。非活性矿物掺合料一般与水泥组分不起化学作用，或化学作用很小，如磨细石英砂、石灰石、活性指标达不到要求的矿渣等。

在混凝土中，掺合料用于部分取代水泥，从而减少混凝土的水泥用量，降低成本；同时，掺合料能改善混凝土拌合物及硬化混凝土的各项性能。

常用的混凝土掺合料主要有粉煤灰、粒化高炉矿渣粉、硅粉等，其中以粉煤灰应用最为普遍。

3.1.5.1 粉煤灰

粉煤灰是电厂煤粉炉烟道气体中收集的粉末，其颗粒多呈球状，且表面光滑。

根据《用于水泥和混凝土中的粉煤灰》(GB/T 1596—2005)，粉煤灰按煤种分为F类和C类。F类粉煤灰是指由无烟煤或烟煤煅烧收集的粉煤灰；C类粉煤灰是指由褐煤或次烟煤煅烧收集的粉煤灰，其氧化钙含量一般大于10%。拌制混凝土和砂浆用粉煤灰分为三个等级，其技术要求见表3.16。

3.1.5.2 粒化高炉矿渣粉

粒化高炉矿渣粉是粒化高炉矿渣经粉磨加工制成的一定细度的粉体。

根据《用于水泥和混凝土的粒化高炉矿渣粉》(GB/T 18046—2008)，拌制混凝土和砂浆用矿渣粉分为三个等级，其技术要求见表3.17。

表3.16 拌制混凝土和砂浆用粉煤灰技术要求

项目		技术要求		
		Ⅰ级	Ⅱ级	Ⅲ级
细度(45μm方孔筛筛余)≤/%	F类粉煤灰	12.0	25.0	45.0
	C类粉煤灰			
需水量比≤/%	F类粉煤灰	95	105	115
	C类粉煤灰			
烧失量≤/%	F类粉煤灰	5.0	8.0	15.0
	C类粉煤灰			
含水量≤/%	F类粉煤灰	1.0		
	C类粉煤灰			
三氧化硫≤/%	F类粉煤灰	3.0		
	C类粉煤灰			
游离氧化钙≤/%	F类粉煤灰	1.0		
	C类粉煤灰	4.0		
安定性(雷氏夹沸煮后增加距离)≤/mm	C类粉煤灰	5.0		

表3.17　拌制混凝土和砂浆用粒化高炉矿渣技术要求

项目		技术要求		
		S105	S95	S75
密度≥/(g/cm^3)		2.8		
比表面积≥/(m^2/kg)		500	400	300
活性指数≥/%	7d	95	75	55
	28d	105	95	75
流动度比≥/%		95		
含水量≤/%		1.0		
三氧化硫≤/%		4.0		
氯离子≤/%		0.06		
烧失量≤/%		3.0		
玻璃体含量≥/%		85		
放射性		合格		

3.1.5.3　硅灰

硅灰是从生产硅铁合金或硅钢等所排放的烟气中收集的颗粒极细的烟尘，呈灰色。其颗粒为微细的玻璃球体，粒径为0.1～1.0μm，是水泥颗粒粒径的1/100～1/50，比表面积为18.5～20m^2/g。

硅灰有很高的火山灰活性，可用于配制高强及超高强混凝土。

硅灰具有较高的比表面积，需水量大，在混凝土中，应配合高效减水剂使用，方可保证混凝土拌合物的和易性。

3.1.5.4　活性矿物掺合料作用机理

(1) 活性效应　掺合料中的活性组分与水泥水化生成的$Ca(OH)_2$反应，生成水化硅酸钙等水化产物，消耗了混凝土中薄弱的$Ca(OH)_2$结晶，改善了水泥石与骨料之间的界面，提高混凝土强度。

(2) 形态效应　一些颗粒呈球状且表面光滑的掺合料，如粉煤灰，在混凝土中具有滚珠的作用，减少混凝土拌合物内部颗粒间的摩擦阻力，从而提高拌合物的流动性；同时，掺合料微细颗粒均匀分布在水泥颗粒之间，阻止水泥颗粒凝聚，这也会提高拌合物的流动性。

(3) 微集料效应　活性矿物掺合料均为粉体材料，其粒径较水泥颗粒粒径小，可以进一步填充水泥颗粒间的空隙，从而改善混凝土孔结构。

不同种类矿物的掺合料，由于其化学组成、细度和活性大小的不同，其作用机理还存在差别。如粒化高炉矿渣粉主要发挥的是活性效应和微集料效应；硅灰和粉煤灰在这三方面都有表现，但硅灰的效应要比粉煤灰强得多。

3.2　混凝土拌合物的主要性能

混凝土尚未硬化之前称为混凝土拌合物，又称新拌混凝土。混凝土拌合物应便于施工，从而保证混凝土质量。

3.2.1　和易性

3.2.1.1　和易性的概念

和易性是指混凝土拌合物易于施工操作（搅拌、运输、浇注、振捣）并能获得质量均匀、成形密实的混凝土的性能。和易性是一项综合的技术性质，包括流动性、黏聚性和保水性三方面的含义。

流动性是指混凝土拌合物在自重和机械振捣作用下，能产生流动，并均匀密实地填满模板的性能。

黏聚性是指混凝土拌合物在施工过程中，其组成材料之间有一定的黏聚力，不致产生分层和离析（混凝土拌合物各组分出现层状分离或某些组分与拌合物分离）的现象。

保水性是指混凝土拌合物在施工过程中，具有一定的保持水分的能力，不致产生严重的泌水现象。

由此可见，混凝土拌合物的流动性、黏聚性和保水性各有其内容，同时，它们之间既互相联系又互相矛盾，如黏聚性好，保水性往往也好，但流动性可能较差；当流动性增大时，黏聚性和保水性可能会变差。因此，所谓良好的和易性，应该是这三方面性质在某种条件下的矛盾统一。

3.2.1.2　和易性的测定方法

和易性是一项综合的技术性质，目前，尚没有一种能够全面反映混凝土拌合物和易性的测定方法，通常是以测定拌合物流动性为主，而以直观经验来评定黏聚性和保水性。

根据《混凝土质量控制标准》（GB 50164—2011），混凝土拌合物的稠度可用坍落度、维勃稠度或扩展度表示。坍落度检验适用于坍落度不小于10mm的混凝土拌合物，维勃稠度检验适用于维勃稠度5～30s的混凝土拌合物，扩展度检验适用于泵送高强度混凝土和自密实混凝土。

(1) 坍落度法及扩展度法　根据《普通混凝土拌合物性能试验方法标准》(GB/T 50080—2002)，本方法适用于骨料最大粒径不大于40mm、坍落度不小于10mm的塑性和流动性混凝土拌合物的稠度测定。

坍落度法：将混凝土拌合物按规定方法装入标准圆锥坍落度筒（无底）内，装满刮平后，垂直向上将筒提起，移到一旁，混凝土拌合物由于自重将会产生坍落现象。量出向下坍落的尺寸（mm），如图3.8所示，该尺寸即为坍落度，作为流动性指标，坍落度越大表示流动性越大。

黏聚性评定方法：用捣棒在已坍落的混凝土锥体侧面轻轻敲打，如果锥体逐渐下沉，则表示黏聚性良好；如果锥体倒塌、部分崩裂或出现离析现象，则表示黏聚性不好。

保水性评定方法：以混凝土拌合物稀浆析出程度来评定。坍落度筒提起后，如有较多稀浆从底部析出，锥体部分混凝土也因失浆而骨料外露，则表明此混凝土拌合物的保水性不好；如坍落度筒提起后，无稀浆或仅有少量稀浆自底部析出，则表示此混凝土拌合物保水性良好。

扩展度法：当混凝土拌合物的坍落度大于220mm时，用钢尺测量混凝土拌合物坍落扩展后最终的最大直径和最小直径，在这两个直径之差小于50mm的条件下，用其算术平均值作为坍落扩展度值。如果发现粗骨料在中央集堆或边缘有水泥浆析出，表示此混凝土拌合物抗离析性不好。

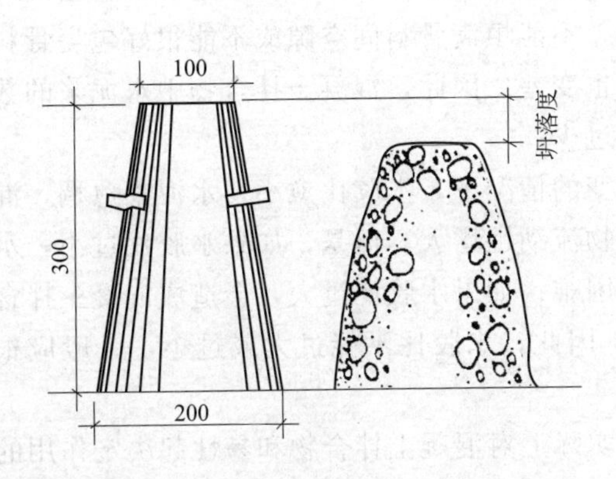

图3.8 混凝土拌合物的坍落度测定

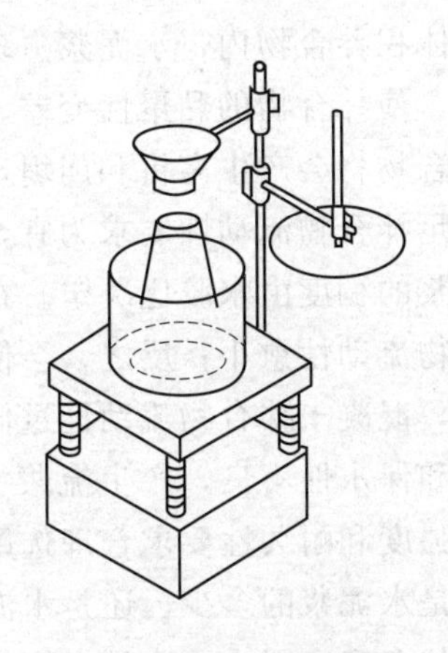

图3.9 维勃稠度仪

根据《混凝土质量控制标准》(GB 50164—2011)，混凝土拌合物根据坍落度不同分为5级：S1（坍落度10～40mm），S2（坍落度50～90mm），S3（坍落度100～150mm），S4（坍落度160～210mm），S5（坍落度≥220mm）。混凝土拌合物根据扩展度不同分为6级：F1（扩展度≤340mm），F2（扩展度350～410mm），F3（扩展度420～480mm），F4（扩展度490～550mm），F5（扩展度560～620mm），F6（扩展度≥630mm）。其中，坍落度为10～90mm的混凝土为塑性混凝土，坍落度为100～150mm的混凝土为流动性混凝土，坍落度不低于160mm的混凝土为大流动性混凝土。

(2) 维勃稠度法　根据《普通混凝土拌合物性能试验方法标准》(GB/T 50080—2002)，本方法适用于骨料最大粒径不大于40mm、维勃稠度在5～30s之间的混凝土拌合物稠度测定。

维勃稠度法如图3.9所示，在坍落度筒中按规定方法装满混凝土拌合物，提起坍落度筒，在拌合物试体顶面放一透明圆盘，开启振动台，同时用秒表计时，当振动到透明圆盘的底面被水泥浆布满时，停止计时，关闭振动台，所读秒数即为该混凝土拌合物的维勃稠度值。

根据《混凝土质量控制标准》(GB 50164—2011)，混凝土拌合物根据维勃稠度不同分为5级：V0（维勃稠度≥31s），V1（维勃稠度21～30s），V2（维勃稠度11～20s），V3（维勃稠度6～10s），V4（维勃稠度3～5s）。

(3) 流动性的选择　混凝土拌合物流动性应根据具体工程的施工工艺、结构类型、构件截面大小、钢筋疏密和捣实方法等确定。

维勃稠度为5～30s的干硬性混凝土，主要用于振动捣实条件较好的预制构件的生产以及路面和机场跑道面。坍落度大于10mm的混凝土，主要用于现浇混凝土，当构件截面尺寸较小或钢筋较密或采用人工插捣时，坍落度可选择大些；反之，如构件截面尺寸较大或钢筋较疏或采用机械振捣时，坍落度可选择小些。当环境温度较高时，由于水泥水化加快及水分挥发加速，混凝土流动性下降加快，坍落度宜选择大一些。泵送混凝土要求具有较高的流动性。商品混凝土，考虑到运输途中的坍落度损失，坍落度宜适当大一些。

然而，为了节约水泥并获得质量较高的混凝土，在便于操作和保证捣实的条件下，应尽可能选择较小的流动性。

3.2.1.3　影响和易性的主要因素

(1) 水泥浆数量和稠度　水泥浆赋予混凝土拌合物一定的流动性。在水胶比不变的情况下，单位体积拌合物内，水泥浆愈多，拌合物的流动性愈大，但如果水泥浆过多，将会出现流浆现象，使拌合物的黏聚性变差。水泥浆过少，不能填满骨料间空隙或不能很好包裹骨料表面，拌合物将会产生离析和崩坍现象，黏聚性也变差。因此，混凝土拌合物中水泥浆的数量应以满足拌合物流动性要求为宜，不能过多或过少。

水泥浆的稠度由水胶比决定。在水泥用量不变的情况下，水胶比愈小，水泥浆愈稠，混凝土拌合物流动性愈小；反之，会使混凝土拌合物流动性增大。但是，如果水胶比过小，水泥浆干稠，混凝土拌合物流动性过低，会使施工困难；如果水胶比过大，会造成混凝土拌合物黏聚性和保水性不良，产生流浆 、离析现象。因此，水胶比不能过大或过小，一般应根据混凝土强度和耐久性要求合理选用。

无论是水泥浆的多少，还是水泥浆的稀稠，实际上对混凝土拌合物和易性起决定作用的是用水量的多少。因为不论是提高水胶比或增加水泥浆用量最终都表现为用水量的增加。试验表明，在骨料一定的情况下，如果单位用水量一定，单位水泥用量增减不超过 50～100kg，坍落度大体上保持不变，这一规律通常称为固定用水定则。这个定则用于混凝土配合比设计时相当方便，即可以通过固定单位用水量、变化水胶比而得到既满足拌合物和易性要求，又满足混凝土强度要求的设计。《普通混凝土配合比设计规程》（JGJ 55—2011）规定，当水胶比为 0.40～0.80 时，混凝土单位用水量可按表 3.18 及表 3.19 选取；当水胶比小于 0.40 时，混凝土单位用水量可通过试验确定。

但是应该注意，在试拌混凝土时，不能用单纯改变用水量的办法来调整混凝土拌合物的流动性，因为单纯改变用水量会改变混凝土的强度和耐久性。正确的方法是在保持水胶比不变的条件下，用调整水泥浆量的办法来调整混凝土拌合物的流动性。

表 3.18 塑性混凝土的用水量 单位：kg/m^3

坍落度/mm	卵石最大粒径/mm				碎石最大粒径/mm			
	10.0	20.0	31.5	40.0	16.0	20.0	31.5	40.0
10～30	190	170	160	150	200	185	175	165
35～50	200	180	170	160	210	195	185	175
55～70	210	190	180	170	220	205	195	185
75～90	215	195	185	175	230	215	205	195

注：1. 本表用水量系采用中砂时的取值。采用细砂时，每立方米混凝土用水量可增加 5～10kg；采用粗砂时，则可减少 5～10kg。

2. 掺用各种外加剂或掺合料时，用水量应相应调整。

表 3.19 干硬性混凝土的单位用水量 单位：kg/m^3

维勃稠度/s	卵石最大粒径/mm			碎石最大粒径/mm		
	10.0	20.0	40.0	16.0	20.0	40.0
16～20	175	160	145	180	170	155
11～15	180	165	150	185	175	160
5～10	185	170	155	190	180	165

（2）砂率 砂率是指混凝土中砂的质量占砂、石总质量的百分率。砂率的变动会使骨料的孔隙率和骨料的总表面积有显著改变，因而对混凝土拌合物的和易性产生显著影响。

砂率过大时，骨料的总表面积及孔隙率都会增大，在水泥浆含量不变的情况下，水泥浆相对变少了，减弱了水泥浆的润滑作用，使混凝土拌合物的流动性减小；砂率过小时，粗骨料之间的砂浆层不足，也会使混凝土拌合物的流动性减小，而且会严重影响其黏聚性和保水性，容易造成离析、流浆等现象。因此，砂率有一个合理值，即合理砂率。

采用合理砂率，在用水量及水泥用量一定的情况下，能使混凝土拌合物获得最大的流动性且能保持良好的黏聚性和保水性，如图3.10所示；或者，采用合理砂率，能在使混凝土拌合物获得所要求的流动性及良好的黏聚性和保水性的情况下，水泥用量最少，如图3.11所示。

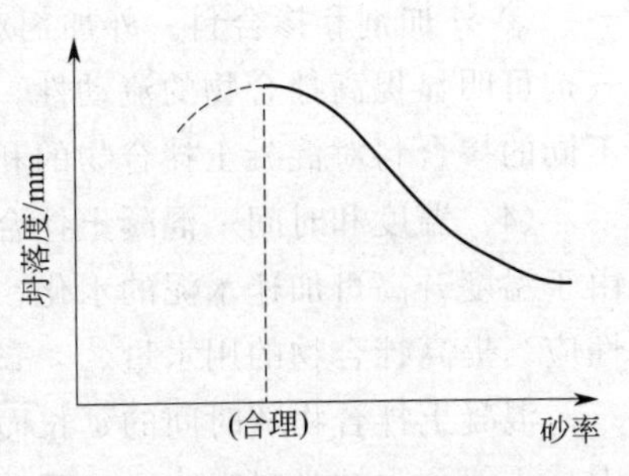

图3.10　砂率与坍落度的关系

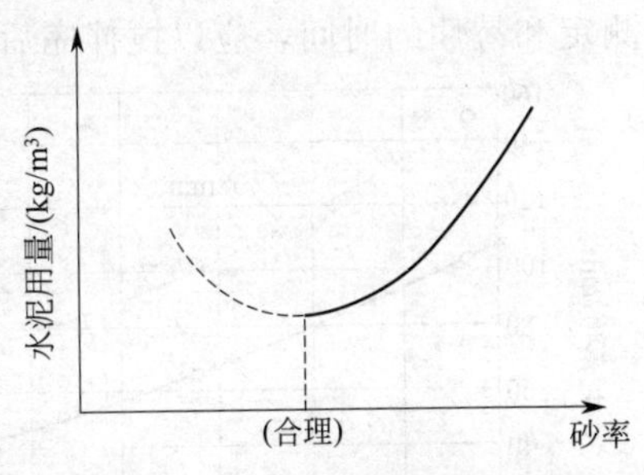

图3.11　砂率与水泥用量的关系

合理砂率的选择受很多因素影响。通常情况下，粗骨料最大粒径较大、级配较好、表面较光滑时，由于粗骨料的空隙率较小，可采用较小的砂率；细骨料的细度模数较小（细颗粒较多）或水泥浆较稠（水胶比较小）时，混凝土拌合物的黏聚性容易得到保证，可采用较小的砂率；掺用引气剂或减水剂等外加剂时，可适当减小砂率；施工要求的流动性较大时，粗骨料常出现离析，为保证混凝土拌合物的黏聚性，需采用较大的砂率。

由于影响合理砂率的因素很多，因此很难用计算的方法得出准确的合理砂率，一般来说，在保证拌合物不离析，又能很好地浇灌、捣实的条件下，应尽量选用较小的砂率，这样可以节约水泥。

《普通混凝土配合比设计规程》(JGJ 55—2011) 规定，砂率应根据骨料的技术指标、混凝土拌合物性能和施工要求，参考既有历史资料确定。当缺乏历史资料时，砂率的确定应符合下列规定：坍落度小于10mm时，砂率应经试验确定；坍落度为10～60mm时，砂率按表3.20确定；坍落度大于60mm时，砂率可经试验确定，也可在表3.20的基础上，按坍落度每增大20mm，砂率增大1%的幅度调整。

表3.20　混凝土砂率

水胶比	卵石最大粒径/mm			碎石最大粒径/mm		
	10.0	20.0	40.0	16.0	20.0	40.0
0.40	26～32	25～31	24～30	30～35	29～34	27～32
0.50	30～35	29～34	28～33	33～38	32～37	30～35
0.60	33～38	32～37	31～36	36～41	35～40	33～38
0.70	36～41	35～40	34～39	39～44	38～43	36～41

注：1. 本表数值系中砂的选用砂率，对细砂或粗砂，可相应地减少或增大砂率；
2. 采用人工砂配制混凝土时，砂率应适当增大；
3. 只用一个单粒级粗骨料配制混凝土时，砂率应适当增大。

(3) 组成材料

① 水泥。水泥对混凝土拌合物和易性的影响主要反映在水泥的需水量上，水泥品种、细度等都会影响其需水量。需水量大的水泥比需水量小的水泥配制的拌合物，在其他条件相同的情况下，流动性小，但黏聚性和保水性较好。水泥品种一定时，水泥颗粒越细，拌合物流动性越差，但黏聚性和保水性越好。

② 骨料。骨料对混凝土拌合物的影响主要体现在骨料级配、颗粒形状、表面特征及最大粒径等几个方面。一般来说，级配好的骨料，其拌合物流动性较大，黏聚性和保水性较好；针

状和片状骨料较少而球形骨料较多时，拌合物流动性较大；表面光滑的骨料，如河砂、卵石，其拌合物流动性较大；骨料的最大粒径增大，总表面积减小，拌合物流动性随之增大。

③ 外加剂和掺合料。外加剂对混凝土拌合物的和易性有较大影响。如加入减水剂或引气剂可明显提高拌合物的流动性，引气剂还能有效地改善拌合物的黏聚性和保水性。同样，不同的掺合料对混凝土拌合物的和易性有不同的影响。

(4) 温度和时间　混凝土拌合物的流动性随温度的升高而降低，如图 3.12 所示。这是由于温度升高可加速水泥的水化，增加水分的蒸发，所以夏季施工时，为了保持一定的流动性应当提高拌合物的用水量。

混凝土拌合物随时间的延长而变干稠，流动性降低，如图 3.13 所示。这是由于拌合物中，一部分水被骨料吸收，一部分水被蒸发，一部分水与水泥发生水化反应变成水化产物结合水。拌合物流动性的这种变化，使得拌合物浇注时的和易性更有实际意义，因此，施工中测定和易性的时间，应以搅拌完后约 15min 为宜。

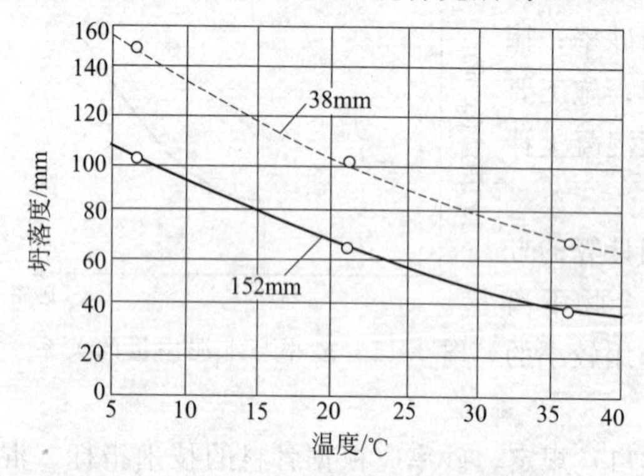

图 3.12　混凝土拌合物坍落度与温度的关系
(曲线上的数字为粗骨料最大粒径)

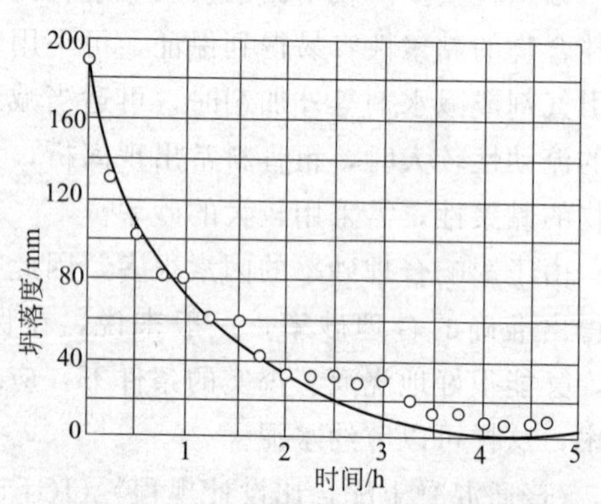

图 3.13　混凝土拌合物与时间的关系
(拌合物配合比 1∶2∶4，$W/C=0.775$)

3.2.1.4　改善和易性的措施

了解了混凝土拌合物和易性的变化规律，就可以运用这些规律调整混凝土拌合物的和易性，以适应实际工程的结构及施工条件。应该注意的是，当决定采取某项措施来调整和易性的时候，必须同时考虑这些措施对混凝土其他性能（如强度、耐久性等）的影响。实际工程中，改善混凝土拌合物和易性的主要措施有以下几个方面。

① 通过试验，采用合理砂率。

② 采用颗粒较粗的、级配良好的骨料。

③ 掺加适宜的外加剂和掺合料。

④ 当混凝土拌合物的流动性小于设计要求时，保持水胶比不变，适当增加水泥浆用量；当混凝土拌合物的流动性大于设计要求时，保持砂率不变，增加砂石用量。

3.2.2　凝结时间

水泥的水化反应是混凝土拌合物产生凝结的主要原因，但是混凝土拌合物的凝结时间与配制该混凝土所用水泥的凝结时间并不一致。水泥的凝结时间是水泥净浆在规定的温度和稠度条件下测得的，而混凝土拌合物的存在条件与水泥凝结时间测定条件不一定相同。水胶比、环境温度和外加剂等均对混凝土拌合物凝结时间产生较大影响。水胶比增大，凝结时间延长；温度升高，凝结时间缩短；缓凝剂能延长凝结时间；速凝剂能缩短凝结时间。

混凝土拌合物的凝结时间采用贯入阻力法测定，所使用的仪器为贯入阻力仪。先用5mm筛孔的筛从拌合物中筛取砂浆，按一定方法装入规定的容器中，然后每隔一定时间测定砂浆贯入到一定深度时的贯入阻力，绘制贯入阻力与时间的关系曲线，如图3.14所示。以贯入阻力为3.5MPa和28MPa划两条平行于时间坐标的直线，直线与曲线交点所对应的时间分别为混凝土拌合物的初凝时间和终凝时间。

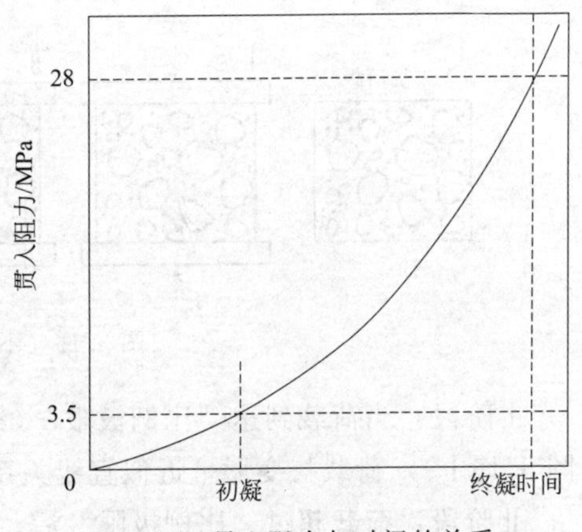

图3.14　贯入阻力与时间的关系

值得注意的是，此凝结时间并不标志着混凝土中水泥浆体物理化学特征的某一特定的变化，仅是从实用角度人为确定的两个特定点，初凝时间表示施工时间极限，终凝时间表示混凝土力学强度的开始发展。

通常情况下，混凝土拌合物的凝结时间为6～10h，但水泥品种、环境温度和外加剂等都会对混凝土拌合物凝结时间产生影响。

3.3　硬化混凝土主要性能

3.3.1　混凝土的强度

强度是混凝土硬化后的主要力学性能，并且与混凝土其他性能密切相关。混凝土强度包括抗压强度、抗拉强度、抗折强度等，其中抗压强度最大，故工程上混凝土主要用于承受压力。

3.3.1.1　混凝土抗压强度

(1) 混凝土受力变形与破坏过程　混凝土在未受力之前，水泥水化造成的化学收缩和物理收缩会引起砂浆体积的变化，或者因为混凝土成形后的泌水作用，在骨料下部形成水囊，而导致骨料界面易出现界面裂缝。混凝土受到外力作用时，很容易在几何形状为楔形的微裂缝顶部出现应力集中，随着外力的增大，裂缝将延伸、扩展，最后形成几条可见的裂缝，从而导致混凝土破坏。

混凝土内部裂缝的发展可分为四个阶段，如图3.15所示，每个阶段的裂缝状态示意图如图3.16所示。

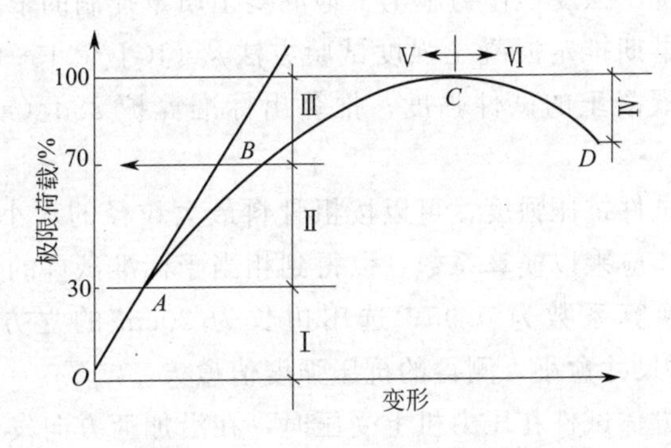

图3.15　混凝土受压变形曲线

Ⅰ—界面裂缝无明显变化；Ⅱ—界面裂缝增长；Ⅲ—出现砂浆裂缝和连续裂缝；Ⅳ—连续裂缝迅速发展；Ⅴ—裂缝缓慢增长；Ⅵ—裂缝迅速增长

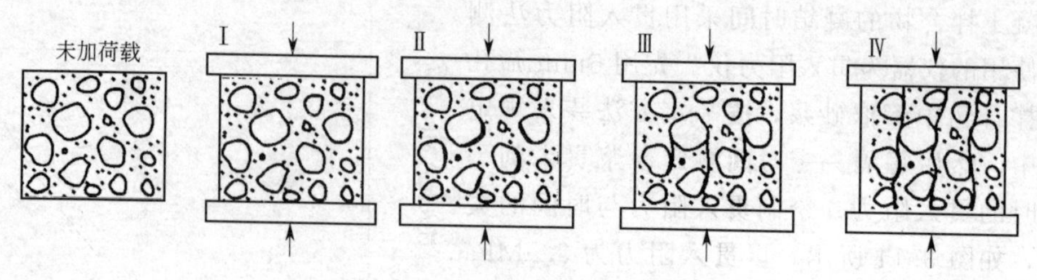

图 3.16 不同受力阶段裂缝示意图

Ⅰ阶段：当荷载到达“比例极限”（约为极限荷载的30%）以前，界面裂缝无明显变化（图 3.16Ⅰ），荷载与变形呈近似直线关系（图 3.15 的 *OA* 段）。

Ⅱ阶段：荷载超过“比例极限”后，界面裂缝的数量、长度和宽度不断增大，界面借摩擦阻力继续承担荷载，但无明显砂浆裂缝（图 3.16Ⅱ），荷载与变形不再是近似的直线关系（图 3.15 的 *AB* 段），变形增大的速度超过荷载增大的速度。

Ⅲ阶段：荷载超过“临界荷载”（约为极限荷载的 70%～90%）以后，界面裂缝继续发展的同时，砂浆中开始出现裂缝，并将临近的界面裂缝连接成连续裂缝（图 3.16Ⅲ）。此时，变形增大速度进一步加快，荷载-变形曲线明显弯向变形轴方向（图 3.15 的 *BC* 段）。

Ⅳ阶段：荷载超过极限荷载以后，连续裂缝急速发展（图 3.16Ⅳ），混凝土承载能力下降，荷载减小而变形迅速增大，以致完全破坏，荷载-变形曲线逐渐下降而最后结束（图 3.15 的 *CD* 段）。

由此可见，混凝土受压时，荷载与变形的关系是混凝土内部微裂缝发展规律的体现。混凝土在外力作用下的变形和破坏过程，实际上是其内部裂缝的发生和发展过程。这是一个从量变到质变的过程，当混凝土内部的微观破坏发展到一定量级时，混凝土就会发生整体破坏。

（2）混凝土立方体抗压强度　根据国家标准《普通混凝土力学性能试验方法》（GB/T 50081—2002），按标准方法制作边长为 150mm 的立方体试件，在标准养护条件［温度(20±3)℃，相对湿度 90%以上］下，养护至 28d 龄期，测得的抗压强度值称为混凝土立方体试件抗压强度（简称立方体抗压强度），以 f_{cu} 表示。

在实际施工条件下，混凝土的养护不可能与标准养护条件完全一致，为了得到混凝土的实际强度，以判断下一步工序是否进行，常将混凝土试件放在与工程相同的条件下进行养护，再按所需龄期测出抗压强度，作为施工工地混凝土质量控制的依据。

同时，可以依据《早期推定混凝土强度试验方法》（JGJ/T 15—2008），由早期在不同温度条件下加速养护的混凝土的试件强度，推算出标准养护 28d（或其他龄期）的混凝土强度。

测定混凝土立方体试件抗压强度，可以按粗骨料最大粒径的大小选用不同尺寸的试件。但在计算其抗压强度时，应乘以换算系数，以得到相当于标准试件的试验结果（选用边长为 10cm 的立方体试件，换算系数为 0.95；选用边长为 20cm 的立方体试件，换算系数为 1.05）。由此可见，试件尺寸愈小，测得的抗压强度值愈大。

这是由于混凝土立方体试件在压力机上受压时，在沿加荷方向发生纵向变形的同时，也按泊松比效应产生横向变形。压力机上下两块压板（钢板）的刚度远大于混凝土，在同样荷载作用下变形较小。所以，在荷载作用下，压板的横向应变小于混凝土的横向应变（指都能自由横向变形的情况），因而上下压板与试件上下表面之间产生的摩擦力对试件的横向膨胀起着约束作用，使测得的混凝土强度值高，通常称这种作用为“环箍效应”，如图 3.17 所示。愈接近试件端面，这种约束作用愈大，而试件中部则产生自由膨胀，试件破坏后的形状如图 3.18 所示。如在压板和试件表面之间加润滑剂，环箍效应会大大减小，试件将出现直裂破坏，如图 3.19 所示，测出的强度较低。

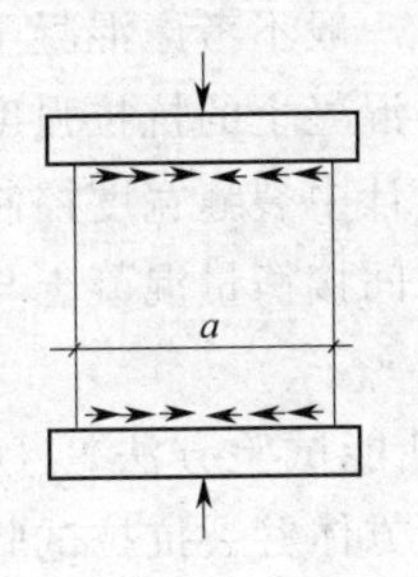

图 3.17　压力机压板对试件的约束作用

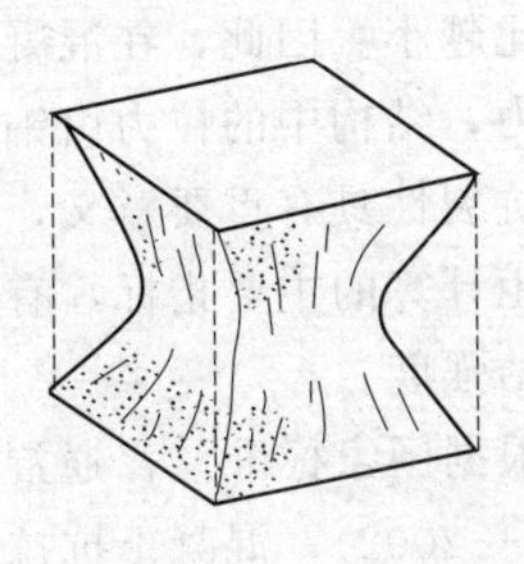

图 3.18　试件破坏后残存的棱锥体

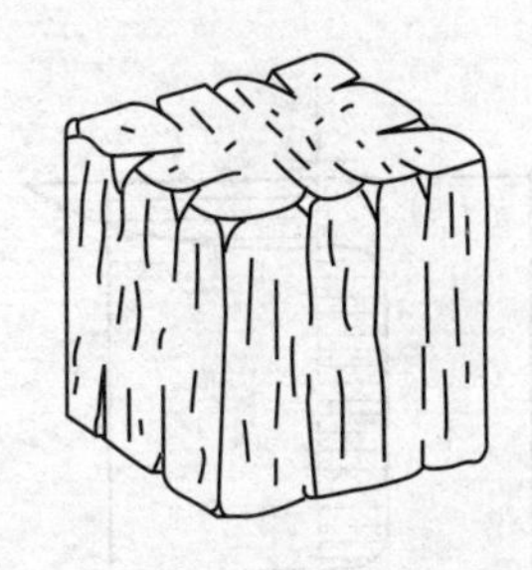

图 3.19　不受压板约束时试件破坏情况

立方体试件尺寸较大时，环箍效应的作用相对较小，测得的立方体抗压强度因而偏低；反之，试件尺寸较小时，测得的立方体抗压强度就偏高。另一方面，试件尺寸越大，其中存在裂缝、孔隙等缺陷的可能性越大，这些裂缝、孔隙等缺陷将减少受力面积并引起应力集中，从而降低强度，故较大尺寸的试件测得的抗压强度偏低。

(3) 混凝土立方体抗压强度标准值与强度等级　根据国家标准《混凝结构设计规范》(GB 50010—2010)，混凝土强度等级应按立方体抗压强度标准值确定。立方体抗压强度标准值系指按标准方法制作和养护的边长为 150mm 的立方体试件，在 28d 或设计规定龄期用标准试验方法测得的具有 95%保证率的抗压强度以 $f_{cu,k}$ 表示。

混凝土强度等级采用符号 C 与立方体抗压强度标准值（MPa）表示。普通混凝土划分为 10 个强度等级：C15，C20，C25，C30，C35，C40，C45，C50，C55，C60。混凝土强度等级是混凝土结构设计、施工质量控制和工程验收的重要依据。

素混凝土结构的混凝土强度等级不应低于 C15；钢筋混凝土结构的混凝土强度等级不应低于 C20；采用强度等级 400MPa 及以上的钢筋时，混凝土强度等级不应低于 C25。预应力混凝土结构的混凝土强度等级不宜低于 C40，且不应低于 C30。承受重复荷载的钢筋混凝土构件，混凝土强度等级不应低于 C30。

(4) 混凝土轴心抗压强度　混凝土强度等级是依据立方体试件抗压强度确定的，但在实际结构中，混凝土构件多为棱柱体或圆柱体。为了使测得的混凝土强度接近构件的实际情况，在钢筋混凝土结构计算中，计算轴心受压构件（如柱子、桁架的腹杆等）时，都是采用混凝土的轴心抗压强度。

根据国家标准《普通混凝土力学性能试验方法》(GB/T 50081—2002)，轴心抗压强度是采用 150mm×150mm×300mm 的棱柱体标准试件标准养护至 28d 龄期测得的抗压强度值，以 f_{cp} 表示。

轴心抗压强度比同截面的立方体抗压强度值小，棱柱体试件高宽比越大，轴心抗压强度越小，但当 h/a 达到一定值后，强度就不再降低（此时在试件中间区段已无环箍效应），但是过高的试件在破坏前由于失稳产生较大的附加偏心，又会降低其抗压的试验强度值。

试验表明，当立方体抗压强度在10～55MPa范围内，轴心抗压强度与立方体抗压强度之比为0.70～0.80。

3.3.1.2 混凝土抗拉强度

混凝土是一种脆性材料，在受拉时，发生很小的变形就要开裂，在断裂前没有残余变形。通常，混凝土抗拉强度只有其抗压强度的1/20～1/10，且混凝土的强度等级越高，其拉压比越小。因此，在混凝土结构中，一般不考虑混凝土承受的拉力，结构中的拉力由钢筋承担。但混凝土的抗拉强度对混凝土抗裂性具有重要意义，它是结构设计中裂缝宽度控制和裂缝间距计算的主要指标，有时也用它来间接衡量混凝土与钢筋的黏结强度。

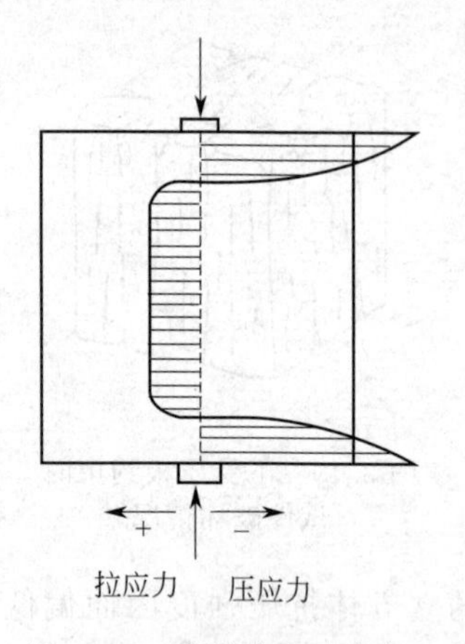

图3.20 劈裂试验时垂直于受力面的应力分布

根据国家标准《普通混凝土力学性能试验方法》（GB/T 50081—2002），混凝土抗拉强度采用立方体劈裂抗拉试验来测定，称为劈裂抗拉强度，以 f_{ts} 表示。

劈裂抗拉试验采用150mm×150mm×150mm立方体标准试件，试验时，在上下两相对面的中心线上施加均布线荷载，使试件内竖向平面上产生均布拉应力，见图3.20。混凝土劈裂抗拉强度可以根据弹性理论计算得出，计算公式为：

$$f_{ts}=2P/(\pi A)=0.637P/A$$

式中，f_{ts} 为混凝土劈裂抗拉强度，MPa；P 为破坏荷载，N；A 为试件劈裂面面积，mm^2。

混凝土轴心抗拉强度可按劈裂抗拉强度换算得到，换算系数由试验确定。

3.3.1.3 混凝土抗折强度

抗折强度也称弯拉强度，在水泥混凝土道路路面或机场道面的结构设计中，抗折强度或弯拉强度是主要的强度指标。

根据《公路水泥混凝土路面设计规范》（JTG D40—2011），各交通荷载等级要求的水泥混凝土弯拉强度标准值不得低于表3.21的规定。

表3.21 水泥混凝土弯拉强度标准值

交通荷载等级	极重，特重，重	中等	轻
水泥混凝土弯拉强度标准值/MPa	≥5.0	4.5	4.0

根据国家标准《普通混凝土力学性能试验方法》（GB/T 50081—2002），测定混凝土抗折强度采用150mm×150mm×600mm（或550mm）小梁作为标准试件，在标准条件下养护28d后，按三分点加荷方式测得其抗折强度（图3.21），按下式计算：

$$f_{cf}=PL/(bh^2)$$

式中，f_{cf} 为混凝土抗折强度，MPa；P 为试件破坏荷载，N；L 为支座间距，mm；b 为试件截面宽度，mm；h 为试件截面高度，mm。

3.3.1.4 影响混凝土强度的因素

普通混凝土受力破坏一般出现在骨料和水泥石的界面上，当水泥石强度较低时，水泥石本身也会发生破坏。所以，混凝土的强度主要取决于水泥石强度及其与骨料的黏结强度。而水泥石强度及其与骨料的黏结强度又与水泥强度等级、水胶比及骨料的性质有密切的关系。

此外，混凝土的强度还受施工质量、养护条件及龄期的影响。

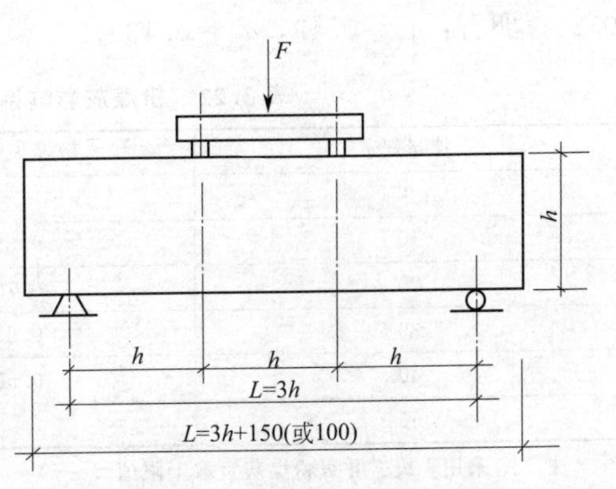

图 3.21　混凝土抗折试验装置

(1) 水泥强度等级及水胶比的影响　水泥强度等级及水胶比是决定混凝土强度的最主要因素。水泥是混凝土中的活性组分，水胶比不变时，水泥强度等级愈高，硬化水泥石的强度愈高，水泥石与骨料之间的黏结力愈强，混凝土的强度也就愈高。在水泥强度等级相同的条件下，混凝土强度主要取决于水胶比。因为水泥水化时所需的结合水一般只占水泥质量的23%左右，但在拌制混凝土拌合物时，为了获得必要的流动性，常常需要加入较多的水，即采用较大的水胶比。混凝土硬化后，多余的水分残留在混凝土中形成水泡或蒸发后形成气孔或通道，大大减少了混凝土抵抗荷载的实际有效断面，而且可能在孔隙周围产生应力集中。因此，在水泥强度等级相同的情况下，混凝土的强度随着水胶比的增加而降低。但如果水胶比过小，拌合物过于干硬，在一定的捣实成型条件下，混凝土难以成型密实，从而使强度下降。混凝土强度与水胶比及胶水比的关系见图 3.22。

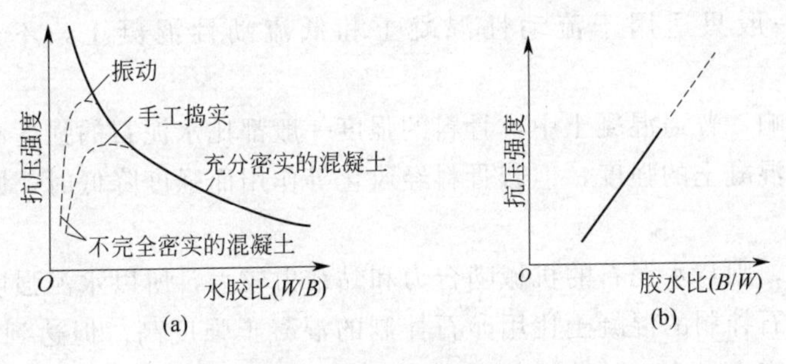

图 3.22　混凝土强度与水胶比及胶水比的关系

(a) 强度与水胶比的关系；(b) 强度与胶水比的关系

当混凝土中掺加矿物掺合料时，混凝土强度还取决于矿物掺合料的品种、活性及其掺量，在胶凝材料相同的条件下，混凝土的强度主要取决于水胶比。大量试验结果表明，混凝土强度与水胶比、胶凝材料实际强度等因素之间的关系符合下列经验公式：

$$f_{cu}=\alpha_a f_b(B/W-\alpha_b)$$

式中，f_{cu}为混凝土 28d 龄期抗压强度，MPa；B 为每立方米混凝土中的胶凝材料用量，kg；W 为每立方米混凝土中的水用量，kg；f_b为胶凝材料 28d 胶砂抗压强度，无法取得实测值时，可按 $f_b=\gamma_f\gamma_s f_{ce}$ 计算［γ_f 和 γ_s 分别为粉煤灰影响系数和粒化高炉矿渣粉影响系数，见表 3.22；f_{ce} 为水泥 28d 胶砂抗压强度，MPa，无实测值时，可按 $f_{ce}=\gamma_c f_{ce,g}$ 计算（$f_{ce,g}$ 为水泥强度等级值；γ_c 为水泥强度等级值的富余系数，可按实际统计资料确定，当缺乏实际统计资料时，也可按表 3.23 选用）］；α_a，α_b 为回归系数，根据工程所使用的原材料，通过试验建立的水胶比与混凝土强度关系式确定，当不具备试验统计资料时可按《普通混凝土配合比设计规程》（JGJ/T 55—2011）提供的数据选用（碎石：$\alpha_a=0.53$，$\alpha_b=$

0.20；卵石：α_a＝0.49，α_b＝0.13)。

表 3.22　粉煤灰影响系数和粒化高炉矿渣粉影响系数

掺量/%	粉煤灰影响系数 γ_f	粒化高炉矿渣粉影响系数 γ_s
0	1.00	1.00
10	0.85～0.95	1.00
20	0.75～0.85	0.95～1.00
30	0.65～0.75	0.90～1.00
40	0.55～0.65	0.80～0.90
50	—	0.70-0.85

注：1. 采用Ⅰ级、Ⅱ级粉煤灰宜取上限值。

2. 采用S75级粒化高炉矿渣粉宜取下限值，采用S95级粒化高炉矿渣粉宜取上限值，采用S105级粒化高炉矿渣粉可取上限值加0.05。

3. 当超出表中的掺量时，粉煤灰和粒化高炉矿渣粉影响系数应经试验确定。

表 3.23　水泥强度等级值的富余系数

水泥强度等级值/MPa	32.5	42.5	52.5
富余系数 γ_c	1.12	1.16	1.10

利用以上经验公式，可根据所用的胶凝材料强度和水胶比来估计所配制混凝土的强度，也可根据胶凝材料强度和要求的混凝土强度等级来计算应采用的水胶比。应该指出的是，该公式一般只适用于流动性混凝土和低流动性混凝土，不适用于干硬性混凝土。

(2) 骨料的影响　普通混凝土中，骨料的强度一般都比水泥石的强度高（轻骨料除外），所以不会直接影响混凝土的强度，但若骨料经风化等作用而强度降低时，则用其配制的混凝土强度也较低。

骨料表面粗糙，则与水泥石的机械啮合力和黏结力较大，所以水泥强度等级和水胶比相同的条件下，用碎石拌制的混凝土比用卵石拌制的混凝土强度高。但达到同样的流动性时，碎石拌制的混凝土需水量大，随着水胶比变大，强度降低。试验证明，水胶比小于0.4时，用碎石配制的混凝土比用卵石配制的混凝土强度高30%～40%，但随着水胶比增大，两者的差异就不明显了。

(3) 养护的温度和湿度　混凝土强度的发展取决于水泥的水化，而养护的温度和湿度是影响水泥水化进程的重要因素。

养护温度高可以增大初期水化速度，混凝土初期强度也高。但急速的初期水化会导致水化产物分布不均匀，水化产物稠密程度低的区域将成为水泥石中的薄弱点，从而降低整体强度；水化产物稠密程度高的区域，水化产物包裹在水泥颗粒周围，会妨碍水化反应的继续进行，对后期强度发展不利。适宜的温度使水泥水化平稳进行，水化产物充分扩散，从而使水化产物在水泥石中均匀分布，有利于后期强度的发展。温度较低时，水泥水化反应速度变慢，低温下混凝土强度发展迟缓。养护温度对混凝土强度的影响见图3.23。当温度降至0℃以下时，由于混凝土中的水分大部分结冰，不但因为水泥水化反应停止而使混凝土强度停止发展，而且可能由于混凝土孔隙中的水结冰膨胀而对孔壁产生的压力导致混凝土破坏，使已经获得的强度受到损失。混凝土早期强度低，更容易冻坏，如图3.24所示。因此，低温环境中的混凝土施工，应特别防止混凝土早期受冻。

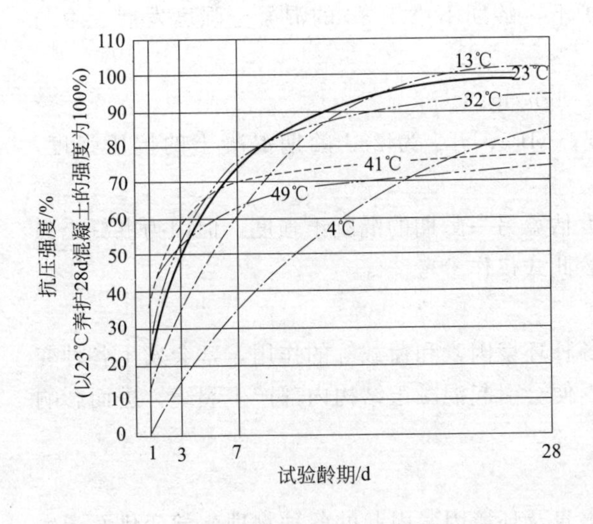

图 3.23　养护温度对混凝土强度的影响

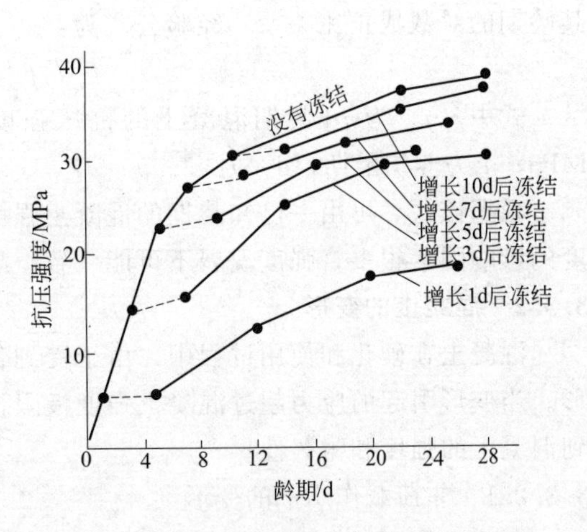

图 3.24　混凝土强度与冻结龄期的关系

湿度对水泥的水化能否正常进行有显著的影响。湿度适当，水泥水化能够顺利进行，混凝土强度能够得到充分发展；如果湿度不够，混凝土会失水干燥而导致水泥水化不充分，甚至停止水化，使混凝土结构疏松，或者形成干缩裂缝，从而降低混凝土的强度和耐久性。图 3.25 为保湿养护对混凝土强度的影响。

实际工程施工中的混凝土多为自然养护。根据《混凝土结构施工规范》（GB 50666—2011），混凝土浇筑后应及时进行保湿养护，保湿养护可采用洒水、覆盖、喷涂养护剂等方式。养护方式应根据现场条件、环境温湿度、构件特点、技术要求及施工操作等因素确定。采用硅酸盐水泥、普通硅酸盐水泥或矿渣硅酸盐水泥配制的混凝土，养护时间不应少于 7d；采用其他品种水泥制备的混凝土，养护时间应根据水泥性能确定；采用缓凝型外加剂配制的混凝土、采用大掺量矿物掺合料配制的混凝土、抗渗混凝土、强度等级 C60 及以上的混凝土及后浇带混凝土，养护时间不应少于 14d；地下室底层墙、柱和上部结构首层墙、柱，宜适当增加养护时间；大体积混凝土养护时间应根据施工方案确定。

(4) 龄期的影响　龄期是指混凝土在正常养护条件下所经历的时间，在正常养护条件下，混凝土的强度将随着龄期的增加而不断发展。最初 7～14d 内强度增长较快，28d 以后增长缓慢，见图 3.26，但只要温度和湿度条件适当，其增长过程可持续数十年之久。

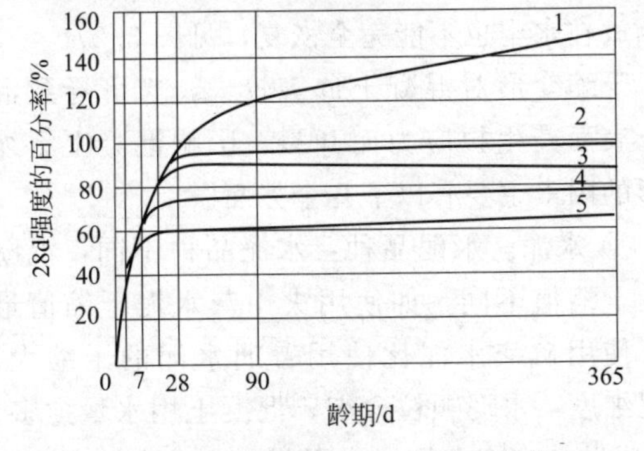

图 3.25　混凝土强度与保持潮湿龄期的关系

1—长期保持潮湿；2—保持潮湿 14d；3—保持潮湿 7d；4—保持潮湿 3d；5—保持潮湿 1d

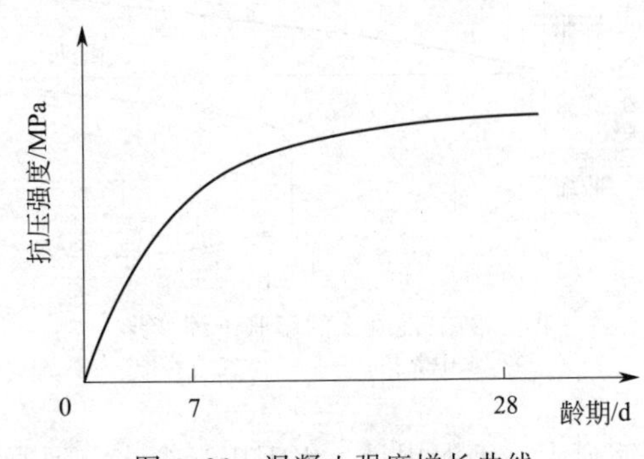

图 3.26　混凝土强度增长曲线

普通水泥制成的混凝土，在标准条件养护下，龄期不小于 3d 的混凝土强度发展大致与其龄期的对数成正比关系，经验公式为：

$$f_n/f_{28}=\lg n/\lg 28$$

式中，f_n 为 nd 龄期混凝土的抗压强度，MPa；f_{28} 为 28d 龄期混凝土的抗压强度，MPa；n 为养护龄期，d，$n\geqslant 3$。

根据该式，可由一已知龄期的混凝土强度估算另一龄期的混凝土强度，但因为混凝土强度的影响因素很多，强度发展不可能一致，故此式仅作参考。

3.3.2 混凝土的变形

混凝土在硬化和使用过程中，由于受到各种环境因素和荷载等的作用，常会发生各种变形。当变形引起的应力超过混凝土强度极限，便会引起混凝土结构内部产生裂缝，进而影响到混凝土的强度和耐久性。

3.3.2.1 非荷载作用下的变形

非荷载作用下的变形主要是由于混凝土本身及环境因素引起的各种物理化学变化而产生的变形，主要包括化学收缩、干湿变形及温度变形等几种。

（1）化学收缩 水泥水化生成物的体积比反应前物质的总体积小，而使混凝土产生收缩，这种收缩称为化学收缩。混凝土的化学收缩量随混凝土硬化龄期的延长而增加，大致与时间的对数成正比，一般在混凝土成形后 40d 内增长较快，以后逐渐趋于稳定。混凝土的化学收缩是不可恢复的。化学收缩值很小，对结构物一般没有破坏作用，但化学收缩是混凝土中微细原生裂缝产生的原因之一。

（2）干湿变形 混凝土因周围环境湿度的变化而产生的体积变化称为干湿变形，包括干缩和湿胀。这种变形是由于混凝土中水分的变化引起的。混凝土中的水有自由水（孔隙水）、毛细管水及凝胶粒子表面的吸附水三种，当后两种水发生变化时，混凝土就会产生干湿变形。

混凝土在水中硬化时，由于凝胶体中的胶体粒子表面的吸附水膜增厚，胶体粒子间距离增大，引起混凝土产生微小的膨胀，即湿胀。湿胀对混凝土一般无危害。

当混凝土在空气中硬化时，首先失去自由水，失去自由水不会引起体积收缩；继续干燥时毛细管水蒸发，使毛细管中形成负压而产生收缩；再继续干燥则吸附水蒸发，引起凝胶体失水紧缩。这些作用的结果导致混凝土产生干缩变形。干缩后的混凝土若重新吸水，其干缩变形大部分可以恢复，但不能完全恢复，即使长期放在水中也不能完全恢复，见图 3.27。

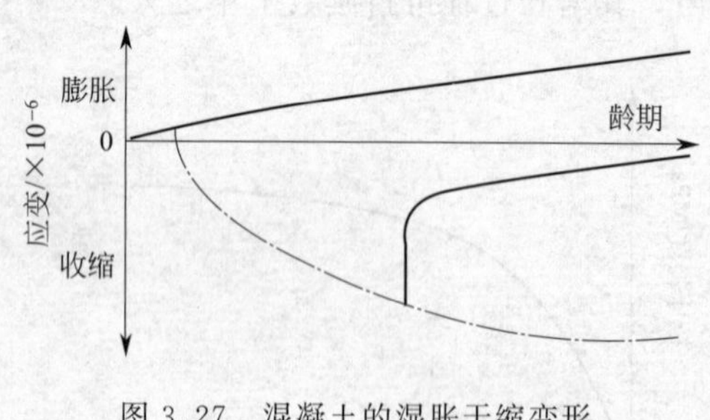

图 3.27 混凝土的湿胀干缩变形
——水中养护；—·— 空气中养护

干缩变形对混凝土危害较大，它可导致混凝土表面产生拉应力而开裂。影响混凝土干缩变形的因素主要有以下几个方面。

① 水泥。水泥品种：水泥品种不同，混凝土的干缩值不同，如使用火山灰水泥干缩值最大，使用矿渣水泥比使用普通水泥的干缩大。水泥细度：水泥颗粒愈细，混凝土用水量愈多，干缩愈大。水泥用量：水泥用量愈多，混凝土中凝胶体愈多，同时水泥浆量也愈大（水胶比不变时），混凝土收缩愈大。

② 水胶比。水胶比愈大，硬化后混凝土内的毛细孔隙数量愈多，其干缩值也愈大。

③ 骨料。骨料在混凝土中形成骨架，对收缩有一定的抑制作用。混凝土的收缩值比水泥砂浆小，而水泥砂浆的收缩值比水泥净浆小，三者收缩值之比约为1∶2∶5。骨料的弹性模量愈高，混凝土的收缩值愈小；骨料含泥量及泥块含量愈少，混凝土干缩值愈小。

④ 养护。养护湿度愈高，养护时间愈长，可推迟混凝土干缩的发生和发展，也可避免混凝土在早期产生较多的干缩裂纹，但对混凝土的最终干缩值没有显著的影响。同时，采用蒸汽养护和蒸压养护可减少混凝土干缩。

(3) 温度变形　温度变形是指混凝土随着温度的变化而发生的热胀冷缩的变形。混凝土的温度膨胀系数约为1.0×10^{-5}/℃，即温度每升高或降低1℃，混凝土每米将产生0.01mm的膨胀或收缩变形。

温度变形对大体积混凝土及大面积混凝土工程极为不利。在混凝土硬化初期，水泥水化放出较多的热量，混凝土又是热的不良导体，散热较慢，因此在大体积混凝土内部的温度较外部高，有时可达50～70℃，这将使内部混凝土的体积产生较大的膨胀，而外部混凝土却随气温降低而收缩。内部膨胀和外部收缩互相制约，在外表混凝土中将产生很大拉应力，严重时使混凝土产生裂缝。因此，对大体积混凝土工程，应设法减少混凝土发热量，如采用低热水泥、减少水泥用量、采用人工降温等措施。一般纵长的混凝土结构物应采取每隔一段距离设置伸缩缝等措施。

3.3.2.2　荷载作用下的变形

(1) 短期荷载作用下的变形　混凝土是一种由水泥石、砂、石、游离水及气泡等组成的不匀质的多相复合材料，它既不是一种完全弹性体，也不是一种完全塑性体，而是一种弹塑性体。当混凝土受力时，既产生弹性变形，又产生塑性变形，其应力与应变之间呈曲线关系，见图3.28。

在静力试验的加荷过程中，若加荷至应力为σ、应变为ε的A点，然后将荷载逐渐卸去，则卸荷时的应力-应变曲线如弧AC所示。卸荷后能恢复的应变$\varepsilon_{弹}$是由混凝土的弹性作用引起的，称为弹性应变；剩余的不能恢复的应变$\varepsilon_{塑}$则是由于混凝土的塑性性质引起的，称为塑性应变。

在应力-应变曲线上任一点的应力与其应变的比值，叫作混凝土在该应力下的变形模量，它反映混凝土所受应力与所产生应变之间的关系。混凝土应力-应变曲线是一条曲线，因此混凝土的变形模量是一个变量。通过大量试验发现，混凝土在静力受压加荷与卸荷的重复荷载作用下，其应力-应变曲线的变化存在以下规律：在混凝土轴心抗压强度50%～70%的应力水平作用下，反复加荷、卸荷，混凝土的塑性变形逐渐增大，最后导致混凝土产生疲劳破坏。而在轴心抗压强度30%～50%的应力水平作用下，反复加荷、卸荷，混凝土的塑性变形增量逐渐减少，最后得到的应力-应变曲线$A'C'$几乎与初始切线平行，见图3.29。

根据国家标准《普通混凝土力学性能试验方法》(GB/T 50081—2002)，在静力受压弹性模量试验中，使混凝土应力在轴心抗压强度的1/3的水平下反复加荷和卸荷，最后所得应力-应变曲线与初始切线大致平行，这样测出的变形模量称为弹性模量。

混凝土的弹性模量与钢筋混凝土构件的刚度有关系，随着混凝土弹性模量的增大，钢筋混凝土构件的刚度相应增大。通常，混凝土结构须具有足够的刚度，在荷载作用下产生较小的变形，从而发挥其正常使用功能。因此，混凝土须有足够高的弹性模量。

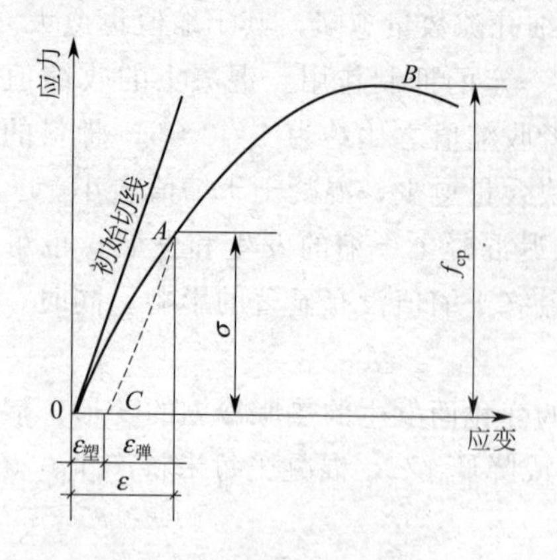

图 3.28　混凝土在压力作用下应力-应变曲线

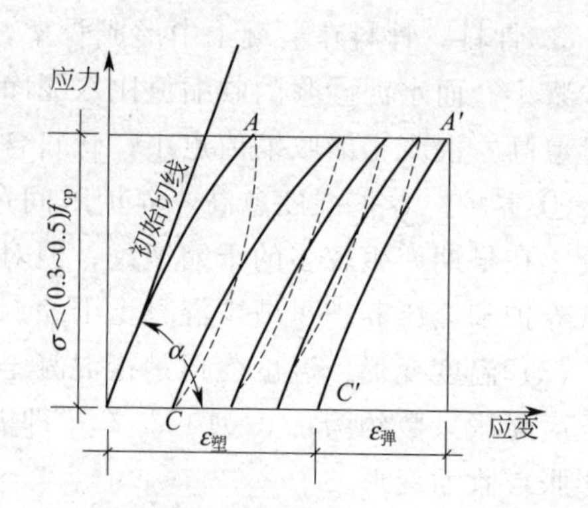

图 3.29　混凝土在低应力重复荷载作用下的应力-应变曲线

混凝土的弹性模量取决于骨料和水泥石的弹性模量。水泥石的弹性模量一般低于骨料的弹性模量，因此混凝土的弹性模量一般略低于所用骨料的弹性模量，介于所用骨料和水泥石的弹性模量之间。在材料质量不变的条件下，混凝土的骨料含量较多、水胶比较小、养护较好及龄期较长时，混凝土的弹性模量就较大。蒸汽养护混凝土的弹性模量比标准养护混凝土的弹性模量低。

(2) 长期荷载作用下的变形　混凝土在长期荷载作用下，沿着作用力方向的变形会随时间不断增加，即荷载不变而变形随时间增长，一般要延续 2～3 年才逐渐趋于稳定。这种在长期荷载作用下产生的变形，通常称为徐变。

图 3.30 是混凝土徐变的一个实例。混凝土在长期荷载作用下，一方面在开始加荷时发生瞬时变形（混凝土受力后立刻产生的变形，以弹性变形为主）；另一方面发生缓慢增长的徐变。在荷载作用初期，徐变变形增长较快，以后逐渐变慢且稳定下来。混凝土的徐变应变一般可达 $(3\sim15)\times10^{-4}$，即 0.3～1.5mm/m。当变形稳定以后，卸掉荷载，部分变形瞬时恢复，部分变形逐渐恢复，即徐变恢复。

混凝土产生徐变的原因，一般认为是由于在长期荷载作用下，水泥石中的凝胶体产生黏性流动，向毛细孔迁移，同时凝胶体中的吸附水或结晶水向毛细孔迁移渗透所致。在荷载或硬化初期，由于未填满的毛细孔较多，凝胶体的移动较易，故徐变增长较快；以后由于内部移动和水化的进展，毛细孔逐渐减少，徐变速度因而愈来愈慢。

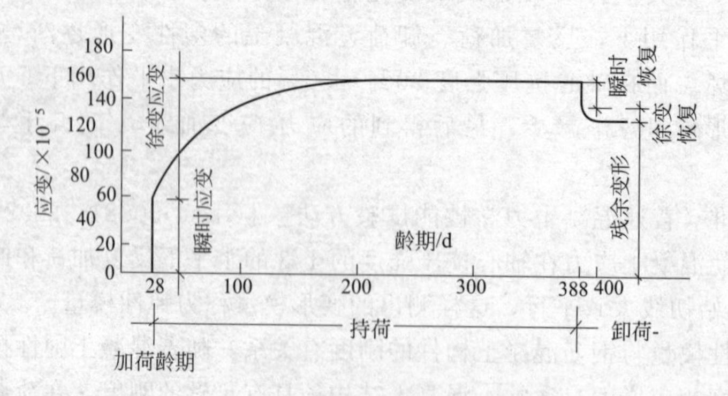

图 3.30　混凝土徐变与恢复实例

混凝土徐变主要和水泥用量及水胶比有关。水泥用量越多，混凝土中凝胶体含量越多，水胶比越大，混凝土中的毛细孔越多，这两方面都会使混凝土的徐变增大。此外，徐变与混凝土的弹性模量也有关系，一般弹性模量大的徐变小。

混凝土不论是受压、受拉或受弯，均有徐变现象。混凝土徐变对混凝土结构的影响有有利的一面，也有不利的一面。徐变有利于消除混凝土结构内部的应力集中，使应力较均匀地重新分布；有利于消除大体积混凝土中由于温度变形所产生的破坏应力。但在预应力混凝土结构中，混凝土的徐变将使钢筋的预加应力受到损失。

3.3.3 混凝土的耐久性

混凝土的耐久性是指混凝土抵抗环境介质作用，并长期保持其良好的使用性能和外观完整性，从而维持混凝土结构安全及正常使用的能力。

混凝土除应具有设计要求的强度，以保证其能安全地承受设计荷载外，还应具有要求的耐久性，即要求混凝土在长期使用环境条件下保持性能稳定。否则，混凝土结构在达到预定的设计使用年限之前，可能会出现混凝土性能劣化而影响正常使用甚至破坏。提高混凝土耐久性，对于延长结构寿命、减少维护或维修费用、提高经济效益等具有重要意义。

混凝土的耐久性是一个综合性概念，包括抗渗性、抗冻性、抗侵蚀性、抗碳化及抗碱-骨料反应等，这些性能都决定着混凝土经久耐用的程度，故统称为耐久性。

3.3.3.1 抗渗性

抗渗性是指混凝土抵抗有压液体（水、油、溶液等）渗透作用的能力。抗渗性是混凝土耐久性的最重要方面，因为环境中的各种侵蚀介质只有通过渗透才能进入混凝土内部产生破坏作用。

普通混凝土抗渗性通常用渗水高度或抗渗等级来表示。渗水高度是指在规定的时间及压力下，混凝土试件渗透水的高度，渗水高度越大，说明抗渗性越差；抗渗等级是根据混凝土抗水渗试验时所能承受的最大水压力来确定的，用符号 P 表示，P6 表示混凝土能抵抗 0.6MPa 的水压力而不渗水。

混凝土的抗渗性主要与其密实度及内部孔隙的大小和构造有关。混凝土内部互相连通的孔隙和毛细管通道，以及在混凝土成形时振捣不实产生的蜂窝、孔洞都会造成混凝土渗水。

提高混凝土抗渗性的关键在于提高其密实度和改变其孔隙结构，主要是减少连通孔隙及开裂等缺陷。通常采取的措施有，采用尽可能低的水胶比；骨料最大粒径尽量小，且级配良好；成形时振捣密实；适当的养护温度及充分的养护湿度以避免各种缺陷的产生；混凝土中掺加合适的外加剂或掺合料等以改善混凝土内部结构。

3.3.3.2 抗冻性

抗冻性是指混凝土在水饱和状态下，经受多次冻融循环作用，能保持强度和外观完整性的能力。在寒冷地区，特别是在接触水又受冻的环境下的混凝土，要求具有较高的抗冻性能。

混凝土抗冻性用抗冻标号或抗冻等级表示。抗冻标号是在混凝土抗冻试验（慢冻法）中，以抗压强度损失率不超过 25%或者质量损失率不超过 5%时的最大冻融循环次数来确定，用符号 D 表示，如 D50 表示混凝土在抗冻试验（慢冻法）中能够承受反复冻融循环次数为 50 次。抗冻等级是在混凝土抗冻试验（快冻法）中，以相对动弹性模量下降至不低于 60%或者质量损失率不超过 5%时的最大冻融循环次数来确定，用符号 F 表示，如 F50 表示混凝土在抗冻试验（快冻法）中能够承受反复冻融循环次数为 50 次。

混凝土内部孔隙和毛细孔道中的水在负温下结冰后体积膨胀造成静水压力，当毛细孔水结冰时，凝胶孔水处于过冷状态，过冷水的蒸气压比同温度下冰的蒸气压高，将发生凝胶水向毛细孔中冰的界面迁移渗透，并产生渗透压力。因此，混凝土受冻融破坏主要是由水结冰产生体积膨胀造成的静水压力和过冷水迁移产生渗透压力所致。当两种压力超过混凝土的抗拉强度时，混凝土将产生裂缝。反复冻融作用下，裂缝不断扩展，导致混凝土强度降低甚至破坏。

混凝土的密实度、孔隙特征及孔隙的充水程度是决定其抗冻性的重要因素，密实的混凝土和具有封闭孔隙的混凝土抗冻性较高。

3.3.3.3 抗侵蚀性

抗侵蚀性是指混凝土在周围各种侵蚀介质作用下抵抗侵蚀破坏的能力。环境介质对混凝土的侵蚀主要是对水泥石的侵蚀，通常有软水侵蚀，酸、碱、盐的侵蚀等，其机理详见本书第3章。在沿海的混凝土工程，混凝土会遭到海水的破坏。海水对混凝土的侵蚀除了有对水泥石的侵蚀等化学作用外，还有反复干湿的物理作用，海浪的冲击磨损作用，海水中氯离子对混凝土内钢筋的腐蚀作用等。

提高混凝土的抗侵蚀性主要在于选用合适的水泥品种，提高混凝土的密实度，以及改善混凝土的孔结构。

3.3.3.4 碳化

碳化是指混凝土内水泥石中的氢氧化钙与空气中的二氧化碳在一定湿度条件下发生化学反应，生成碳酸钙和水的过程。碳化过程是二氧化碳由表及里向混凝土内部逐渐扩散的过程。

碳化使混凝土碱度降低，减弱了对钢筋的保护作用，可能导致钢筋腐蚀；碳化显著增加混凝土的收缩，使混凝土表面产生拉应力，导致混凝土出现微细裂缝，从而使混凝土抗拉、抗折强度降低。但是，碳化可使混凝土的抗压强度提高，这是因为碳化反应生成的水有利于水泥的水化作用，而且反应生成的碳酸钙减少了水泥石内部的孔隙。

影响混凝土碳化的因素主要有水泥品种、混凝土密实度及环境条件（主要是空气中二氧化碳浓度及空气相对湿度等）。硅酸盐水泥、普通硅酸盐水泥的抗碳化能力优于掺混合材料的硅酸盐水泥，并且碳化速度随水泥中混合材料掺量的增多而加快。混凝土密实，二氧化碳和水不易渗入，碳化速度慢。二氧化碳浓度愈大，混凝土碳化作用愈快。环境湿度在50%～75%时，混凝土碳化速度最快，当相对湿度小于25%或达100%时，碳化停止，即环境水分太少时，碳化不能发生；混凝土孔隙中充满水时，水分阻止二氧化碳向混凝土内部扩散，碳化也不能发生。

3.3.3.5 碱-骨料反应

碱-骨料反应是指混凝土中的碱与骨料中的活性成分发生反应，反应产物吸水膨胀造成混凝土开裂破坏的现象。根据骨料中活性成分的不同，碱-骨料反应分为三种类型：碱-硅酸反应，碱-碳酸盐反应，碱-硅酸盐反应。

碱-硅酸反应是分布最广、研究最多的碱骨料反应，该反应是指混凝土中的碱与骨料中的活性二氧化硅发生化学反应，在骨料表面生成复杂的碱-硅酸凝胶，吸水后体积膨胀（体积可增加3倍以上），从而导致混凝土产生膨胀开裂而破坏的现象。

混凝土碱-骨料反应的破坏特征：①混凝土表面出现无序的网状裂缝；②裂缝出现在施工后两到三年或更长时间；③开裂时会出现局部膨胀，以致裂缝的边缘出现凸凹不平的现象；④越潮湿的部位反应越强烈，膨胀及开裂破坏越明显；⑤常有凝胶状物质从裂缝处析出。

混凝土发生碱-骨料反应必须具备的条件：①水泥中碱含量高；②骨料中存在活性二氧化硅；③有水存在。

抑制混凝土碱-骨料反应的措施：①控制混凝土中碱含量；②使用非活性骨料；③防止水分进入混凝土内部；④掺加外加剂或掺合料。

3.3.3.6　提高混凝土耐久性的措施

混凝土所处的环境和使用条件不同，对其耐久性的要求也不相同。但是，影响混凝土耐久性的因素有许多共同之处，其中，以混凝土的密实程度为其最主要的影响因素，其次是原材料的性质及施工质量等。因此，提高混凝土耐久性的主要措施有：①根据混凝土工程的特点和所处的环境条件，合理选择水泥品种；②选择质量良好的骨料；③ 严格控制混凝土最低强度等级、最大水胶比及最小胶凝材料用量，从而保证混凝土的密实度。根据《混凝土结构设计规范》(GB 50010—2010)，设计使用年限为 50 年的混凝土结构，其混凝土最大水胶比及最低强度等级应符合表 3.24 规定；根据《普通混凝土配合比设计规程》(JGJ 55—2011)，除配制 C15 及其以下强度等级的混凝土外，混凝土的最小胶凝材料用量应符合表 3.25 规定；④掺加合适的外加剂（减水剂、引气剂等），以改善混凝土的孔结构；⑤加强施工技术管理，以保证混凝土搅拌均匀、振捣密实及充分养护。

表 3.24　混凝土最大水胶比及最低强度等级

环境类别	环境条件	最大水胶比	最低强度等级
一	室内干燥环境； 无侵蚀性静水浸没环境	0.60	C20
二 a	室内潮湿环境； 非严寒和非寒冷地区的露天环境； 非严寒和非寒冷地区与无侵蚀性的水或土壤直接接触的环境； 严寒和寒冷地区的冰冻线以下与无侵蚀性的水或土壤直接接触的环境	0.55	C25
二 b	干湿交替环境 水位频繁变动环境； 严寒和寒冷地区的露天环境； 严寒和寒冷地区冰冻线以上与无侵蚀性的水或土壤直接接触的环境	0.50(0.55)	C30(C25)
三 a	严寒和寒冷地区冬季水位变动区环境； 受除冰盐影响环境； 海风环境	0.45(0.50)	C35(C30)
三 b	盐渍土环境； 受除冰盐作用环境； 海岸环境	0.40	C40

注：1. 素混凝土构件的水胶比及最低强度等级的要求可适当放松。

2. 有可靠工程经验时，二类环境中的最低混凝土强度等级可降低一个等级。

3. 处于严寒和寒冷地区二 b 和三 a 类环境中的混凝土应使用引气剂，并可采用括号中的有关参数。

表 3.25　混凝土最小胶凝材料用量　　单位：kg/m^3

<table>
<tr><th>最大水胶比</th><th>素混凝土</th><th>钢筋混凝土</th><th>预应力钢筋混凝土</th></tr>
<tr><td>0.60</td><td>250</td><td>280</td><td>300</td></tr>
<tr><td>0.55</td><td>280</td><td>300</td><td>300</td></tr>
<tr><td>0.50</td><td colspan="3">320</td></tr>
<tr><td>≤0.45</td><td colspan="3">330</td></tr>
</table>

3.4 普通混凝土的质量控制与评定

3.4.1 混凝土的质量控制

在实际工程中，由于原材料质量的波动、施工配料称量误差、施工条件和试验条件变异等许多复杂因素的影响，混凝土质量必然产生一定程度的波动。为了使所生产的混凝土能按规定的保证率满足设计要求，必须加强混凝土的质量控制，普通混凝土的质量控制包括初步控制、生产控制和合格控制。

初步控制：混凝土质量的初步控制包括组成材料的质量检验与控制以及混凝土配合比的合理确定。

生产控制：混凝土质量的生产控制包括混凝土组成材料的计量以及混凝土拌合物的搅拌、运输、浇筑和养护等工序的控制。

合格控制：混凝土合格控制是指混凝土质量的验收，即对混凝土强度或其他技术指标进行检验评定。

3.4.2 混凝土的质量评定

工程中通常以混凝土抗压强度作为评定和控制其质量的主要指标。这是因为混凝土抗压强度与混凝土其他性能之间有良好的相关性，混凝土抗压强度的波动，既反映了混凝土强度的变异，又反映了混凝土质量的波动。

3.4.2.1 混凝土强度的波动规律

在正常生产条件下，影响混凝土强度的因素是随机的，故混凝土强度的变化也是随机的。对某种混凝土进行系统的随机抽样，测试结果表明其强度的波动规律符合正态分布，如图 3.31 所示。

曲线高峰为混凝土平均强度的概率，表明混凝土强度接近其平均强度值的概率出现的次数最多。以平均强度为对称轴，左右两边曲线是对称的，距离对称轴愈远，即强度测定值比平均值愈低或愈高者，出现的概率愈小，并逐渐趋近于零。对称轴两边的曲线上各有一个拐点，两拐点间的曲线向上凸弯，拐点以外的曲线向下凹弯，并以横坐标轴为渐近线，拐点至对称轴的水平距离等于标准差。曲线与横坐标之间的面积为概率的总和，等于 100%。

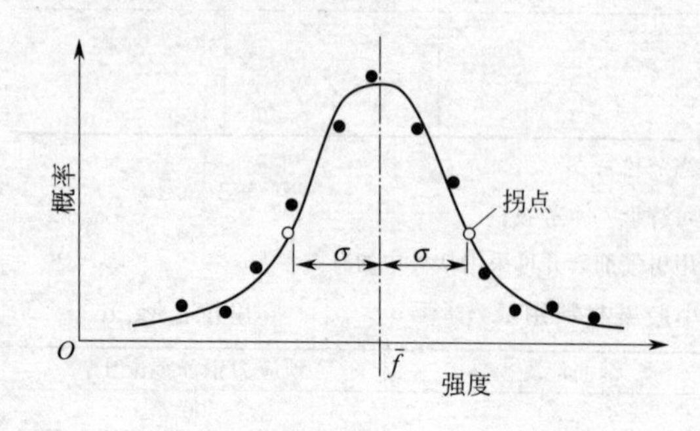

图 3.31 混凝土强度的正态分布曲线

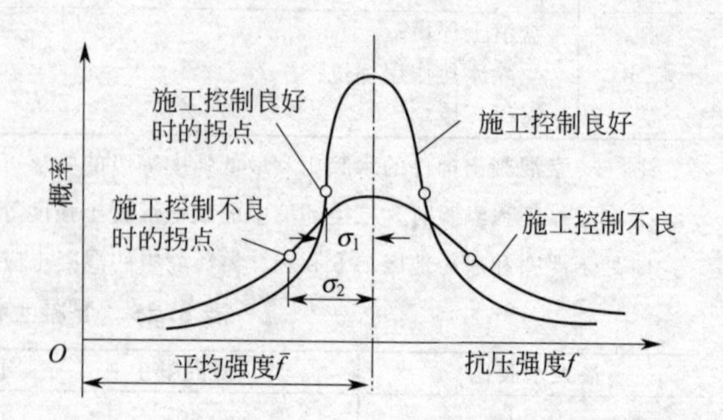

图 3.32 离散程度不同的两条强度分布曲线

根据统计学原理，混凝土强度的正态分布可用两个特征统计量即强度平均值和强度标准差做出描述。

强度平均值 $m_{f_{cu}}$：

$$m_{f_{cu}}=\frac{1}{n}\sum_{i=1}^{n}f_{cu,i}$$

式中，n 为试验组数；$f_{cu,i}$ 为第 i 组试验值。

强度标准差 σ：

$$\sigma=\sqrt{\frac{\sum_{i=1}^{n}(f_{cu,i}-m_{f_{cu}})^2}{n-1}}=\sqrt{\frac{\sum_{i=1}^{n}f_{cu,i}^2-nm_{f_{cu}}^2}{n-1}}$$

强度平均值反映了混凝土强度总体的平均水平，但不能反映混凝土强度的波动情况。强度标准差是正态分布曲线上两侧的拐点离开强度平均值处对称轴的距离，它反映了强度离散性（波动）情况。如图 3.32 所示，σ 值越小，混凝土强度正态分布曲线越高而窄，表明所测混凝土强度值分布比较集中，说明混凝土施工质量控制得较好，生产质量管理水平较高；反之，σ 值越大，混凝土强度正态分布曲线越矮而宽，表明混凝土强度值离散程度较大，说明混凝土施工质量控制较差，生产管理水平较低。

在相同生产管理水平下，混凝土的强度标准差会随其平均强度的提高而增大，平均强度水平不同的混凝土之间质量稳定性的比较用变异系数表征。

变异系数 C_v：

$$C_v=\frac{\sigma}{m_{f_{cu}}}$$

变异系数值愈小，说明混凝土质量愈稳定；变异系数愈大，说明混凝土质量稳定性愈差。

3.4.2.2　混凝土强度保证率

混凝土强度保证率是指混凝土强度总体中，大于等于设计要求强度等级的概率。在混凝土强度正态分布曲线上以阴影部分面积表示，低于设计强度等级的概率为不合格率，见图 3.33。

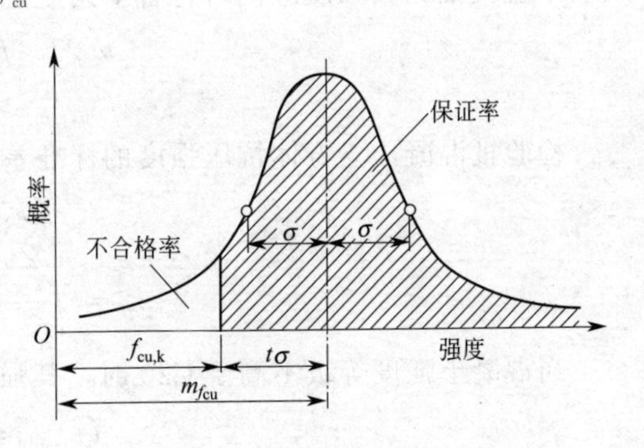

图 3.33　混凝土强度保证率

混凝土强度保证率 P（%）的计算方法为，先根据混凝土的设计强度等级值 $f_{cu,k}$、强度平均值 $m_{f_{cu}}$、变异系数 C_v 或标准差 σ 计算出概率度 t。

概率度 t：

$$t=\frac{m_{f_{cu}}-f_{cu,k}}{\sigma}=\frac{m_{f_{cu}}-f_{cu,k}}{C_v,f_{cu}}$$

再根据 t 值，由表 3.26 查出保证率 P(%)。

表 3.26　不同 t 值的保证率 P

t	0.00	0.50	0.84	1.00	1.20	1.28	1.40	1.60
P/%	50.0	69.2	80.0	84.1	88.5	90.0	91.9	94.5
t	1.645	1.70	1.81	1.88	2.00	2.05	2.33	3.00
P/%	95.0	95.5	96.5	97.0	97.7	99.0	99.4	99.87

工程中，P(%) 值可根据统计周期内混凝土试件强度不低于要求强度等级标准值的组数 N_0 与试件总组数 N ($N \geqslant 25$) 之比求得，即

$$P=\frac{N_0}{N}\times 100\%$$

3.4.2.3 混凝土配制强度

根据保证率概念，如果所配制的混凝土平均强度等于设计要求的强度等级标准值，则其强度保证率只有50%。因此，如果要达到高于50%的强度保证率，混凝土的配制强度必须高于设计要求的强度等级标准值。混凝土的配制强度平均值为：

$$f_{cu,0}=f_{cu,k}+t\sigma$$

式中，$f_{cu,0}$ 为混凝土配制强度，MPa；$f_{cu,k}$ 为设计的混凝土强度标准值，MPa；σ 为混凝土强度标准差，MPa。

由此可见，设计要求的保证率越大，配制强度就要越高；强度质量稳定性越差，配制强度就要提高得越多。

3.4.2.4 混凝土强度评定

根据《混凝土强度检验评定标准》(GB/T 50107—2010)，混凝土强度检验评定方法有统计方法评定和非统计方法评定；由于混凝土生产条件不同而导致混凝土强度的稳定性不同，故统计方法评定又可分为两种情况。

(1) 第一种统计方法评定（标准差已知方案） 当混凝土的生产条件在较长时间内保持一致，且同一品种、同一强度等级混凝土的强度变异性保持稳定时，应由连续的三组试件组成一个检验批，其强度应同时符合下列规定：

$$m_{f_{cu}}\geqslant f_{cu,k}+0.7\sigma_0$$

$$f_{cu,min}\geqslant f_{cu,k}-0.7\sigma_0$$

检验批混凝土立方体抗压强度的标准差应按下式计算：

$$\sigma_0=\sqrt{\frac{\sum_{i=1}^{n}f_{cu,i}^2-nm_{f_{cu}}^2}{n-1}}$$

当混凝土强度等级不高于C20时，其强度的最小值尚应满足下式要求：

$$f_{cu,min}\geqslant 0.85\ f_{cu,k}$$

当混凝土强度等级高于C20时，其强度的最小值尚应满足下式要求：

$$f_{cu,min}\geqslant 0.90\ f_{cu,k}$$

式中，$m_{f_{cu}}$ 为同一检验批混凝土立方体抗压强度的平均值，MPa；$f_{cu,k}$ 为混凝土立方体抗压强度标准值，MPa；σ_0 为检验批混凝土立方体抗压强度标准值，MPa，当检验批混凝土强度标准差 σ_0 计算值小于2.5MPa时，应取2.5MPa；$f_{cu,i}$ 为前一检验期内同一品种、同一强度等级的第 i 组混凝土试件的立方体抗压强度代表值，MPa，该检验期不应少于60d，也不得大于90d；n 为前一检验期内的样本容量，在该检验期内样本容量不应少于45；$f_{cu,min}$ 为同一检验批混凝土立方体抗压强度的最小值，MPa。

(2) 第二种统计方法评定（标准差未知方案） 当混凝土的生产条件在较长时间内不能保持一致，且混凝土强度变异性不能保持稳定时，或前一个检验期内的同一品种混凝土没有足够的数据用以确定验收批混凝土立方体抗压强度的标准差时，应由不少于10组的试件组

成一个验收批，其强度应同时满足下列规定：

$$m_{f_{cu}} \geqslant f_{cu,k} + \lambda_1 S_{f_{cu}}$$

$$f_{cu,min} \geqslant \lambda_2 f_{cu,k}$$

同一检验批混凝土立方体抗压强度的标准值应按下式计算：

$$S_{f_{cu}} = \sqrt{\frac{\sum_{i=1}^{n} f_{cu,i}^2 - nm_{f_{cu}}^2}{n-1}}$$

式中，$S_{f_{cu}}$ 为同一检验批混凝土立方体抗压强度的标准值，MPa，当检验批混凝土强度标准差 $S_{f_{cu}}$ 计算值小于 2.5MPa 时，应取 2.5MPa；λ_1，λ_2 为合格评定系数，按表 3.27 取用；n 为本检验期内的样本容量。

表 3.27　混凝土强度合格评定系数

试件组数	10～14	15～19	≥20
λ_1	1.15	1.05	0.95
λ_2	0.90	0.85	

（3）非统计方法评定　当用于评定的样本容量小于 10 组时，应采用非统计方法评定混凝土强度。按非统计方法评定混凝土强度时，其强度应同时符合下列规定：

$$m_{f_{cu}} \geqslant \lambda_1 f_{cu,k}$$

$$f_{cu,min} \geqslant \lambda_2 f_{cu,k}$$

式中，λ_1，λ_2 为合格评定系数，按表 3.28 取用。

表 3.28　混凝土强度合格评定系数

混凝土强度等级	<C60	≥C60
λ_1	1.15	1.10
λ_2	0.95	

混凝土强度检验结果能满足以上评定规定时，则该批混凝土强度评定为合格；混凝土强度检验结果不能满足上述规定时，则该批混凝土强度应评定为不合格。对于评定为不合格批的混凝土，可按国家现行的有关标准进行处理。

3.5 普通水泥混凝土配合比设计

混凝土配合比是指混凝土中各组成材料数量之间的比例关系，确定这种比例关系的过程即为混凝土配合比设计。

3.5.1　普通水泥混凝土配合比设计的基本要求

① 满足结构设计要求的混凝土强度等级。

② 满足施工要求的混凝土拌合物的和易性。

③ 满足结构设计要求的混凝土耐久性。

④ 满足上述要求的前提下降低混凝土的成本。

3.5.2　普通水泥混凝土配合比设计的基本参数

从表面上看，混凝土配合比设计只是通过计算确定各种组成材料的用量，而实质上是根据组成材料的情况，确定胶凝材料、水、砂和石这四项基本组成材料用量之间的三个比例关系，即水胶比、单位用水量和砂率。

水胶比反映的是水与胶凝材料之间的比例关系。在混凝土组成材料一定的情况下，水胶比对混凝土的强度和耐久性起着关键性作用。

单位用水量反映的是胶凝材料浆和骨料之间的比例关系。在水胶比一定的条件下，单位用水量是控制混凝土拌合物流动性的主要因素。

砂率反映的是细骨料与粗骨料之间的比例关系。砂率对混凝土拌合物的和易性，特别是黏聚性和保水性有很大影响。

在混凝土配合比设计中应正确确定这三个参数，以使混凝土满足上述四项基本要求。

3.5.3 普通水泥混凝土配合比设计的算料基准

① 计算 $1m^3$ 混凝土中各材料的用量，以质量计。

② 计算时，骨料以干燥状态质量为基准。所谓干燥状态，指细骨料含水率小于0.5%，粗骨料含水率小于0.2%。

3.5.4 普通混凝土配合比设计步骤

普通混凝土配合比设计依据《普通混凝土配合比设计规程》(JGJ 55—2011) 进行。

3.5.4.1 计算配合比的确定

(1) 确定配制强度 $f_{cu,0}$　当混凝土的设计强度等级小于C60时，配制强度应按下式计算：

$$f_{cu,0} \geqslant f_{cu,k} + 1.645\sigma$$

当混凝土设计强度等级不小于C60时，配制强度应按下式计算：

$$f_{cu,0} \geqslant 1.15 f_{cu,k}$$

式中，$f_{cu,0}$为混凝土配制强度，MPa；$f_{cu,k}$ 为混凝土立方体抗压强度标准值，这里取混凝土的设计强度等级值，MPa；σ 为混凝土强度标准差，MPa，混凝土强度标准差应按下列规定确定。

① 当具有近1～3个月的同一品种、同一强度等级混凝土的强度资料，且试件组数不小于30时，其混凝土强度标准差应按下式计算：

$$\sigma = \sqrt{\frac{\sum_{i=1}^{n} f_{cu,i}^2 - n m_{f_{cu}}^2}{n-1}}$$

式中，$f_{cu,i}$ 为第 i 组试件强度，MPa；$m_{f_{cu}}$ 为 n 组试件的强度平均值，MPa；n 为试件组数。对于强度等级不大于C30的混凝土，当混凝土强度标准差计算值不小于3.0MPa时，应按此式计算结果取值；当混凝土强度标准差计算值小于3.0MPa时，应取3.0MPa。对于强度等级大于C30且小于C60的混凝土，当混凝土强度标准差计算值不小于4.0MPa时，应按此式计算结果取值；当混凝土强度标准差计算值小于4.0MPa时，应取4.0MPa。

②当没有近期的同一品种、同一强度等级混凝土强度资料时，其强度标准差可按表3.29取值。

表 3.29 标准差 σ 值

混凝土强度等级	≤C20	C25～C45	C50～C55
σ/MPa	4.0	5.0	6.0

(2) 确定水胶比 W/B　当混凝土强度等级小于C60时，混凝土水胶比宜按下式（见本书3.3.1）计算：

$$\frac{W}{B}=\frac{\alpha_{a}f_{b}}{f_{cu,0}+\alpha_{a}\alpha_{b}f_{b}}$$

为保证混凝土耐久性，水胶比还不得大于表3.25规定，如计算所得水胶比大于规定的最大水胶比，应取规定的最大水胶比。

（3）确定每立方米混凝土用水量 m_{w0}　混凝土水胶比在0.40～0.80范围时，混凝土单位用水量可按表3.18和3.19选取；混凝土水胶比小于0.40时，混凝土单位用水量可通过试验确定。

掺外加剂时，每立方米流动性或大流动性混凝土的用水量可按下式计算：

$$m_{w0}=m'_{w0}(1-\beta)$$

式中，m_{w0} 为计算配合比每立方米混凝土的用水量，kg/m^3；m'_{w0} 为未掺外加剂时推定的满足实际坍落度要求的每立方米混凝土用水量，kg/m^3，以表3.18中坍落度为90mm的用水量为基础，按每增大20mm坍落度相应增加5kg/m^3 用水量计算，当坍落度增大到180mm以上时，随坍落度相应增加的用水量可减少；β 为外加剂的减水率，%，应经试验确定。

每立方米混凝土中外加剂用量 m_{a0} 应按下式计算：

$$m_{a0}=m_{b0}\beta_{0}$$

式中，m_{a0} 为计算配合比每立方米混凝土中外加剂用量，kg/m^3；m_{b0} 为计算配合比每立方米混凝土中胶凝材料用量，kg/m^3；β_0 为外加剂掺量，%，应经试验确定。

（4）确定每立方米混凝土胶凝材料用量（m_{b0}）、矿物掺合料用量（m_{f0}）和水泥用量（m_{c0}）

根据已确定的水胶比及单位用水量，可计算出每立方米混凝土胶凝材料用量：

$$m_{b0}=\frac{m_{w0}}{W/B}$$

式中，m_{b0} 为计算配合比每立方米混凝土的胶凝材料用量，kg/m^3。

为保证混凝土耐久性，胶凝材料用量不得小于表3.25规定，如计算所得胶凝材料用量小于规定的最小胶凝材料用量，应取规定的最小胶凝材料用量。

每立方米混凝土矿物掺合料用量应按下式计算：

$$m_{f0}=m_{b0}\beta_{f}$$

式中，m_{f0} 为计算配合比每立方米混凝土中矿物掺合料用量，kg/m^3；β_f 为矿物掺合料掺量，%，可结合表3.30、表3.31确定。

表3.30　钢筋混凝土中矿物掺合料最大掺量

矿物掺合料种类	水胶比	最大掺量/%	
		采用硅酸盐水泥时	采用普通硅酸盐水泥时
粉煤灰	≤0.40	45	35
	＞0.40	40	30
粒化高炉矿渣粉	≤0.40	65	55
	＞0.40	55	45
钢渣粉	—	30	20
磷渣粉	—	30	20
硅灰	—	10	10
复合掺合料	≤0.40	65	55
	＞0.40	55	45

注：1. 采用其他通用硅酸盐水泥时，宜将水泥混合材掺量20%以上的混合材量计入矿物掺合料。

2. 复合掺合料各组分的掺量不宜超过单掺时的最大掺量。

3. 在混合使用两种或两种以上矿物掺合料时，矿物掺合料总掺量应符合表中复合掺合料的规定。

表 3.31　预应力混凝土中矿物掺合料最大掺量

矿物掺合料种类	水胶比	最大掺量/%	
		采用硅酸盐水泥时	采用普通硅酸盐水泥时
粉煤灰	≤0.40	35	30
	>0.40	25	20
粒化高炉矿渣粉	≤0.40	55	45
	>0.40	45	35
钢渣粉	—	20	10
磷渣粉	—	20	10
硅灰	—	10	10
复合掺合料	≤0.40	55	45
	>0.40	45	35

注：1. 采用其他通用硅酸盐水泥时，宜将水泥混合材掺量20%以上的混合材量计入矿物掺合料；

2. 复合掺合料各组分的掺量不宜超过单掺时的最大掺量；

3. 在混合使用两种或两种以上矿物掺合料时，矿物掺合料总掺量应符合表中复合掺合料的规定。

每立方米混凝土水泥用量应按下式计算：

$$m_{c0}=m_{b0}-m_{f0}$$

式中，m_{c0} 为计算配合比每立方米混凝土中水泥用量，kg/m^3。

（5）确定砂率 β_s　砂率应根据骨料的技术指标、混凝土拌合物性能和施工要求，参考既有历史资料确定。当缺乏砂率的历史资料时，混凝土砂率的确定应符合下列规定。

① 坍落度小于10mm的混凝土，其砂率应经试验确定。

② 坍落度为10～60mm的混凝土，其砂率可根据粗骨料品种、最大公称粒径及水胶比按表3.20选取。

③ 坍落度大于60mm的混凝土，其砂率可经试验确定，也可在表3.20的基础上，按坍落度每增大20mm、砂率增大1%的幅度予以调整。

（6）确定粗、细骨料用量 m_{s0}、m_{g0}　计算粗、细骨料用量的方法有质量法和体积法两种。

采用质量法时，应按下列公式计算：

$$m_{f0}+m_{c0}+m_{g0}+m_{s0}+m_{w0}=m_{cp}$$

$$\beta_s=\frac{m_{s0}}{m_{g0}+m_{s0}}\times 100\%$$

式中，m_{g0} 为计算配合比每立方米混凝土的粗骨料用量，kg/m^3；m_{s0} 为计算配合比每立方米混凝土的细骨料用量，kg/m^3；m_{cp} 为每立方米混凝土拌合物的假定质量，kg/m^3，可取2350～2450kg/m^3。

采用体积法时，应按下列公式计算：

$$\frac{m_{c0}}{\rho_c}+\frac{m_{f0}}{\rho_f}+\frac{m_{g0}}{\rho_g}+\frac{m_{s0}}{\rho_s}+\frac{m_{w0}}{\rho_w}+0.01\alpha=1$$

$$\beta_s=\frac{m_{s0}}{m_{g0}+m_{s0}}\times 100\%$$

式中，ρ_c 为水泥密度，kg/m^3；ρ_f 为矿物掺合料密度，kg/m^3；ρ_g 为粗骨料的表观密度，kg/m^3；ρ_s 为细骨料的表观密度，kg/m^3；ρ_w 为水的密度，kg/m^3；α 为混凝土的含气量百分数，在不使用引气剂或引气型外加剂时，α 可取1。

通过以上计算，得到$1m^3$ 混凝土各种材料用量，即计算配合比。因为计算配合比是利用经验公式或经验资料获得的，因而由此配成的混凝土有可能不符合实际要求，所以需对计算配合比进行试配、调整与确定。

3.5.4.2　试拌配合比的确定

在计算配合比的基础上进行试拌，检查该混凝土拌合物的和易性是否符合要求。若流动性太大，可在砂率不变的条件下，适当增加砂、石用量；若流动性太小，可保持水胶比不变，适当增加水和胶凝材料用量；若黏聚性和保水性不良，可适当增加砂率，直到和易性满足要求为止。调整和易性后提出的配合比即为可供混凝土强度试验用的试拌配合比。

3.5.4.3　实验室配合比的确定

由试拌配合比配制的混凝土虽然满足了和易性要求，但是否满足强度要求尚未可知。检验强度时至少用三个不同的配合比，其中一个是试拌配合比，另外两个配合比的水胶比可较试拌配合比分别增加和减少0.05，其单位用水量与试拌配合比相同，砂率可分别增加或减少1%。进行混凝土强度试验时，拌合物性能应符合设计和施工要求。每个配合比应至少制作一组试件，标准养护到28d或设计规定龄期时试压。

根据混凝土抗压强度试验结果，绘制强度和胶水比的线性关系图或插值法确定略大于混凝土配制强度对应的胶水比。在试拌配合比的基础上，单位用水量和外加剂用量应根据确定的水胶比作调整；单位胶凝材料用量应以用水量乘以确定的胶水比计算得出；粗骨料和细骨料用量应根据用水量和胶凝材料用量进行调整。

配合比调整后的混凝土拌合物的表观密度为：

$$\rho_{c,c}=m_c+m_f+m_g+m_s+m_w$$

式中，$\rho_{c,c}$为混凝土拌合物的表观密度计算值，kg/m^3；m_c为每立方米混凝土的水泥用量，kg/m^3；m_f为每立方米混凝土的矿物掺合料用量，kg/m^3；m_g为每立方米混凝土的粗骨料用量，kg/m^3；m_s为每立方米混凝土的细骨料用量，kg/m^3；m_w为每立方米混凝土的用水量，kg/m^3。

混凝土配合比校正系数为：

$$\delta=\frac{\rho_{c,t}}{\rho_{c,c}}$$

式中，δ为混凝土配合比校正系数；$\rho_{c,t}$为混凝土拌合物的表观密度实测值，kg/m^3。

当混凝土拌合物表观密度实测值与计算值之差的绝对值不超过计算值的2%时，以上调整的配合比即为实验室配合比；当两者之差的绝对值超过计算值的2%时，应按下式计算出实验室配合比（$1m^3$混凝土各材料用量）：

$$m_{c,sh}=m_c\times\delta$$
$$m_{f,sh}=m_f\times\delta$$
$$m_{w,sh}=m_w\times\delta$$
$$m_{s,sh}=m_s\times\delta$$
$$m_{g,sh}=m_g\times\delta$$

3.5.4.4　施工配合比的确定

混凝土的实验室配合比中砂、石是以干燥状态计量的，然而工地上使用的砂、石却含有一定的水分。因此，工地上实际的砂、石称量应按含水情况进行修正，同时用水量也应进行相应修正，修正后的$1m^3$混凝土各材料用量称为施工配合比。

假定工地上砂的含水率为a%，石的含水率为b%，则混凝土施工配合比为（$1m^3$混凝土各材料用量)：

$$m'_c = m_{c,sh}$$
$$m'_f = m_{f,sh}$$
$$m'_s = m_{s,sh}(1+a\%)$$
$$m'_g = m_{g,sh}(1+b\%)$$
$$m'_w = m_{w,sh} - m_{s,sh}\times a\% - m_{g,sh}\times b\%$$

3.5.5 普通混凝土配合比设计实例

【例 3.2】 某办公楼采用现浇钢筋混凝土梁板结构，混凝土设计强度等级为 C30，施工要求坍落度为 35～50mm（采用机械搅拌合机械振捣），该施工单位无强度历史统计资料，试设计该混凝土的施工配合比。

组成材料如下。

水泥：强度等级 42.5（实测强度 46.5MPa）的普通硅酸盐水泥，密度 3.15×10^3 kg/m^3。

中砂：表观密度 2.65×10^3kg/m^3，施工现场含水率 3%。

碎石：最大粒径 20mm，表观密度 2.70×10^3kg/m^3，施工现场含水率 1%。

解 (1) 计算配合比的确定

① 确定配制强度 $f_{cu,0}$。设计要求混凝土强度 $f_{cu,k}=30$MPa，无历史资料，按表 3.30 取 $\sigma=5.0$MPa，混凝土配制强度为：

$$f_{cu,0}=f_{cu,k}+1.645\sigma=30+1.645\times5.0=38.2(\text{MPa})$$

② 确定水胶比 W/B。水泥实际强度 $f_{ce}=46.5$MPa，粗骨料为碎石，回归系数 $\alpha_a=0.53$，$\alpha_b=0.20$，水胶比为：

$$\frac{W}{B}=\frac{\alpha_a f_b}{f_{cu,0+}\alpha_a\alpha_b f_b}=\frac{0.53\times46.5}{38.2+0.53\times0.20\times46.5}=0.57$$

查表 3.24，根据耐久性要求最大水胶比为 0.60，故水胶比取 0.57。

③ 确定用水量 m_{w0}。所配制混凝土的坍落度为 35～50mm，碎石最大粒径为 20mm，由表 3.18 取混凝土单位用水量 $m_{w0}=195$kg/m^3。

④ 确定胶凝材料用量 m_{b0}。根据已确定的水胶比及用水量，计算胶凝材料用量：

$$m_{b0}=\frac{m_{w0}}{W/B}=\frac{195}{0.57}=342(\text{kg/m}^3)$$

查表 3.25，根据耐久性要求最小胶凝材料用量为 280～300kg/m^3，故胶凝材料用量取 342kg/m^3。

⑤ 确定砂率 β_s。碎石最大粒径为 20mm，水胶比为 0.57，查表 3.20，取砂率 $\beta_s=37\%$。

⑥ 确定砂、石用量 m_{s0}，m_{g0}。采用体积法确定砂、石用量：

$$\frac{342}{3.15\times10^3}+\frac{m_{g0}}{2.70\times10^3}+\frac{m_{s0}}{2.65\times10^3}+\frac{195}{1.00\times10^3}+0.01\times1=1$$

$$\frac{m_{s0}}{m_{g0}+m_{s0}}\times100\%=37\%$$

解得，$m_{s0}=681$kg/m^3，$m_{g0}=1160$kg/m^3。

至此，得出混凝土计算配合比，即 1m^3 混凝土中，$m_{b0}=342$kg，$m_{w0}=195$kg，$m_{s0}=$

681kg，$m_{g0}=1160$kg。

(2) 试拌配合比的确定　按计算配合比进行试拌，检查该混凝土拌合物的和易性是否符合要求。

①计算试拌材料用量。粗骨料最大粒径为20mm，故试拌混凝土用量取为0.020m^3。计算各材料试拌用量如下。

胶凝材料：342×0.020=6.84(kg)；

水：195×0.020=3.90(kg)；

砂：681×0.020=13.62(kg)；

石：1160×0.020=23.20(kg)。

②调整和易性。按各材料试拌用量拌制混凝土，测定其坍落度为20mm，未满足设计要求的施工和易性。为此，保持水胶比不变，增加5%水泥浆，再拌合测定，其坍落度为40mm，黏聚性和保水性亦良好，即满足施工和易性要求。此时，混凝土拌合物各组成材料实际用量如下。

胶凝材料：6.84×（1+5%）=7.18kg；

水：3.90×（1+5%）=4.10kg；

砂：13.62kg；

石：23.20kg。

此时，混凝土拌合物中各种原材料的比例为：

$m_b : m_w : m_s : m_g = 7.18 : 4.10 : 13.62 : 23.20 = 1 : 0.57 : 1.90 : 3.23$

③ 计算试拌配合比。根据各原材料比例关系，由下式：

$$\frac{m_b}{3.15\times10^3}+\frac{m_g}{2.70\times10^3}+\frac{m_s}{2.65\times10^3}+\frac{m_w}{1.00\times10^3}+0.01\times1=1$$

得：

$$\frac{m_b}{3.15\times10^3}+\frac{3.23m_b}{2.70\times10^3}+\frac{1.90m_b}{2.65\times10^3}+\frac{0.57m_b}{1.00\times10^3}+0.01\times1=1$$

至此，得出混凝土试拌配合比，即1m^3混凝土中，$m_b=353$kg，$m_w=201$kg，$m_s=671$kg，$m_g=1140$kg。

(3) 实验室配合比的确定　采用水胶比分别为0.52、0.57、0.62三种不同配合比（用水量保持不变）配制混凝土，除水胶比为0.57的试拌配合比一组外，水胶比为0.52和0.62的配合比的两组混凝土经测定坍落度并观察其黏聚性和保水性，均合格。三组试件28d抗压强度实测结果见表3.32。

表3.32　混凝土抗压强度试验结果

水胶比	胶水比	28d立方体抗压强度/MPa
0.52	1.92	48.0
0.57	1.75	39.3
0.62	1.61	32.0

根据三组抗压强度试验结果，可知水胶比为0.57的试拌配合比的混凝土抗压强度能满足配制强度$f_{cu,0}$的要求。

此时，混凝土表观密度计算值为353+201+671+ 1140=2365(kg/m^3)，以此配合比配制混凝土拌合物，测定其表观密度实测值为2416 kg/m^3。则校正系数为：

$$\delta=\frac{\rho_{c,t}}{\rho_{c,c}}=\frac{2416}{2365}=1.02$$

至此，混凝土实验室配合比为：

$$m_{c,sh}=m_c\times\delta=353\times1.02=360(kg/m^3)$$

$$m_{w,sh}=m_w\times\delta=201\times1.02=205(kg/m^3)$$

$$m_{s,sh}=m_s\times\delta=671\times1.02=684(kg/m^3)$$

$$m_{g,sh}=m_g\times\delta=1140\times1.02=1163(kg/m^3)$$

(4) 施工配合比的确定　根据施工现场砂、石含水率，混凝土施工配合比为：

$$m'_b=m_{c,sh}=360kg$$

$$m'_s=m_{s,sh}(1+a\%)=684(1+3\%)=705(kg)$$

$$m'_g=m_{g,sh}(1+b\%)=1163(1+1\%)=1175(kg)$$

$$m'_w=m_{w,sh}-m_{s,sh}\times a\%-m_{g,sh}\times b\%=205-684\times3\%-1163\times1\%=173(kg)$$

至此，得出混凝土施工配合比，即 1m^3 混凝土中，$m_b=360$kg，$m_w=173$kg，$m_s=705$kg，$m_g=1175$kg。

3.6 其他混凝土

3.6.1 高性能混凝土

1990 年 5 月，美国国家标准与技术研究所和美国混凝土协会首次提出高性能混凝土的概念。综合各国学者的意见，高性能混凝土一般可定义为：高性能混凝土是一种新型高技术混凝土，是在大幅度提高普通混凝土性能的基础上，采用现代混凝土技术，选用优质的原材料，在严格的质量管理条件下制成的高质量混凝土。它除了必须满足普通混凝土的一些常规性能外，还必须达到高强度、高流动性、高体积稳定性、高环保性和优异耐久性等要求。

实现混凝土高性能的技术途径主要有以下两个方面。

3.6.1.1 正确选择原材料

(1) 水泥　高性能混凝土选用的水泥应该满足的条件是，标准稠度用水量低，以使混凝土在低水胶比时能获得较大的流动性；水化放热量和放热速率低，以避免因混凝土的内外温差过大而使混凝土产生裂缝；水泥硬化后的强度高，以保证以较少的水泥用量获得高强混凝土。国外已开始研究应用于高性能混凝土的球状水泥、调粒水泥和活化水泥等。

(2) 骨料　细骨料宜选用强度高、颗粒形状浑圆、洁净、具有平滑筛分曲线的中粗砂；粗骨料宜选用强度高、表面粗糙、级配良好的石子。

(3) 矿物掺合料　矿物掺合料是高性能混凝土不可缺少的组分，如硅灰、磨细矿渣、优质粉煤灰等。这些细或超细粉料一方面可以填充毛细孔形成紧密体系，另一方面可以改善骨料界面结构，提高界面黏结强度。

(4) 高效减水剂　高性能混凝土的胶凝材料用量大、水胶比低，导致其拌合物黏性大。为了使高性能混凝土获得高的工作性，配制高性能混凝土时，必须采用高效减水剂。高效减水剂既具有较高的减水率，同时又能控制混凝土拌合物的坍落度损失。

3.6.1.2 合理确定配合比

《高性能混凝土应用技术规程》（CECS207：2006）对高性能混凝土配合比设计做出

规定。

（1）试配强度　高性能混凝土的试配强度应按下式计算：

$$f_{cu,0} \geqslant f_{cu,k} + 1.645\sigma$$

式中，$f_{cu,0}$ 为混凝土试配强度，MPa；$f_{cu,k}$ 为混凝土强度标准值，MPa；σ 为混凝土强度标准差，MPa，当无统计数据时，对商品混凝土可取 4.5MPa。

（2）单位用水量不宜大于 175kg/m^3。

（3）胶凝材料总量宜采用 450～600kg/m^3，其中矿物微细粉用量不宜大于胶凝材料总量的 40%。

（4）宜采用较低的水胶比。

（5）砂率宜采用 37%～44%。

（6）粗骨料最大粒径不宜大于 25mm。

（7）高效减水剂掺量应根据坍落度要求确定。

3.6.2　轻骨料混凝土

根据《轻骨料混凝土技术规程》（JGJ 51—2002），轻骨料混凝土是指用轻骨料、轻砂（或普通砂）、水泥和水配制而成的干表观密度不大于 1950kg/m^3 的混凝土。按细骨料种类不同轻骨料混凝土有：全轻混凝土，即由轻砂做细骨料配制而成的轻骨料混凝土；砂轻混凝土，即由普通砂或部分轻砂做细骨料配制而成的轻骨料混凝土。

3.6.2.1　轻骨料的来源

（1）工业废料轻骨料　以工业废料为原料加工而成的轻骨料，如粉煤灰陶粒、膨胀矿渣、煤炉渣等。

（2）天然轻骨料　以天然多孔岩石加工而成的轻骨料，如浮石、火山渣等。

（3）人造轻骨料　以地方材料为原料加工而成的多孔材料，如膨胀珍珠岩、页岩陶粒、黏土陶粒等。

3.6.2.2　轻骨料混凝土强度等级

轻骨料混凝土的强度等级应按其立方体抗压强度标准值确定。轻骨料混凝土的强度等级划分为 LC5.0，LC7.5，LC10，LC15，LC20，LC25，LC30，LC35，LC40，LC45，LC50，LC55，LC60。

3.6.2.3　轻骨料混凝土密度等级

轻骨料混凝土按其干表观密度可分为 14 个等级，见表 3.33。

表 3.33　轻骨料混凝土的密度等级

密度等级	干表观密度变化范围/(kg/m^3)	密度等级	干表观密度变化范围/(kg/m^3)
600	560～650	1300	1260～1350
700	660～750	1400	1360～1450
800	760～850	1500	1460～1550
900	860～950	1600	1560～1650
1000	960～1050	1700	1660～1750
1100	1060～1150	1800	1760～1850
1200	1160～1250	1900	1860～1950

3.6.2.4　常用的轻骨料混凝土

① 保温轻骨料混凝土，主要用于保温的围护结构或热工构筑物。强度等级为 LC5.0，密度等级为≤800。

② 结构保温轻骨料混凝土，主要用于既承重又保温的围护结构。强度等级为 LC5.0、

LC7.5、LC10、LC15，密度等级为800～1400。

③ 结构轻骨料混凝土，主要用于承重构件或构筑物。强度等级为LC15、LC20、LC25、LC30、LC35、LC40、LC45、LC50、LC55、LC60，密度等级为1400～1900。

3.6.3 纤维混凝土

根据《纤维混凝土结构技术规程》(CECS 38：2004)，纤维混凝土是指在水泥基混凝土中掺入均匀乱向分布的短纤维形成的复合材料。

3.6.3.1 纤维的种类

纤维混凝土中常用的纤维按其材料性质可分为金属纤维、无机非金属纤维、天然有机纤维和合成有机纤维。金属纤维包括钢纤维、不锈钢纤维等；无机非金属纤维包括石棉、矿棉、玻璃纤维、碳纤维等；天然有机纤维包括纤维素纤维、木质素纤维、麻纤维等；合成有机纤维包括聚丙烯纤维、尼龙纤维、芳纶纤维等。最常用的纤维是钢纤维和合成有机纤维。

纤维按弹性模量的大小可分为高弹模纤维和低弹模纤维两类，高弹模纤维是指弹性模量高于混凝土材料的纤维，如钢纤维、玻璃纤维、碳纤维等；低弹模纤维是指弹性模量低于混凝土材料的纤维，如聚丙烯纤维、尼龙纤维等。

3.6.3.2 纤维的作用

(1) 阻裂作用　纤维可阻止水泥基体中微裂缝的产生与扩展，这种阻裂作用既存在于水泥基体的未硬化的塑性阶段，也存在于水泥基体的硬化阶段。

(2) 增强作用　水泥基体抗拉强度低，纤维能有效地保持和提高水泥基体的抗拉强度。

(3) 增韧作用　在荷载作用下，当水泥基体发生开裂，纤维可横跨裂缝承受拉应力并可使复合材料具有一定的延性，即增加了材料的韧性。

在纤维混凝土中，纤维能否同时起到以上三方面的作用，或只起到其中两方面或单一作用，主要取决于纤维的含量、几何形状、长径比及弹性模量等。各种纤维混凝土的最佳纤维掺量和纤维长径比应通过试验确定。

纤维混凝土目前主要用于对抗冲击、抗裂性能要求较高的工程和具有复杂应力结构的构件，如路面、桥面、机场道面、断面较薄的轻型结构、压力管道及屋面、地下、游泳池等刚性防水结构等。随着纤维混凝土研究的不断深入、各类纤维性能的改善和成本的降低，纤维混凝土将在土木工程中得到更为广泛的应用。

3.6.4 聚合物混凝土

聚合物混凝土是由有机聚合物、无机胶凝材料、骨料结合而成的新型混凝土。聚合物混凝土可分为聚合物浸渍混凝土、聚合物水泥混凝土和聚合物胶结混凝土三种。

3.6.4.1 聚合物浸渍混凝土

聚合物浸渍混凝土是以硬化的混凝土为基材，将有机单体浸入混凝土中，并用加热或辐射等方法使浸入的单体聚合而制成的一种混凝土。

在聚合物浸渍混凝土中，聚合物与水泥凝胶体相互穿插，形成了连续的空间网络，同时聚合物起到填充混凝土内部孔隙和微裂纹的作用。聚合物在混凝土中的填充和固化作用使得聚合物浸渍混凝土具有高强度、耐蚀、抗渗、耐磨、抗冲击等性能。

聚合物浸渍混凝土适用于要求高强度、高耐久性的特殊构件，如输送液体的管道、耐高压的容器、隧道衬砌、海洋构筑物等。

3.6.4.2 聚合物水泥混凝土

聚合物水泥混凝土是一种以聚合物和水泥共同作为胶结材料的混凝土。聚合物水泥混凝土中的水泥可用普通水泥或高铝水泥；聚合物可用天然聚合物和各种合成聚合物。

一般认为，在混凝土凝结硬化过程中，聚合物与水泥之间没有发生化学作用，是水泥水化吸收乳液中的水分使乳液脱水而逐渐凝固，水泥水化产物与聚合物互相包裹填充形成致密结构，从而改善了混凝土的物理力学性能。

聚合物水泥混凝土具有较好的耐磨性、耐腐蚀性、耐冲击性，多用于地面、路面、桥面、机场跑道面等。

3.6.4.3 聚合物胶结混凝土

聚合物胶结混凝土，又称树脂混凝土，是一种以合成树脂为胶结材料的混凝土。

与普通混凝土相比，树脂混凝土具有高强、耐腐蚀、耐水等优点。如果在聚合物胶结混凝土中掺入适当颜料，选择彩色骨料，可以使这种混凝土具有漂亮的外观，通常被称为人造大理石、人造花岗石或人造玛瑙，在建筑装饰工程中可用作饰面构件，如窗台、桌面、地面砖、浴缸等。

3.6.5 泵送混凝土

泵送混凝土就是将预先搅拌好的混凝土利用混凝土输送泵泵压的作用，沿管道实行垂直及水平方向输送的混凝土。混凝土的泵送施工已经成为高层建筑和大体积混凝土施工过程中的重要方法，随着商品混凝土的普及，泵送混凝土在土木工程中的应用日益广泛。

3.6.5.1 泵送混凝土的特点

（1）施工效率高 混凝土泵的泵送量非常大，其施工效率是其他任何施工机械难以比拟的，所以，施工速度快、施工效率高是泵送混凝土最明显的特点。

（2）施工占地较小 混凝土泵可以设在远离或靠近浇筑地点的任何一个方便的位置，由于混凝土泵机身体积较小，所以特别适用于场地受到限制的施工现场。

（3）施工较方便 泵送混凝土可使混凝土一次连续完成垂直和水平的输送、浇筑，从而减少搅拌混凝土的倒运次数；同时，输送管道易于通过各种障碍地段直达浇筑地点。

（4）保护施工环境 泵送混凝土是预拌混凝土，一般不在施工现场拌制，这样，不仅节约了施工场地，而且减少了搅拌混凝土的粉尘污染；同时，泵送混凝土是通过管道封闭运输的，又减少了混凝土运输过程中的泥水污染，更加有利于施工现场的文明整洁施工。

3.6.5.2 泵送混凝土的可泵性

混凝土的可泵性是混凝土拌合物在特殊情况下的工作性，主要包括流动性、稳定性、克服混凝土拌合物与管壁及自身的摩擦阻力。良好的可泵性是混凝土泵送顺利的重要保证。

为使混凝土获得良好的可泵性，对泵送混凝土拌合物提出如下要求。

① 混凝土的初凝时间不得小于混凝土拌合物运输、泵送直至浇筑完毕全过程所需的时间，以保证混凝土在初凝之前完成上述操作过程。

② 必须有足够的含浆量，浆体除了填充骨料间的所有孔隙外，还有一定的富余量使混凝土泵输送管道内壁形成薄浆润滑层。

③ 混凝土拌合物的坍落度应符合相关规定，同时要具有良好的黏聚性，不离析，少析水，保持拌合物的均匀性。

④ 在混凝土基本组成材料中，粗骨料的最大粒径与泵送时输送管道内径之比应受到限制，颗粒级配应采用连续级配。

3.6.6 喷射混凝土

喷射混凝土是指利用混凝土喷射机，将按一定比例配合的混凝土拌合物喷射到受喷面，依赖喷射过程中水泥与骨料的连续撞击压密而成的一种混凝土。

喷射混凝土是一种用特殊施工方法进行作业的新型混凝土，与普通混凝土相比具有如下特点。

3.6.6.1 喷射混凝土的特点

① 喷射混凝土是利用特殊的喷射机械，将混凝土拌合物直接喷射在施工面上，施工中可以不用模板或少用模板。这样，不仅可以节省大量模板、降低工程造价，而且可以节省支模与拆模时间，加快工程施工进度。

② 喷射混凝土施工是利用喷射机械，喷出具有一定冲击力的混凝土，使混凝土拌合物在施工面上反复连续冲击而使混凝土得以压实，因此具有较高的强度和抗渗性能。在喷射施工中，混凝土拌合物还可以借助喷射压力黏结到旧结构物或岩石缝隙之中，因此喷射混凝土与施工基面有较高的黏结强度。

③ 施工时，混凝土的喷射方向可以任意调节，所以特别适用于在高空顶部狭窄空间及一些形状复杂的施工面上进行操作。

总之，喷射混凝土施工一般不用模板，可以省去支模、浇筑和拆模工序，可以将混凝土的搅拌、输送、浇筑和捣实合为一道工序，具有加快施工进度、强度增长快、密实性良好、施工准备简单、适应性较强、应用范围较广、施工技术易掌握、工程投资较少等优点。

但是，喷射混凝土施工也存在厚度不易掌握、回弹量较大、表面不平整、劳动条件较差、对施工环境有污染、需用专门的施工机械等缺点。

3.6.6.2 喷射混凝土的应用

喷射混凝土主要用于矿山、竖井平巷、交通隧道、水工涵洞、地下电站等地下建筑物和混凝土支护或喷锚支护；公路、铁路和一些建筑物的护坡及某些建筑结构的加固和修补；地下水池、油罐、大型管道的抗渗混凝土施工；各种热工窑炉与烟囱等特殊工程的快速修补；大型混凝土构筑物的补强与修补等。

喷射混凝土喷射施工，按混凝土在喷嘴处的状态有干法和湿法两种工艺。将水泥、砂、石子按一定配合比例拌合而成的混合料装入喷射机内，混凝土在“微湿”状态下（$W/C=0.1\sim0.2$）输送至喷嘴处加水加压喷出者，称为干式喷射混凝土。将水胶比为0.45～0.50的混凝土拌合物输送至喷嘴处加压喷出者，称为湿式喷射混凝土。

目前，在喷射混凝土施工中，提倡采用湿式喷射混凝土。这种施工工艺在施工过程中，工作面附近空气中粉尘含量少，混凝土回弹量低，既可以改善施工工作条件，又可以降低原材料消耗，是喷射混凝土施工首选的施工方法。这种施工工艺存在的问题是，因为混凝土拌合物含水量小，与喷射机管道的摩阻力较大，如果处理不当，混凝土拌合物容易在输送管中产生凝固和堵塞，清洗困难。

复习思考题

3.1 水泥混凝土的主要特点是什么？

3.2 普通混凝土的组成材料有哪些？各组成材料在混凝土硬化前后分别起什么作用？

3.3 配制混凝土时如何选择水泥？

3.4 混凝土骨料级配有何意义？如何判断骨料级配是否良好？

3.5 对于混凝土用砂，为什么颗粒级配与粗细程度这两个因素应同时考虑？

3.6 两种砂细度模数相同，其级配是否相同？反之，如果级配相同，其细度模数是否相同？

3.7　A、B 两种砂样（各 500g）经筛分析试验，各筛上的筛余见表 3.34。试问：这两种砂可否单独用于配制混凝土？若将两种砂样各 50%混合，混合后的砂是否能用于配制混凝土？画出混合以后砂的级配曲线。

表 3.34　砂样筛分试验结果

筛孔尺寸/mm	4.75	2.36	1.18	0.600	0.300	0.150	筛底
A 砂筛余量/g	0	25	25	75	120	245	10
B 砂筛余量/g	50	150	150	75	50	25	0

3.8　混凝土用骨料为什么尽量选择较大粒径？粗骨料最大粒径的选择要受到哪些限制？

3.9　骨料的含水状态有几种？为什么施工现场必须经常测定骨料的含水率？

3.10　混凝土中掺入减水剂可获得哪些技术经济效果？减水剂的作用机理是什么？

3.11　引气剂掺入混凝土中，对混凝土的性能有哪些影响？

3.12　常用的防冻剂通常由哪些组分复合而成？各组分的作用是什么？

3.13　混凝土活性掺合料的作用机理是什么？

3.14　下列混凝土工程及制品，一般选用哪一种外加剂较为合适？为什么？

①大体积混凝土；②高强混凝土；③抢修用混凝土；④喷锚支护混凝土；⑤有抗冻要求的混凝土；⑥冬期施工的混凝土；⑦补偿收缩混凝土；⑧泵送混凝土。

3.15　混凝土拌合物和易性包括哪几方面含义？如何测定和易性？

3.16　混凝土拌合物流动性过大或过小时，可采取什么措施进行调整？

3.17　合理砂率的意义是什么？

3.18　解释下列有关混凝土抗压强度的几个名词：

①立方体抗压强度；②抗压强度代表值；③立方体抗压强度标准值；④强度等级；⑤设计强度；⑥配制强度；⑦轴心抗压强度。

3.19　环箍效应对混凝土抗压强度测试值有何影响？

3.20　影响混凝土强度的主要因素是什么？

3.21　混凝土的干湿变形是如何发生的？影响混凝土干缩变形的主要因素是什么？

3.22　徐变对混凝土结构有何影响？

3.23　如何提高混凝土的抗渗性？抗渗性对混凝土耐久性其他方面有何影响？

3.24　影响混凝土抗冻性的主要因素是什么？

3.25　碳化对混凝土性能有何影响？

3.26　混凝土碱-骨料反应必须具备的条件是什么？

3.27　某工程设计要求混凝土强度等级为 C25，工地一个月内按施工配合比施工，先后取样制备了 30 组试件（150mm×150mm×150mm），每组（3 个试件）28d 抗压强度代表值见表 3.35。试计算该批混凝土强度的平均值、标准差、保证率，并评定该工程的混凝土是否合格。

表 3.35　混凝土 28d 抗压强度代表值

编　　号	1	2	3	4	5	6	7	8	9	10
抗压强度代表值/MPa	29.5	27.7	25.2	26.7	25.0	24.0	27.5	29.5	26.0	26.5
编　　号	11	12	13	14	15	16	17	18	19	20
抗压强度代表值/MPa	20.0	27.0	29.4	25.3	24.1	27.0	26.5	25.6	28.5	26.1
编　　号	21	22	23	24	25	26	27	28	29	30
抗压强度代表值/MPa	28.8	28.5	26.5	28.5	28.2	28.0	27.7	26.7	26.0	25.1

3.28　普通混凝土配合比设计中的四项基本要求、三个基本参数和两个算料基准是什么？

3.29　经过初步计算所得的混凝土配合比为什么还要进行试拌调整？

3.30　某组混凝土试件（150mm×150mm×150mm），龄期 28d，测得破坏荷载分别为 540kN、580kN、

560kN，试计算该组混凝土试件的立方体抗压强度。已知所用水泥为强度等级为32.5的普通水泥，粗骨料为碎石，试估计所用水胶比。

3.31　某混凝土的实验室配合比为水泥∶砂∶石∶水=1∶2.1∶3.9∶0.6，混凝土拌合物实测表观密度为2400kg/m^3，工地实测砂含水率为2%，石子含水率为1%。试求混凝土施工配合比。

3.32　某混凝土的计算配合比为水泥∶砂∶石∶水=1∶1.7∶3.4∶0.5。其中水泥密度为3.10g/cm^3，砂的表观密度为2.60g/cm^3，石的表观密度为2.65g/cm^3。①按计算配合比，求1m^3混凝土中各种材料用量；②按计算配合比进行试配，为满足坍落度的要求，水泥浆的量需增加5%，求满足坍落度要求的1m^3混凝土中各种材料用量。

3.33　某混凝土设计强度等级为C30，坍落度50～70mm，室内干燥环境。所用原材料为：水泥，强度等级42.5的普通水泥，密度3.10g/cm^3；碎石，连续级配5～20mm，近似表观密度为2750kg/m^3，含水率为1.2%；中砂，近似表观密度2650kg/m^3，含水率2.5%。假设求出的计算配合比符合要求，试求混凝土施工配合比。

开放讨论

谈一谈除冰盐对混凝土的破坏。

第4章 砂 浆

【学习要点】

1. 掌握砂浆的组成及主要技术性质。
2. 掌握砌筑砂浆的配合比设计方法。
3. 掌握抹面砂浆主要品种及应用。
4. 了解其他品种砂浆。

砂浆是由胶结料、细骨料、掺加料和水配制而成的建筑工程材料。砂浆在土木工程中用途广、用量大，主要用于砌筑、抹面、粘贴、填补及装饰等工程。

根据用途不同，砂浆分为砌筑砂浆、抹面砂浆和特种砂浆；根据所用胶凝材料不同，砂浆分为水泥砂浆、石灰砂浆和水泥石灰混合砂浆等。

4.1 砂浆的组成材料

4.1.1 胶凝材料

胶凝材料在砂浆中起着胶结作用，是影响砂浆技术性质的主要组分。

水泥是砂浆的主要胶凝材料，普通硅酸盐水泥、矿渣硅酸盐水泥、火山灰质硅酸盐水泥、粉煤灰硅酸盐水泥及复合硅酸盐水泥等常用品种的水泥都可用来配制砂浆，应根据使用环境及工程特点合理选择。为了合理利用资源、节约材料，在配制砂浆时，应尽量选用低强度等级的水泥。在配制某些特殊用途的砂浆时，还可以采用某些专用水泥和特种水泥，如用于装饰砂浆的白水泥，用于修补裂缝砂浆的膨胀水泥等。

干燥条件下使用的砂浆可选用气硬性胶凝材料（石灰、石膏等）作为砂浆的胶凝材料。为保证砂浆的质量，使用石灰时，应将石灰预先消化，并经过陈伏，以消除过火石灰的膨胀破坏作用。

为配制有特殊要求的砂浆，也可以使用有机聚合物等有机胶凝材料。

4.1.2 细骨料

细骨料在砂浆中起着骨架和填充作用，性能良好的细骨料可提高砂浆的和易性和强度，尤其对砂浆的收缩开裂有较好的抑制作用。

配制砂浆最常用的细骨料是优质河砂，砂浆用砂应符合混凝土用砂的技术性能要求。由于砂浆层较薄，对砂子的最大粒径应有所限制。用于毛石砌体的砂浆，宜用粗砂，其最大粒径应小于砂浆层厚度的 1/5～1/4；用于砖砌体的砂浆，宜用中砂，其最大粒径不大于 2.5mm；用于光滑的抹面和勾缝的砂浆，宜用细砂，其最大粒径不大于 1.2mm。

砂中含泥量对砂浆的和易性、强度、变形性和耐久性均有影响。砂子中含有少量泥，可改善砂浆的流动性和保水性，故砂浆用砂的含泥量可比混凝土略高。但含泥量过大，不但会增加砂浆的水泥用量，还可能使砂浆的收缩值增大，耐水性降低。对于砌筑砂浆，M5 及以上的水泥混合砂浆，如砂子含泥量过大，对强度影响比较明显。因此规定，M5 及以上的水泥混合砂浆，砂的含泥量不应超过 5%；强度等级小于 M5 的水泥混合材料，砂的含泥量允许放宽，但不应超过 10%。

4.1.3 水

砂浆用水应符合《混凝土用水标准》(JGJ 63—2006) 规定。

4.1.4 掺加料

掺加料是为改善砂浆和易性而加入的无机材料，如石灰膏、粉煤灰等。

4.1.4.1 石灰膏

为保证砂浆质量，需将生石灰熟化成石灰膏后方可使用。生石灰和生石灰粉的质量应满足《建筑生石灰》(JC/T 479—2013) 的要求。

为了保证石灰膏质量，沉淀池中贮存的石灰膏，应采取防止干燥、冻结和污染的措施。由于脱水硬化的石灰膏不但起不到塑化作用，还会影响砂浆强度，故严禁使用脱水硬化的石灰膏。

4.1.4.2 粉煤灰

粉煤灰应符合《用于水泥和混凝土中的粉煤灰》(GB/T 1596—2005) 的要求。

另外，砂浆的掺加料还有电石膏（电石消解后，经过滤后的产物）、黏土膏等，可根据需要选用。

4.1.5 外加剂

为改善新拌砂浆和硬化后砂浆的某些性能，常在砂浆中掺入适量的外加剂，如引气剂等。

外加剂在砂浆的拌制过程中掺入，掺入后应充分搅拌使其均匀分散，以达到最佳效果。

4.2 砂浆的主要技术性质

4.2.1 新拌砂浆的和易性

新拌砂浆的和易性是指新拌砂浆是否便于施工操作，并能保证质量均匀的综合性质，砂浆的和易性包括流动性和保水性两个方面。良好的和易性使砂浆能铺成均匀的薄层，且与基面（底面）紧密黏结。

4.2.1.1 流动性

流动性也称稠度，是指砂浆在自重或外力作用下产生流动的性质。流动性好的砂浆容易铺成均匀密实的砂浆层。

砂浆流动性通常用砂浆稠度测定仪测定，以稠度值（mm）表示。稠度值越大，砂浆的流动性越好。

砂浆流动性的选择应根据基底材料种类及施工气候条件等因素选择。通常情况下，吸水性强的基底材料，或在高温环境下施工时，应选择较大的稠度值；相反，吸水性弱的基底材料，或在寒冷环境下施工时，可选择较小的稠度值。砂浆流动性的选用可参考表 4.1。

表 4.1　砂浆流动性选择参考表

砌筑砂浆		抹面砂浆	
砌体种类	砂浆稠度/mm	抹面层	砂浆稠度/mm(人工抹面)
烧结普通砖砌体	70～90	底层	100～120
轻骨料混凝土小型空心砌块砌体	60～90	中层	70～90
烧结多孔砖、空心砖砌体	60～80	面层	70～80
烧结普通砖平拱式过梁空斗墙、筒拱 普通混凝土小型空心砌块砌体、加气混凝土砌块砌体	50～70		
石砌体	30～50		

4.2.1.2　保水性

新拌砂浆保持其内部水分不泌出流失的能力称为保水性。保水性不良的砂浆在存放、运输和施工过程中容易产生离析泌水现象。

砂浆的保水性通常用砂浆分层度测定仪测定，以分层度值（mm）表示。砂浆的分层度值一般以 10～20mm 为宜。分层度值过大（如大于 30mm），砂浆保水性差，容易泌水、离析和分层或水分流失过快，不便于施工；分层度值过小（如小于 10mm），砂浆过于干稠不宜操作，且硬化后易产生干缩裂缝。

为了保证新拌砂浆的保水性，应使用足够数量的胶凝材料，并使用足够数量较细的砂；为提高保水性，常加入一定的掺加料，如石灰膏等，也可掺入引气剂。

4.2.2　硬化砂浆的主要性能

4.2.2.1　抗压强度

按照《建筑砂浆基本性能试验方法标准》(JGJ/T 70—2009)，制作边长为 70.7mm 的立方体试件，在标准条件［温度（20±2)℃，相对湿度 90%以上］下，养护到 28d 龄期，测得的抗压强度值为砂浆立方体试件抗压强度（立方体抗压强度），以 $f_{m,cu}$ 表示。

砂浆立方体抗压强度按下式计算：

$$f_{m,cu}=N_u/A$$

式中，$f_{m,cu}$ 为砂浆立方体试件抗压强度，MPa；N_u 为试件破坏荷载，N；A 为试件承压面积，mm^2。

以三个试件（每组三个试件）测值的算术平均值的 1.3 倍（f_2）作为该组试件的立方体试件抗压强度平均值（精确至 0.1MPa)，并以此作为该组试件抗压强度值。

4.2.2.2　黏结力

砂浆的黏结力主要是指砂浆与基体的黏结强度。一般来说，砂浆黏结力随其抗压强度增大而提高。此外，黏结力还与基底表面的粗糙程度、洁净程度、润湿情况及施工养护条件等因素有关。在充分润湿的、粗糙的、清洁的表面上使用且养护良好的条件下，砂浆与基底表面黏结较好。

4.2.2.3　变形性

砌筑砂浆在承受荷载或在温度变化时会产生变形，如果变形过大或变形不均匀，会引起砌体沉降或开裂，降低砌体质量；抹面砂浆在空气中容易产生收缩等变形，若变形过大会使抹灰层产生裂纹或剥离等质量问题。因此，砂浆不应发生较大的变形。

4.2.2.4　耐久性

砂浆应具有抗渗性、抗冻性及抗侵蚀性等良好的耐久性，以适应其在不同工程、不同环境中的使用。

4.3 砌筑砂浆

将砖、石、砌块等黏结成为砌体的砂浆为砌筑砂浆。在砌体中，砌筑砂浆起着胶结块材和传递荷载的作用。砌体的承载能力不仅取决于砖、石等块材，而且与砂浆密切相关，所以，砌筑砂浆是砌体的重要组成部分。

根据《砌筑砂浆配合比设计规范》(JGJ/T 98—2010)，水泥砂浆的强度分为M5、M7.5、M10、M15、M20、M25、M30七个等级，水泥混合砂浆的强度分为M5、M7.5、M10、M15四个等级。水泥砂浆拌合物的表观密度不小于$1900kg/m^3$，水泥混合砂浆拌合物的表观密度不小于$1800kg/m^3$。

4.3.1 砌筑砂浆配合比设计

砌筑砂浆应根据工程类别及砌体部位的设计要求来选择砂浆的强度等级，然后查阅有关手册或通过计算的方法设计配合比。砌筑砂浆配合比的计算应根据《砌筑砂浆配合比设计规范》(JGJ/T 98—2010) 进行。

4.3.1.1 水泥混合砂浆配合比设计

(1) 确定试配强度 $f_{m,0}$

$$f_{m,0}=kf_2$$

式中，$f_{m,0}$ 为砂浆的试配强度，精确至0.1MPa；f_2 为砂浆强度等级值，精确至0.1MPa；k 为系数，施工水平优良 $k=1.15$，施工水平一般 $k=1.20$，施工水平较差 $k=1.25$。

(2) 确定水泥用量 Q_c

$$Q_c=1000(f_{m,0}-\beta)/(\alpha f_{ce})$$

式中，Q_c 为每立方米砂浆的水泥用量，精确至1kg；f_{ce} 为水泥的实测强度，精确至0.1MPa；α，β 为砂浆的特征系数，其中 $\alpha=3.03$，$\beta=-15.09$（各地区也可用本地区试验资料确定α、β值，统计用的试验组数不得少于30组）。

在无法取得水泥的实测强度值时，可按下式计算 f_{ce}：

$$f_{ce}=\gamma_c f_{ce,k}$$

式中，$f_{ce,k}$ 为水泥强度等级值，MPa；γ_c 为水泥强度等级值的富余系数，宜按实际统计资料确定，无统计资料时可取1.0。

(3) 确定石灰膏用量 Q_D

$$Q_D=Q_A-Q_c$$

式中，Q_D 为每立方米砂浆的石灰膏用量，精确至1kg，石灰膏使用时的稠度为(120±5)mm，如稠度不在规定范围，可按表4.2进行换算；Q_c 为每立方米砂浆的水泥用量，精确至1kg；Q_A 为每立方米砂浆中水泥和石灰膏的总量，精确至1kg，可为350kg。

表4.2 石灰膏不同稠度的换算系数

稠度/mm	120	110	100	90	80	70	60	50	40	30
换算系数	1.00	0.99	0.97	0.95	0.93	0.92	0.90	0.88	0.87	0.86

(4) 确定砂的用量　每立方米砂浆中的砂用量，应按干燥状态（含水率小于0.5%）的

堆积密度值作为计算值（kg）。

（5）确定水的用量　每立方米砂浆中的用水量，根据砂浆稠度等要求可选用210～310kg。

混合砂浆中的用水量，不包括石灰膏中的水；当采用细砂或粗砂时，用水量分别取上限或下限；稠度小于70mm时，用水量可小于下限；施工现场气候炎热或干燥季节，可酌量增加用水量。

4.3.1.2　水泥砂浆配合比设计

水泥砂浆的材料用量可按表4.3选用。

表4.3　每立方米水泥砂浆材料用量

强度等级	水泥用量/kg	砂用量/kg	用水量/kg
M5	200～230	砂的堆积密度值	270～330
M7.5	230～260		
M10	260～290		
M15	290～330		
M20	340～400		
M25	360～410		
M30	430～480		

注：1. M15及M15以下强度等级水泥砂浆，水泥强度等级为32.5；M15以上强度等级水泥砂浆，水泥强度等级为42.5。

2. 当采用细砂或粗砂时，用水量分别取上限或下限。

3. 稠度小于70mm时，用水量可小于下限。

4. 施工现场气候炎热或干燥季节，可酌量增加用水量。

5. 试配强度按本节（1）计算。

4.3.1.3　配合比试配、调整与确定

① 试配时应考虑工程实际要求，砂浆试配时应采用机械搅拌，搅拌时间应自开始加水算起，对于水泥砂浆和混合砂浆，搅拌时间不得少于120s。

② 按计算配合比或查表所得配合比进行试拌时，应测定其拌合物的稠度和保水率。当稠度和保水率不能满足要求时，应调整材料用量，直到符合要求为止，然后确定为试配时的砂浆基准配合比。

③ 试配时至少应采用3个不同的配合比，其中一个配合比应为基准配合比，其余两个配合比的水泥用量应按基准配合比分别增加及减少10%。在保证稠度、保水率合格的条件下，可将用水量或掺加料用量作相应调整。然后，分别测定不同配合比砂浆的强度，并选定符合试配强度要求且水泥用量最低的配合比作为砂浆配合比。

4.3.1.4　配合比校正

砌筑砂浆配合比尚应按下列步骤进行校正。

（1）砂浆理论表观密度的确定　按下式计算砂浆的理论表观密度：

$$\rho_t = Q_c + Q_D + Q_S + Q_W$$

式中，ρ_t为砂浆理论表观密度，应精确至$10kg/m^3$。

（2）砂浆配合比校正系数δ：

$$\delta = \rho_c / \rho_t$$

式中，ρ_c为砂浆实测表观密度，应精确至$10kg/m^3$。

当砂浆的实测表观密度值与理论表观密度值之差的绝对值不超过理论值的2%时，可按试配配合比确定为砂浆设计配合比；当超过2%时，应将试配配合比中的每项材料用量均乘以校正系数后，确定砂浆设计配合比。

4.3.2 砌筑砂浆配合比设计实例

【例 4.1】 设计用于砌筑砖砌体的水泥石灰混合砂浆。砂浆强度等级 M7.5，稠度 70～90mm。原材料主要参数：42.5 普通硅酸盐水泥；中砂，干燥堆积密度 1450kg/m^3，含水率为 2%；石灰膏稠度 100mm；施工水平一般。

解 (1) 确定试配强度 $f_{m,0}$

$$f_{m,0}=kf_2=1.20\times7.5=9.0(\text{MPa})$$

(2) 确定水泥用量 Q_c

$$Q_c=1000(f_{m,0}-\beta)/(\alpha f_{ce})=1000\times(9.0+15.09)/(3.03\times42.5)=187(\text{kg/m}^3)$$

(3) 确定掺加料用量 Q_D

$$Q_D=Q_A-Q_c=350-187=163(\text{kg/m}^3)$$

(4) 确定砂的用量 根据砂的干燥堆积密度，用砂量为 1450kg/m^3。

(5) 确定水的用量 选择用水量 280kg/m^3。

综上，砂浆中各组成材料的用量初步确定为：水泥 187kg/m^3，石灰膏 163kg/m^3，砂 1450kg/m^3，水 280kg/m^3。

(6) 砂浆试配时各组成材料的实际称量

水泥：187kg/m^3

石灰膏：163×0.97=158(kg/m^3)（查表 4.2）

砂：1450×(1+2%)=1479(kg/m^3)

水：280－1450×2%=251(kg/m^3)

(7) 试配、调整与确定 按 4.3.1.3 中的规定对计算配合比砂浆进行试配与调整；如需要，按 4.3.1.4 进行配合比校正，最后确定满足施工要求的砂浆配合比。

【例 4.2】 设计用于砌筑砖砌体的水泥砂浆。砂浆强度等级 M10，稠度 70～90mm。原材料主要参数：32.5 普通硅酸盐水泥；中砂，干燥堆积密度 1450kg/m^3，含水率为 3%；施工水平一般。

解 (1) 确定水泥用量 查表 4.3，选取水泥用量为 275kg/m^3。

(2) 确定砂的用量 查表 4.3，砂的用量取干燥状态砂的堆积密度 1450kg/m^3。

(3) 确定水的用量 查表 4.3，选取水的用量为 300kg/m^3。

(4) 砂浆试配时各组成材料的实际称量

水泥：275kg/m^3

砂：1450×(1+3%)=1494(kg/m^3)

水：300－1450×3%=2574(kg/m^3)

(5) 试配、调整与确定 按 4.3.1.3 及 4.3.1.4 中的规定对计算配合比砂浆进行试配、调整及校正，然后确定满足施工要求的砂浆配合比。

4.4 抹面砂浆

凡涂抹于土木工程的建（构）筑物或构件表面的砂浆，统称为抹面砂浆。抹面砂浆有保护基层、满足使用功能及改善外观的作用。

对抹面砂浆的主要要求是具有良好的和易性，便于施工，容易抹成均匀平整的薄层；具有较高的黏结强度，使抹灰层与基层黏结牢固，以保证长期使用不致空鼓脱落；具有较好的抗裂性，防止抹灰层开裂破坏。

由于抹面砂浆涂抹的面积较大，并且多暴露在干燥的空气中，易发生干燥收缩。为此，常在抹面砂浆中加入一些纤维材料（如纸筋、麻刀、有机纤维等）。为了强化某些功能，还需加入特殊材料（如膨胀珍珠岩等）。

根据抹面砂浆的功能不同，可分为普通抹面砂浆和装饰砂浆等。

4.4.1　普通抹面砂浆

普通抹面砂浆的功能是保护结构主体免遭各种侵蚀，提高结构的耐久性，改善结构的外观。常用的普通抹面砂浆有石灰砂浆、水泥砂浆、水泥混合砂浆、麻刀石灰浆（简称麻刀灰）和纸筋石灰浆（简称纸筋灰）等。

为使抹灰层表面平整、避免开裂脱落，抹面砂浆施工时常采用分层薄涂的方法，一般分两层或三层施工，即底层、中层和面层施工。由于各层的功能不同，要求砂浆的性能也不同。底层砂浆的作用是使砂浆与基底能牢固黏结，砂浆应有良好的和易性和黏结力，并要防止水分被基底材料吸收而降低黏结力。中层主要用来找平，有时可省去不用。面层砂浆主要起装饰作用，以达到平整美观的效果，要求砂浆光洁细腻且抗裂。

各层抹面的作用和要求不同，每层所选用的砂浆也不同；同时，基底材料的特性和抹面部位不同，所选择的砂浆也不同。砖墙和混凝土结构底层抹灰一般用混合砂浆，板条基底的底层抹灰多用麻刀石灰砂浆；中层一般用混合砂浆或石灰砂浆；面层多用混合砂浆、纸筋石灰砂浆和麻刀石灰砂浆。对于潮湿环境、强度要求较高及容易碰撞的部位的抹面，如地面、墙裙、踢脚、雨篷、窗台、水池等，应选用水泥砂浆，其配合比多用水泥∶砂＝1∶2.5。

在加气混凝土砌块墙面上做抹面时，应采取特殊的抹灰施工方法，如在墙面上预先刮抹树脂胶、喷水润湿或在砂浆层中夹一层预先固定好的钢丝网层，以免日久发生砂浆层剥离脱离现象。在轻骨料混凝土空心砌块墙面上做抹面砂浆时，应注意砂浆和轻骨料混凝土空心砌块的弹性模量尽量一致，否则，极易在抹面砂浆和砌块界面上开裂。

普通抹面砂浆组成材料及配合比，可根据使用部位及基底材料的特性确定，一般情况下参考有关资料和手册选用。常用普通抹面砂浆的参考配合比见表 4.4。

表 4.4　常用普通抹面砂浆参考配合比

材　料	体积配合比	材　料	体积配合比
水泥∶砂	1∶2～1∶3	石灰∶石膏∶砂	1∶0.4∶2～1∶2∶4
石灰∶砂	1∶2～1∶4	石灰∶黏土∶砂	1∶1∶4～1∶1∶8
水泥∶石灰∶砂	1∶2∶6～1∶2∶9	石灰膏∶麻刀	100∶1.3～100∶2.5(质量比)

注：抹面砂浆的配合比除了指明质量比外，均指体积比。对粉体材料是指干松状态下材料的体积，对于石灰膏等膏状材料是指规定稠度［(120±5)mm］时的体积。

4.4.2　装饰砂浆

装饰砂浆是指用涂抹在建筑物内外表面，具有美化装饰、改善功能、保护建筑物作用的抹面砂浆。

装饰砂浆施工时，底层和中层的抹面砂浆和普通抹面砂浆基本相同，所不同的是面层，面层的组成材料和施工工艺有所不同。为了达到装饰效果，面层砂浆选用的胶凝材料除普通水泥外，还有白水泥、彩色水泥，或在一般水泥中掺入耐碱矿物颜料着色；骨料除砂子外，有的还加入各种色彩鲜艳的花岗岩、大理石等碎石粒，有时还采用玻璃、陶瓷等碎粒。特殊材料组成的面层砂浆及其特殊的施工操作工艺，使装饰表面呈现出不同颜色、质地、花纹等装饰效果。

几种常用的装饰砂浆施工方法如下。

① 拉毛。先用水泥砂浆做底层，再用水泥石灰砂浆做面层，在砂浆尚未凝结之前，用抹刀将表面拍拉成凹凸不平的形状。这种装饰着色容易，质感较强，并具有吸声功能，一般用于外墙面及有吸声要求的内墙面和顶棚（如影剧院等）。

② 水刷石。用颗粒细小（直径约 5mm）的石渣拌成的砂浆做面层，待表面稍凝固后立即喷水冲刷表面水泥浆，使石渣半露而不脱落。水刷石多用于建筑物的外墙面，具有天然石材的质感，经久耐用。

③ 干粘石。在水泥砂浆的面层表面，黏结粒径 5mm 以下的白色或彩色石渣、小石子、彩色玻璃或陶瓷碎粒等。要求石渣黏结均匀、牢固。干粘石的装饰效果与水刷石相近，但石子表面更洁净艳丽，避免了喷水冲洗的湿作业，施工效率高，可节省材料。干粘石在预制外墙板的生产中有较多的应用。

④ 斩假石。又称剁假石、斧剁石。砂浆的配制与水刷石基本一致，砂浆抹面硬化后，用斧刃将表面剁毛并露出石渣，形成一定的纹理，装饰效果与粗面花岗岩相似。一般用于室外局部小面积装饰，如柱面、勒脚、台阶等。

⑤ 水磨石。用普通水泥、白水泥、彩色水泥或普通水泥加耐碱颜料和各种色彩的大理石石渣配制成石渣浆做面层，并设计图案色彩，待砂浆硬化后用机械反复磨平抛光表面而成。水磨石表面平整、细腻，而且强度高、耐污染、易清洗、耐久性好，主要用于建筑地面、水池等，还可预制成楼梯踏步、窗台板、踢脚板等构件。

4.5 其他砂浆

4.5.1 防水砂浆

具有一定抗渗能力、用于制作防水层的砂浆称为防水砂浆。砂浆防水层又叫做刚性防水层，这种防水层仅用于不受振动和具有一定刚度的混凝土工程或砌体工程。对于变形较大或可能发生不均匀沉陷的建筑物，都不宜采用刚性防水层。

防水砂浆主要有普通水泥防水砂浆、掺加防水剂的防水砂浆和膨胀水泥或无收缩水泥防水砂浆三种。

普通水泥防水砂浆是由水泥、细骨料、掺合料和水拌制成的防水砂浆。

掺加防水剂的防水砂浆是在普通水泥砂浆中掺入一定量的防水剂而制成的防水砂浆，是目前应用广泛的一种防水砂浆。防水剂有氯盐型防水剂和非氯盐型防水剂，在钢筋混凝土工程中，应尽量采用非氯盐型防水剂，以防止由于氯离子的引入造成钢筋腐蚀。

膨胀水泥和无收缩水泥防水砂浆是采用膨胀水泥和无收缩水泥制作的防水砂浆，这两种砂浆有微膨胀或补偿收缩的性能，从而提高砂浆的密实性和抗渗性。

防水砂浆的防水效果与施工操作密切相关，通常采用多层抹压法。一般要求在涂抹前先将清洁的底面抹一层纯水泥浆，然后抹一层5mm厚的防水砂浆，在初凝前用木抹子压实一遍，第二、第三、第四层以同样方法操作，共涂抹4～5层，共20～30mm厚，最后一层要压光。抹完之后要加强养护，防止开裂。

4.5.2 绝热砂浆

采用水泥、石灰、石膏等胶凝材料与膨胀珍珠岩、膨胀蛭石、陶粒、陶砂或聚苯乙烯泡沫颗粒等轻质多孔材料按一定比例配制的砂浆称为绝热砂浆。绝热砂浆质轻，且具有良好的绝热保温性能，可用于屋面隔热层、隔热墙壁及供热管道隔热层等处。

常用的绝热砂浆有水泥膨胀珍珠岩砂浆、水泥膨胀蛭石砂浆、水泥石灰膨胀蛭石砂浆等。

4.5.3 吸声砂浆

吸声砂浆是指具有吸声功能的砂浆。一般绝热砂浆都具有多孔结构，因而也都具有吸声的功能。工程中常以水泥∶石灰膏∶砂∶锯末＝1∶1∶3∶5（体积比）配制吸声砂浆，或在石灰、石膏砂浆中加入玻璃棉、矿棉等松软纤维材料。吸声砂浆常用于厅堂的墙壁和顶棚的吸声处理。

4.5.4 耐酸砂浆

耐酸砂浆是以水玻璃与氟硅酸钠为胶凝材料，加入石英岩、花岗岩、铸石等耐酸粉料和细骨料拌制并硬化而成的砂浆。水玻璃硬化后具有很好的耐酸性能。耐酸砂浆可用于耐酸地面、耐酸容器基座及与酸接触的结构部位。在某些有酸雨腐蚀的地区，建筑物的外墙装饰也可应用耐酸砂浆，以提高建筑物的耐酸雨腐蚀作用。

4.5.5 自流平砂浆

自流平砂浆是指在自重作用下能流平的砂浆，地坪和地面常采用自流平砂浆。自流平砂浆施工方便、质量可靠。自流平砂浆的技术关键是掺用合适的化学外加剂；严格控制砂的级配、含泥量和颗粒形态；选择合适的水泥品种。

良好的自流平砂浆可使地面平整光洁，强度高，耐磨性好，无开裂现象，技术经济效果好。

4.5.6 干拌砂浆

干粉砂浆又称干拌砂浆、干混砂浆。它是将水泥及其他胶凝材料、砂子、矿物掺合料和功能性添加剂按一定比例，由专业生产厂家在干燥状态下将原材料均匀混合配制成的粉状或颗粒状的混合物，然后以干粉包装或散装的形式运至工地，按规定比例加水拌合后即可使用的砂浆材料。

干粉砂浆是近年随着建筑业科技进步的要求而发展的新型建筑材料，相对于现场配制的传统砂浆工艺，干粉砂浆具有品质稳定、使用方便及品种丰富等特点。

干粉砂浆的使用，有利于提高砌筑、抹灰、装饰、修补工程的施工质量，改善砂浆现场施工条件。

复习思考题

4.1 砂浆的主要组成材料有哪些？各自的主要作用是什么？

4.2 新拌砂浆的和易性包括哪两方面的内容？如何测定？

4.3 硬化砂浆的主要性能是什么？

4.4 在砌体中砌筑砂浆的主要作用是什么？

4.5 对抹面砂浆的主要要求是什么？

4.6 普通抹面砂浆施工时为什么常采用分层薄涂的方法？各抹灰层的主要作用是什么？

4.7 装饰砂浆的装饰效果通常是如何产生的？

4.8 设计用于砌筑砖砌体的水泥石灰混合砂浆。砂浆强度等级 M5，稠度 70～90mm。原材料主要参数：32.5 普通硅酸盐水泥，水泥强度等级值的富余系数为 1.1；中砂，干燥堆积密度 1460kg/m^3，含水率 2%；石灰膏稠度 120mm；施工水平一般。

4.9 设计用于砌筑砖砌体的水泥砂浆，砂浆强度等级 M7.5，稠度 70～90mm。原材料主要参数：32.5 普通硅酸盐水泥；中砂（含水率小于 0.5%），干燥堆积密度 1480kg/m^3；施工水平一般。

开放讨论

谈一谈预拌砂浆使用及推广的意义。

第5章　砌筑材料

【学习要点】

1. 掌握各种砌墙砖的主要性质及应用。
2. 掌握各种砌块的主要性质及应用。
3. 了解砌筑石材的分类及应用。

在土木工程中，砌筑材料较多的是用于建筑物的墙体。墙体在建筑物中主要起承重、分隔或围护的作用，因此，砌筑材料与建筑物的结构、功能、自重、造价、建设速度及建筑节能等方面都有着十分密切的关系。

我国传统的砌筑材料是砖和石材，为保护环境、节约资源和能源、发展建筑工业化，不断有新型高效的砌筑材料出现。

5.1　砌墙砖

目前，工程中所用的砌墙砖主要有两大类，一类是通过高温焙烧工艺制得的烧结砖，另一类属于非烧结砖，通常是通过蒸养或蒸压工艺制得的蒸压蒸养砖，也称免烧砖。

5.1.1　烧结砖

凡是经成形及高温焙烧而制成的砖称为烧结砖。各种烧结砖的生产工艺基本相同，均为原料配制→制坯→干燥→焙烧→成品。原料对制砖工艺及成品的性能起着决定性的作用，焙烧是最重要的工艺环节。

烧结砖按有无穿孔分为烧结普通砖、烧结多孔砖和烧结空心砖。烧结砖按砖的主要成分又分为烧结黏土砖、烧结页岩砖、烧结煤矸石砖及烧结粉煤灰砖。

5.1.1.1　烧结普通砖

根据《烧结普通砖》(GB 5101—2003)，烧结普通砖的主要技术指标如下。

(1) 形状、尺寸及尺寸允许偏差　烧结普通砖的外形为直角六面体，其公称尺寸为240mm×115mm×53mm。通常将240mm×115mm的面称为大面，240mm×53mm的面称为条面，115mm×53mm的面称为顶面，如图5.1所示。考虑到砌筑灰缝宽度10mm，则4块砖长、8块砖宽和16块砖厚均为1m，$1m^3$砌体需用砖512块。砖的尺寸允许偏差应符合表5.1的规定。

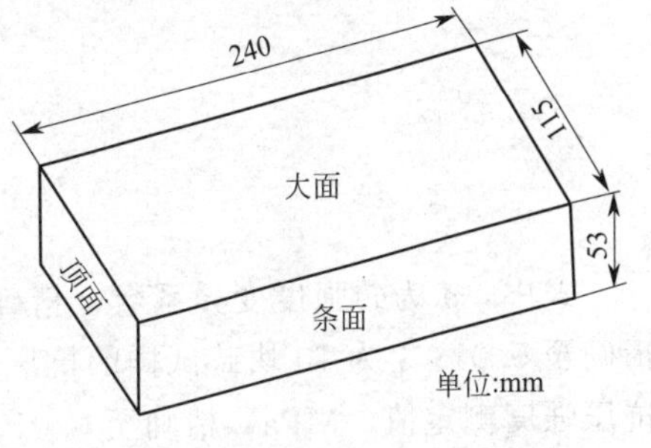

图5.1　烧结普通砖示意图

表 5.1 烧结普通砖尺寸允许偏差

单位：mm

公称尺寸	优等品		一等品		合格品	
	样本平均偏差	样本极差≤	样本平均偏差	样本极差≤	样本平均偏差	样本极差≤
240	±2.0	6	±2.5	7	±3.0	8
115	±1.5	5	±2.0	6	±2.5	7
53	±1.5	4	±1.6	5	±2.0	6

(2) 外观质量 烧结普通砖的外观质量应符合表 5.2 的规定。

表 5.2 烧结普通砖外观质量要求

单位：mm

项 目		优等品	一等品	合格品
两条面高度差≤		2	3	4
弯曲≤		2	3	4
杂质凸出高度≤		2	3	4
缺棱掉角的三个破坏尺寸不得同时大于		5	20	30
裂纹长度≤	a. 大面上宽度方向及其延伸至条面的长度	30	60	80
	b. 大面上长度方向及其延伸至顶面的长度或条面、顶面上水平裂纹的长度	50	80	100
完整面不得少于		二条面和二顶面	一条面和一顶面	—
颜色		基本一致	—	—

注：1. 为装饰而施加的色差、凹凸纹、拉毛、压花等不算作缺陷。

2. 凡有下列缺陷之一者，不得称为完整面：

(1) 缺损在条面或顶面上造成的破坏面尺寸同时大于 10mm×10mm。

(2) 条面或顶面上裂纹宽度大于 1mm，其长度超过 30mm。

(3) 压陷、粘底、焦花在条面或顶面上的凹陷或凸出超过 2mm，区域尺寸同时大于 10mm×10mm。

(3) 强度等级 根据抗压强度，烧结普通砖分为 MU30、MU25、MU20、MU15、MU10 五个强度等级，每个等级强度应符合表 5.3 的要求。

表 5.3 烧结普通砖的强度等级

单位：MPa

强度等级	抗压强度平均值 $\overline{f}$≥	变异系数≤0.21	变异系数>0.21
		强度标准值 f_k≥	单块最小抗压强度 f_{min}≥
MU30	30.0	22.0	25.0
MU25	25.0	18.0	22.0
MU20	20.0	14.0	16.0
MU15	15.0	10.0	12.0
MU10	10.0	6.5	7.5

强度变异系数按下式计算：

$$\delta = \frac{s}{\overline{f}}$$

$$s = \sqrt{\frac{1}{9}\sum_{i=1}^{10}(f_i - \overline{f})^2}$$

式中，δ 为砖强度变异系数，精确至 0.01；$\overline{f}$ 为 10 块砖试样的抗压强度平均值，MPa，精确至 0.01；s 为 10 块砖试样的抗压强度标准差，MPa，精确至 0.01；f_i 为单块砖试样的抗压强度测定值，MPa，精确至 0.01。

(4) 抗风化性能 抗风化性能是指在干湿变化、温度变化、冻融变化等物理因素作用下，材料不破坏并长期保持其原有性质的能力。砖的抗风化性能直接关系到砖的使用寿命。

砖的抗风化性能除了与砖本身性质有关外，还与其所处环境的风化指数有关。风化指数是指日气温从正温降至负温或负温升至正温的每年平均天数与每年从霜冻之日起至消失霜冻之日止这一期间降雨总量（以 mm 计）的平均值的乘积。风化指数大于等于 12700 为严重风化区，风化指数小于 12700 为非严重风化区。我国风化区划分见表 5.4，严重风化区中 1、2、3、4、5 地区的砖必须进行冻融试验，其他地区砖的抗风化性能符合表 5.5 规定。

表 5.4 风化区划分

<table>
<tr><th colspan="2">严重风化区</th><th colspan="2">非严重风化区</th></tr>
<tr><td>1. 黑龙江省
2. 吉林省
3. 辽宁省
4. 内蒙古自治区
5. 新疆维吾尔自治区
6. 宁夏回族自治区
7. 甘肃省
8. 青海省
9. 陕西省
10. 山西省</td><td>11. 河北省
12. 北京市
13. 天津市</td><td>1. 山东省
2. 河南省
3. 安徽省
4. 江苏省
5. 湖北省
6. 江西省
7. 浙江省
8. 四川省
9. 贵州省
10. 湖南省</td><td>11. 福建省
12. 台湾省
13. 广东省
14. 广西壮族自治区
15. 海南省
16. 云南省
17. 西藏自治区
18. 上海市
19. 重庆市</td></tr>
</table>

表 5.5 烧结普通砖抗风化性能

<table>
<tr><th rowspan="3">砖种类</th><th colspan="4">严重风化区</th><th colspan="4">非严重风化区</th></tr>
<tr><th colspan="2">5h 沸煮吸水率(≤)/%</th><th colspan="2">饱和系数≤</th><th colspan="2">5h 沸煮吸水率(≤)/%</th><th colspan="2">饱和系数≤</th></tr>
<tr><th>平均值</th><th>单块最大值</th><th>平均值</th><th>单块最大值</th><th>平均值</th><th>单块最大值</th><th>平均值</th><th>单块最大值</th></tr>
<tr><td>黏土砖</td><td>18</td><td>20</td><td rowspan="2">0.85</td><td rowspan="2">0.87</td><td>19</td><td>20</td><td rowspan="2">0.88</td><td rowspan="2">0.90</td></tr>
<tr><td>粉煤灰砖</td><td>21</td><td>23</td><td>23</td><td>25</td></tr>
<tr><td>页岩砖</td><td rowspan="2">16</td><td rowspan="2">18</td><td rowspan="2">0.74</td><td rowspan="2">0.77</td><td rowspan="2">18</td><td rowspan="2">20</td><td rowspan="2">0.78</td><td rowspan="2">0.80</td></tr>
<tr><td>煤矸石砖</td></tr>
</table>

注：粉煤灰掺入量（体积分数）小于 30%时，按黏土砖规定判定。

(5) 泛霜 泛霜是指黏土原料中的可溶性盐类（如硫酸钠等），随着砖内水分蒸发而在砖表面产生的盐析现象，一般在砖表面形成白色粉末。这些结晶的白色粉状物不仅影响建筑观感，而且结晶体积膨胀会引起砖表层酥松，并破坏砖与砂浆之间的黏结。

《烧结普通砖》(GB 5101—2003) 规定，优等品无泛霜；一等品不允许出现中等泛霜；合格品不允许出现严重泛霜。

(6) 石灰爆裂 烧结普通砖的原料中含有石灰石时，则焙烧砖时石灰石会煅烧成生石灰留在砖内，这时的生石灰为过烧石灰，会吸收外界的水分，消化并产生体积膨胀，导致砖发生膨胀性破坏，这种现象称为石灰爆裂。石灰爆裂对砖砌体的危害很大，轻者影响外观，缩短使用寿命，重者将使砖砌体强度下降甚至破坏。

《烧结普通砖》(GB 5101—2003) 规定，优等品不允许出现最大破坏尺寸大于 2mm 的爆裂区域；一等品最大破坏尺寸大于 2mm 且小于等于 10mm 的爆裂区域，每组砖样不得多于 15 处，且不允许出现最大破坏尺寸大于 10mm 的爆裂区域；合格品最大破坏尺寸大于 2mm 且小于等于 15mm 的爆裂区域，每组砖样不得多于 15 处，其中大于 10mm 的不得多于 7 处，且不允许出现最大破坏尺寸大于 15mm 的爆裂区域。

(7) 欠火砖、酥砖和螺旋纹砖 产品中不允许出现欠火砖、酥砖和螺旋纹砖。酥砖是由于在生产中砖坯被雨水淋、受潮、受冻，或在焙烧过程中受热不均等原因，使砖产生大量的网状裂纹，砖的强度和抗冻性严重降低。螺旋纹砖是在生产砖坯时，从挤泥机挤出的砖坯上存在螺旋纹，它在烧结时不易消除，导致砖受力时易产生应力集中，使砖的强度下降。

另外，烧结普通砖的放射性物质应符合相关标准规定。

烧结普通砖具有一定的强度、良好的绝热性及耐久性，且原料广泛，工艺简单，因而可用于墙体材料、砌筑柱、拱、烟囱及基础等，在砌体中可以配置适当的钢筋或钢丝网，代替钢筋混凝土柱或梁等。

优等品可用于清水墙和墙体装饰，一等品、合格品可用于混水墙，中等泛霜的砖不能用于处于潮湿工程部位。

然而，由于烧结普通砖能耗高，烧砖毁田，污染环境，因此我国对实心黏土砖的生产、使用有所限制。

5.1.1.2 烧结多孔砖和多孔砌块

根据《烧结多孔砖和多孔砌块》(GB 13544—2011)，烧结多孔砖和多孔砌块的主要技术指标如下。

(1) 形状、尺寸及尺寸允许偏差 烧结多孔砖和多孔砌块的外形一般为直角六面体，砖的长度、宽度及高度尺寸应符合下列要求：290mm，240mm，190mm，180mm，140mm，115mm，90mm；砌块的长度、宽度及高度尺寸应符合下列要求：490mm，440mm，390mm，340mm，290mm，240mm，190mm，180mm，140mm，115mm，90mm；其他规格尺寸由供需双方协商确定。砖和砌块的尺寸允许偏差应符合表5.6的规定。

表5.6 烧结多孔砖和多孔砌块尺寸允许偏差 单位：mm

尺寸	样本平均偏差	样本极差≤
>400	±3.0	10.0
300～400	±2.5	9.0
200～300	±2.5	8.0
100～200	±2.0	7.0
<100	±1.5	6.0

(2) 外观质量 烧结多孔砖和多孔砌块的外观质量应符合表5.7的规定。

表5.7 烧结多孔砖和多孔砌块外观质量要求

项目		指标/mm
1. 完整面	不得少于	一条面和一顶面
2. 缺棱掉角的三个破坏尺寸	不得同时大于	30
3. 裂纹长度		
①大面(有孔面)上深入孔壁15mm以上宽度方向及其延伸到条面的长度	不大于	80
②大面(有孔面)上深入孔壁15mm以上长度方向及其延伸到顶面的长度	不大于	100
③条顶面上的水平裂纹	不大于	100
4. 杂质在砖或砌块面上造成的凸出高度	不大于	5

注：凡有下列缺陷之一者，不能称为完整面：

1. 缺损在条面或顶面上造成的破坏面尺寸同时大于20mm×30mm；

2. 条面或顶面上裂纹宽度大于1mm，其长度超过70mm；

3. 压陷、焦花、粘底在条面或顶面上的凹陷或凸出超过2mm，区域最大投影尺寸同时大于20mm×30mm。

(3) 密度等级 烧结多孔砖和多孔砌块的密度等级应符合表5.8的规定。

表 5.8　烧结多孔砖和多孔砌块的密度等级

密度等级		3块砖或砌块干燥表观密度平均值/(kg/m³)
砖	砌块	
—	900	≤900
1000	1000	900～1000
1100	1100	1000～1100
1200	1200	1100～1200
1300	—	1200～1300

（4）强度等级　烧结多孔砖和多孔砌块的强度等级应符合表5.9的规定。

表 5.9　烧结多孔砖和多孔砌块的强度等级

强度等级	抗压强度平均值/MPa	强度标准差值/MPa
MU30	30.0	22.0
MU25	25.0	18.0
MU20	20.0	14.0
MU15	15.0	10.0
MU10	10.0	6.5

（5）孔型、孔结构及孔洞率　烧结多孔砖和多孔砌块的孔型、孔结构及孔洞率应符合表5.10的规定。

表 5.10　烧结多孔砖和多孔砌块的孔型、孔结构及孔洞率

孔型	孔洞尺寸/mm		最小外壁厚/mm	最小肋厚/mm	孔洞率/%		孔洞排列
	孔宽度尺寸 b	孔长度尺寸 L			砖	砌块	
矩型条孔或矩形孔	≤13	≤40	≥12	≥5	≥28	≥33	1. 所有孔宽应相等，孔采用单向或双向交错排列。 2. 孔洞排列上下左右应对称，分布均匀，手抓孔的长度方向尺寸必须平行于砖的条面

注：1. 矩型孔的孔长 L、孔宽 b 满足式 $L\geqslant 3b$ 时，为矩型条孔；

2. 孔四个角应做成过渡圆角，不得做成直尖角；

3. 如设有砌筑砂浆槽，则砌筑砂浆槽不计算在孔洞率内；

4. 规格大的砖和砌块应设置手抓孔，手抓孔尺寸为（30～40）mm×（75～85）mm。

（6）抗风化性能　我国风化区划分见表5.4，严重风化区中的1、2、3、4、5地区的砖、砌块和其他地区以淤泥、固体废物为主要原料生产的砖和砌块必须进行冻融试验，其他地区以黏土、粉煤灰、页岩、煤矸石为主要原料生产的砖和砌块的抗风化性能符合表5.11规定时可不做冻融试验，否则必须进行冻融试验。15次冻融循环试验后，每块砖和砌块不允许出现裂纹、分层、掉皮、缺棱掉角等冻坏现象。

表 5.11　烧结多孔砖和多孔砌块的抗风化性能

种类	严重风化区				非严重风化区			
	5h沸煮吸水率/%(≤)		饱和系数(≤)		5h沸煮吸水率/%(≤)		饱和系数(≤)	
	平均值	单块最大值	平均值	单块最大值	平均值	单块最大值	平均值	单块最大值
黏土砖和砌块	21	23	0.85	0.87	23	25	0.88	0.90
粉煤灰砖和砌块	23	25			30	32		
页岩砖和砌块	16	18	0.74	0.77	18	20	0.78	0.80
煤矸石砖和砌块	19	21			21	23		

注：粉煤灰掺入量（质量比）小于30%时，按黏土砖和砌块规定判定。

(7) 泛霜、石灰爆裂及放射性核素限量　每块砖或砌块不允许出现严重泛霜。石灰爆裂：破坏尺寸大于2mm且小于或等于15mm的爆裂区域，每组砖和砌块不得多于15处，其中大于10mm的不得多于7处；不允许出现破坏尺寸大于15mm的爆裂区域。砖和砌块的放射性核素限量应符合GB 6566的规定。

另外，产品中不允许有欠火砖（砌块）及酥砖（砌块）。

烧结多孔砖和烧结多孔砌块主要用于六层以下建筑物的承重墙体。

5.1.1.3　烧结空心砖和空心砌块

根据《烧结空心砖和空心砌块》（GB/T 13545—2014），烧结空心砖和空心砌块的主要技术指标如下。

(1) 形状、尺寸及尺寸允许偏差　烧结空心砖和空心砌块的外形为直角六面体。其长度、宽度及高度尺寸应符合下列要求：长度规格尺寸为390mm、290mm、240mm、190mm、180mm（175mm）、140mm；宽度规格尺寸为190mm、180mm（175mm）、140mm、115mm；高度规格尺寸为180mm(175mm)、140mm、115mm、90mm；其他规格尺寸由供需双方协商确定。烧结空心砖和空心砌块的尺寸允许偏差应符合表5.12规定。

表5.12　烧结空心砖和空心砌块尺寸允许偏差　　单位：mm

尺寸	样本平均偏差	样本极差≤
>300	±3.0	7.0
>200～300	±2.5	6.0
100～200	±2.0	5.0
<100	±1.7	4.0

(2) 外观质量　烧结空心砖和空心砌块外观质量应符合表5.13规定。

表5.13　烧结空心砖和空心砌块外观质量要求

项目		指标/mm
1. 弯曲	不大于	4
2. 缺棱掉角的三个破坏尺寸	不得同时大于	30
3. 垂直度差	不大于	4
4. 未贯穿裂纹长度		
①大面上宽度方向及其延伸到条面的长度	不大于	100
②大面上长度方向或条面上水平面方向的长度	不大于	120
5. 贯穿裂纹长度		
①大面上宽度方向及其延伸到条面的长度	不大于	40
②壁、肋沿长度方向、宽度方向及其水平面方向的长度	不大于	40
6. 肋、壁内残缺长度	不大于	40
7. 完整面	不少于	一条面或一大面

注：凡有下列缺陷之一者，不能称为完整面：

1. 缺损在大面、条面上造成的破坏面尺寸同时大于20mm×30mm；

2. 大面、条面上裂纹宽度大于1mm，其长度超过70mm；

3. 压陷、粘底、焦花在大面、条面上的凹陷或凸出超过2mm，区域最大投影尺寸同时大于20mm×30mm。

(3) 强度等级　烧结空心砖和空心砌块强度等级应符合表5.14规定。

表5.14　烧结空心砖和空心砌块强度等级

强度等级	抗压强度/MPa		
	抗压强度平均值≥	变异系数≤0.21	变异系数>0.21
		强度标准差≥	单块最小抗压强度值≥
MU10.0	10.0	7.0	8.0
MU7.5	7.5	5.0	5.8
MU5.0	5.0	3.5	4.0
MU3.5	3.5	2.5	2.8

(4) 密度等级　烧结空心砖和空心砌块密度等级应符合表5.15规定。

表5.15　烧结空心砖和空心砌块密度等级

密度等级	5块体积密度平均值/(kg/m³)
800	≤800
900	801～900
1000	901～1000
1100	1001～1100

(5) 孔洞排列及其结构　烧结空心砖和空心砌块孔洞排列及其结构应符合表5.16规定。

表5.16　烧结空心砖和空心砌块孔洞排列及其结构

孔洞排列	孔洞排数/排		孔洞率/%	孔型
	宽度方向	高度方向		
有序或交错排列	宽度≥200mm，≥4 宽度<200mm，≥3	≥2	≥40	矩形孔

(6) 抗风化性能　我国风化区划分见表5.4，严重风化区中的1、2、3、4、5地区的空心砖和空心砌块应进行冻融试验，其他地区空心砖和空心砌块的抗风化性能符合表5.17规定时可不做冻融试验，否则必须进行冻融试验。冻融循环15次试验后，每块空心装和空心砌块不允许出现分层、掉皮、缺棱掉角等冻坏现象，冻后裂纹长度不大于表5.13中第4项和第5项规定。

表5.17　烧结空心砖和空心砌块孔洞排列及其结构

种类	严重风化区				非严重风化区			
	5h沸煮吸水率/%		饱和系数		5h沸煮吸水率/%		饱和系数	
	平均值	单块最大值	平均值	单块最大值	平均值	单块最大值	平均值	单块最大值
黏土砖和砌块	≤21	≤23	≤0.85	≤0.87	≤23	≤25	≤0.88	≤0.90
粉煤灰砖和砌块	≤23	≤25			≤30	≤32		
页岩砖和砌块	≤16	≤18	≤0.74	≤0.77	≤18	≤20	≤0.78	≤0.80
煤矸石砖和砌块	≤19	≤21			≤21	≤23		

注：1. 粉煤灰掺入量（质量分数）小于30%时，按黏土空心砖和空心砌块规定判定。

2. 淤泥、建筑渣土及其他固体废物掺入量（质量分数）小于30%时，按相应产品类别规定判定。

(7) 泛霜、石灰爆裂及放射性核素限量　每块空心砖和空心砌块不允许出现严重泛霜。石灰爆裂：最大破坏尺寸大于2mm且小于等于15mm的爆裂区域，每组空心砖和空心砌块不得多于10处，其中大于10mm的不得多于5处；不允许出现最大破坏尺寸大于15mm的爆裂区域。砖和砌块的放射性核素限量应符合GB 6566的规定。

另外，产品中不允许有欠火砖（砌块）及酥砖（砌块）。

烧结空心砖和空心砌块主要用于建筑物非承重墙，如框架结构填充墙及非承重内隔墙等。

5.1.2　非烧结砖

未经过高温烧结的砖称为非烧结砖，目前土木工程中应用较多的是蒸压（养）砖。蒸压（养）砖属于硅酸盐制品，是以石灰等钙质材料和砂、粉煤灰、炉渣等硅质材料经压制成形、蒸汽蒸压养护而制成的砖。主要品种有灰砂砖、粉煤灰砖和炉渣砖。

5.1.2.1　灰砂砖

蒸压灰砂砖是以石灰和砂为主要原料，允许掺入颜料和外加剂，经坯料制备、压制成形、蒸压养护而成的实心砖。根据《蒸压灰砂砖》（GB 11945—1999），蒸压灰砂砖的主要技术指标如下。

（1）颜色、形状、尺寸、尺寸偏差及外观质量　灰砂砖的颜色有彩色和本色两种。灰砂砖的外形为直角六面体，公称尺寸为 240mm×115mm×53mm，其他规格尺寸由供需双方协商确定。尺寸偏差和外观质量见表 5.18。

表 5.18　灰砂砖尺寸偏差和外观质量

<table>
<tr><th colspan="4" rowspan="2">项　目</th><th colspan="3">指　标</th></tr>
<tr><th>优等品</th><th>一等品</th><th>合格品</th></tr>
<tr><td rowspan="3">尺寸允许偏差/mm</td><td>长度</td><td colspan="2">L</td><td>±2</td><td rowspan="3">±2</td><td rowspan="3">±3</td></tr>
<tr><td>宽度</td><td colspan="2">B</td><td>±2</td></tr>
<tr><td>高度</td><td colspan="2">H</td><td>±1</td></tr>
<tr><td rowspan="3">缺棱掉角</td><td colspan="3">个数≤/个</td><td>1</td><td>1</td><td>2</td></tr>
<tr><td colspan="3">最大尺寸≤/mm</td><td>10</td><td>15</td><td>20</td></tr>
<tr><td colspan="3">最小尺寸≤/mm</td><td>5</td><td>10</td><td>10</td></tr>
<tr><td></td><td colspan="3">对应高度差不得大于/mm</td><td>1</td><td>2</td><td>3</td></tr>
<tr><td rowspan="3">裂纹</td><td colspan="3">条数≤/条</td><td>1</td><td>1</td><td>2</td></tr>
<tr><td colspan="3">大面上宽度方向及其延伸到条面的长度不得大于/mm</td><td>20</td><td>50</td><td>70</td></tr>
<tr><td colspan="3">大面上长度方向及其延伸到顶面上的长度或条、顶面水平裂纹的长度不得大于/mm</td><td>30</td><td>70</td><td>100</td></tr>
</table>

（2）强度等级　根据抗压强度和抗折强度，灰砂砖分为 MU25、MU20、MU15、MU10 四个强度等级，每个等级强度应符合表 5.19 的要求。

表 5.19　灰砂砖的强度等级　　单位：MPa

强度等级	抗压强度		抗折强度	
	平均值不小于	单块值不小于	平均值不小于	单块值不小于
MU25	25.0	20.0	5.0	4.0
MU20	20.0	16.0	4.0	3.2
MU15	15.0	12.0	3.3	2.6
MU10	10.0	8.0	2.5	2.0

注：优等品的强度等级不得小于 MU15。

（3）抗冻性　灰砂砖的抗冻性应符合表 5.20 的要求。

表 5.20　灰砂砖的抗冻性

强度等级	冻后抗压强度平均值≥/MPa	单块砖的干质量损失≤/%
MU25	20.0	2.0
MU20	16.0	2.0
MU15	12.0	2.0
MU10	8.0	2.0

注：优等品的强度等级不得小于 MU15。

MU15、MU20、MU25 的灰砂砖可用于基础及其他建筑；MU10 的灰砂砖仅可用于防潮层以上的建筑。灰砂砖不得用于长期受热 200℃以上、受急冷急热和有酸性介质侵蚀的建筑部位。

5.1.2.2　粉煤灰砖

粉煤灰砖是以粉煤灰、生石灰为主要原料，可掺加适量石膏等外加剂和其他集料，经坯料制备、压制成型、高压蒸汽养护而制成的砖。粉煤灰砖外形为直角六面体，其长、宽及高尺寸分别为 240mm、115mm、53mm，其他规格尺寸由供需双方协商确定。根据《蒸压粉煤灰砖》(JC/T 239—2014)，粉煤灰砖的主要技术指标如下。

(1) 外观质量和尺寸偏差　粉煤灰砖的外观质量和尺寸偏差应符合表 5.21 规定。

表 5.21　粉煤灰砖外观质量和尺寸偏差

<table>
<tr><th colspan="3">项目名称</th><th>技术指标</th></tr>
<tr><td rowspan="4">外观质量</td><td rowspan="2">缺棱掉角</td><td>个数/个</td><td>≤2</td></tr>
<tr><td>两个方向投影尺寸的最大值/mm</td><td>≤15</td></tr>
<tr><td>裂纹</td><td>裂纹延伸的投影尺寸累计/mm</td><td>≤20</td></tr>
<tr><td colspan="2">层裂/mm</td><td>不允许</td></tr>
<tr><td rowspan="3">尺寸偏差</td><td colspan="2">长度/mm</td><td>+2
−1</td></tr>
<tr><td colspan="2">宽度/mm</td><td>±2</td></tr>
<tr><td colspan="2">高度/mm</td><td>+2
−1</td></tr>
</table>

(2) 强度等级　粉煤灰砖的强度等级应符合表 5.22 的要求。

表 5.22　粉煤灰砖的强度等级

强度等级	抗压强度/MPa		抗折强度/MPa	
	平均值	单块最小值	平均值	单块最小值
MU10	≥10.0	≥8.0	≥2.5	≥2.0
MU15	≥15.0	≥12.0	≥3.7	≥3.0
MU20	≥20.0	≥16.0	≥4.0	≥3.2
MU25	≥25.0	≥20.0	≥4.5	≥3.6
MU30	≥30.0	≥24.0	≥4.8	≥3.8

(3) 抗冻性　粉煤灰砖的抗冻性应符合表 5.23 的要求，使用条件应符合 GB 50176。

表 5.23　粉煤灰砖抗冻性

<table>
<tr><th>使用地区</th><th>抗冻指标</th><th>质量损失率</th><th>抗压强度损失率</th></tr>
<tr><td>夏热冬暖地区</td><td>D15</td><td rowspan="4">≤5%</td><td rowspan="4">≤25%</td></tr>
<tr><td>夏热冬冷地区</td><td>D25</td></tr>
<tr><td>寒冷地区</td><td>D35</td></tr>
<tr><td>严寒地区</td><td>D50</td></tr>
</table>

另外，粉煤灰砖的线性干燥收缩值应不大于 0.50mm/m；碳化系数应不小于 0.85；吸水率应不大于 20%；放射性核素限量应符合 GB 6566 规定。

5.1.2.3　炉渣砖

炉渣砖是以炉渣为主要原料，掺入适量石灰、石膏，经混合、压制成形、蒸养或蒸压养护而成的实心砖。根据《炉渣砖》(JC/T 525—2007)，炉渣砖的主要技术指标如下。

(1) 形状、尺寸及尺寸偏差　炉渣砖的外形为直角六面体，公称尺寸为 240mm×

115mm×53mm，其他规格尺寸由供需双方协商确定。尺寸允许偏差见表 5.24。

表 5.24　炉渣砖尺寸允许偏差　　单位：mm

项目名称	合格品
长度	±2.0
宽度	±2.0
高度	±2.0

（2）外观质量　炉渣砖外观质量应符合表 5.25 规定。

表 5.25　炉渣砖外观质量　　单位：mm

项目名称		合格品
弯曲		不大于 2.0
缺棱掉角	个数/个	≤1
	三个方向投影尺寸的最小值	≤10
完整面		不少于一条面和一顶面
裂缝长度 a. 大面上宽度方向及其延伸到条面的长度 b. 大面上长度方向及其延伸到顶面上的长度或条、顶面水平裂纹的长度		 不大于 30 不大于 50
层裂		不允许
颜色		基本一致

（3）强度等级　根据抗压强度，炉渣砖分为 MU25、MU20、MU15 三个强度等级，每个等级强度应符合表 5.26 的要求。

表 5.26　炉渣砖的强度等级　　单位：MPa

强度等级	抗压强度平均值 $\bar{f}$≥	变异系数≤0.21	变异系数>0.21
		强度标准值 f_k≥	单块最小抗压强度 f_{min}≥
MU25	25.0	19.0	22.0
MU20	20.0	14.0	16.0
MU15	15.0	10.0	12.0

（4）抗冻性能　炉渣砖抗冻性应符合表 5.27 的规定。

表 5.27　炉渣砖抗冻性

强度等级	冻后抗压强度平均值≥/MPa	单块砖的干质量损失≤/%
MU25	22.0	2.0
MU20	16.0	2.0
MU15	12.0	2.0

（5）碳化性能　炉渣砖碳化性能应符合表 5.28 的规定。

表 5.28　炉渣砖碳化性能

强度等级	碳化后强度平均值≥/MPa
MU25	22.0
MU20	16.0
MU15	12.0

（6）抗渗性　用于清水墙的砖，其抗渗性应满足表 5.29 的规定。

表 5.29　炉渣砖的抗渗性　单位：mm

项目名称	指　标
水面下降高度	三块中任一块不大于 10

(7) 干燥收缩、耐火极限及放射性　干燥收缩率应不大于 0.06%，耐火极限不小于 2.0h，放射性应符合相关标准规定。

炉渣砖可用于一般工业与民用建筑墙体和基础。强度等级低于 MU15 的不适用于基础、勒脚，受干湿交替及冻融的部位。

5.2　砌块

砌块是建筑用的人造块材，外形多为直角六面体，也有各种异形的。砌块系列中主规格的长度、宽度或高度有一项或一项以上分别大于 365mm、240mm 或 115mm，但高度不大于长度或宽度的 6 倍，长度不超过高度的 3 倍。

砌块按其尺寸规格分为小型砌块（系列中主规格的高度大于 115mm 而又小于 380mm 的砌块，简称小砌块）、中型砌块（系列中主规格的高度为 380～980mm 的砌块，简称中砌块）和大型砌块（系列中主规格的高度大于 980mm 的砌块，简称大砌块）。砌块按孔洞分为密实砌块（无孔洞或空心率小于 25%）和空心砌块（空心率等于或大于 25%）。砌块按原材料分为普通混凝土砌块、轻骨料混凝土砌块、蒸压加气混凝土砌块等。砌块按用途分为承重砌块和非承重砌块。

5.2.1　普通混凝土小型砌块

普通混凝土小型砌块是以水泥、矿物掺合料、砂、石、水等为原材料，经搅拌、振动成型、养护等工艺制成的小型砌块，包括空心砌块（空心率不小于 25%）和实心砌块（空心率小于 25%）。主块型砌块外形为直角六面体，常用块型规格尺寸为：长度 390mm；宽度 90mm、120mm、140mm、190mm、240mm、290mm；高度 90mm、140mm、190mm。承重空心砌块的最小外壁厚应不小于 30mm，最小肋厚应不小于 25mm；非承重空心砌块的最小外壁厚和最小肋厚应不小于 20mm。根据《混凝土小型砌块》(GB/T 8239—2014)，普通混凝土小型砌块的主要技术指标如下。

5.2.1.1　尺寸允许偏差

普通混凝土小型砌块的尺寸允许偏差应符合表 5.30 规定，对于薄灰缝砌块，其高度允许偏差应控制在 +1mm、−2mm。

表 5.30　普通混凝土小型砌块尺寸允许偏差

项目名称	技术指标
长度	±2
宽度	±2
高度	+3，−2

注：免浆砌块的尺寸允许偏差，应由企业根据块型特点自行给出，尺寸偏差不应影响垒砌和墙片性能。

5.2.1.2　外观质量

砌块外观质量应符合表 5.31 规定。

表 5.31 普通混凝土小型砌块外观质量要求

项目名称			技术指标
弯曲		不大于	2mm
缺棱掉角	个数	不超过	1个
	三个方向投影尺寸的最大值	不大于	20mm
裂纹延伸的投影尺寸累计		不大于	30mm

5.2.1.3 强度等级

普通混凝土小型砌块的强度等级应符合表 5.32 规定。其中，承重空心砌块的强度等级为 MU7.5、MU10、MU15、MU20、MU25；非承重空心砌块的强度等级为 MU5.0、MU7.5、MU10；承重实心砌块的强度等级为 MU15、MU20、MU25、MU30、MU35、MU40；非承重实心砌块的强度等级为 MU10、MU15、MU20。

表 5.32 普通混凝土小型砌块强度等级

强度等级	抗压强度/MPa	
	平均值≥	单块最小值≥
MU5.0	5.0	4.0
MU7.5	7.5	6.0
MU10	10.0	8.0
MU15	15.0	12.0
MU20	20.0	16.0
MU25	25.0	20.0
MU30	30.0	24.0
MU35	35.0	28.0
MU40	40.0	32.0

5.2.1.4 抗冻性

普通混凝土小型砌块的抗冻性应符合表 5.33 规定。

表 5.33 普通混凝土小型砌块抗冻性

使用条件	抗冻指标	质量损失率	强度损失率
夏热冬暖地区	D15	平均值≤5% 单块最大值≤10%	平均值≤20% 单块最大值≤30%
夏热冬冷地区	D25		
寒冷地区	D35		
严寒地区	D50		

注：使用条件应符合 GB 50176 的规定。

另外，承重类砌块的吸水率应不大于 10%，非承重类砌块的吸水率应不大于 14%；承重类砌块的线性干燥收缩值应不大于 0.45mm/m，非承重类砌块的线性干燥收缩值应不大于 0.65mm/m；砌块的碳化系数应不小于 0.85；砌块的软化系数应不小于 0.85；砌块的放射性核素限量应符合 GB 6566。

普通混凝土小型砌块主要用于多层建筑的墙体，强度等级不低于 MU7.5 的空心砌块及强度等级不低于 MU15 的实心砌块可用于承重墙体。

5.2.2 轻集料混凝土小型空心砌块

由轻集料混凝土制成的小型空心砌块为轻集料混凝土小型空心砌块。轻集料混凝土为轻粗集料、轻砂（或普通砂）、水泥和水等原料配制而成的干表观密度不大于 1950kg/m^3 的混凝土。根据《轻集料混凝土小型空心砌块》（GB/T 15229—2011），轻集料混凝土小型空心砌块的主要技术指标如下。

5.2.2.1 尺寸、尺寸偏差及外观质量

轻集料混凝土小型空心砌块主规格尺寸为长390mm、宽190mm、高190mm，其他规格尺寸可由供需双方商定。尺寸偏差及外观质量应符合表5.34规定。

表5.34 轻集料混凝土小型空心砌块尺寸偏差及外观质量

项目			指标
尺寸偏差/mm	长度		±3
	宽度		±3
	高度		±3
最小外壁厚/mm	用于承重墙	≥	30
	用于非承重墙	≥	20
肋厚/mm	用于承重墙	≥	25
	用于非承重墙	≥	20
缺棱掉角	个数/块	≤	2
	三个方向投影的最大值/mm	≤	20
裂缝延伸的累计尺寸/mm		≤	30

5.2.2.2 密度等级

轻集料混凝土小型空心砌块的密度等级应符合表5.35规定。

表5.35 轻集料混凝土小型空心砌块密度等级　　单位：kg/m³

密度等级	干表观密度范围
700	≥610，≤700
800	≥710，≤800
900	≥810，≤900
1000	≥910，≤1000
1100	≥1010，≤1100
1200	≥1110，≤1200
1300	≥1210，≤1300
1400	≥1310，≤1400

5.2.2.3 强度等级

轻集料混凝土小型空心砌块的强度等级应符合表5.36规定，同一强度等级砌块的抗压强度和密度等级范围应同时满足表5.38的要求。

表5.36 轻集料混凝土小型空心砌块强度等级

强度等级	抗压强度平均值/MPa	抗压强度最小值/MPa	密度等级范围/(kg/m³)
MU2.5	≥2.5	≥2.0	≤800
MU3.5	≥3.5	≥2.8	≤1000
MU5.0	≥5.0	≥4.0	≤1200
MU7.5	≥7.5	≥6.0	≤1200① ≤1300②
MU10.0	≥10.0	≥8.0	≤1200① ≤1400②

① 除自燃煤矸石掺量不小于砌块质量35%以外的其他砌块；

② 自燃煤矸石掺量不小于砌块质量35%的砌块。

注：当砌块的抗压强度同时满足2个强度等级或2个以上强度等级要求时，应以满足要求的最高强度等级为准。

5.2.2.4 抗冻性

轻集料混凝土小型空心砌块的抗冻性应符合表5.37规定。

表 5.37 轻集料混凝土小型空心砌块抗冻性

环境条件	抗冻标号	质量损失率/%	强度损失率/%
温和与夏热冬暖地区	D15	≤5%	≤25%
夏热冬冷地区	D25		
寒冷地区	D35		
严寒地区	D50		

注：环境条件应符合 GB 50176 规定。

5.2.2.5 吸水率、干燥收缩率和相对含水率

轻集料混凝土小型空心砌块的吸水率应不大于 18%，干燥收缩率应不大于 0.065%，相对含水率应符合表 5.38 规定。

表 5.38 轻集料混凝土小型空心砌块相对含水率

干燥收缩率/%	相对含水率/%		
	潮湿地区	中等湿度地区	干燥地区
<0.03	≤45	≤40	≤35
≥0.03,≤0.045	≤40	≤35	≤30
>0.045,≤0.065	≤35	≤30	≤25

5.2.2.6 碳化系数、软化系数及放射性核素限量

轻集料混凝土小型空心砌块的碳化系数应不小于 0.8，软化系数应不小于 0.8，放射性核素限量应符合 GB 6566 的规定。

轻骨料混凝土小型空心砌块适用于多层或高层的非承重及承重保温墙、框架填充墙及隔墙。

5.2.3 蒸压加气混凝土砌块

蒸压加气混凝土砌块是以钙质材料（水泥、石灰等）和硅质材料（砂、工业废渣等）为原料，掺入发泡剂、发泡稳定剂等，经配料、搅拌、浇筑、发泡、成形、切割和蒸汽养护等工序制成的混凝土砌块。根据《蒸压加气混凝土砌块》（GB/T 11968—2006），蒸压加气混凝土砌块的主要技术指标如下。

5.2.3.1 尺寸、尺寸偏差及外观质量

蒸压加气混凝土砌块的规格尺寸见表 5.39，尺寸允许偏差及外观质量见表 5.40。

表 5.39 蒸压加气混凝土砌块的规格尺寸 单位：mm

长度	宽 度	高度
600	100,120,125,150,180,200,240,250,300	200,240,250,300

注：如需要其他规格，可由供需双方协商解决。

表 5.40 蒸压加气混凝土砌块尺寸允许偏差和外观质量

项 目			指 标	
			优等品	合格品
尺寸允许偏差/mm	长度	L	±3	±4
	宽度	B	±1	±2
	高度	H	±1	±2
缺棱掉角	最小尺寸不得大于/mm		0	30
	最大尺寸不得大于/mm		0	70
	大于以上尺寸的缺棱掉角个数不多于/个		0	2

续表

项目		指标	
		优等品	合格品
裂纹长度	贯穿一棱二面的裂纹长度不得大于裂纹所在面的裂纹方向尺寸总和的	0	1/3
	任一面上的裂纹长度不得大于裂纹方向尺寸的	0	1/2
	大于以上尺寸的裂纹条数不多于/条	0	2
爆裂、粘模和损坏深度不得大于/mm		10	30
平面弯曲		不允许	
表面疏松、层裂		不允许	
表面油污		不允许	

5.2.3.2　强度及干密度

蒸压加气混凝土砌块的强度级别有 A1.0、A2.0、A2.5、A3.5、A5.0、A7.5、A10 七个级别；干密度级别有 B03、B04、B05、B06、B07、B08 六个级别，见表 5.41～表 5.43。

表 5.41　蒸压加气混凝土砌块的立方体抗压强度

强度级别	立方体抗压强度/MPa		强度级别	立方体抗压强度/MPa	
	平均值不小于	单组最小值不小于		平均值不小于	单组最小值不小于
A1.0	1.0	0.8	A5.0	5.0	4.0
A2.0	2.0	1.6	A7.5	7.5	6.0
A2.5	2.5	2.0	A10.0	10.0	8.0
A3.5	3.5	2.8			

表 5.42　蒸压加气混凝土砌块的干密度

干密度级别		B03	B04	B05	B06	B07	B08
干密度/(kg/m^3)	优等品≤	300	400	500	600	700	800
	合格品≤	325	425	525	625	725	825

表 5.43　蒸压加气混凝土砌块的强度级别和干密度级别

干密度级别		B03	B04	B05	B06	B07	B08
强度级别	优等品	A1.0	A2.0	A3.5	A5.0	A7.5	A10.0
	合格品			A2.5	A3.5	A5.0	A7.5

5.2.3.3　干燥收缩、抗冻性和热导率

蒸压加气混凝土砌块的干燥收缩、抗冻性和热导率（干态）应符合表 5.44 的规定。

表 5.44　蒸压加气混凝土砌块的干燥收缩、抗冻性和热导率

干密度级别			B03	B04	B05	B06	B07	B08
干燥收缩值	标准法≤/(mm/m)		0.50					
	快速法≤/(mm/m)		0.80					
抗冻性	质量损失≤/%		0.50					
	冻后强度≥/MPa	优等品	0.8	1.6	2.8	4.0	6.0	8.0
		合格品			2.0	2.8	4.0	6.0
热导率(干态)≤/[W/(m·K)]			0.10	0.12	0.14	0.16	0.18	0.20

注：规定采用标准法、快速法测定砌块干燥收缩值，若测定结果发生矛盾不能判定时，则以标准法测定的结果为准。

蒸压加气混凝土砌块轻质、隔声，保温性能良好，施工方便，但强度较低，主要用于低

层建筑的承重墙、多层建筑的间隔墙和高层框架结构的填充墙，也可用于一般工业建筑的围护墙。作为保温隔热材料可用于复合墙板和屋面结构中。

5.3 砌筑石材

石材是指从天然岩石体中开采出来，未经加工或经过加工成块状、板状或特定形状的材料的总称。石材是使用历史最悠久的土木工程材料之一。由于其具有相当高的强度、良好的耐磨性和耐久性，并且资源丰富，易于就地取材，尽管新型砌筑材料不断出现，但是，在土木工程中，石材的应用仍相当普遍和广泛。

5.3.1 岩石的分类

岩石按地质形成条件可分为岩浆岩（火成岩）、沉积岩（水成岩）和变质岩三大类。

5.3.1.1 岩浆岩（火成岩）

岩浆岩又称火成岩，是因地壳变动，熔融的岩浆由地壳内部上升后冷却而成。岩浆岩根据岩浆冷却条件的不同，又分为深成岩、喷出岩和火山岩三种。

深成岩是岩浆在地壳深处，在很大的覆盖压力下缓慢冷却而成的岩石。深成岩结晶完整，晶粒粗大，结构致密，具有抗压强度高、孔隙率及吸水率小、表观密度大、抗冻性好等特点。土木工程常用的深成岩有花岗岩、正长岩、橄榄岩、闪长岩等。

喷出岩是岩浆喷出地表时，在压力降低和冷却较快的条件下形成的岩石。当喷出的岩浆形成较厚的岩层时，其岩石的结构与性质类似深成岩；当形成较薄的岩层时，由于冷却速度较快及气压作用而易形成多孔结构的岩石，其性质近似于火山岩。土木工程常用的喷出岩有辉绿岩、玄武岩、安山岩等。

火山岩是火山爆发时，岩浆被喷到空中而急速冷却后形成的岩石。有多孔玻璃质结构的散粒状火山岩，如火山灰、火山渣、浮石等；也有因散粒状火山岩堆积而受到覆盖层压力作用并凝聚成大块的胶结火山岩，如火山凝灰岩等。土木工程常用的火山岩有火山灰、浮石等。

5.3.1.2 沉积岩

沉积岩又称水成岩，是由地表的各类岩石经自然界的自然风化、风力搬运、流水冲刷等作用后再沉积（压实、相互胶结、重结晶等）而形成的岩石，主要存在于地表及不太深的地下。与火成岩相比，其特点是结构致密性较差，表观密度较小，孔隙率及吸水率较大，强度较低，耐久性较差。土木工程常用的沉积岩有石灰岩、砂岩、页岩等。

5.3.1.3 变质岩

变质岩是由地壳中原有的岩浆岩或沉积岩，经过地壳内部压力和温度作用后而形成的岩石。其中沉积岩变质后，性能变好，如石灰岩变质为大理石，结构变得致密，坚实耐久；而火成岩变质后，性能变差，如花岗岩变质成片麻岩，易产生剥落，使耐久性变差。土木工程常用的变质岩有大理岩、片麻岩、石英岩、板岩等。

5.3.2 天然石材的主要技术性质

5.3.2.1 表观密度

岩石的表观密度由其矿物组成及其致密程度所决定。天然石材按表观密度大小分为轻质石材（表观密度≤1800kg/m^3）、重质石材（表观密度＞1800kg/m^3）。一般来说，石材的表观密度越大，孔隙率越小，其抗压强度越高，吸水率越小，耐久性越好。

重质石材可用于建筑的基础、贴面、地面、不采暖房屋外墙、桥梁和水工构筑物等；轻质石材主要用于保温房屋外墙。

5.3.2.2　吸水性

石材的吸水性主要与其孔隙率和孔隙特征有关。根据吸水率的大小，可以把岩石分为低吸水性岩石（吸水率低于 1.5%）、中吸水性岩石（吸水率介于 1.5%～3.0%）和高吸水性岩石（吸水率高于 3.0%）。

石材的吸水性对其强度与耐水性的影响很大，吸水后石材会降低颗粒间的黏结力，从而使强度降低，抗冻性、耐久性、导热性也会有所下降。

5.3.2.3　耐水性

石材的耐水性用软化系数表示。当石材含有较多的黏土或易溶物质时，软化系数较小，耐水性较差。根据软化系数的大小，石材可分为三个等级，软化系数大于 0.90 的石材为高耐水性石材，软化系数在 0.70～0.90 的石材为中耐水性石材，软化系数在 0.60～0.70 的石材为低耐水性石材。

土木工程中使用的石材，软化系数应大于 0.80。

5.3.2.4　抗冻性

抗冻性是指石材抵抗冻融破坏的能力，是衡量石材耐久性的一个重要指标。石材的抗冻性与吸水率大小关系密切，一般吸水率大的石材，抗冻性能较差；抗冻性还与石材吸水饱和程度、冻结温度和冻融次数有关，石材在水饱和状态下，经规定次数的冻融循环后，若无贯穿裂缝且质量损失不超过 5%，强度损失不超过 25%时，则为抗冻性合格。

5.3.2.5　耐热性

石材的耐热性与其化学成分及矿物组成有关。石材经高温后，由于热胀冷缩体积变化而产生内应力，或由于高温使岩石中矿物发生分解和变异等导致结构破坏。如含有石膏的石材，在 100℃以上时即开始破坏；含有石英和其他矿物结晶的石材，如花岗岩等，当温度在 700℃以上时，由于石英受热膨胀，强度会迅速下降。

5.3.2.6　抗压强度

天然石材的抗压强度取决于岩石的矿物组成、结构与构筑特征、胶结物质的种类及均匀性等。如花岗岩的主要矿物成分有石英、长石、云母等，石英是很坚硬的矿物，其含量愈高则花岗岩的强度也愈高；而云母为片状矿物，易于分裂成柔软薄片，若云母愈多则其强度愈低。沉积岩的抗压强度则与胶结物成分有关，由硅质物质作为胶结剂的其抗压强度较大，以石灰质物质胶结的次之，以泥质物质胶结的则最小。结晶质的强度较玻璃质的高，等粒状结构的强度较斑状的高，构造致密的强度较疏松多孔的高。层状、带状或片状构造石材，其垂直于层理方向的抗压强度较平行于层理方向的高。

石材是非均质和各向异性的材料，而且是典型的脆性材料，其抗压强度高，抗拉强度比抗压强度低得多，约为抗压强度的 1/20～1/10。

5.3.2.7　硬度

天然岩石的硬度取决于组成岩石的矿物硬度与构造。凡由致密、坚硬的矿物所组成的岩石，其硬度较高；结晶质结构硬度高于玻璃质结构；构造紧密的岩石硬度较高。

岩石的硬度与抗压强度有很好的相关性，一般抗压强度高的其硬度大。岩石的硬度越大，其耐磨性和抗刻划性能越好，但表面加工越困难。

5.3.2.8 耐磨性

石材耐磨性是指石材在使用条件下抵抗摩擦、边缘剪切及撞击等复杂作用而不被磨损（耗）的性质。耐磨性包括耐磨损性和耐磨耗性。耐磨损性以磨损度表示，是石材受摩擦作用，其单位摩擦面积的质量损失的大小；耐磨耗性以磨耗度表示，是石材同时受摩擦与冲击作用，其单位质量产生的质量损失的大小。

石材的耐磨性与岩石组成矿物的硬度及岩石的结构和构造有一定的关系。一般而言，岩石强度高，构造致密，则耐磨性也较好。用于土木工程的石材，应具有较好的耐磨性。

5.3.3 用于砌筑的石材

土木工程中用于砌筑的石材主要有毛石和料石。

5.3.3.1 毛石

毛石是指岩石以开采所得、未经加工的形状不规则的石块。毛石有乱毛石和平毛石两种。乱毛石各个面的形状不规则，平毛石虽然形状也不规则，但大致有两个平行的面。毛石主要用于砌筑建筑物基础、勒脚、墙身、挡土墙、堤岸及护坡，还可以用来浇筑毛石混凝土。

致密坚硬的沉积岩可用于一般的房屋建筑，而重要的工程应采用强度高、抗风化性能好的岩浆岩。

5.3.3.2 料石

料石是指以人工斩凿或机械加工而成，是形状比较规则的六面体块石。通常按加工平整程度分为毛料石、粗料石、半细料石和细料石四种。毛料石是表面不经加工或稍加修整的料石；粗料石是表面加工成凹凸深度不大于 20mm 的料石；半细料石是表面加工成凹凸深度不大于 10mm 的料石；细料石是表面加工成凹凸深度不大于 2mm 的料石。

料石一般由致密的砂岩、石灰岩、花岗岩加工而成，制成条石、方石及楔形的拱石，主要用于建筑物的基础、勒脚、墙体等部位，半细料石和细料石主要用于镶面材料。

复习思考题

5.1 烧结普通砖的尺寸及尺寸特点是什么？
5.2 泛霜是如何发生的？泛霜有何危害？
5.3 石灰爆裂是如何发生的？石灰爆裂的危害是什么？
5.4 蒸压（养）砖是如何制成的？
5.5 砌块通常如何分类？
5.6 按地质形成条件，岩石分为哪几类？它们各自的特点是什么？
5.7 用于砌筑的石材主要有哪些？各有何特点？

开放讨论

谈一谈我国万里长城所用的砌筑材料。

第 6 章　土木工程用钢材

【学习要点】

1. 了解钢的冶炼、分类、晶体组织和化学成分。
2. 掌握钢材的主要技术性能。
3. 掌握钢材的强化及时效处理。
4. 掌握土木工程用钢种类与选用。
5. 了解钢材的防护。

金属材料可分为黑色金属和有色金属两大类。黑色金属是指以铁元素为主要成分的金属及其合金，如铁、钢及合金钢。有色金属是指黑色金属以外的金属及其合金，如铜、铝、锌、铅及其合金。

土木工程中用量最大的金属材料是钢材。土木工程用钢材是指用于钢结构的各种型材(如圆钢、角钢、槽钢和工字钢等)、钢板和用于钢筋混凝土中的各种钢筋、钢丝等。

钢材强度高、品质均匀，具有一定的弹性和塑性变形能力，能够承受冲击、振动等荷载；钢材的可加工性能好，既可以进行各种机械加工，也可以通过铸造的方法将钢铸造成各种形状；钢材可以通过切割、铆接或焊接等多种方式的连接，进行装配法施工。因此，在土木工程中大量使用钢材，钢材是最重要的土木工程材料之一。

6.1 钢的冶炼与分类

6.1.1 钢的冶炼

钢和铁的主要成分都是铁和碳，含碳量大于 2%的为生铁，含碳量小于 2%的为钢。

生铁的冶炼是将铁矿石、石灰石、焦炭和少量锰矿石，在高炉内高温的作用下进行还原反应和其他化学反应，铁矿石中的氧化铁形成金属铁，然后再吸收碳而形成生铁。原料中的杂质则与石灰石等化合成熔渣。生铁中含有较多的碳和其他杂质，故生铁硬而脆，塑性差，使用受到很大的限制。生铁可用来浇筑成铸铁件，称为铸造生铁。

钢的冶炼是将熔融的生铁进行氧化，使碳和其他杂质的含量降低到允许的范围内。常用的钢的冶炼方法有以下三种。

6.1.1.1 转炉法

转炉法有空气转炉法和氧气转炉法两种。

空气转炉法炼钢是将高压热空气由侧面或底部吹入转炉内的铁液中，氧化除去铁液中的碳和磷、硫等杂质。氧化时发生放热反应，使铁液保持熔融状态。由于冶炼时间较短且吹入的空气中含有有害气体，故不易准确控制成分，钢的质量较差。但不需要燃料，速度快，设备投资少，所以成本低。

氧气转炉法炼钢是由转炉顶部吹入高压氧气，将铁液中多余的碳和磷、硫等杂质迅速氧化除去。其优点是冶炼时间短（25～45min），杂质含量少，质量好，可生产优质碳素钢和合金钢。目前，氧气转炉法是最主要的一种炼钢方法。

6.1.1.2 平炉法

平炉法是以铁液或固体生铁、废钢铁和适量的铁矿石为原料，以煤气或重油为燃料，靠废钢铁、铁矿石中的氧或空气中的氧使杂质氧化而被除去。平炉法冶炼时间长（4～12h），易调整和控制成分，杂质少，质量好，但投资大，需用大量燃料，成本高。用平炉法炼钢可生产优质碳素钢、合金钢及特殊要求的钢种。

6.1.1.3 电炉法

电炉法炼钢是以废钢和生铁为原料，利用电加热进行高温冶炼。电炉法炼钢产量低，质量好，但成本最高，主要用于冶炼优质碳素钢及特殊合金钢。

6.1.2 钢的分类

钢的分类常根据不同的需要而采用不同的分类方法，常用的分类方法有以下几种。

6.1.2.1 按脱氧程度分类

在炼钢过程中，为了除去碳和杂质必须供给足够的氧气，这就使钢液中一部分金属铁被氧化，使钢的质量降低。为使氧化铁重新还原成金属铁，通常在冶炼后期加入脱氧剂，进行精炼。按脱氧程度不同，可将钢分为沸腾钢、镇静钢、半镇静钢和特殊镇静钢。

（1）沸腾钢　沸腾钢是脱氧不完全的钢。浇筑后，钢液在冷却和凝固过程中，氧化铁与碳发生化学反应，生成一氧化碳气体外逸，气泡从钢液中冒出呈“沸腾”状，故称沸腾钢。因有部分气泡残留在钢中，故钢的质量较差。

（2）镇静钢　镇静钢是脱氧完全的钢。钢液在冷却凝固过程中，没有气体逸出，钢液表面比较平静，故称为镇静钢。镇静钢质量均匀、结构致密、可焊性好，但成本高，故仅用于承受冲击荷载或其他重要结构中。

（3）半镇静钢　半镇静钢的脱氧程度介于沸腾钢和镇静钢之间，材质也介于此两种钢之间，半镇静钢是质量较好的钢。

（4）特殊镇静钢　特殊镇静钢是比镇静钢脱氧程度还要充分彻底的钢，故称特殊镇静钢。特殊镇静钢的质量最好，适用于特别重要的结构工程。

6.1.2.2 按化学成分分类

（1）碳素钢　碳素钢的化学成分主要是铁，其次是碳，故也称为铁碳合金。此外，还含有少量硅、锰和极少量硫、磷等元素。根据含碳量不同，碳素钢又可分为：低碳钢，含碳量小于0.25%；中碳钢，含碳量0.25%～0.60%；高碳钢，含碳量大于0.60%。

（2）合金钢　碳素钢中加入一定量的合金元素（如硅、锰、钛、钒等）称为合金钢。根据合金元素掺入量不同，合金钢又可分为：低合金钢，合金元素总含量小于5%；中合金钢，合金元素总含量5%～10%；高合金钢，合金元素总含量大于10%。

6.1.2.3 按有害杂质含量分类

按钢中有害杂质硫和磷的含量，可分为以下四类：普通钢，含硫量不大于0.050%，含磷量不大于0.045%；优质钢，含硫量不大于0.035%，含磷量不大于0.035%；高级优质钢，含硫量不大于0.025%，含磷量不大于0.025%；特级优质钢，含硫量不大于0.015%，含磷量不大于0.025%。

6.1.2.4　按用途分类

结构钢：主要用于工程结构及机械零件的钢，一般为低碳钢或中碳钢。

工具钢：主要用于各种工具、量具及模具的钢，一般为高碳钢。

特殊钢：具有特殊物理、化学或机械性能的钢，如不锈钢、耐热钢、耐酸钢、耐磨钢、磁性钢等，一般为合金钢。

土木工程中常用的钢种有普通碳素结构钢中的低碳钢和普通合金结构钢中的低合金钢。

6.2　钢的晶体组织和化学成分

6.2.1　钢的晶体组织

钢的基本成分是铁和碳。铁原子和碳原子之间的结合有三种基本方式，即固溶体、化合物和二者之间的机械混合物。由于铁和碳结合方式的不同，碳素钢在常温下的基本晶体组织有以下三种。

（1）铁素体　铁素体是碳溶于 α-Fe 晶格（铁在常温下形成的体心立方晶格）中的固溶体。α-Fe 原子间间隙较小，其溶碳能力较差。由于溶碳少且晶格中滑移面较多，所以，铁素体的强度和硬度低，但塑性及韧性好。

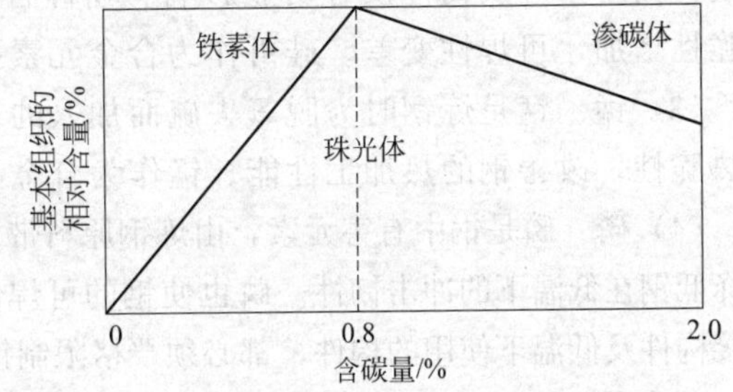

图 6.1　碳素钢基本组织相对含量与含碳量的关系

（2）渗碳体　渗碳体是铁和碳的化合物，分子式为 Fe_3C，渗碳体中含碳量极高，其晶体结构复杂，性质硬脆，是钢中的主要强化组分。

（3）珠光体　珠光体是铁素体和渗碳体组成的机械混合物，为层状结构。铁素体和渗碳体相间分布，两者不互溶也不化合，各自保持原有的晶格和性质，并有似珍珠的光泽。珠光体的性能介于铁素体和渗碳体之间。

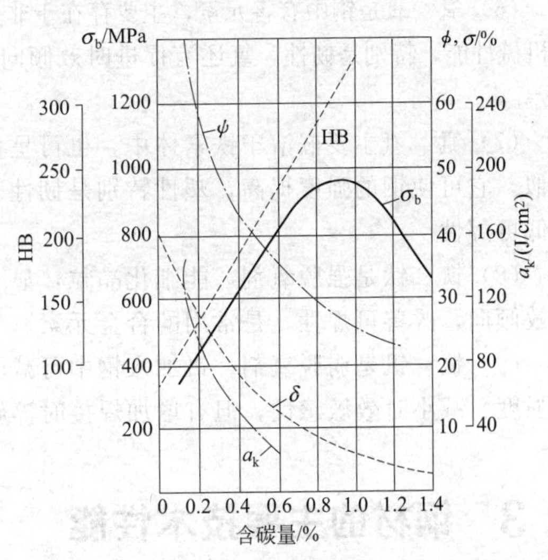

图 6.2　含碳量对热轧碳素钢性质的影响

σ_b—抗拉强度；a_k—冲击韧性；

HB—硬度；δ—伸长率；φ—断面收缩率

碳素钢基本晶体组织与含碳量的关系见图 6.1。由图可知，含碳量小于 0.8％时，钢的基本晶体组织由铁素体和珠光体组成，这种钢称为亚共析钢。随着含碳量的增加，铁素体逐渐减少而珠光体逐渐增多，钢的强度、硬度逐渐提高，而塑性及韧性逐渐下降。当含碳量为 0.8％时，钢的基本晶体组织仅为珠光体，这种钢称为共析钢，钢的性质由珠光体的性质所决定。当含碳量大于 0.8％而小于 2.06％时，钢的基本晶体组织由珠光体和渗碳体组成，称为过共析钢。此时，随着含碳量的增加，珠光体减少，渗碳体含量相对增加，从而使钢的强度略有增加。但当含碳量超过1%时，受渗碳体影响（单独存在的渗碳体系成网状分布于珠光体晶界上，并连成整体，使钢变脆），钢的强度开始下降，但硬度增大，塑性和韧性降低，见图6.2。

土木工程用钢的含碳量一般均在0.8%以下，其基本晶体组织为铁素体和珠光体，而无渗碳体。所以，这种钢既具有较高的强度和硬度，又具有较好的塑性和韧性，因而能够很好地满足各种工程所需的技术性能要求。

6.2.2 钢的化学成分

钢中主要化学成分是铁和碳元素，此外，还有少量的硅、锰、硫、磷、氮、氧、钛、钒等元素。虽然这些元素含量相对较少，但对钢的性能会产生一定的影响。

（1）碳　碳是钢的重要元素，对钢的性能有很大的影响，如图6.2所示。在碳素钢中，随着含碳量的增加，钢的强度和硬度提高，而塑性和韧性降低。同时，含碳量高还将使钢的冷弯、焊接及抗腐蚀等性能降低，并增加钢的冷脆性和时效敏感性。

（2）硅　硅是炼钢时为脱氧去硫而加入的。当钢中硅含量小于1%时，能显著提高钢的强度，而对塑性及韧性没有明显影响。当硅含量超过1%时，钢的塑性和韧性会明显降低，冷脆性增加，可焊性变差。硅可作为合金元素提高合金钢的强度。

（3）锰　锰是炼钢时为脱氧去硫而加入的。锰可提高钢的强度、硬度和耐磨性，消除钢的热脆性，改善钢的热加工性能。锰作为合金元素，可提高合金钢的强度。

（4）磷　磷是钢中有害元素，由炼钢原料带入。磷的最大害处是使钢的冷脆性显著增加，大大降低钢在低温下的冲击韧性。磷也使钢的可焊性显著降低。因此，对于承受冲击荷载的构件、焊接构件及低温下使用的构件，都必须严格限制钢中磷的含量。但磷可以提高钢的强度和硬度。

（5）硫　硫是钢中有害元素，由炼钢原料带入。硫能增大钢的热脆性，大大降低钢的热加工性能和可焊性，同时，还会降低钢的冲击韧性、疲劳强度及耐腐蚀性。

（6）氧　氧是钢中有害元素，主要存在于非金属夹杂物内，少量溶于铁素体中。氧能降低钢的机械性能，特别是韧性，氧还有促进时效倾向的作用。氧化物所造成的低熔点使钢的可焊性变差。

（7）氮　氮主要嵌溶于铁素体中，也可呈化合物形式存在。氮对钢性质的影响与碳、磷相似，它可使钢的强度提高，塑性特别是韧性下降。氮还可加剧钢的时效敏感性和冷脆性，降低可焊性。

（8）钛　钛是强脱氧剂，能细化晶粒，显著提高钢的强度并改善韧性。钛还能减少钢的时效倾向，改善可焊性，是常用的合金元素。

（9）钒　钒是弱脱氧剂。钒加入钢中可减弱碳和氮的不利影响，能细化晶粒，有效地提高强度，减小时效敏感性，但有增加焊接时淬硬的倾向。钒是合金钢常用的微量合金元素。

6.3 钢材的主要技术性能

6.3.1 力学性能

6.3.1.1 抗拉性能

拉伸是土木工程用钢材的主要受力方式，所以抗拉性能是钢材最为重要的力学性能。

图6.3是低碳钢（软钢）受拉时的应力-应变曲线，由图可见，低碳钢从受拉到拉断经

历了四个阶段：弹性阶段、屈服阶段、强化阶段和颈缩阶段。

(1) 弹性阶段　在 OA 段，荷载较小，此时如卸去荷载，试件将恢复原状，无残余变形，表明此段变形为弹性变形，因此称 OA 段为弹性阶段。与弹性阶段最高点 A 点对应的应力称为弹性极限，以 σ_p 表示。由图可见，OA 为一条直线，说明在此阶段应力与应变是成正比的，其比值为钢材的弹性模量（E），$E=\sigma/\varepsilon$。弹性模量反映钢材抵抗弹性变形的能力（刚度）的大小，它是钢材在受力条件下计算结构变形的重要指标。

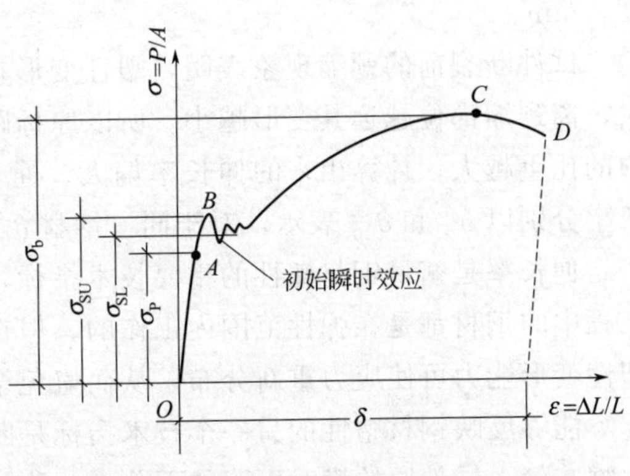

图 6.3　低碳钢受拉时的应力-应变图

(2) 屈服阶段　当应力超过弹性极限后，如卸去荷载，变形将不能完全恢复，表明试件中已有塑性变形产生。此时应力与应变不再是正比关系，应变的增长比应力快，钢材内部暂时失去了抵抗变形的能力，应力-应变曲线出现一段平台，这种现象称为屈服，因此称 AB 段为屈服阶段。在屈服阶段，$B_{上}$ 点对应的应力为上屈服点，上屈服点是试样发生屈服而应力首次下降前的最大应力；$B_{下}$ 点对应的应力为下屈服点，下屈服点是不计初始瞬时效应时屈服阶段的最小应力。由于下屈服点比较稳定且容易测定，故一般以下屈服点作为钢材的屈服强度（屈服点，屈服极限），以 σ_s 表示。钢材受力达到屈服强度后，变形迅速增加，尽管尚未断裂，已不能满足使用要求，故结构设计中常以屈服强度作为钢材设计强度取值的依据。

(3) 强化阶段　当钢材屈服到一定程度，钢材内部组织结构发生了变化，如晶格畸变、错位等，阻止了塑性变形的进一步发展。钢材抵抗外力的能力重新提高，即得到强化，应力-应变曲线开始继续上升至最高点 C，这一过程称为强化阶段。对应于 C 点的应力称为钢材的抗拉强度或极限强度，以 σ_b 表示。

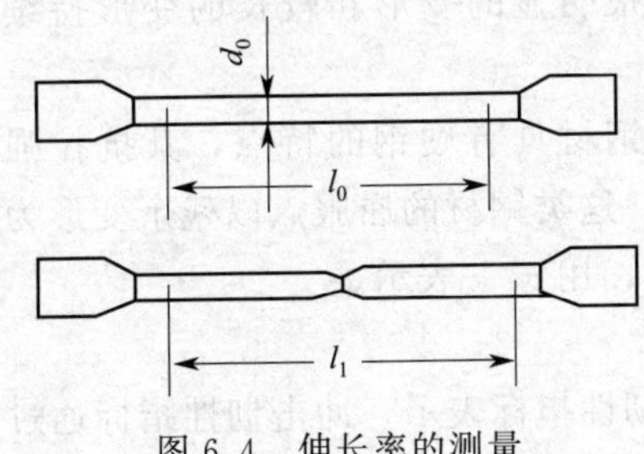

图 6.4　伸长率的测量

抗拉强度是钢材受拉时所能承受的最大应力值。在设计中，抗拉强度不能直接利用，但屈服强度与抗拉强度的比值（屈强比）却能反映钢材的安全可靠程度和利用率。屈强比越小，表明钢材的安全性和可靠性越高，材料不易发生危险的脆性断裂。但屈强比过小，钢材利用率低，造成浪费。所以钢材应有一个合理的屈强比，常用碳素结构钢的屈强比一般为 0.58～0.63，低合金结构钢为 0.65～0.75。

(4) 颈缩阶段　钢材强化达到最高点 C 点后，材料抵抗变形的能力明显降低。在 CD 范围内，应变迅速增加，应力则反而下降。变形不再是均匀的，变形逐渐集中于较薄弱区段内（有杂质或缺陷之处），使此段试件截面显著缩小，见图 6.4，产生颈缩现象，直至断裂，这一阶段称为颈缩阶段。

将拉断的试件于断裂处对接在一起（图 6.4），测得其断后标距。标距的伸长值占原标距的百分率称为钢材的伸长率。即

$$\delta=\frac{l_1-l_0}{l_0}\times 100\%$$

式中，δ 为试件断后伸长率；l_0 为试件原始标距，mm；l_1 为试件断后标距长度，mm。

试件断裂前的颈缩现象表明，塑性变形在试件标距内的分布是不均匀的，颈缩处变形最大，离颈缩部位越远其变形越小。所以原标距与直径之比越小，颈缩处伸长值在整个伸长值中的比重越大，计算出来的伸长率偏大。通常钢材拉伸试件取 $l_0=5d_0$ 或 $l_0=10d_0$，其伸长率分别以 δ_5 和 δ_{10} 表示，对于同一钢材 δ_5 大于 δ_{10}。

伸长率是衡量钢材塑性的重要技术指标，伸长率越大，表明钢材的塑性越好。虽然实际工程中的钢材都是在弹性范围内工作的，但在应力集中处，应力值可能超过屈服点。良好的塑性变形能力可使应力重新分布，从而避免结构过早破坏。

能够反映钢材塑性的另一个技术指标是断面收缩率。试件拉断后，颈缩处横截面积的最大缩减量占试件原始横截面积的百分率，称为钢材的断面收缩率。即

$$\psi=\frac{A_0-A_1}{A_0}\times 100\%$$

式中，ψ 为断面收缩率；A_0 为试件原始横截面积，mm^2；A_1 为试件断后颈缩处横截面积，mm^2。

显然，断面收缩率越大，钢材的塑性越好。

综上，伸长率和断面收缩率表示钢材断裂前经受塑性变形的能力。伸长率越大或断面收缩率越高，说明钢材塑性越大。钢材塑性大，不仅便于进行各种加工，而且能保证钢材在结构上的安全使用。因为钢材的塑性变形能调整局部高峰应力，使之趋于平缓，以免引起结构的局部破坏及其所导致的整个结构破坏；钢材在塑性破坏前，有很明显的变形和较长的变形持续时间，便于人们发现和补救。

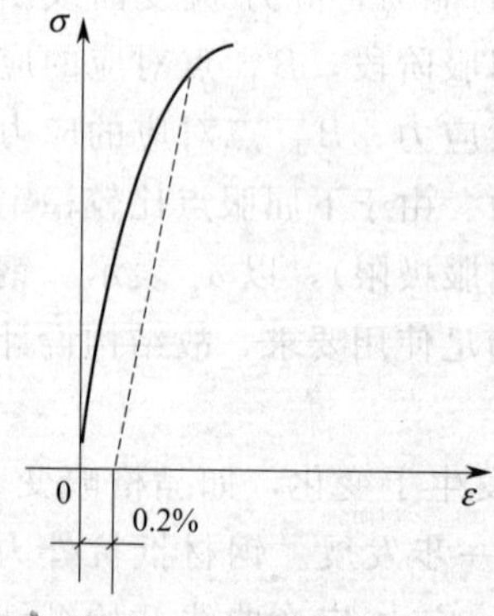

图 6.5 硬钢的屈服点 $\sigma_{0.2}$

某些合金钢或含碳量高的钢材具有硬钢的特点，其抗拉强度高，无明显屈服阶段，如图 6.5 所示，不能测出屈服点。这类钢材的屈服点以残余变形为 0.2%原标距长度时的应力作为屈服强度，称为条件屈服点，用 $\sigma_{0.2}$ 表示。

6.3.1.2 冲击韧性

冲击韧性是指钢材抵抗冲击荷载作用的能力，以冲击韧性指标表示，冲击韧性指标通过冲击韧性试验来确定。试验时，将标准试件放置在冲击试验机的固定支座上，以摆锤冲击试件刻槽处的背面，将试件打断，如图 6.6 所示。以试件打断时单位截面积上所消耗的功作为钢材的冲击韧性指标：

$$\alpha_k=\frac{A_k}{F}$$

式中，α_k 为冲击韧性指标；A_k 为冲断试件所消耗的功($A_k=GH_1-GH_2$，G 为摆锤质量，见图 6.6)；F 为试件断口处的截面积。

显然，a_k 值越大，钢材的冲击韧性越好。

钢材的冲击韧性对钢的化学成分、内部组织状态以及冶炼、轧制质量都较敏感。例如，钢中磷、硫含量较高，存在偏析或非金属夹杂物，以及焊接中形成的微裂纹等，都会使冲击韧性显著降低。

试验表明，冲击韧性随温度的降低而下降，其规律是开始时下降平缓，当达到某一温度

范围时，突然下降很多而呈脆性，如图 6.7 所示。这种现象称为钢材的冷脆性，此时的温度称为脆性临界温度。脆性临界温度越低，钢材的低温冲击性能越好。因此，在负温下使用的结构，设计时必须考虑钢材的冷脆性，应选用脆性临界温度较使用温度低的钢材。

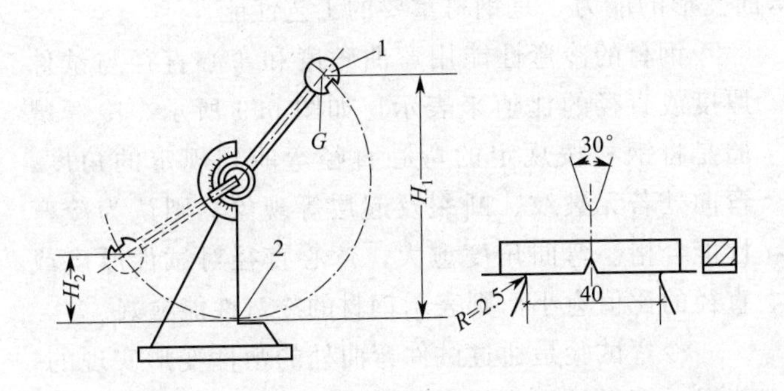

图 6.6　钢材的冲击试验

1—摆锤；2—试件

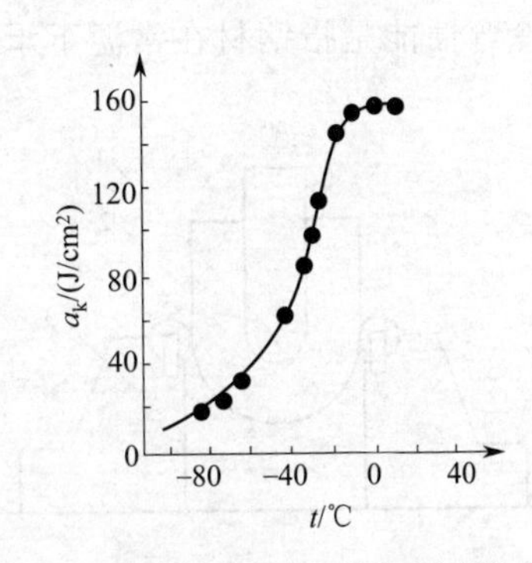

图 6.7　含锰低碳钢 a_k 值与温度的关系

6.3.1.3　耐疲劳性

在交变荷载反复作用下，钢材在应力低于其抗拉强度时发生突然破坏，这种现象称为疲劳破坏。疲劳破坏的危险应力用疲劳强度或疲劳极限表示，它是指钢材在交变荷载作用下于规定的周期基数内不发生断裂所能承受的最大应力。在设计承受交变荷载作用且需进行验算的结构时，应了解所用钢材的疲劳强度。

试验表明，钢材承受的交变应力越大，则断裂时的交变循环次数越少，相反，交变应力越小，则交变循环次数越多；当交变应力低于某一值时，交变循环次数达无限次也不会产生疲劳破坏，如图 6.8 所示。

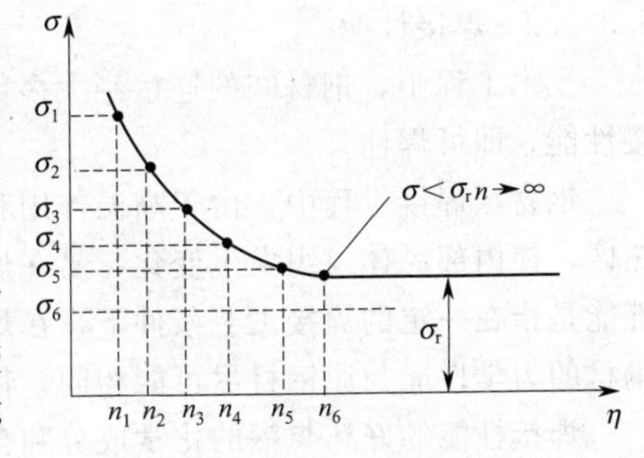

图 6.8　疲劳曲线示意图

钢材的疲劳破坏是由内部拉应力引起的。在长期交变荷载作用下，应力较高的点或材料有缺陷的点，逐渐形成微细裂缝，裂缝尖端严重的应力集中，使裂缝逐渐扩大，直至突然断裂。也就是说，钢材的疲劳强度与钢材的内部组织和表面质量有关，疲劳裂纹是在应力集中处形成和发展的。

疲劳破坏是在低应力状态下突然发生的，所以危害极大，往往造成灾难性的事故。

6.3.1.4　硬度

硬度是指钢材表面局部体积内抵抗硬物压入而产生塑性变形的能力，亦即指抵抗其他更硬的物体压入钢材表面的能力，是衡量钢材软硬程度的一个重要指标。

测定钢材硬度的方法有布氏法、洛氏法和维氏法，较常用的为布氏法和洛氏法。

布氏法是在布氏硬度机上用一定直径的硬质钢球，以一定荷载将其压入试件表面，持续至规定的时间后卸去荷载，使形成压痕，将荷载除以压痕面积，所得应力值为该钢材的布氏硬度值。数值越大，表示钢材越硬。布氏法的特点是试验数据准确、稳定，但压痕较大，不宜用于成品检验。

洛氏法根据压头压入试件的深度大小表示材料的硬度值，洛氏法压痕很小，一般用于判断机械零件的热处理效果。

6.3.2 工艺性能

工艺性能是指钢材是否易于加工，能否满足各种成形工艺的性能。

6.3.2.1 冷弯性能

冷弯性能是指钢材在常温下承受弯曲变形的能力，是钢材重要的工艺性能。

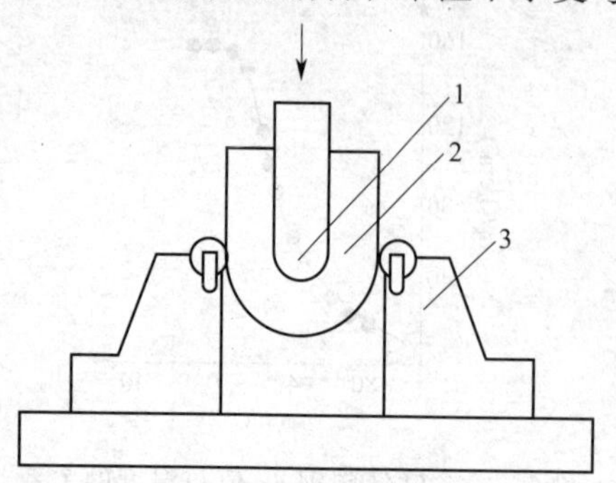

图 6.9 冷弯试验示意图（$d=a$，180°）
1—弯心；2—试件；3—支座

钢材的冷弯性能用弯曲角度和弯心直径与试件厚度或直径的比值来表示，如图 6.9 所示。冷弯试验是将钢材按规定的弯心直径弯曲到规定的角度，弯曲处若无裂纹、断裂及起层等现象，则认为冷弯性能合格。弯曲角度愈大，弯心直径对试件厚度或直径的比值愈小，则表示钢材的冷弯性能愈好。

冷弯试验是通过试件弯曲处的塑性变形实现的，能揭示钢材是否存在内部组织不均匀、内应力和夹杂物等缺陷。在拉伸试验中，这些缺陷常因塑性变形导致应力重分布而得不到反映，因此，冷弯试验是一种比较严格的试验。另外，冷弯试验还能揭示焊件在受弯表面存在的未熔合和夹杂物等缺陷，因此，冷弯试验对钢材的焊接质量也是一种严格的检验。

6.3.2.2 焊接性能

土木工程中，钢材间的连接绝大多数采用焊接方式来完成，因此要求钢材具有良好的焊接性能，即可焊性。

钢材在焊接过程中，由于高温作用和焊接后的急剧冷却作用，会在焊缝及其附近形成过热区，使内部晶体组织发生变化，易在焊缝周围产生硬脆倾向，降低焊接质量。钢材的焊接性能是指在一定的焊接工艺条件下，在焊缝及其附近过热区不产生裂纹及硬脆倾向，焊接后钢材的力学性能与原钢材尽可能相同，特别是强度应不低于原有钢材的强度。

焊接性能的好坏与钢的化学成分和含量有关。若钢材内硫的含量较高，则在焊接中易发生热脆，产生裂纹；含碳量小于 0.25%的碳素钢具有良好的焊接性能，含碳量超过 0.3%的碳素钢，焊接性能变差。对于高碳钢和合金钢，为改善焊接质量，一般需要采用预热和焊后处理，以保证质量。此外，正确的焊接工艺也是保证焊接质量的重要措施。

6.4 钢材的冷加工与热处理

6.4.1 冷加工强化

冷加工是指将钢材在常温下进行的加工，土木工程用钢材，如钢筋，常见的冷加工方式有冷拉、冷拔、冷轧等。通过冷加工，钢材产生塑性变形，强度明显提高，塑性和韧性有所降低，这个过程也称冷加工强化。

6.4.1.1 冷拉

冷拉加工时，将钢筋拉至强化阶段的某一点 K（图 6.10），然后卸去荷载，钢筋则沿 KO' 恢复部分弹性，保留 OO'残余变形。如重新拉伸，应力与应变沿 $O'K$ 发展，原来的屈服阶段不再出现，新的屈服点高于原来的屈服点达到 K 点。再继续张拉，曲线沿 KCD 发展至 D 而破坏。可见，钢材通过张拉，其屈服点提高而抗拉强度基本不变，塑性和韧性相应降低。

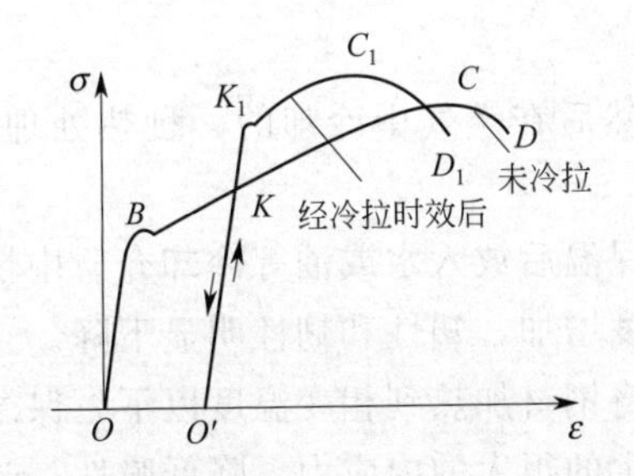

图 6.10　钢筋冷拉与时效前后应力-应变图的变化

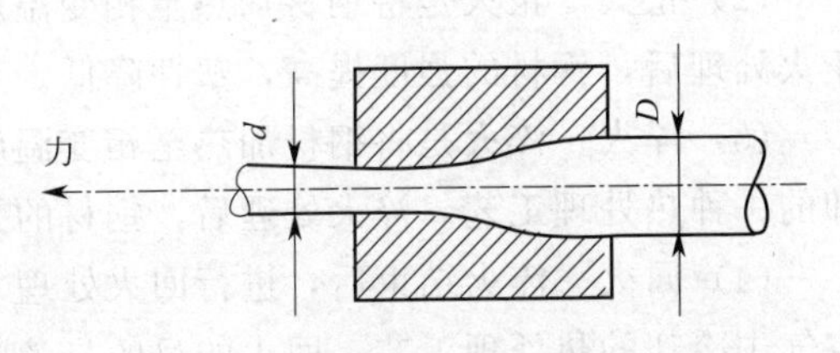

图 6.11　冷拔加工示意图

6.4.1.2　冷拔

冷拔加工是强力拉拔钢筋使其通过截面小于钢筋截面积的拔丝模（图 6.11）。冷拔作用比纯拉伸的作用强烈，钢筋不仅受拉，同时还受到挤压作用。经过一次或多次冷拔后，钢筋的屈服点可有较大提高，但其已失去软钢的塑性和韧性，具有硬钢的性质。

6.4.1.3　冷轧

冷轧是将圆钢在轧钢机上轧成断面按一定规律变化的钢筋，可提高其强度及与混凝土间的握裹力。钢筋在冷轧时，纵向和横向同时产生变形，因而能较好地保持塑性和内部结构的均匀性。

产生冷加工强化的原因是，钢材在冷加工变形时，由于晶粒间产生滑移，晶粒形状改变，有的被拉长，有的被压扁，甚至变成纤维状；同时在滑移区域，晶粒破碎，晶格歪扭，从而对继续滑移造成阻力，要使其重新产生滑移就必须增加外力。这就意味着屈服强度有所提高，但由于减少了可以利用的滑移面，故钢的塑性降低。另外，在塑性变形中产生了内应力，钢材的弹性模量降低。

6.4.2　时效处理

钢材随时间延长，强度、硬度提高，而塑性、韧性下降的现象称为时效。钢材在自然条件下的时效是非常缓慢的，若经过冷加工或使用中经常受到振动、冲击荷载作用时，时效将迅速发展。

如图 6.10 所示，如果将钢筋拉到 K 点时，去除荷载后不立即加荷，而经过时效处理，即常温下存放 15～20 天，或加热到 100～200℃，并保持一定时间，再拉伸时可发现钢筋的屈服点提高到 K_1 点，且曲线沿 $K_1C_1D_1$ 发展，这个过程称时效处理，前者称为自然时效，后者称为人工时效。

由此可见，冷加工以后再经时效处理的钢筋，屈服点进一步提高，抗拉强度稍有增长，塑性继续降低。由于时效过程中内应力消减，故弹性模量可基本恢复。

一般认为，钢材产生时效的原因，主要是 α-Fe 晶格中的氮和氧等原子以氮化物或氧化物的形式析出并向缺陷处移动和聚集。当钢材冷加工塑性变形后，或受到反复振动，氮、氧等原子的移动和聚集大为加快，由于氮、氧等原子的聚集，晶格畸变加剧，阻碍晶粒发生滑移，增加了抵抗塑性变形的能力，因而屈服强度提高，而塑性韧性下降。

6.4.3　热处理

热处理是指将钢材按一定规则加热、保温和冷却，以改变其组织，从而获得所需要的性能的一种工艺措施。常用的热处理工艺有退火、正火、淬火和回火。

（1）退火　退火是将钢材加热到相变温度以下（低温退火）或以上（完全退火），适当保温后缓慢冷却（随炉冷却）的一种热处理工艺。其目的是消除内应力，减少缺陷和晶格畸变，使钢材的塑性和韧性得到改善。

（2）正火　正火是将钢材加热至相变温度以上，然后在空气中冷却的一种热处理工艺。正火处理后，钢材的强度提高，塑性降低。

（3）淬火　淬火是将钢材加热至相变温度以上，保温后放入水或油等冷却介质中快速冷却的一种热处理工艺。淬火处理后，钢材的强度和硬度增加，塑性和韧性明显下降。

（4）回火　淬火结束后，进行回火处理。回火是将钢材加热到相变温度以下，保温后在空气中冷却的热处理工艺。回火的目的是消除淬火产生的很大的内应力，降低脆性，改善塑性和韧性。

6.5 土木工程用钢种类与选用

土木工程常用的钢材可分为钢结构用钢（各种型钢）和混凝土结构用钢（各种钢筋、钢丝及预应力锚具等）两大类。这些钢材基本上都是碳素结构钢和低合金高强度结构钢等钢种经热轧或再进行冷加工强化及热处理等工艺加工而成的。

6.5.1 土木工程用钢主要钢种

6.5.1.1 碳素结构钢

根据《碳素结构钢》（GB/T 700—2006），碳素结构钢可分为 4 个牌号，即 Q195、Q215、Q235、Q275。

钢的牌号由代表屈服点的字母、屈服强度数值、质量等级符号、脱氧方法符号四部分按顺序组成。其中以 Q 代表屈服点，其后数值为屈服强度，分别为 195MPa、215MPa、235MPa、275MPa；质量等级以硫、磷等杂质含量由多到少分别用 A、B、C、D 表示；脱氧方法以 F 表示沸腾钢，Z 和 TZ 分别表示镇静钢和特殊镇静钢，Z 和 TZ 在钢的牌号中可以省略。

例如，Q235AF 表示屈服强度为 235MPa 的 A 级沸腾钢。

碳素结构钢的化学成分见表 6.1，拉伸和冲击试验性能指标见表 6.2，弯曲试验性能指标见表 6.3。

表 6.1　碳素结构钢的化学成分

牌号	等级	化学成分≤/%					脱氧方法
		C	Si	Mn	P	S	
Q195	—	0.12	0.30	0.50	0.035	0.040	F,Z
Q215	A	0.15	0.35	1.20	0.045	0.050	F,Z
	B					0.045	
Q235	A	0.22	0.35	1.40	0.045	0.050	F,Z
	B	0.20[①]				0.045	
	C	0.17			0.040	0.040	Z
	D				0.035	0.035	TZ
Q275	A	0.24	0.35	1.50	0.045	0.050	F,Z
	B	0.21			0.045	0.045	Z
		0.22					
	C	0.20			0.040	0.040	Z
	D				0.035	0.035	TZ

注：经需方同意，Q235B 的碳含量可不大于 0.22%。

表 6.2　碳素结构钢拉伸和冲击试验性能指标

牌号	等级	屈服强度≥/MPa						抗拉强度/MPa	断后伸长率≥/%					冲击试验（V 形缺口）	
		厚度（或直径）/mm							厚度（或直径）/mm					温度/℃	冲击吸收功（纵向）≥/J
		≤16	16～40	40～60	60～100	100～150	150～200		≤40	40～60	60～100	100～150	150～200		
Q195	—	195	185	—	—	—	—	315～430	33	—	—	—	—	—	—
Q215	A	215	205	195	185	175	165	335～450	31	30	29	27	26	—	—
	B													+20	27
Q235	A	235	225	215	215	195	185	370～500	26	25	24	22	21	—	—
	B													+20	27
	C													0	
	D													−20	
Q275	A	275	265	255	245	225	215	410～540	22	21	20	18	17	—	—
	B													+20	27
	C													0	
	D													−20	

注 1. Q195 的屈服强度值仅供参考，不作为交货条件。

2. 厚度大于 100mm 的钢材，抗拉强度下限允许降低 20MPa，宽带钢（包括剪切钢板）抗拉强度上限不作为交货条件。

3. 厚度小于 25mm 的 Q235 级钢材，如供方能保证冲击吸收功值合格，经需方同意，可不做检验。

表 6.3　碳素结构钢弯曲试验性能指标

牌号	试样方向	冷弯试验 180°，$B=2a$	
		钢材厚度（或直径）/mm	
		≤60	60～100
		弯心直径 d	
Q195	纵	0	—
	横	$0.5a$	
Q215	纵	$0.5a$	$1.5a$
	横	a	$2a$
Q235	纵	a	$2a$
	横	$1.5a$	$2.5a$
Q275	纵	$1.5a$	$2.5a$
	横	$2a$	$3a$

注：1. B 为试样宽度，a 为试样厚度（或直径）。

2. 钢材厚度（或直径）大于 100mm 时，弯曲试验与双方协商确定。

碳素结构钢的屈服强度和抗拉强度随含碳量的增加而增高，伸长率则随含碳量的增加而下降。其中 Q235 的强度和伸长率均居中等，所以它是结构钢常用的牌号。

一般而言，碳素结构钢的塑性较好，适宜于各种加工，在冲击及适当超载的情况下也不会突然破坏；碳素结构钢的化学性能稳定，对轧制、加热或骤冷的敏感性小，因而常用于热轧钢筋。

6.5.1.2　低合金高强度钢

根据《低合金高强度结构钢》（GB/T 1591—2008），低合金高强度结构钢可分为 8 个牌号，即 Q345、Q390、Q420、Q460、Q500、Q550、Q620、Q690。

钢的牌号由代表屈服点的字母、屈服强度数值、质量等级符号三部分按顺序组成。其中以 Q 代表屈服点，其后数值为屈服强度，分别为 345MPa、390MPa、420MPa、460MPa、500MPa、550MPa、620MPa、690MPa；质量等级以硫、磷等杂质含量由多到少分别用 A、B、C、D、E 表示。

例如，Q345B 表示屈服强度不小于 345MPa、质量等级为 B 级的低合金高强度结构钢。

低合金高强度结构钢的化学成分见表 6.4，拉伸试验性能指标见表 6.5，冲击试验性能指标见表 6.6，弯曲试验性能指标见表 6.7。

表 6.4 低合金高强度钢化学成分

牌号	质量等级	化学成分/%														
		C	Si	Mn	P≤	S≤	Nb≤	V≤	Ti≤	Cr≤	Ni≤	Cu≤	N≤	Mo≤	B≤	Al≥
Q345	A	≤0.20	≤0.50	≤1.70	0.035	0.035	0.07	0.15	0.20	0.30	0.50	0.30	0.012	0.10	—	—
	B				0.035	0.035										
	C				0.030	0.030										
	D	≤0.18			0.030	0.025										0.015
	E				0.025	0.020										
Q390	A	≤0.20	≤0.50	≤1.70	0.035	0.035	0.07	0.20	0.20	0.30	0.50	0.30	0.015	0.10	—	—
	B				0.035	0.035										
	C				0.030	0.030										
	D				0.030	0.025										0.015
	E				0.025	0.020										
Q420	A	≤0.20	≤0.50	≤1.70	0.035	0.035	0.07	0.20	0.20	0.30	0.80	0.30	0.015	0.20	—	—
	B				0.035	0.035										
	C				0.030	0.030										
	D				0.030	0.025										0.015
	E				0.025	0.020										
Q460	C	≤0.20	≤0.60	≤1.80	0.030	0.030	0.11	0.20	0.20	0.30	0.80	0.55	0.015	0.20	0.004	0.015
	D				0.030	0.025										
	E				0.025	0.020										
Q500	C	≤0.18	≤0.60	≤1.80	0.030	0.030	0.11	0.12	0.20	0.60	0.80	0.55	0.015	0.20	0.004	0.015
	D				0.030	0.025										
	E				0.025	0.020										
Q550	C	≤0.18	≤0.60	≤2.00	0.030	0.030	0.11	0.12	0.20	0.80	0.80	0.80	0.015	0.30	0.004	0.015
	D				0.030	0.025										
	E				0.025	0.020										
Q620	C	≤0.18	≤0.60	≤2.00	0.030	0.030	0.11	0.12	0.20	1.00	0.80	0.80	0.015	0.30	0.004	0.015
	D				0.030	0.025										
	E				0.025	0.020										
Q690	C	≤0.18	≤0.60	≤2.00	0.030	0.030	0.11	0.12	0.20	1.00	0.80	0.80	0.015	0.30	0.004	0.015
	D				0.030	0.025										
	E				0.025	0.020										

注：1. 型材及棒材 P、S 含量可提高 0.005%，其中 A 级钢上限可为 0.045%。

2. 当细化晶粒元素组合加入时，20（Nb+V+Ti）≤0.22%，20（Mo+Cr）≤0.30%。

表 6.5 低合金高强度钢的拉伸性能指标

<table>
<tr><th rowspan="3">牌号</th><th rowspan="3">质量等级</th><th colspan="9">屈服强度≥/MPa</th><th colspan="7">抗拉强度/MPa</th><th colspan="6">断后伸长率≥/%</th></tr>
<tr><th colspan="9">公称厚度(直径,边长)/mm</th><th colspan="7">公称厚度(直径,边长)/mm</th><th colspan="6">公称厚度(直径,边长)/mm</th></tr>
<tr><th>≤16</th><th>16~40</th><th>40~63</th><th>63~80</th><th>80~100</th><th>100~150</th><th>150~200</th><th>200~250</th><th>250~400</th><th>≤40</th><th>40~63</th><th>63~80</th><th>80~100</th><th>100~150</th><th>150~250</th><th>250~400</th><th>≤40</th><th>40~63</th><th>63~100</th><th>100~150</th><th>150~250</th><th>250~400</th></tr>
<tr><td rowspan="2">Q345</td><td>A
B
C</td><td rowspan="2">345</td><td rowspan="2">335</td><td rowspan="2">325</td><td rowspan="2">315</td><td rowspan="2">305</td><td rowspan="2">285</td><td rowspan="2">275</td><td rowspan="2">265</td><td>—</td><td rowspan="2">470~630</td><td rowspan="2">470~630</td><td rowspan="2">470~630</td><td rowspan="2">470~630</td><td rowspan="2">450~600</td><td rowspan="2">450~600</td><td>—</td><td>20</td><td>19</td><td>19</td><td>18</td><td>17</td><td>—</td></tr>
<tr><td>D
E</td><td>265</td><td>450~600</td><td>21</td><td>20</td><td>20</td><td>19</td><td>18</td><td>17</td></tr>
<tr><td>Q390</td><td>A
B
C
D
E</td><td>390</td><td>370</td><td>350</td><td>330</td><td>330</td><td>310</td><td>—</td><td>—</td><td>—</td><td>490~650</td><td>490~650</td><td>490~650</td><td>490~650</td><td>470~620</td><td>—</td><td>—</td><td>20</td><td>19</td><td>19</td><td>18</td><td>—</td><td>—</td></tr>
<tr><td>Q420</td><td>A
B
C
D
E</td><td>420</td><td>400</td><td>380</td><td>360</td><td>360</td><td>340</td><td>—</td><td>—</td><td>—</td><td>520~680</td><td>520~680</td><td>520~680</td><td>520~680</td><td>500~650</td><td>—</td><td>—</td><td>19</td><td>18</td><td>18</td><td>18</td><td>—</td><td>—</td></tr>
<tr><td>Q460</td><td>C
D
E</td><td>460</td><td>440</td><td>420</td><td>400</td><td>400</td><td>380</td><td>—</td><td>—</td><td>—</td><td>550~720</td><td>550~720</td><td>550~720</td><td>550~720</td><td>530~700</td><td>—</td><td>—</td><td>17</td><td>16</td><td>16</td><td>16</td><td>—</td><td>—</td></tr>
<tr><td>Q500</td><td>C
D
E</td><td>500</td><td>480</td><td>470</td><td>450</td><td>440</td><td>—</td><td>—</td><td>—</td><td>—</td><td>610~770</td><td>600~760</td><td>590~750</td><td>540~730</td><td>—</td><td>—</td><td>—</td><td>17</td><td>17</td><td>17</td><td>—</td><td>—</td><td>—</td></tr>
<tr><td>Q550</td><td>C
D
E</td><td>550</td><td>530</td><td>520</td><td>500</td><td>490</td><td>—</td><td>—</td><td>—</td><td>—</td><td>670~830</td><td>620~810</td><td>600~790</td><td>590~780</td><td>—</td><td>—</td><td>—</td><td>16</td><td>16</td><td>16</td><td>—</td><td>—</td><td>—</td></tr>
<tr><td>Q620</td><td>C
D
E</td><td>620</td><td>600</td><td>590</td><td>570</td><td>—</td><td>—</td><td>—</td><td>—</td><td>—</td><td>710~880</td><td>690~880</td><td>670~860</td><td>—</td><td>—</td><td>—</td><td>—</td><td>15</td><td>15</td><td>15</td><td>—</td><td>—</td><td>—</td></tr>
<tr><td>Q690</td><td>C
D
E</td><td>690</td><td>670</td><td>660</td><td>640</td><td>—</td><td>—</td><td>—</td><td>—</td><td>—</td><td>770~940</td><td>750~920</td><td>730~900</td><td>—</td><td>—</td><td>—</td><td>—</td><td>14</td><td>14</td><td>14</td><td>—</td><td>—</td><td>—</td></tr>
</table>

由于合金元素的强化作用，低合金高强度结构钢具有较高的强度，同时还具有较好的塑性、韧性和可焊性，因此它是综合性能较好的土木工程用钢材，尤其是对大跨度、承受动荷载和冲击荷载的结构物更为合适。

表 6.6　冲击试验（V 形缺口）性能指标

<table>
<tr><th rowspan="3">牌号</th><th rowspan="3">质量等级</th><th rowspan="3">试验温度/℃</th><th colspan="3">冲击吸收能量(纵向)/J</th></tr>
<tr><th colspan="3">公称厚度(直径或边长)/mm</th></tr>
<tr><th>12～150</th><th>150～250</th><th>250～400</th></tr>
<tr><td rowspan="4">Q345</td><td>B</td><td>20</td><td rowspan="4">≥34</td><td rowspan="4">≥27</td><td rowspan="2">—</td></tr>
<tr><td>C</td><td>0</td></tr>
<tr><td>D</td><td>−20</td><td rowspan="2">27</td></tr>
<tr><td>E</td><td>−40</td></tr>
<tr><td rowspan="4">Q390</td><td>B</td><td>20</td><td rowspan="4">≥34</td><td rowspan="4">—</td><td rowspan="4">—</td></tr>
<tr><td>C</td><td>0</td></tr>
<tr><td>D</td><td>−20</td></tr>
<tr><td>E</td><td>−40</td></tr>
<tr><td rowspan="4">Q420</td><td>B</td><td>20</td><td rowspan="4">≥34</td><td rowspan="4">—</td><td rowspan="4">—</td></tr>
<tr><td>C</td><td>0</td></tr>
<tr><td>D</td><td>−20</td></tr>
<tr><td>E</td><td>−40</td></tr>
<tr><td rowspan="3">Q460</td><td>C</td><td>0</td><td rowspan="3">≥34</td><td>—</td><td>—</td></tr>
<tr><td>D</td><td>−20</td><td>—</td><td>—</td></tr>
<tr><td>E</td><td>−40</td><td>—</td><td>—</td></tr>
<tr><td rowspan="3">Q500、Q550、Q620、Q690</td><td>C</td><td>0</td><td>≥55</td><td>—</td><td>—</td></tr>
<tr><td>D</td><td>−20</td><td>≥47</td><td>—</td><td>—</td></tr>
<tr><td>E</td><td>−40</td><td>≥31</td><td>—</td><td>—</td></tr>
</table>

表 6.7　弯曲试验性能指标

<table>
<tr><th rowspan="3">牌　号</th><th rowspan="3">试样方向</th><th colspan="2">180°弯曲试验[d—弯心直径,a—试样厚度(直径)]</th></tr>
<tr><th colspan="2">钢材厚度(直径或边长)/mm</th></tr>
<tr><th>≤16</th><th>16～100</th></tr>
<tr><td>Q345
Q390
Q420
Q460</td><td>宽度不小于 600mm 的扁平材,拉伸试验取横向试样。宽度小于 600mm 的扁平材、型材及棒材取纵向试样</td><td>d＝2a</td><td>d＝3a</td></tr>
</table>

6.5.2　混凝土结构用钢材

混凝土结构用钢主要是各种钢筋、钢丝和钢绞线等。

6.5.2.1　热轧钢筋

热轧钢筋由加热钢坯轧制而成。热轧钢筋是土木工程中用量最大的钢材品种之一，主要用于钢筋混凝土结构和预应力钢筋混凝土结构的配筋。

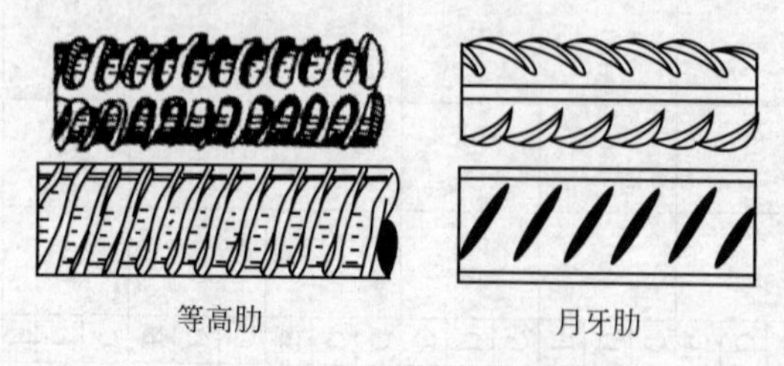

图 6.12　带肋钢筋外形图

热轧钢筋按其表面特征可分为热轧光圆钢筋和热轧带肋钢筋两类。热轧光圆钢筋是指横截面通常为圆形，表面光滑的成品钢筋；热轧带肋钢筋是指横截面通常为圆形，表面带肋的成品钢筋。按肋纹形状分为月牙肋和等高肋，如图 6.12 所示。月牙肋纵横肋不相交，而等高肋则纵横肋相交。月牙肋钢筋有生产简便、强度高、应力集中、敏感性小、疲劳性能好等优点，但与混凝土黏结锚固性能稍差于等高肋钢筋。

根据《钢筋混凝土用钢 第1部分 热轧光圆钢筋》(GB 1499.1—2008) 和《钢筋混凝土用钢 第2部分 热轧带肋钢筋》(GB 1499.2—2007)，热轧钢筋力学性能及工艺性能应符合表 6.8 和表 6.9。

表 6.8　热轧光圆钢筋力学性能及工艺性能

牌号	屈服强度≥/MPa	抗拉强度≥/MPa	断后伸长率≥/%	最大力总伸长率/%	冷弯试验 180° d—弯心直径 a—钢筋公称直径
HPB235	235	370	25.0	10.0	$d=a$
HPB300	300	420			

注：HPB 为热轧光圆钢筋的英文 (Hot rolled Plain Bars) 缩写。

表 6.9　热轧带肋钢筋力学性能及工艺性能

牌号	公称直径/mm	屈服强度≥/MPa	抗拉强度≥/MPa	断后伸长率≥/%	最大力总伸长率/%	冷弯试验 180° d—弯心直径 a—钢筋公称直径
HRB335 HRBF335	6～25					$d=3a$
	28～40	335	455	17		$d=4a$
	40～50					$d=5a$
HRB400 HRBF400	6～25					$d=4a$
	28～40	400	540	16	7.5	$d=5a$
	40～50					$d=6a$
HRB500 HRBF500	6～25					$d=6a$
	28～40	500	630	15		$d=7a$
	40～50					$d=8a$

注：HRB 为热轧带肋钢筋的英文 (Hot rolled Ribbed Bars) 缩写；HRBF 表示细晶粒热轧带肋钢筋，在热轧带肋钢筋的英文缩写后加"细"的英文 (Fine) 首位字母。

6.5.2.2　冷轧带肋钢筋

冷轧带肋钢筋是热轧圆盘条经冷轧后，其表面带有沿长度方向均匀分布的三面或两面横肋的钢筋。根据《冷轧带肋钢筋》(GB 13788—2008)，冷轧带肋钢筋共有四个牌号——CRB550、CRB650、CRB800、CRB970，其中 CRB550 为普通混凝土用钢筋，其他牌号为预应力混凝土用钢筋。C、R、B 分别为冷轧 (Cold rolled)、带肋 (Ridded)、钢筋 (Bar) 三个词的英文首位字母，CRB 后的数值为钢筋抗拉强度最小值。

冷轧带肋钢筋的力学性能和工艺性能见表 6.10。

表 6.10　冷轧带肋钢筋的力学性能和工艺性能

牌号	屈服强度≥/MPa	抗拉强度≥/MPa	伸长率≥/%		反复弯曲次数	冷弯 180° (D 为弯心直径，d 为钢筋公称直径)	应力松弛初始应力相当于公称抗拉强度的 70% 1000h 松弛率≤/%
			$\delta_{11.3}$	δ_{100}			
CRB550	500	550	8.0	—	—	$D=3d$	—
CRB650	585	650	—	4.0	3	—	8
CRB800	720	800	—	4.0	3	—	8
CRB970	875	970	—	4.0	3	—	8

冷轧带肋钢筋是采用冷加工方法强化的典型产品，冷轧后强度明显提高，但塑性也随之降低，使强屈比变小，但其强屈比（$\sigma_b/\sigma_{0.2}$）不得小于1.03。这种钢筋适用于中、小预应力混凝土结构构件和普通钢筋混凝土结构构件。

6.5.2.3　预应力混凝土用钢棒

根据《预应力混凝土用钢棒》（GB/T 5223.3—2005），预应力混凝土用钢棒（代号PCB）是用低合金钢热轧圆盘条经冷加工后（或不经冷加工）淬火或回火所得。钢棒按表面形状分为光圆钢棒（P）、螺旋槽钢棒（HG）、螺旋肋钢棒（HR）、带肋钢棒（R）四种。

预应力混凝土用钢棒的公称直径、强度及弯曲性能见表6.11。

表6.11　预应力混凝土用钢棒的公称直径、强度及弯曲性能

类型	公称直径/mm	屈服强度≥/MPa	抗拉强度≥/MPa	弯曲性能	
				性能要求	弯曲半径/mm
光圆钢棒	6	930	1080	反复弯曲不小于4次/180°	15
	7				20
	8				20
	10				25
	11			弯曲160°～180°后弯曲处无裂纹	弯心直径为钢棒公称直径的10倍
	12				
	13				
	14				
	16				
螺旋槽钢棒	7.1	1080	1230	—	
	9				
	10.7				
	12.6				
螺旋肋钢棒	6	1280	1420	反复弯曲不小于4次/180°	15
	7				20
	8				20
	10				25
	12			弯曲160°～180°后弯曲处无裂纹	弯心直径为钢棒公称直径的10倍
	14				
带肋钢棒	6	1420	1570	—	
	8				
	10				
	12				
	14				
	16				

预应力混凝土用钢棒伸长特性见表6.12。

表6.12　预应力混凝土用钢棒伸长特性

延性级别	断后伸长率($l_0=8d_0$)≥/%	最大力总伸长率(l_0=200mm)/%
延性35	7.0	3.5
延性25	5.0	2.5

预应力混凝土用钢棒 1000h 松弛值见表 6.13。

表 6.13　预应力混凝土用钢棒最大松弛值

初始应力为公称抗拉强度的百分数/%	1000h 松弛率≤/%	
	普通松弛(N)	低松弛(L)
60	2.0	1.0
70	4.0	2.0
80	9.0	4.5

预应力混凝土用钢棒强度高，锚固性好，预应力值稳定；施工方便，开盘后钢筋自然伸直，不需调直及焊接。主要用于预应力钢筋混凝土梁、预应力混凝土轨枕或其他各种预应力混凝土结构。

6.5.2.4　预应力混凝土用钢丝

预应力混凝土用钢丝是以热轧盘条为原料，经冷加工或冷加工后进行连续的稳定化处理制成的高强度钢丝。根据《预应力混凝土用钢丝》(GB/T 5223—2014)，预应力混凝土用钢丝按加工状态分为冷拉钢丝（WCD）和消除应力钢丝（WLR）两种；按外形分为光圆钢丝(P)、螺旋肋钢丝（H）及刻痕钢丝（I)。

冷拉钢丝仅用于压力管道，其公称抗拉强度有 1470MPa、1570MPa、1670MPa 和 1770MPa 四个等级；消除应力光圆钢丝、消除应力螺旋肋钢丝及消除应力刻痕钢丝的公称抗拉强度有 1470MPa、1570MPa、1670MPa、1770MPa 和 1870MPa 五个等级。

预应力混凝土用钢丝的技术要求应符合《预应力混凝土用钢丝》(GB/T 5223—2014) 的规定。预应力混凝土用钢丝质量稳定，强度高，柔性好，盘卷供应，无接头。适用于大跨度屋架、薄腹梁、吊车梁及桥梁等大型预应力混凝土结构，以及压力管道等预应力混凝土构件。

6.5.2.5　预应力混凝土用钢绞线

预应力混凝土用钢绞线是以热轧盘条为原料，经冷拔后捻制而成，捻制后进行连续的稳定化处理。根据《预应力混凝土用钢绞线》(GB/T 5224—2014)，预应力混凝土用钢绞线按其结构分为八类：用两根钢丝捻制的钢绞线（1×2)，用三根钢丝捻制的钢绞线(1×3)，用三根刻痕钢丝捻制的钢绞线（1×3I)，用七根钢丝捻制的标准型钢绞线（1×7)，用六根刻痕钢丝和一根光圆中心钢丝捻制的钢绞线（1×7I)，用七根钢丝捻制又经模拔的钢绞线［(1×7)C]，用十九根钢丝捻制的 1+9+9 西鲁式钢绞线（1×19S)，用十九根钢丝捻制的 1+6+6/6 瓦林吞式钢绞线 (1×19W)。

(1×2) 结构钢绞线的公称抗拉强度有 1470MPa、1570MPa、1720MPa、1860MPa 和 1960MPa 五个等级；(1×3) 结构钢绞线的公称抗拉强度有 1470MPa、1570MPa、1670MPa、1720MPa、1860MPa 和 1960MPa 六个等级；(1×3I) 结构钢绞线的公称抗拉强度有 1570MPa、1720MPa 和 1860MPa 三个等级；(1×7) 结构钢绞线的公称抗拉强度有 1470MPa、1570MPa、1670MPa、1720MPa、1770MPa、1820MPa、1860MPa 和 1960MPa 八个等级；(1×7I) 结构钢绞线的公称抗拉强度为 1860MPa；[(1×7)C] 结构钢绞线的公称抗拉强度有 1720MPa、1820MPa 和 1860MPa 三个等级；(1×19S) 结构钢绞线的公称抗拉强度有 1720MPa、1770MPa、1810MPa 和 1860MPa 四个等级；(1×19W) 结构钢绞线的公称抗拉强度有 1720MPa、1770MPa 和 1860MPa 三个等级。

预应力混凝土用钢绞线的技术要求应符合《预应力混凝土用钢绞线》(GB/T 5224—

2014）的规定。预应力混凝土用钢绞线质量稳定，强度高，柔性好，与混凝土黏结性能好，盘卷供应，施工方便。适用于大荷载、大跨度及曲线配筋的预应力钢筋混凝土结构。

6.5.3 钢结构用钢材

钢结构用钢材主要有热轧型钢、冷弯薄壁型钢、热（冷）轧钢板和钢管等。所用母材主要是普通碳素结构钢和低合金高强度结构钢。

6.5.3.1 热轧型钢

常用的热轧型钢有工字钢、槽钢、角钢、L型钢、H型钢及T型钢等，如图6.13所示。《热轧型钢》（GB/T 706—2008）对热轧工字钢、热轧槽钢、热轧等边角钢、热轧不等边角钢、L型钢的尺寸、外形、重量及允许偏差以及技术要求等做了相应的规定。《热轧H型钢和剖分T型钢》（GB/T 11263—2010）对H型钢和T型钢的尺寸、外形、重量及允许偏差以及技术要求等做了相应的规定。

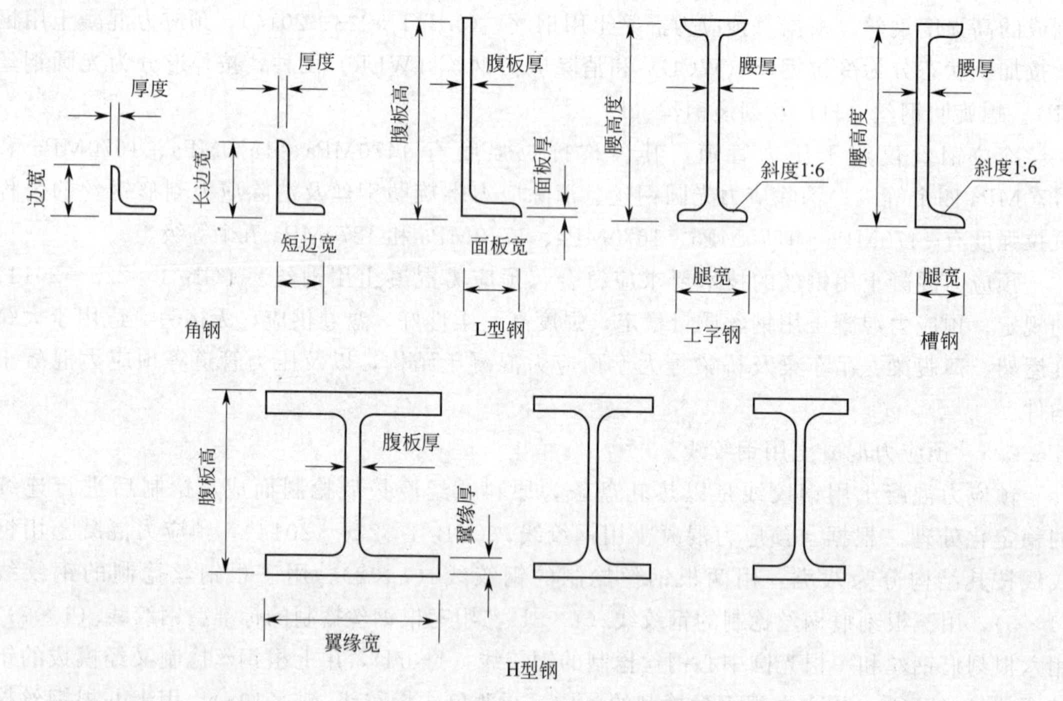

图6.13 热轧型钢截面示意图

H型钢由工字钢发展而来，优化了截面分布。与工字钢相比，H型钢翼缘宽，侧向刚度大，抗弯能力强，且翼缘两表面相互平行，构件连接方便。T型钢由H型钢对半剖分而成。

以上型钢由于截面形式合理，材料在截面上的分布对受力有利，且构件间连接方便，所以它们是钢结构采用的主要钢材。

6.5.3.2 冷弯薄壁型钢

冷弯薄壁型钢通常由薄钢板经冷弯或模压而成，有空心薄壁型钢和开口薄壁型钢。空心薄壁型钢主要品种有圆形冷弯空心型钢、方形冷弯空心型钢、矩形冷弯空心型钢及异形冷弯空心型钢；开口薄壁型钢主要品种有冷弯等边角钢、冷弯不等边角钢、冷弯等边槽钢、冷弯不等边槽钢、冷弯内卷边槽钢、冷弯外卷边槽钢、冷弯Z形钢及冷弯卷边Z形钢，如图6.14所示。

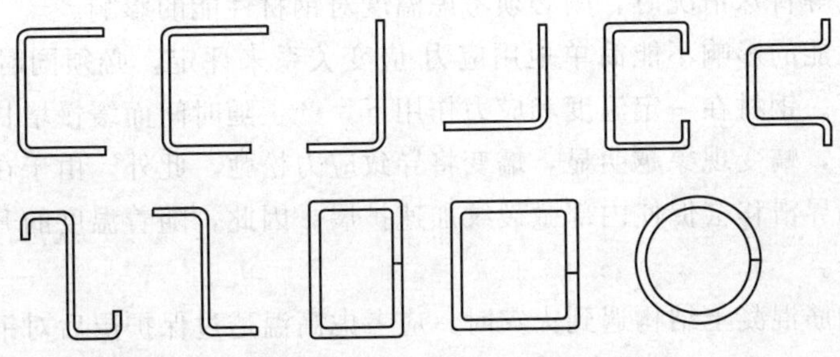

图 6.14　冷弯型钢截面示意图

《结构用冷弯空心型钢尺寸、外形、重量及允许偏差》（GB/T 6728—2002）及《通用冷弯开口型钢尺寸、外形、重量及允许偏差》（GB/T 6723—2008）给出了有关冷弯薄壁型钢的技术性质。

冷弯薄壁型钢由于壁薄，刚度好，能高效地发挥材料的作用，在同样负荷下，可减轻构件质量、节约材料，通常用于轻型钢结构。

6.5.3.3　钢板材

钢板材包括钢板、花纹钢板、建筑用压型钢板和彩色涂层钢板等。

（1）钢板　钢板是矩形平板状的钢材，可直接轧制成或由宽钢带剪切而成，按轧制方式有热轧钢板和冷轧钢板。《冷轧钢板和钢带的尺寸、外形、重量及允许偏差》（GB/T 708—2006）及《热轧钢板和钢带的尺寸、外形、重量及允许偏差》（GB/T 709—2006）给出了有关钢板的技术性质。在钢结构中，单块钢板一般较少使用，而是用几块钢板组合成工字钢、箱形等结构来承受荷载。

（2）花纹钢板　花纹钢板是表面轧有防滑花纹的钢板，其表面通常有菱形、扁豆形和圆豆形花纹。《花纹钢板》（GB/T 3277—91）给出了有关花纹钢板的技术性质。花纹钢板主要用于平台、过道及楼梯等的铺板。

（3）压型钢板　压型钢板是涂层板或镀层板经辊压冷弯，沿板宽方向形成波形截面的成形钢板。建筑用压型钢板是用于建筑物围护结构（屋面、墙面）及组合楼盖并独立使用的压型钢板。《建筑用压型钢板》（GB/T 12755—2008）给出了有关建筑用压型钢板的技术性质。压型钢板曲折的板形大大增加了钢板在其平面外的惯性矩、刚度和抗弯能力，具有重量轻、强度刚度大、施工简便和美观等优点。在建筑上，压型钢板主要用作屋面板、墙板、楼板和装饰板等。

（4）彩色涂层钢板　彩色涂层钢板是在经过表面预处理的基板上连续涂覆有机涂料（正面至少二层），然后进行烘烤固化而成的产品。彩色涂层钢板按用途可分为建筑外用、建筑内用和家用电器等；按表面状态分为涂层板、压花板和印花板。《彩色涂层钢板及钢带》（GB/T 12754—2006）给出了有关彩色涂层钢板的技术性质。彩色涂层钢板主要用于建筑物的围护和装饰。

6.6 钢材的防护

6.6.1　钢材的防火

在一般土木工程中，钢材通常是在常温条件下工作，但对于某些长期处于高温环境中的结构物或遇到火灾等特殊情况时，则必须考虑温度对钢材性能的影响。

温度对钢材性能的影响不能简单地用应力-应变关系来评定，必须同时考虑温度和高温持续时间两个因素。钢材在一定温度和应力作用下，产生随时间而缓慢增长的塑性变形，称为蠕变。温度越高，蠕变现象越明显，蠕变将导致应力松弛。此外，由于在高温下晶界强度比晶粒强度低，晶界滑移会促使内部微裂纹加速扩展。因此，随着温度的升高，钢材的持久强度将会显著下降。

在钢结构或钢筋混凝土结构遇到火灾时，应考虑高温透过保护层后对钢筋或型钢金相组织及力学性能的影响。尤其是在预应力结构中，还必须考虑钢筋在高温条件下的预应力损失所造成的整个结构物应力体系的变化。

为了避免高温对钢材力学性能的不利影响，在钢结构中应采取防火措施加以预防，特别是对于大跨度钢结构和高层建筑，一般采取包覆措施，其中包括设置防火板或涂刷防火涂料等。在钢筋混凝土结构中，应保证钢筋有一定厚度的保护层。为确保防火效果，在使用过程中应对包覆层进行定期检查、修补或更新。

表 6.14 为钢筋或型钢保护层对构件耐火极限的影响情况，由表中列举的典型构件可见，钢材进行防火保护是必要的。

表 6.14　钢材防火保护层对构件耐火极限的影响

构件名称	规格(长×宽×厚)/(mm×mm×mm)	保护层厚度/mm	耐火极限/h
钢筋混凝土圆孔空心板	3300×600×180	10	0.90
预应力钢筋混凝土圆孔板	3300×600×200	30	1.50
	3300×600×90	10	0.40
	3300×600×110	30	0.85
无保护层钢柱		0	0.25
砂浆保护层钢柱		50	1.35
防火涂料保护层钢柱		25	2.00
无保护层钢梁		0	0.25
防火涂料保护层钢梁		15	1.50

6.6.2　钢材的防腐蚀

6.6.2.1　钢材的腐蚀

钢材表面与周围介质发生作用而引起破坏的现象称作腐蚀。腐蚀不仅使钢筋混凝土结构中的钢筋及钢结构构件有效断面减小，而且因局部锈坑的产生，造成应力集中，导致结构承载力下降。尤其在有反复荷载作用的情况下，将产生锈蚀疲劳现象，使疲劳强度大为降低，出现脆性断裂。

根据腐蚀作用机理不同，钢材的腐蚀有化学腐蚀、电化学腐蚀和应力腐蚀三种。

(1) 化学腐蚀　钢材与周围介质直接发生化学反应而引起的腐蚀，称为化学腐蚀。这类腐蚀通常是由于氧化作用，使钢材中的铁形成疏松的氧化铁而被腐蚀。在干燥环境中，化学腐蚀进行缓慢，但在潮湿环境和温度较高时，腐蚀速度加快。这种腐蚀也可由空气中的二氧化碳或二氧化硫作用以及其他腐蚀性物质作用而产生。

(2) 电化学腐蚀　金属表面形成原电池，导致电子流动而产生的腐蚀，称为电化学腐蚀。钢材本身含有铁、碳等多种化学成分，由于它们的电极电位不同而形成许多微电池。在潮湿空气中，钢材表面将覆盖一层薄的水膜。阳极区，铁被氧化成 Fe^{2+} 进入水膜，水中溶有来自空气的氧，故在阴极区氧将被还原为 OH^-，两者结合形成不溶于水的 $Fe(OH)_2$，并进一步氧化成为疏松易剥落的红棕色铁锈 $Fe(OH)_3$。

(3) 应力腐蚀　钢材在应力状态下腐蚀加快的现象称为应力腐蚀。所以，钢筋冷弯处、预应力钢筋等都会因应力存在而加速腐蚀。

钢材在大气中的腐蚀，实际上是化学腐蚀和电化学腐蚀同时作用所致，但以电化学腐蚀为主。

6.6.2.2　腐蚀的防止

钢材的腐蚀有材质的原因，也有使用环境和接触介质等原因。常用的防止腐蚀的方法主要有以下几种。

(1) 合金化　合金化是指在碳素钢中加入能提高抗腐蚀能力的合金元素，如铬、镍、钛和铜等，制成不同的合金钢，能有效提高钢材防腐蚀能力。

(2) 金属覆盖　用耐腐蚀性能好的金属，以电镀或喷镀的方法覆盖在钢材的表面，提高钢材的耐腐蚀能力。如镀锌、镀铬、镀铜和镀镍等。

(3) 非金属覆盖　在钢材表面用非金属材料作为保护膜，与环境介质隔离，以避免或减缓腐蚀。如喷涂涂料、搪瓷和塑料等。

(4) 混凝土结构中钢筋的防腐蚀　保证混凝土密实度，保证钢筋保护层的厚度和限制氯盐外加剂的掺量或使用防锈剂。预应力混凝土用钢筋由于易被腐蚀，故应禁止使用氯盐外加剂。

复习思考题

6.1　钢和铁的冶炼和化学成分有何不同？

6.2　钢有哪几种分类方法？

6.3　常温下，碳素钢的基本晶体组织是什么？各有什么特点？

6.4　钢的主要化学成分有什么？其中哪些是有害成分，造成的危害是什么？

6.5　强屈比的大小对钢的使用性质有何影响？

6.6　钢的伸长率与试件标距长度有何关系？为什么？

6.7　钢材的冲击韧性随温度会发生怎样的变化？这是钢材的什么性质？

6.8　钢材的疲劳破坏是由什么引起的？

6.9　在冷弯试验中，如何判断冷弯是否合格？

6.10　经冷加工及时效处理后，钢材性能有何变化？

6.11　钢材的热处理工艺主要有哪些？各自的作用是什么？

6.12　Q235BF 和 Q345C 的含义是什么？分别表示什么类型的钢？

6.13　热轧钢筋有哪些牌号？性能如何？

6.14　钢是不燃性材料，但为什么钢不耐火？

6.15　钢材腐蚀的主要原因是什么？如何防止混凝土结构中钢筋的腐蚀？

开 放 讨 论

谈一谈国家体育场（鸟巢）钢结构的防火处理。

第 7 章　沥青及沥青混合料

【学习要点】

1. 掌握石油沥青的组分、结构、主要技术性质及选用。
2. 了解改性石油沥青及煤沥青的基本性质。
3. 掌握沥青混合料的组成、结构及主要技术性质。
4. 掌握沥青混合料的配合比设计方法。

沥青与沥青混合料是土木工程中应用量较大的材料。沥青具有良好的黏性、塑性、耐腐蚀性和憎水性，在土木工程中主要用作防潮、防水、防腐蚀材料，用于屋面、地下等各类防水工程和防腐工程。

沥青作为一种有机胶凝材料，与矿物集料之间有很强的黏结力，由沥青与矿物集料拌合而成的沥青混合料具有良好的路用性能，是道路工程中重要的筑路材料。

7.1　沥青材料

沥青是高分子碳氢化合物及其非金属（氧、氮、硫等）衍生物组成的极其复杂的混合物，在常温下呈现黑色或黑褐色的固体、半固体或液体状态。

沥青按产源可分为地沥青（包括天然沥青、石油沥青）和焦油沥青（包括煤沥青、页岩沥青等）。地壳中的石油，在各种自然因素的作用下，经过轻质油分蒸发、氧化和缩聚作用，最后形成的天然产物，称天然沥青；石油经各种炼制工艺的加工而得到的沥青产品，称石油沥青。焦油沥青是利用各种有机物（如煤、页岩、木材等）干馏加工得到焦油，经再加工得到的产品。焦油沥青按其焦油获得的有机物名称而命名，如煤干馏所得的煤焦油经再加工得到的沥青称为煤沥青，其他还有木沥青、页岩沥青等。

土木工程中主要应用石油沥青，另外还使用少量煤沥青。

7.1.1　石油沥青的组分与结构

石油沥青是石油原油经蒸馏提炼出各种轻质油（如汽油、煤油、柴油等）及润滑油以后的残留物或再经加工而得到的产品。

7.1.1.1　石油沥青的组分

沥青的化学组成极为复杂，对其进行化学组成分析十分困难，且其化学组成也不能反映沥青性质的差异，所以一般不做沥青的化学分析。通常从使用角度出发，将沥青中化学成分和物理性质相近且具有某些共同特征的部分，划分为若干个化学成分组，这些组称为组分，并进行组分分析，以研究这些组分与工程性质之间的关系。一般将石油沥青划分为油分、树脂和地沥青质三个主要组分。这三个组分可利用在不同有机溶剂中的选择性溶解分离出来。

三组分的主要特征见表 7.1。

表 7.1　石油沥青组分主要特征

组分	状态	颜色	密度/(g/cm^3)	相对分子质量	含量/%
油分	油状液体	淡黄色至红褐色	0.7～1	300～500	40～60
树脂	黏稠状物质	黄色至黑褐色	1.0～1.1	600～1000	15～30
地沥青质	无定形固体粉末	深褐色至黑色	>1.1	>1000	10～30

不同组分对石油沥青性能的影响不同。油分赋予沥青流动性；树脂使沥青具有良好的塑性和黏结性；地沥青质决定沥青的耐热性、黏性和脆性，其含量越多，软化点越高，黏性越大，越硬脆。

石油沥青中含有2%～3%的沥青碳和似碳物，为无定形的黑色固体粉末，是在高温裂化、过度加热或深度氧化过程中脱氢而生成的，在石油沥青中分子量最大，它能降低石油沥青的黏结力。

蜡存在于石油沥青的油分中，它会减低石油沥青的黏结性和塑性，同时对温度特别敏感(即温度稳定性差)，所以蜡是石油沥青的有害成分。

7.1.1.2　石油沥青的结构

在沥青中，油分与树脂互溶，树脂浸润地沥青质，在地沥青质的超细颗粒表面形成树脂薄膜。因此，石油沥青的结构是以地沥青质为核心，周围吸附部分树脂和油分，构成胶团，无数胶团分散在油分中而形成胶体结构。在这个分散体系中，分散相为吸附部分树脂的地沥青质，分散介质为溶有树脂的油分。在胶体结构中，从地沥青质到油分是均匀的、逐步递变的，并无明显界面。

当地沥青质含量相对较少而油分和树脂含量相对较多时，胶团外膜较厚，胶团之间相对运动较自由，这时沥青形成的胶体结构称为溶胶结构。具有溶胶结构的石油沥青黏性小，流动性大，开裂后自行愈合能力较强，但对温度的敏感性强，温度过高时易发生流淌。

当地沥青质含量较多而油分和树脂较少时，胶团外膜较薄，胶团靠近聚集，移动比较困难，这时沥青形成的胶体结构称为凝胶结构。具有凝胶结构的石油沥青弹性和黏结性较高，温度稳定性较好，但塑性较差。

当地沥青质含量适当，并有较多的树脂作为保护膜层时，胶团之间保持一定的吸引力，这时沥青形成的胶体结构称为溶胶-凝胶结构。溶胶-凝胶型石油沥青的性质介于溶胶型和凝胶型两者之间。

石油沥青胶体结构的三种类型示意图如图 7.1 所示。

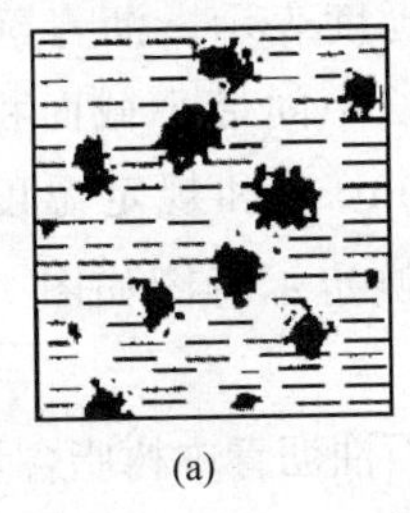
(a)
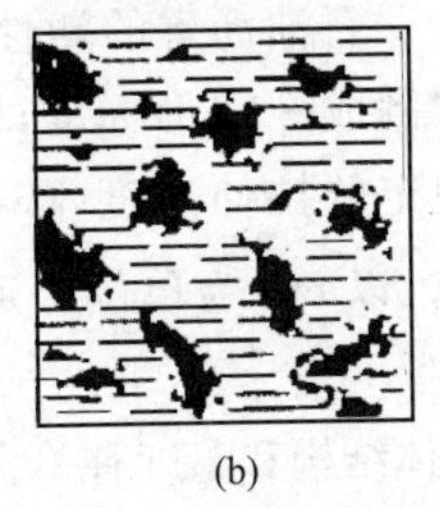
(b)

(c)

图 7.1　石油沥青胶体结构示意图

(a) 溶胶结构；(b) 溶-凝胶结构；(c) 凝胶结构

7.1.2　石油沥青的主要技术性质

7.1.2.1　黏滞性（黏性）

石油沥青的黏滞性是反映沥青材料内部阻碍其相对流动的一种特性，它反映石油沥青在外力作用下抵抗变形的能力，常表现为沥青的软硬程度或稀稠程度，是划分沥青牌号的主要技术指标。

工程上，液体石油沥青的黏滞性用标准黏度指标表示，它表征液体沥青在流动时的内部阻力；对于半固体或固体的石油沥青则用针入度指标表示，它反映石油沥青抵抗剪切变形的能力。

标准黏度是液体状态的沥青材料，在标准黏度计中，于规定的温度条件下通过规定的流孔直径，流出 50mL 体积所需的时间。标准黏度测定如图 7.2 所示。试验温度和流孔直径根据液体状态沥青的黏度选择，常用的流孔有 3mm、4mm、5mm、10mm 四种。本法测定的黏度应注明温度及流孔直径，以 $C_{T,d}$ 表示（T 为试验温度,℃；d 为孔径，mm）。例如某沥青在 60℃时，自 5mm 孔径流出 50mL 沥青所需时间为 100s，表示为 $C_{60,5}=100\text{s}$。按上述方法，在相同温度和相同流孔条件下，流出时间越长，表示沥青黏度越大。

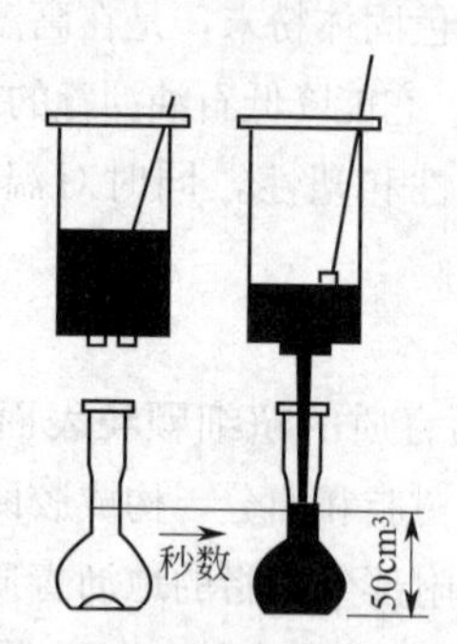

图 7.2 标准黏度测定示意图

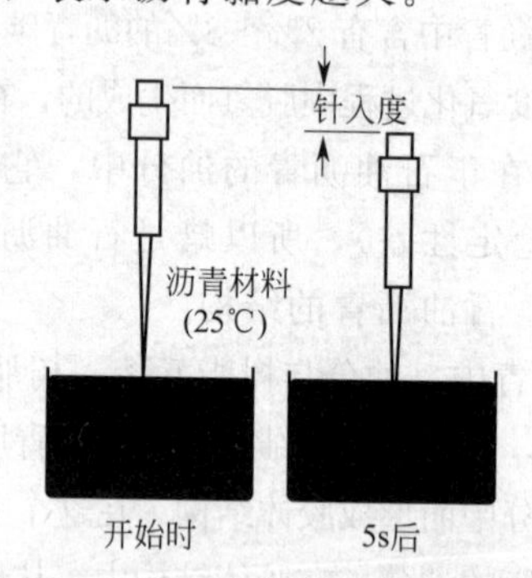

图 7.3 针入度测定示意图

针入度是在规定温度（25℃）条件下，以规定质量（100g）的标准针，在规定时间（5s）内贯入试样中的深度（以 1/10mm 计）。针入度测定示意图如图 7.3 所示。显然，针入度越大，表示沥青越软，黏度越小。

石油沥青黏滞性的大小与其组分及温度有关，一般而言，地沥青质含量较高，有适量的树脂和较少的油分时，石油沥青黏滞性较大；温度升高，其黏滞性降低。

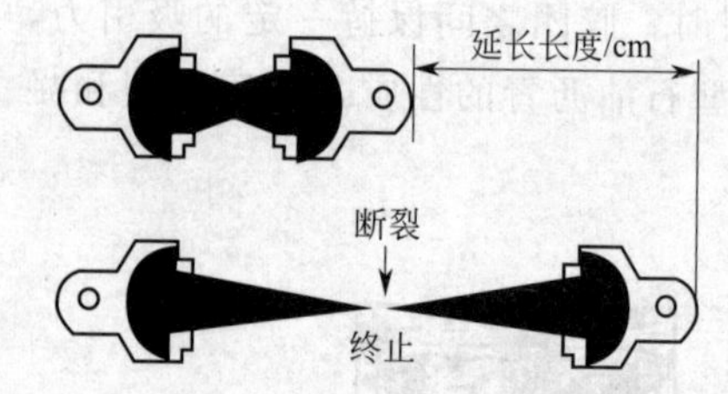

图 7.4 延度测定示意图

7.1.2.2 塑性

塑性是指石油沥青在外力作用时产生变形而不破坏，除去外力后，仍保持变形后的形状的性质。它是石油沥青的重要指标之一。

石油沥青的塑性用延度表示。沥青延度是把沥青试样制成∞字形标准试样（中间最小截面积为 1cm^2），在规定的拉伸速度（5cm/min）和规定温度（5℃、10℃、15℃、25℃等）下拉断时的伸长长度，以 cm 为单位。延度测定示意图如图 7.4 所示。石油沥青延度值越大，表示其塑性越好。

石油沥青塑性的大小与其组分、胶体结构和温度有关。当石油沥青中树脂含量较多，且其他组分含量又适当时，则塑性较大；沥青膜层厚度越厚，则塑性越高，反之，膜层越薄，则塑性越差，当薄至 1μm 时，塑性近于消失，即接近于弹性；温度升高，则延度增大，塑性增大。

在常温下，塑性较好的沥青在产生裂缝时，也可能由于特有的黏塑性而自行愈合，故塑性还反映了沥青开裂后的自愈能力。沥青之所以能制造出性能良好的柔性防水材料，很大程度上取决于沥青的塑性。沥青的塑性对冲击振动荷载有一定的吸收能力，并能减少摩擦时的噪声，故沥青是一种优良的道路路面材料。

7.1.2.3　温度敏感性

温度敏感性（温度稳定性）是指石油沥青的黏滞性和塑性随温度升降而变化的性能，是沥青的重要指标之一。

沥青是一种高分子非晶态热塑性物质，没有一定的熔点。当温度升高时，沥青由固态或半固态逐渐软化，使沥青分子之间发生相对滑动，像液体一样发生黏性流动，称为黏流态。当温度降低时，沥青又逐渐由黏流态转变为固态（或称高弹态）甚至变硬变脆（像玻璃一样硬脆，称为玻璃态）。在此过程中，反映了沥青随温度升降其黏滞性和塑性的变化。

在相同的温度变化间隔里，各种沥青黏滞性及塑性变化幅度不会相同，土木工程要求沥青随温度变化而产生的黏滞性和塑性变化幅度应较小，即温度敏感性较小，否则，容易发生高温下流淌或低温下变脆甚至开裂等现象。

石油沥青的温度敏感性常以软化点或针入度指数表示。

（1）软化点　沥青的软化点是反映沥青温度敏感性的重要指标。沥青材料从固态转变至黏流态有一定的间隔，因此，规定其中某一状态作为从固态转到黏流态（或某一规定状态）的起点，相应的温度称为沥青软化点。

通常采用环球法测定沥青软化点，如图 7.5 所示。将沥青试样注入规定尺寸的金属环［内径（15.9±0.1）mm，高（6.4±0.1）mm］内，上置规定尺寸和质量的钢球［直径 9.53mm，质量（3.5±0.05）g］，放于水（或甘油）中，以（5±0.5）℃/min 的速度加热，钢球下沉至规定距离（25.4mm）时的温度即为沥青软化点。一般认为，软化点越高，沥青的耐热性越好，温度敏感性越小。

（2）针入度指数　软化点是沥青性能随着温度变化过程中重要的标志点，在软化点之前，沥青主要表现为黏弹态，在软化点之后主要表现为黏流态；软化点越高，表面沥青的耐热性越好，即温度稳定性越好。但软化点是人为确定的温度标志点，单凭软化点这一性质来反映沥青性能随温度变化的规律并不全面。目前，用来反映沥青温度敏感性的常用指标为针入度指数 PI。

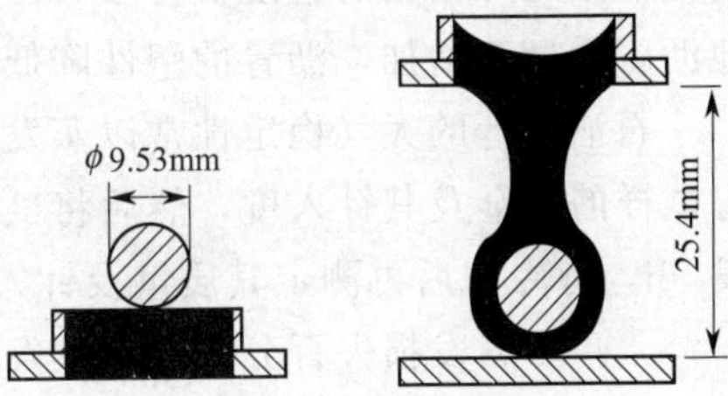

图 7.5　软化点测定示意图

建立针入度指数这一指标的基本思路是，根据大量试验结果，沥青针入度的对数（$\lg P$）与温度（T）具有线性关系：

$$\lg P = AT + K$$

式中，A 为直线斜率；K 为直线截距（常数）。

直线斜率 A 表征沥青针入度（$\lg P$）随温度（T）的变化率，其数值越大，表明温度变化时，沥青的针入度变化越大，沥青的温度敏感性越大。因此，可以用直线斜率 A 来表征沥青的温度敏感性，故称 A 为针入度温度敏感性系数。

为了计算 A 值，可以根据已知 25℃时的针入度值 $P_{(25℃,100g,5s)}$ 和软化点 $T_{R\&B}$，并假设软化点时的针入度值为 800，按下式计算针入度温度敏感性系数 A：

$$A = [\lg 800 - \lg P_{(25℃,100g,5s)}]/(T_{R\&B} - 25)$$

式中，$P_{(25℃,100g,5s)}$ 为在 25℃、100g、5s 的条件下测定的针入度值，0.1mm；$T_{R\&B}$ 为环球法测定的软化点，℃。

按上式计算得到的 A 值均为小数，为使用方便起见，改用针入度指数（PI）表示，按下式计算：

$$PI=30/(1+50A)-10$$

针入度指数是根据一定温度变化范围内沥青性能的变化来计算出的。因此，利用针入度指数来反映沥青性能随温度的变化规律更为准确。针入度指数值越大，表示沥青的敏感性越低。以上针入度指数的计算公式是以沥青在软化点时的针入度为800为前提的，实际上，沥青在软化点时的针入度波动于600～1000，特别是含蜡量高的沥青，其波动范围更宽。因此，《公路工程沥青及沥青混合料试验规程》（JTJ 052—2000）规定，针入度指数利用15℃、25℃、30℃的针入度回归得到。

针入度指数不仅可以用来评价沥青的温度敏感性，同时也可以用来判断沥青的胶体结构：当 $PI<-2$ 时，沥青属于溶胶结构，感温性大；当 $PI>2$ 时，沥青属于凝胶结构，感温性小；介于其间的属于溶-凝胶结构。

石油沥青温度敏感性与地沥青质含量和蜡含量密切相关。地沥青质增多，温度敏感性降低。工程上往往用加入滑石粉、石灰石粉或其他矿物填料的方法来减小沥青的温度敏感性。沥青中含蜡量多时，其温度敏感性大。

7.1.2.4 大气稳定性

大气稳定性是指石油沥青在热、阳光、氧气和潮湿等因素的长期综合作用下抵抗老化的性能。

在大气因素（热、阳光、氧气和水分）的综合作用下，沥青中的低分子量组分会向高分子量组分逐步转化，发生递变，即油分→树脂→地沥青质。由于树脂向地沥青质转化的速度远比油分变为树脂的速度快得多，因此，石油沥青会随着使用时间的延长，树脂显著减少，地沥青质显著增加，沥青的塑性降低，脆性增加，这个过程称为石油沥青的老化。

石油沥青的大气稳定性常以蒸发损失和蒸发后针入度比来评定。其测定方法是先测定沥青试样的质量及其针入度，然后将试样置于加热损失试验专用的烘箱中，通常在160℃下蒸发5h，待冷却后再测定其质量及针入度。计算蒸发损失百分率和蒸发后针入度比：

蒸发损失百分率=（蒸发前质量－蒸发后质量）/蒸发前质量×100%

蒸发后针入度比＝蒸发后针入度/蒸发前针入度×100%

蒸发损失百分率越小，蒸发后针入度比越大，表示沥青大气稳定性越好，亦即耐老化性能越好，老化得越慢。

黏滞性、塑性、温度敏感性和大气稳定性是石油沥青的主要性质，是鉴别土木工程中常用石油沥青品质的主要依据。

此外，为了全面评定石油沥青的质量和保证施工安全，还需了解石油沥青的溶解度、闪点和燃点等性质。

7.1.2.5 溶解度、闪点和燃点

溶解度是指石油沥青在三氯乙烯、四氯化碳和苯中溶解的百分率，以表示石油沥青中有效物质的含量及纯净程度，用以限制有害的不溶物（如沥青碳或似碳物）含量。不溶物会降低沥青的黏结性。

闪点也称闪火点，是指加热沥青产生的气体和空气的混合物，在规定条件下与火焰接触，初次产生蓝色闪光时的沥青温度。

燃点也称着火点，是指加热沥青产生的气体和空气的混合物，在规定条件下与火焰接触，能持续燃烧5s以上时，此时沥青的温度为燃点。

燃点温度通常比闪点温度约高10℃。油分含量较大时，闪点和燃点相差较小；沥青质含量较大时，则闪点和燃点相差较大。液体沥青由于轻质成分较多，加热时挥发量大，其闪点和燃点相差很小。

闪点和燃点的高低表明沥青引起火灾或爆炸可能性的大小，它关系到运输、贮存和加热使用等方面的安全性。石油沥青熬制时应严格控制其加热温度（不得达到闪点），并尽可能与火焰隔离。

7.1.3　石油沥青的技术标准

石油沥青按用途不同分为建筑石油沥青、道路石油沥和普通石油沥青。

7.1.3.1　建筑石油沥青的技术标准

根据《建筑石油沥青》（GB/T 494—2010），建筑石油沥青按针入度不同分为 10 号、30 号和 40 号三个牌号，其技术标准见表 7.2。

表 7.2　建筑石油沥青技术标准

项　　目		质量指标		
		10 号	30 号	40 号
针入度(25℃,100g,5s)/(1/10mm)		10～25	26～35	36～50
针入度(46℃,100g,5s)/(1/10mm)		报告[①]	报告[①]	报告[①]
针入度(0℃,200g,5s)/(1/10mm)	不小于	3	6	6
延度(25℃,5cm/min)/cm	不小于	1.5	2.5	3.5
软化点(环球法)/℃	不低于	95	75	60
溶解度(三氯乙烯)/%	不小于	99.0		
蒸发后质量变化(163℃,5h)/%	不大于	1		
蒸发后 25℃针入度比[②]/%	不小于	65		
闪点(开口杯法)/℃	不低于	260		

① 报告应为实测值。

② 测定蒸发损失后样品的 25℃针入度与原 25℃针入度之比乘以 100 后，所得的百分比，称为蒸发后针入度比。

7.1.3.2　道路石油沥青的技术标准

根据《公路沥青路面施工技术规范》（JTG F40—2004），道路石油沥青分为 30 号、50 号、70 号、90 号、110 号、130 号、160 号七个标号，并根据沥青的性能指标，再将其分为 A、B、C 三个等级。沥青路面的气候分区见表 7.3，道路石油沥青的技术标准见表 7.4。

表 7.3　沥青路面的气候分区

气候区名		最热月平均最高气温/℃	年极端最低气温/℃	备　注
1-1	夏炎热冬严寒	＞30	＜－37.0	
1-2	夏炎热冬寒		－37.0～－21.5	
1-3	夏炎热冬冷		－21.5～－9.0	
1-4	夏炎热冬温		＞－9.0	
2-1	夏热冬严寒	20～30	＜－37.0	
2-2	夏热冬寒		－37.0～－21.5	
2-3	夏热冬冷		－21.5～－9.0	
2-4	夏热冬温		＞－9.0	
3-1	夏凉冬严寒	＜20	＜－37.0	不存在
3-2	夏凉冬寒		－37.0～－21.5	
3-3	夏凉冬冷		－21.5～－9.0	不存在
3-4	夏凉冬温		＞－9.0	不存在

表 7.4 道路石油沥青的技术标准

指标	单位	等级	沥青标号																
			160 号④	130 号④	110 号			90 号					70 号③					50 号	30 号④
针入度(25℃,100g,5s)	0.1mm		140～200	120～140	100～120			80～100					60～80					40～60	20～40
适用的气候分区⑥			注④	注④	2-1	2-2	3-2	1-1	1-2	1-3	2-2	2-3	1-3	1-4	2-2	2-3	2-4	1-4	注④
针入度指数 PI①,②		A	−1.5～+1.0																
		B	−1.8～+1.0																
软化点(R&B)≥	℃	A	38	40	43			45		44			46		45			49	55
		B	36	39	42			43		42			44		43			46	53
		C	35	37	41			42					43					45	50
60℃动力黏度②≥	Pa·s	A	—	60	120			160		140			180		160			200	260
10℃延度②≥	cm	A	50	50	40			45	30	20	30	20	20	15	25	20	15	15	10
		B	30	30	30			30	20	15	20	15	15	10	20	15	10	10	8
15℃延度≥	cm	A,B	100															80	50
		C	80	80	60			50					40					30	20
蜡含量(蒸馏法)≤	%	A	2.2																
		B	3.0																
		C	4.5																
闪点≥	℃		230					245					260						
溶解度≥	%		99.5																
密度(15℃)	g/cm³		实测记录																
TFOT 或 RTFOT 后⑤																			
质量变化≤	%		±0.8																
残留针入度比(25℃)≥	%	A	48	54	55			57					61					63	65
		B	45	50	52			54					58					60	62
		C	40	45	48			50					54					58	60
残留延度(10℃)≥	cm	A	12	12	10			8					6					4	—
		B	10	10	8			6					4					2	—
残留延度(15℃)≥	cm	C	40	35	30			20					15					10	—

① 用于仲裁试验求取 PI 时 5 个温度的针入度关系的相关系数不得小于 0.997。
② 经建设单位同意，表中 PI 值、60℃动力黏度、10℃延度可作为选择性指标，也可不作为施工质量检验指标。
③ 70 号沥青可根据需要要求供应商提供针入度范围为(60～70)×0.1mm 或(70～80)×0.1mm 的沥青，50 号沥青可要求提供针入度范围为(40～50)×0.1mm 或(50～60)×0.1mm 的沥青。
④ 30 号沥青仅适用于沥青稳定基层。130 号和 160 号沥青除寒冷地区可在中低级公路上直接应用外，通常用作乳化沥青、稀释沥青、改性沥青的基质沥青。
⑤ 老化试验以 TFOT 为准，也可以 RTFOT 代替。
⑥ 气候分区由高温和低温组合而成，第一个数字代表高温分区，第二个数字代表低温分区，数字越小表示气候因素越严重。

7.1.4 石油沥青的选用

7.1.4.1 建筑石油沥青

建筑石油沥青针入度较小（黏性较大），延度较小（塑性较小），软化点较高（耐热性较好）。

建筑石油沥青主要用于屋面及地下防水、沟槽防水与防腐、管道防腐蚀等工程，还可用于制作油毡、油纸、防水涂料和沥青嵌缝膏等。建筑石油沥青在使用时制成的沥青胶膜较厚，增大了对温度的敏感性，同时沥青表面又是较强的吸热体，一般同一地区沥青屋面的表面温度比当地最高气温高25～30℃。为避免夏季流淌，用于屋面的沥青材料的软化点应比本地区屋面最高温度高20℃以上。软化点偏低时，沥青在夏季高温易流淌；而软化点过高时，沥青在冬季低温易开裂，因此，石油沥青应根据气候条件、工程环境及技术要求选用。对于屋面防水工程，主要应考虑沥青的高温稳定性，选用软化点较高的沥青，如10号沥青或10号与30号的混合沥青。对于地下室防水工程，主要应考虑沥青的耐老化性，选用软化点较低的沥青，如40号沥青。

7.1.4.2 道路石油沥青

道路石油沥青主要在道路工程中用作胶凝材料，用来与碎石等矿质材料共同配制成沥青混合料。根据《公路沥青路面施工技术规范》(JTG F40—2004)，道路石油沥青的适用范围见表7.5。

表7.5 道路石油沥青的适用范围

沥青等级	适用范围
A级沥青	各个等级的公路，适用于任何场合和层次
B级沥青	①高速公路、一级公路沥青下面层及以下层次，二级及二级以下公路的各个层次 ②用作改性沥青、乳化沥青、改性乳化沥青、稀释沥青的基质沥青
C级沥青	三级及三级以下公路的各个层次

通常，道路石油沥青牌号越高，则黏性越小（即针入度越大），延展性越好，而温度敏感性随之增加。在道路工程中选用沥青材料时，要根据交通量和气候特点来选择。南方高温地区宜选用高黏度的石油沥青，如50号或70号，以保证在夏季沥青路面具有足够的稳定性，不会出现车辙等破坏形式；而北方寒冷地区宜选用低黏度的石油沥青，如90号或110号，以保证沥青路面在低温下仍具有一定的变形能力，减少低温开裂。

7.1.4.3 普通石油沥青

普通石油沥青含蜡量较高，因而温度敏感性大，达到液态时的温度与其软化点相差很小，并且黏度较小，塑性较差，故不宜在土木工程中直接使用，只能少量掺配在其他沥青中使用，或改性处理后使用。

7.1.4.4 沥青的掺配

工程中，某一种牌号的沥青不能满足工程技术要求时，可用两种或三种不同牌号的沥青进行掺配。

为了不使掺配后的沥青胶体结构破坏，应选用表面张力相近和化学性质相似的沥青。试验证明，同产源的沥青容易保证掺配后的沥青胶体结构的均匀性，所谓同产源是指同属石油沥青或同属煤沥青。

当采用两种沥青掺配时，每种沥青的掺配比例可用下式估算：

$$Q_1=\frac{T_2-T}{T_2-T_1}\times 100$$

$$Q_2=100-Q_1$$

式中，Q_1 为较软沥青用量,%；Q_2 为较硬沥青用量,%；T 为掺配后的沥青软化点,℃；T_1 为较软沥青软化点,℃；T_2 为较硬沥青软化点,℃。

【例 7.1】 某工程需要用软化点为 85℃的石油沥青，现有 10 号及 70 号石油沥青，其软化点分别为 95℃和 45℃。试估算如何掺配才能满足工程需要？

解： 70 号石油沥青用量 $=\dfrac{95-85}{94-45}\times100=20$

10 号石油沥青用量 $=100-20=80$

即初步估算，70 号石油沥青和 10 号石油沥青的掺配比例为 20%和 80%。

根据估算的掺配比例在其邻近的比例（5%～10%）进行试配（混合熬制均匀），测定掺配后沥青的软化点，然后绘制“掺配比-软化点”曲线，即可从曲线上确定所要求的掺配比例。同样可采用针入度指标按上述方法进行估算及试配。

如果用三种沥青掺配，可先算出两种沥青的配比，再与第三种沥青进行配比计算，然后再试配。

7.1.5 石油沥青的改性

沥青材料无论是用作屋面防水材料还是用作路面胶结材料，都是直接暴露于自然环境中的，而沥青的性能又受环境因素影响较大；同时，现代土木工程不仅要求沥青具有较好的使用性能，还要求具有较长的使用寿命。单纯依靠自身性质很难满足现代土木工程对沥青的多方面要求。如现代高等级公路的交通特点是交通密度大、车辆轴载重、荷载作用间歇时间短以及高速和渠化等，由于这些特点造成沥青路面高温出现车辙、低温产生裂缝、抗滑性很快衰降、使用年限不长等。

因此，现代土木工程中，常在沥青中加入其他材料，来进一步提高沥青的性能，称为改性沥青。目前世界各国所用的沥青改性材料多为聚合物，例如橡胶、树脂等。一般认为，聚合物的掺入，主要改变了沥青的胶体结构，从而改善沥青低温和高温时的性能。

(1) 橡胶改性沥青　橡胶与沥青有较好的混溶性，并能使沥青具有橡胶的很多优点，如高温变形小，低温柔性好。目前应用最成功和用量最大的一种改性沥青是热塑性弹性体（SBS）改性沥青。SBS 是热塑性弹性体苯乙烯-丁二烯嵌段共聚物，它兼有橡胶和树脂的特性，常温下具有橡胶的弹性，高温下又能像树脂那样熔融流动，成为可塑的材料。SBS 改性沥青具有良好的耐高温性、优异的低温柔性和耐疲劳性，主要用于制作防水卷材和铺筑高等级公路路面等。

(2) 树脂改性沥青　树脂改性沥青可以改进沥青的耐寒性、耐热性、黏结性和不透气性。由于石油沥青中含芳香性化合物较少，因而树脂和石油沥青的相容性较差，而且可用于改性沥青的树脂品种也较少，常用品种有古马隆树脂、聚乙烯、无规聚丙烯 APP 等。其中，应用比较广泛的是 APP 改性沥青，APP 改性沥青软化点高，延度大，冷脆点较低，黏度较大，具有优异的耐热性和抗老化性，尤其适用于气温较高的地区，主要用于制造防水卷材。

(3) 橡胶和树脂改性沥青　橡胶和树脂同时用于沥青改性，可使沥青同时具有橡胶和树脂的特性，如耐寒性，且树脂比橡胶便宜，橡胶和树脂间有较好的混溶性，故效果较好。橡胶和树脂改性沥青可用于生产卷材、片材、密封材料和防水涂料等。

(4) 矿物填充料改性沥青　矿物填充料改性沥青可提高沥青的黏结能力、耐热性，减小沥青的温度敏感性。常用的矿物填充料大多是粉状或纤维状矿物，主要有滑石粉、石灰石粉、硅藻土、石棉和云母粉等。矿物改性沥青的机理为，沥青中掺矿物填充料后，由于沥青对矿物填充料有良好的润湿和吸附作用，在矿物颗粒表面形成一层稳定、牢固的沥青薄膜，带有沥青薄膜的矿物颗粒具有良好的黏性和耐热性。因此，在沥青中掺入适量的矿物填充料，以形成恰当的沥青薄膜层。

7.1.6　煤沥青

煤沥青是炼焦厂或煤气厂的副产品。烟煤在干馏过程中的挥发物质经冷凝而成的黑色黏性液体称为煤焦油。煤焦油经分馏加工提取轻油、中油、蒽油以后，所得残渣即为煤沥青。根据蒸馏程度不同，煤沥青分为低温煤沥青、中温煤沥青和高温煤沥青三种。土木工程中采用的煤沥青多为黏稠或半固体的低温煤沥青。

煤沥青与石油沥青同是复杂的高分子碳氢化合物，它们的外观相似，具有不少共同点，但由于组分不同，故存在某些差异，主要有以下几点。

① 含可溶性树脂较多，由固态或黏稠态转变为黏流态（或液态）的温度间隔短，夏天易软化流淌，而冬天易脆裂，即温度敏感性较大。

② 含挥发性成分和化学稳定性差的成分较多，在热、阳光、氧气等长期综合作用下，煤沥青的组成变化较大，易硬脆，故大气稳定性较差。

③ 含有较多的游离碳，塑性较差，容易因变形而开裂。

④ 由于含表面活性物质较多，故与矿料表面的黏附力较好。

⑤ 因含有蒽、酚等，故有毒性和有臭味，防腐蚀能力较强，适用于木材的防腐处理。因酚易溶于水，故防水性不及石油沥青。

由此可见，煤沥青的主要技术性能都比石油沥青差，所以土木工程中较少使用。但它抗腐性能好，故用于地下防水层或做防腐材料等。

煤沥青与石油沥青的鉴别方法见表7.6。

表7.6　煤沥青与石油沥青的鉴别方法

鉴别方法	石油沥青	煤沥青
密度/(g/cm^3)	近于1.0	1.25～1.28
燃烧	烟少,无色,有松香味,无毒	烟多,黄色,臭味大,有毒
锤击	声哑,有弹性感,韧性好	声脆,韧性差
颜色	呈辉亮褐色	浓黑色
溶解	易溶于煤油或汽油,呈棕黑色	难溶于煤油或汽油,呈黄绿色

7.2　沥青混合料

沥青混合料是指矿物集料与沥青拌合而成的混合料的总称。包括沥青混凝土混合料（压实后剩余空隙率＜10%）和沥青碎石混合料（压实后剩余空隙率≥10%）。沥青混合料经摊铺、碾压成形后成为沥青路面。

沥青混合料是一种黏-弹-塑性材料，具有良好的力学性质以及一定的高温稳定性和低温柔韧性；铺筑的路面平整，无接缝，且有一定的粗糙度，故具有很好的抗滑性；路面有一定的弹性，能减震、降噪，行车较为舒适；黑色路面无强烈反光，行车比较安全；此外，沥青混合料施工方便，不需养护，能及时开放交通，且能分期改造和再生利用。因此，沥青混合料广泛应用于高速公路、城市道路、机场跑道等路面。

7.2.1 沥青混合料的分类

7.2.1.1 按施工温度分类

(1) 热拌热铺沥青混合料　沥青与矿料经加热后拌合，并在一定的温度下完成摊铺和碾压施工过程的混合料。

(2) 常温沥青混合料　以乳化沥青或液态沥青在常温下与矿料拌合，并在常温下完成摊铺碾压过程的混合料。

7.2.1.2 按矿质集料级配类型分类

(1) 连续级配沥青混合料　用连续级配的矿质混合料所配制的沥青混合料。其中连续级配矿质混合料是指矿质混合料中的颗粒从大到小各级粒径都有，且按比例相互搭配组成。

(2) 间断级配沥青混合料　用间断级配的矿质混合料所配制的沥青混合料。其中间断级配矿质混合料是指矿质混合料的比例搭配组成中缺少某些尺寸范围粒径的级配。

7.2.1.3 按混合料摊铺压实后密实程度分类

根据压实后剩余空隙率不同有Ⅰ型密实式沥青混合料（剩余空隙率为3%～6%），Ⅱ型密实式沥青混合料（剩余空隙率为4%～10%）、半开式沥青混合料（剩余空隙率为10%～15%）、开式沥青混合料（剩余空隙率大于15%）。

7.2.1.4 按矿料的最大粒径分类

(1) 特粗式沥青混合料　矿料最大粒径不小于37.5mm的沥青混合料。

(2) 粗粒式沥青混合料　矿料最大粒径为26.5mm或31.5mm的沥青混合料。

(3) 中粒式沥青混合料　矿料最大粒径为16mm或19mm的沥青混合料。

(4) 细粒式沥青混合料　矿料最大粒径为9.5mm或13.5mm的沥青混合料。

(5) 砂粒式沥青混合料　矿料最大粒径不大于4.75mm的沥青混合料。

7.2.2 沥青混合料的组成材料

沥青混合料的组成材料主要有沥青和矿料。矿料指用于沥青混合料的粗集料、细集料和填料的总称。

7.2.2.1 沥青材料

沥青路面采用的沥青标号，宜按照公路等级、气候条件、交通条件、路面类型及在结构层中的层位及受力特点、施工方法等，结合当地的使用经验，经技术论证后确定。

对高速公路、一级公路，夏季温度高、高温持续时间长、重载交通、山区及丘陵区上坡路段、服务区、停车场等行车速度慢的路段，尤其是汽车荷载剪应力大的层次，宜采用稠度大、60℃黏度大的沥青，也可提高高温气候分区的温度水平选用沥青等级；对冬季寒冷的地区或交通量小的公路、旅游公路宜选用稠度小、低温延度大的沥青；对温度日温差、年温差大的地区宜注意选用针入度指数大的沥青。当高温要求与低温要求发生矛盾时应优先考虑满足高温性能的要求。

当缺乏所需标号的沥青时，可采用不同标号掺配的调和沥青，其掺配比例由试验决定。掺配后的沥青质量应符合表7.4的要求。

7.2.2.2 粗集料

沥青路面采用的粗集料包括碎石、破碎砾石、筛选砾石、钢渣、矿渣等。

高速公路和一级公路不得使用筛选砾石和矿渣，筛选砾石仅适用于三级及三级以下公路的沥青表面处治路面。经过破碎且存放期超过6个月以上的钢渣可作为粗集料使用。除吸水率允许适当放宽外，各项质量指标应符合表7.7的要求。钢渣在使用前应进行活性检验，要求钢渣中的游离氧化钙含量不大于3%，浸水膨胀率不大于2%。

粗集料应该洁净、干燥、表面粗糙，质量应符合表7.7的规定。单一规格集料的质量指标达不到表中要求，而按照集料配比计算的质量指标符合要求时，工程上允许使用。对受热易变质的集料，宜采用经拌合机烘干后的集料进行检验。

表7.7　沥青混合料用粗集料质量技术要求

指　标	单　位	高速公路及一级公路		其他等级公路
		表面层	其他层次	
石料压碎值≤	%	26	28	30
洛杉矶磨耗损失≤	%	28	30	35
表观相对密度≥	—	2.60	2.50	2.45
吸水率≤	%	2.0	3.0	3.0
坚固性≤	%	12	12	—
针片状颗粒含量(混合料)≤	%	15	18	20
其中粒径大于9.5mm≤	%	12	15	—
其中粒径小于9.5mm≤	%	18	20	—
水洗法<0.075mm颗粒含量≤	%	1	1	1
软石含量≤	%	3	5	5

注：1. 坚固性试验可根据需要进行。

2. 用于高速公路、一级公路时，多孔玄武岩的视密度可放宽至2450kg/m^3，吸水率可放宽至3%，但必须得到建设单位的批准，且不得用于沥青玛琋脂混合料（SMA）路面。

3. 对S14即3～5规格的粗集料，针片状颗粒含量可不予要求，<0.075mm含量可放宽到3%。

粗集料的粒径规格应按表7.8的规定生产和使用。

表7.8　沥青混合料用粗集料规格

规格名称	公称粒径/mm	通过下列筛孔(mm)的质量分数/%												
		106	75	63	53	37.5	31.5	26.5	19.0	13.2	9.5	4.75	2.36	0.6
S1	40～75	100	90～100	—	—	0～15	—	0～5						
S2	40～60		100	90～100	—	0～15	—	0～5						
S3	30～60		100	90～100	—	—	0～15	—	0～5					
S4	25～50			100	90～100	—	—	0～15	—	0～5				
S5	20～40				100	90～100	—	—	0～15	—	0～5			
S6	15～30					100	90～100	—	—	0～15	—	0～5		
S7	10～30					100	90～100	—	—	—	0～15	0～5		
S8	10～25						100	90～100	—	0～15	—	0～5		
S9	10～20							100	90～100	—	0～15	0～5		
S10	10～15								100	90～100	0～15	0～5		
S11	5～15								100	90～100	40～70	0～15	0～5	
S12	5～10									100	90～100	0～15	0～5	
S13	3～10									100	90～100	40～70	0～20	0～5
S14	3～5										100	90～100	0～15	0～3

高速公路、一级公路沥青路面表面层（或磨耗层）的粗集料磨光值应符合表7.9的要求。粗集料与沥青的黏附性应符合表7.9的要求，当使用不符合要求的粗集料时，可采用抗剥离措施，使其对沥青的黏附性符合表7.9的要求。

表7.9 粗集料与沥青的黏附性、磨光值的技术要求

雨量气候区	潮湿区	湿润区	半干区	干旱区
年降雨量/mm	>1000	500～1000	250～500	<250
粗集料的磨光值(高速公路、一级公路表面层)≥	42	40	38	36
粗集料与沥青的黏附性(高速公路、一级公路表面层，高速公路、一级公路的其他层次及其他等级公路的各个层次)≥	5 4	4 4	4 3	3 3

破碎砾石应采用粒径大于50mm、含泥量不大于1%的砾石轧制，破碎砾石的破碎面应符合表7.10的要求。

表7.10 粗集料对破碎面的要求

路面部位或混合料类型	具有一定数量破碎面颗粒的含量/%	
	1个破碎面	2个或2个以上破碎面
沥青路面表面层 高速公路、一级公路(不小于) 其他等级公路(不小于)	 100 80	 90 60
沥青路面中下层、基层 高速公路、一级公路(不小于) 其他等级公路(不小于)	 90 70	 80 50
SMA混合料(不小于)	100	90
贯入式路面(不小于)	80	60

7.2.2.3 细集料

沥青路面的细集料包括天然砂、机制砂、石屑。

细集料应洁净、干燥、无风化、无杂质，并有适当的颗粒级配，其质量应符合表7.11的规定。细集料的洁净程度，天然砂以粒径小于0.075mm含量的百分数表示，石屑和机制砂以砂当量（适用于0～4.75mm）或亚甲蓝值（适用于0～2.36mm或0～0.15mm）表示。

表7.11 沥青混合料用细集料质量要求

项目	单位	高速公路、一级公路	其他等级公路
表观相对密度(不小于)	—	2.50	2.45
坚固性(>0.3mm部分)(不小于)	%	12	—
含泥量(小于0.075mm的含量)(不大于)	%	3	5
砂当量(不小于)	%	60	50
亚甲蓝值(不大于)	g/kg	25	—
棱角性(流动时间)(不小于)	s	30	—

注：坚固性试验可根据需要进行。

天然砂可采用河砂或海砂，通常宜采用粗、中砂，其规格应符合表7.12的规定。砂的含泥量超过规定时应水洗后使用，海砂中的贝壳类材料必须筛除。热拌沥青混合料中天然砂的用量通常不宜超过集料总量的20%，SMA（沥青玛琋脂碎石混合料）和OGFC（开级配磨耗层混合料）混合料不宜使用天然砂。

表 7.12　沥青混合料用天然砂规格

筛孔尺寸/mm	通过各孔筛的质量分数/%		
	粗砂	中砂	细砂
9.5	100	100	100
4.75	90～100	90～100	90～100
2.36	65～95	75～90	85～100
1.18	35～65	50～90	75～100
0.6	15～30	30～60	60～84
0.3	5～20	8～30	15～45
0.15	0～10	0～10	0～10
0.075	0～5	0～5	0～5

石屑是采石场破碎石料时通过4.75mm或2.36mm的筛下部分，其规格应符合表7.13的要求。采石场在生产石屑过程中应具备抽吸设备，高速公路和一级公路的沥青混合料宜将S15与S16组合使用，S15可在沥青稳定碎石基层或其他等级公路中使用。机制砂宜采用专用的制砂机制造，并选用优质石料生产，其级配应符合S16的要求。

表 7.13　沥青混合料用机制砂或石屑规格

规格	公称粒径/mm	水洗法通过各筛孔的质量分数/%							
		9.5	4.75	2.36	1.18	0.6	0.3	0.15	0.075
S15	0～5	100	90～100	60～90	40～75	20～55	7～40	2～20	0～10
S16	0～3	—	100	80～100	50～80	25～60	8～45	0～25	0～15

7.2.2.4　填料

沥青混合料的填料必须采用石灰石或岩浆中的强基性岩石等憎水性石料经磨细得到的矿粉，原石料中的泥土杂质应除净。矿粉应干燥、洁净，能自由地从矿粉仓流出，其质量应符合表7.14的要求。

表 7.14　沥青混合料用矿粉质量要求

项　目	单　位	高速公路、一级公路	其他等级公路
表观密度(不小于)	kg/m³	2500	2450
含水率(不大于)	%	1	1
粒度范围 <0.6mm <0.15mm <0.075mm	 % % %	 100 90～100 75～100	 100 90～100 70～100
外观	—	无团粒结块	—
亲水系数	—	<1	T0353
塑性指数	%	<4	T0354
加热安定性	—	实测记录	T0355

拌合机的粉尘可作为矿粉的一部分回收使用，但每盘用量不得超过填料总量的25%，掺有粉尘填料的塑性指数不得大于4%。

粉煤灰作为填料使用时，用量不得超过填料总量的50%，粉煤灰的烧失量应小于12%，与矿粉混合后的塑性指数应小于4%，其余质量要求与矿粉相同。高速公路、一级公路的沥青面层不宜采用粉煤灰作填料。

7.2.3 沥青混合料的组成结构

沥青混合料是由粗集料、细集料、矿粉与沥青等组成的一种复合材料。粗集料分布在沥青与细集料形成的沥青砂中，细集料又分布在沥青与矿粉构成的沥青胶浆中，形成具有一定内摩阻力和黏结力的多级网络结构。由于各组成材料用量比例的不同，压实后沥青混合料内部矿料颗粒的分布状态、剩余空隙率也呈现出不同的特征，形成不同的组成结构，而具有不同组成结构特征的沥青混合料在使用时则表现出不同的性能。按照沥青混合料的矿料级配组成特点，将沥青混合料分为悬浮密实结构、骨架空隙结构和骨架密实结构。

7.2.3.1 悬浮密实结构

当采用连续密级配矿料与沥青组成混合料时，细集料较多，粗集料较少，粗集料被细集料挤开，并以悬浮状态存在于细集料之间，不能形成嵌挤骨架，形成悬浮密实结构［图 7.6(a)］。这种结构的沥青混合料，密实度和强度较高，而稳定性较差。沥青混凝土混合料多属于此类型。

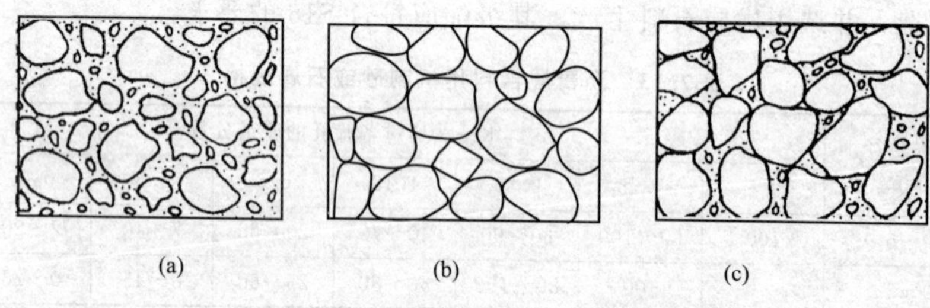

图 7.6 沥青混合料组成结构示意图
(a) 悬浮密实结构；(b) 骨架空隙结构；(c) 骨架密实结构

7.2.3.2 骨架空隙结构

当采用连续开级配矿料与沥青组成混合料时，粗集料较多，彼此紧密相接，细集料的数量较少，不足以充分填充空隙，形成骨架空隙结构［图 7.6(b)］。在这种结构的沥青混合料中，粗集料能充分形成骨架，集料之间的嵌挤力和内摩阻力起重要作用。因此，这种沥青混合料受沥青材料性质的变化影响较小，因而热稳定性较好，但压实后空隙率较大，耐久性较差。沥青碎石混合料多属于此类型。

7.2.3.3 骨架密实结构

当采用间断级配矿料与沥青组成混合料时，既有足够数量的粗集料形成完全嵌挤或较强嵌挤骨架，又有足够的细集料充分填充骨架空隙，形成较高密实度的骨架结构，即骨架密实结构［图 7.6(c)］。这种结构兼有上述两种结构的优点，是一种较为理想的混合料结构类型。

7.2.4 沥青混合料的强度

7.2.4.1 沥青混合料强度的构成

沥青混合料路面的破坏，主要是由夏季高温时抗剪强度不足和冬季低温时变形能力不够引起的，而变形能力主要取决于沥青材料本身的性质，因此，沥青混合料的强度主要是指其抗剪强度。

沥青混合料的强度是由矿质集料颗粒之间的嵌挤力（内摩阻力）、沥青与集料之间的黏结力及沥青的内聚力构成的。

试验表明，沥青混合料在外力作用下不发生剪切滑移时应满足下列条件：

$$\tau \leqslant c + \sigma \tan\varphi$$

式中，τ 为沥青混合料的抗剪强度，MPa；c 为沥青混合料的黏结力，MPa；φ 为沥青混合料的内摩阻角，(°)；σ 为剪切时的正应力，MPa。

7.2.4.2　沥青混合料强度的主要影响因素

(1) 沥青的影响　沥青混合料的黏结力与沥青本身的黏度有密切关系。沥青作为胶凝材料，对矿质集料起胶结作用，因此，沥青本身的黏度高低直接影响着沥青混合料黏聚力的大小。沥青的黏度越大，则混合料的黏聚力就越大，黏滞阻力也越大，抵抗剪切变形的能力越强。

适当的沥青用量，使混合料胶结性能好，便于拌合，集料表面充分裹覆沥青薄膜，形成良好的黏结。同时，由于混合料的和易性得到改善，施工时易于压实，有助于提高路面的密实度和强度。如果沥青过多，集料颗粒表面的沥青膜增厚，多余的沥青成为润滑剂，高温时易形成推挤滑移，出现塑性变形；沥青过少，混合料胶结性能变差。因此，沥青混合料中存在最佳沥青用量。

(2) 集料的影响　集料颗粒表面的粗糙度和颗粒形状对沥青混合料的强度有很大影响。集料表面越粗糙、凸凹不平，则拌制的混合料经过压实后，颗粒之间能形成良好的齿合嵌锁，使混合料具有较高的内摩擦力；集料颗粒的形状以接近立方体、呈多棱角为好，嵌挤后既能形成较高的内摩擦力，在承受荷载时又不易折断破坏。如颗粒的形状呈针状或片状，则在荷载作用下极易断裂破碎，从而造成沥青路面的内部损伤和缺陷。

沥青与酸性石料的黏附性较差，而如果在沥青中添加抗剥落剂，提高沥青与石料的黏附性，则有利于提高沥青混合料的强度。

间断密级配沥青混合料内摩擦力较大，而具有较高的强度；连续级配的沥青混合料，由于其粗集料的数量较少，呈悬浮状态分布，则内摩擦力较小，强度较低。

(3) 矿粉的影响　矿粉对沥青有吸附作用，但这种吸附作用是有选择性的。一般来说，碱性矿粉（如石灰石）与沥青亲和性良好，能形成较强的黏结性能；而酸性石料磨成的矿粉则与沥青亲和性较差，则黏结性较差。

矿粉对沥青的吸附作用，使沥青在矿粉表面产生化学组分的重新排列，并形成一层扩散结构膜，扩散结构膜内的沥青称结构沥青，结构沥青黏度较高，具有较强的黏结力；扩散结构膜外的沥青称为自由沥青，自由沥青黏度较低，黏结力较差，见图7.7。当矿粉颗粒之间以结构沥青的形式相联结时，沥青混合料的黏聚力较大，而当以自由沥青的形式相联结时，混合料的黏聚力较小。

在相同的沥青用量条件下，与沥青产生交互作用的矿粉表面积越大，则形成的沥青膜越薄，在沥青中结构沥青所占的比例越大，因而沥青混合料的黏聚力也越高。但是，矿粉过细，沥青混合料容易结成团块，不易施工且影响使用性能；矿粉过多，会使沥青混合料过于干涩，影响沥青与集料的裹覆和黏附，反而影响沥青混合料的强度。

7.2.5　沥青混合料的技术性质

沥青混合料作为沥青路面的面层材料，直接承受车辆行驶反复荷载和气候因素的作用，使其性能和状态发生变化，以致影响路面的使用性能和使用寿命。因此，沥青混合料应具有较好的路用性能。

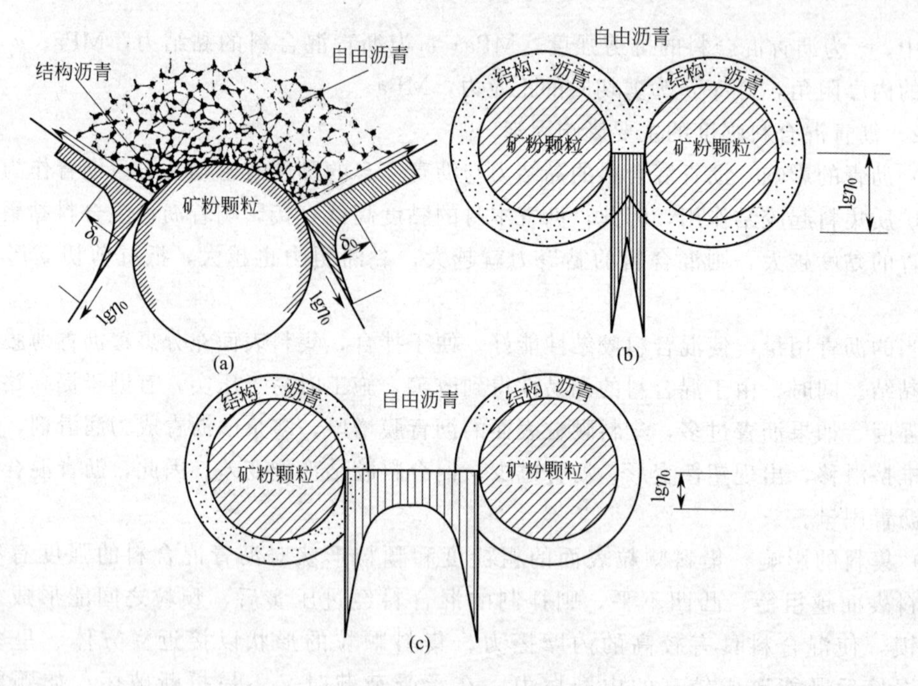

图 7.7 沥青与矿粉相互作用的结构示意图

7.2.5.1 高温稳定性

高温稳定性是指沥青混合料在高温条件下承受多次重复荷载作用而不发生过大塑性变形的性能。沥青混合料受到外力作用时将产生变形，其中，包括弹性变形和塑性变形，而过大的塑性变形会造成沥青路面产生车辙、波浪及拥包等现象。特别是在高温和受到荷载重复作用下，沥青混合料的塑性变形会显著增加。因此，在高温地区、交通量大、重车比例高和经常变速路段的沥青路面，易发生车辙、波浪及拥包等破坏现象。

对于沥青混合料的高温稳定性，通常采用马歇尔稳定度试验法和车辙试验法进行测定和评定。

马歇尔稳定度试验：马歇尔稳定度试验主要测定的是马歇尔稳定度和流值。稳定度是指在规定温度和加荷速度下，标准尺寸试件的破坏荷载（单位为 kN）；流值是最大破坏荷载时，试件的垂直变形（以 0.1mm 计）。

车辙试验：采用标准方法成型沥青混合料板型试件，在规定的试验温度和轮碾条件下，沿试件表面同一轨迹反复碾压行走，测定试件表面在试验过程中形成的车辙深度。以产生 1mm 车辙变形所需要的碾压次数（称之为动稳定度）作为评价沥青混合料抗车辙能力大小的指标。显然动稳定度值越大，相应沥青混合料高温稳定性越好。

影响沥青混合料高温稳定性的主要因素有沥青的用量、沥青的黏度、矿料的级配、矿料的尺寸及形状等。过量沥青，不仅降低了沥青混合料的内摩阻力，而且夏季容易产生泛油现象，因此，适当减少沥青的用量，可以使矿料颗粒更多地以结构沥青的形式相联结，增加混合料黏聚力和内摩阻力；提高沥青的黏度，可以增加沥青混合料抗剪变形的能力；矿料级配成骨架密实结构，使沥青混合料的黏聚力和内摩阻力较大；粒径大、有棱角的矿料颗粒，可提高混合料的内摩擦角。

7.2.5.2　低温抗裂性

低温抗裂性是沥青混合料在低温下抵抗断裂破坏的能力。

沥青混合料的低温开裂是由混合料的低温脆化、低温收缩和温度疲劳引起的。沥青混合料的低温脆化是指其在低温条件下变形能力下降；低温收缩通常是由于材料本身的抗拉强度不足而造成的；温度疲劳是由反复荷载作用引起的。

为防止或减少沥青路面的低温开裂，可选用黏度相对较低的沥青，或采用橡胶类的改性沥青，同时适当增加沥青用量，以增强沥青混合料的柔韧性。

7.2.5.3　耐久性

沥青混合料的耐久性是指其在外界各种因素（如阳光、空气、水、车辆荷载等）的长期作用下，能基本保持原有性能的能力。

影响沥青混合料耐久性的主要因素有沥青与集料的性质、沥青的用量、沥青混合料的压实度与空隙率等。从材料性质来看，优质沥青不易老化；坚硬的集料不易风化、破碎；集料中碱性成分含量多，与沥青的黏结性好，沥青混合料的寿命较长。从沥青用量来看，适当增加沥青的用量，可以有效地减少路面裂缝的产生。从沥青混合料压实度和空隙率来看，压实度越大，路面承受车辆荷载的能力越强；空隙率越小，可以越有效地防止水分的渗入和阳光对沥青的老化作用，同时对路基起到一定的保护作用。但空隙率不能过小，应为夏季沥青材料受热膨胀留出一定的缓冲空间。

7.2.5.4　抗滑性

车辆行驶速度的不断提高，对沥青路面的抗滑性提出了越来越高的要求。沥青路面的抗滑性主要与其矿质集料的表面状态和耐磨性、混合料的级配组成、沥青用量和沥青含蜡量等有关。

为了提高路面的抗滑性，必须增加路面的粗糙度，因而面层集料应选用质地坚硬、具有棱角的碎石，如高速公路，通常采用玄武岩。另外，集料的颗粒可适当大些，沥青用量少些，并对沥青中的含蜡量进行严格控制。

7.2.5.5　施工和易性

沥青混合料应具备良好的施工和易性，使混合料易于拌合、摊铺和碾压。影响沥青混合料施工和易性的因素很多，如气温、施工条件及混合料性质等。

从混合料性质来看，影响沥青混合料施工和易性的是混合料的级配和沥青用量。粗细集料的颗粒大小相距过大，缺乏中间尺寸，混合料容易分层离析；细集料过少，沥青层不容易均匀分布在粗集料颗粒表面；细集料过多，则使拌合困难。如沥青用量过少，或矿粉用量过多，混合料容易出现疏松，不易压实；沥青用量过多，或矿粉质量不好，则混合料容易黏结成块，不易摊铺。

7.2.6　沥青混合料技术指标及技术标准

7.2.6.1　油石比

油石比是沥青混合料中沥青质量与矿料质量的比例，以百分数计。沥青含量是沥青混合料中沥青质量与沥青混合料总质量的比例，以百分数计。

7.2.6.2　吸水率

吸水率是试件吸水体积占沥青混合料毛体积的百分率（取 1 位小数）：

$$S_a=\frac{m_f-m_a}{m_f-m_w}\times 100\%$$

式中，S_a 为试件的吸水率，%；m_a 为干燥试件在空气中的质量，g；m_w 为试件在水中的质量，g；m_f 为试件的表干质量，g。

7.2.6.3　毛体积相对密度

毛体积相对密度是指沥青混凝土相对单位毛体积（含沥青混合料实体体积、不吸收水分的内部闭口孔隙、能吸收水分的开口孔隙等颗粒表面轮廓线所包含的全部毛体积）的干质量。在工程中，常根据试件的空隙率大小选择用表干法、水中重法或蜡封法等测试方法测定沥青混合料的毛体积相对密度。

7.2.6.4　理论最大相对密度

理论最大密度是假设沥青混合料试件被压至完全密实，没有空隙的理想状态下的最大密度，即压实沥青混合料试件全部为矿料（包括矿料内部孔隙）和沥青所占有，空隙率为零时的最大密度。

当已知试件的油石比时，试件的理论最大相对密度可按下式计算（取3位小数）：

$$\gamma_t=\frac{100+P_a}{\frac{P_1}{\gamma_1}+\frac{P_2}{\gamma_2}+\cdots+\frac{P_n}{\gamma_n}+\frac{P_a}{\gamma_a}}$$

式中，γ_t 为理论最大相对密度，无量纲；P_a 为油石比，%；γ_a 为沥青的相对密度（25℃/25℃）；P_1，P_2，…，P_n 为各种矿料占矿料总质量的百分率，%；γ_1，γ_2，…，γ_n 为各种矿料对水的相对密度。

当已知试件的沥青含量时，试件的理论最大相对密度按下式计算（取3位小数）：

$$\gamma_t=\frac{100}{\frac{P'_1}{\gamma_1}+\frac{P'_2}{\gamma_2}+\cdots+\frac{P'_n}{\gamma_n}+\frac{P_b}{\gamma_a}}$$

式中，P'_1，P'_2，…，P'_n 为各种矿料占沥青混合料总质量的百分率，%；P_b 为沥青含量，%。

7.2.6.5　空隙率

沥青混合料试件的空隙率是指压制状态下沥青混合料内矿料及沥青以外的空隙（不包括矿料自身内部的孔隙或已被沥青封闭的孔隙）的体积占试件总体积的百分率，由下式计算（取1位小数）：

$$VV=\left(1-\frac{\gamma_f}{\gamma_t}\right)\times 100$$

式中，VV 为试件的空隙率，%；γ_t 为试件的最大相对密度；γ_f 为试件的毛体积相对密度。

7.2.6.6　沥青体积百分率

沥青混合料的沥青体积百分率是指压实沥青混合料试件中有效沥青实体体积（扣除被矿料吸收的沥青体积）占试件总体积的百分率，按下式计算（取1位小数）：

$$VA=\frac{100\times P_a\times\gamma_f}{(100+P_a)\times\gamma_a}$$

式中，VA 为试件的沥青体积百分率，%。

7.2.6.7　矿料间隙率

沥青混合料的矿料间隙率是指在达到规定压实状态的沥青混合料中，试件全部矿料部分以外的体积占试件总体积的百分率，按下式计算（取 1 位小数）：

$$VMA = VA + VV$$

（适用于空隙率按计算的理论最大相对密度计算的情况）

$$VMA = \left(1 - \frac{\gamma_f}{\gamma_{sb}} P_s\right) \times 100$$

（适用于空隙率按实测的理论最大相对密度计算的情况）

式中，VMA 为试件的矿料间隙率，%；P_s 为各种矿料占沥青混合料总质量的百分率之和，即$\sum P_i'$，%；γ_{sb} 为全部矿料对水的平均相对密度，按下式计算：

$$\gamma_{sb} = \frac{100}{\frac{P_1}{\gamma_1} + \frac{P_2}{\gamma_2} + \cdots + \frac{P_n}{\gamma_n}}$$

7.2.6.8　沥青饱和度（VFA）

沥青混合料的沥青饱和度是指在达到规定压实状态的沥青混合料中，试件矿料间隙中扣除被集料吸收的沥青以外的有效沥青结合料部分的体积在 VMA 中所占的百分率，按下式计算（取 1 位小数）：

$$VFA = \frac{VA}{VA + VV} \times 100$$

式中，VFA 为试件的沥青饱和度，%。

7.2.6.9　沥青混合料的技术标准

根据《公路沥青路面施工技术规范》（JTG F40—2004），密级配沥青混凝土混合料马歇尔试验的技术标准见表 7.15。

对用于高速公路和一级公路的公称最大粒径等于或小于 19mm 的沥青混合料，在进行配合比设计时还必须进行各种使用性能的检验，包括高温抗车辙性能、水稳定性、抗裂性能、渗水性能等。二级公路可参照此要求执行。

高温抗车辙性能以车辙动稳定度指标表征见表 7.16。

沥青混合料的水稳定性是通过浸水马歇尔试验和冻融劈裂试验来检验的，要求两项指标同时符合表 7.17 中的两个要求。

表 7.15　密级配沥青混凝土混合料马歇尔试验技术标准

（本表适用于公称最大粒径≤26.5mm 的密级配沥青混凝土混合料）

试验指标	单位	高速公路、一级公路				其他等级公路	行人道路
		夏炎热区 (1-1,1-2,1-3,1-4)		夏热区及夏凉区 (2-1,2-2,2-3,2-4,3-2)			
		中轻交通	重载交通	中轻交通	重载交通		
击实次数(双面)	次	75				50	50
试件尺寸	mm	ϕ101.6mm×63.5mm					

续表

<table>
<tr><td colspan="2" rowspan="3">试验指标</td><td rowspan="3">单位</td><td colspan="4">高速公路、一级公路</td><td rowspan="3">其他等级公路</td><td rowspan="3">行人道路</td></tr>
<tr><td colspan="2">夏炎热区
(1-1,1-2,1-3,1-4)</td><td colspan="2">夏热区及夏凉区
(2-1,2-2,2-3,2-4,3-2)</td></tr>
<tr><td>中轻交通</td><td>重载交通</td><td>中轻交通</td><td>重载交通</td></tr>
<tr><td rowspan="2">空隙率 VV</td><td>深约 90mm 以内</td><td>%</td><td>3～5</td><td>4～6</td><td>2～4</td><td>3～5</td><td>3～6</td><td>2～4</td></tr>
<tr><td>深约 90mm 以上</td><td>%</td><td colspan="2">3～6</td><td>2～4</td><td>3～6</td><td>3～6</td><td>—</td></tr>
<tr><td colspan="2">稳定度 MS(不小于)</td><td>kN</td><td colspan="4">8</td><td>5</td><td>3</td></tr>
<tr><td colspan="2">流值 FL</td><td>mm</td><td>2～4</td><td>1.5～4</td><td>2～4.5</td><td>2～4</td><td>2～4.5</td><td>2～5</td></tr>
<tr><td rowspan="7">矿料间隙率
VMA≤/%</td><td rowspan="2">设计空隙率/%</td><td colspan="7">相应于以下公称最大粒径(mm)的最小 VMA 及 VFA 技术要求/%</td></tr>
<tr><td colspan="2">26.5</td><td>19</td><td>16</td><td>13.2</td><td>9.5</td><td>4.75</td></tr>
<tr><td>2</td><td colspan="2">10</td><td>11</td><td>11.5</td><td>12</td><td>13</td><td>15</td></tr>
<tr><td>3</td><td colspan="2">11</td><td>12</td><td>12.5</td><td>13</td><td>14</td><td>16</td></tr>
<tr><td>4</td><td colspan="2">12</td><td>13</td><td>13.5</td><td>14</td><td>15</td><td>17</td></tr>
<tr><td>5</td><td colspan="2">13</td><td>14</td><td>14.5</td><td>15</td><td>16</td><td>18</td></tr>
<tr><td>6</td><td colspan="2">14</td><td>15</td><td>15.5</td><td>16</td><td>17</td><td>19</td></tr>
<tr><td colspan="2">沥青饱和度 VFA/%</td><td colspan="3">55～77</td><td colspan="2">65～75</td><td colspan="2">70～85</td></tr>
</table>

注：1. 对空隙率大于 5%的夏季炎热区重载交通路段，施工时至少提高压实度 1%。

2. 当设计的空隙率不是整数时，由内插确定要求的 *VMA* 最小值。

3. 对改性沥青混合料，马歇尔试验的流值可适当放宽。

表 7.16　沥青混合料车辙试验动稳定度技术要求

<table>
<tr><td colspan="2">气候条件与技术指标</td><td colspan="9">相应于下列气候分区所要求的动稳定度/(次/mm)</td></tr>
<tr><td colspan="2">七月平均最高气温/℃</td><td colspan="4">＞30</td><td colspan="4">20～30</td><td>＜20</td></tr>
<tr><td colspan="2" rowspan="2">气候分区</td><td colspan="4">1. 夏炎热区</td><td colspan="4">2. 夏热区</td><td>3. 夏凉区</td></tr>
<tr><td>1-1</td><td>1-2</td><td>1-3</td><td>1-4</td><td>2-1</td><td>2-2</td><td>2-3</td><td>2-4</td><td>3-2</td></tr>
<tr><td colspan="2">普通沥青混合料(不小于)</td><td colspan="2">800</td><td colspan="2">1000</td><td>600</td><td colspan="3">800</td><td>600</td></tr>
<tr><td colspan="2">改性沥青混合料(不小于)</td><td colspan="2">2400</td><td colspan="2">2800</td><td>2000</td><td colspan="3">2400</td><td>1800</td></tr>
<tr><td rowspan="2">SMA 混合料</td><td>非改性(不小于)</td><td colspan="9">1500</td></tr>
<tr><td>改性(不小于)</td><td colspan="9">3000</td></tr>
<tr><td colspan="2">OGFC 混合料</td><td colspan="9">1500(一般交通路段),3000(重交通量路段)</td></tr>
</table>

注：1. 如果其他月份的平均最高气温高于七月时，可使用该月平均最高气温。

2. 在特殊情况下，如钢桥面铺装、重载车特别多或纵坡较大的长距离上坡路段、厂矿专用道路，可酌情提高动稳定度的要求。

3. 对因气候寒冷确需要使用针入度很大的沥青（如大于 100），动稳定度难以达到要求，或因采用石灰岩等不很坚硬的石料，改性沥青混合料的动稳定度难以达到要求等特殊情况，可酌情降低要求。

4. 为满足炎热地区及重载车要求，在配合比设计时采取减少最佳沥青用量的技术措施时，可适当提高试验温度或增加试验荷载进行试验，同时增加试件的碾压成形密度和施工压实度要求。

5. 车辙试验不得采用二次加热的混合料，试验必须检验其密度是否符合试验规程的要求。

6. 如需要对公称最大粒径等于和大于 26.5mm 的混合料进行车辙试验，可适当增加试件的厚度，但不宜作为评定合格与否的依据。

表 7.17 沥青混合料水稳定性检验技术要求

气候条件与技术指标		相应于下列气候分区的技术要求/%			
年降雨量/mm		>1000	500～1000	250～500	<250
气候分区		1. 潮湿区	2. 湿润区	3. 半干区	4. 干旱区
浸水马歇尔试验残留稳定度≥/%					
普通沥青混合料		80		75	
改性沥青混合料		85		80	
SMA 混合料	普通沥青	75			
	改性沥青	80			
冻融劈裂试验的残留强度比≥/%					
普通沥青混合料		75		70	
改性沥青混合料		80		75	
SMA 混合料	普通沥青	75			
	改性沥青	80			

密级配沥青混合料的低温性能，是通过在温度－10℃、加载速率 50mm/min 的条件下进行的弯曲试验，测定其破坏强度、破坏应变、破坏劲度模量，并根据应力应变曲线的形状来综合评价。其中沥青混合料的破坏应变宜不小于表 7.18 的要求。

表 7.18 沥青混合料低温弯曲试验破坏应变技术要求

气候条件与技术指标	相应于下列气候分区所要求的破坏应变 $\mu\varepsilon$								
年极端最低气温/℃	<－37.0		－37.0～－21.5			－21.5～－9.0		>－9.0	
气候分区	1. 冬严寒区		2. 冬寒区			3. 冬冷区		4. 冬温区	
	1-1	2-1	1-2	2-2	3-2	1-3	2-3	1-4	2-4
普通沥青混合料(不小于)	2600		2300			2000			
改性沥青混合料(不小于)	3000		2800			2500			

利用轮碾机成形的车辙试验试件，脱模架起进行渗水试验，应符合表 7.19 的要求。

表 7.19 沥青混合料试件渗水系数技术要求

级配类型	渗水系数要求/(mL/min)
密级配沥青混凝土≤	120
SMA 混合料≤	80
OGFC 混合料≥	实测

对改性沥青混合料的性能检验，应针对改性目的进行。以提高高温抗车辙性能为主要目的时，低温性能可按普通沥青混合料的要求执行；以提高低温抗裂性能为主要目的时，高温稳定性可按普通沥青混合料的要求执行。

7.2.7 热拌沥青混合料配合比设计

沥青混合料配合比设计的任务是确定粗集料、细集料、矿粉和沥青等材料的最佳组成比例，使沥青混合料的各项指标既达到工程要求，又符合经济性原则。

热拌沥青混合料的配合比设计包括目标配合比设计、生产配合比设计（在目标配合比确定之后，利用实际施工的拌合机进行试拌以确定施工配合比）和生产配合比验证（试拌试铺）三个阶段。

目标配合比设计在试验室进行，分矿质混合料设计和沥青最佳用量确定两部分。

7.2.7.1　矿质混合料设计

矿质混合料组成设计的目的，是选配一个具有足够密实度并且有较高内摩阻力的矿质混合料。密级配沥青混合料宜根据公路等级、气候及交通条件按表7.20选择采用粗型（C型）或细型（F型）混合料（对夏季温度高、高温持续时间长、重载交通多的路段，宜选用粗型密级配沥青混合料，并取较高的设计空隙率；对冬季温度低且低温持续时间长的地区，或者重载交通较少的路段，宜选用细型密级配沥青混合料，并取较低的设计空隙率），并在表7.21范围内确定工程设计级配范围，通常情况下工程设计级配范围不宜超出表7.21的要求。其他类型的混合料宜根据设计要求，以《公路沥青路面施工技术规范》（JTG F40—2004）的规定作为工程设计级配范围，采用数解法或图解法求出粗集料、细集料和填料的配合比例。同时，计算所得的合成级配应根据下列要求做必要的调整。

通常情况下，合成级配曲线宜尽量接近级配中限，尤其应使0.075mm、2.36mm、4.75mm筛孔的通过量尽量接近级配范围中限。

对高速公路、一级公路、城市快速路、主干路等交通量大、轴载重的道路，宜偏向级配范围的下（粗）限；对一般道路、中小交通量或人行道路等宜偏向级配范围的上（细）限。

合成级配曲线应接近连续或合理的间断级配，不得有过多的犬牙交错，且在0.3～0.6mm范围内不出现“驼峰”。当经过再三调整，仍有两个以上的筛孔超过级配范围时，必须对原材料进行调整或更换原材料重新设计。

表7.20　粗型和细型密级配沥青混凝土的关键性筛孔通过率

混合料类型	公称最大粒径/mm	用以分类的关键性筛孔/mm	粗型密级配		细型密级配	
			名　称	关键性筛孔通过率/%	名　称	关键性筛孔通过率/%
AC-25	26.5	4.75	AC-25C	＜40	AC-25F	＞40
AC-20	19	4.75	AC-20C	＜45	AC-20F	＞45
AC-16	16	2.36	AC-16C	＜38	AC-16F	＞38
AC-13	13.2	2.36	AC-13C	＜40	AC-13F	＞40
AC-10	9.5	2.36	AC-10C	＜45	AC-10F	＞45

表7.21　密级配沥青混凝土混合料矿料级配范围

级配类型		通过下列筛孔(mm)的质量分数/%												
		31.5	26.5	19	16	13.2	9.5	4.75	2.36	1.18	0.6	0.3	0.15	0.075
粗粒式	AC-25	100	90～100	75～90	65～83	57～76	45～65	24～52	16～42	12～33	8～24	5～17	4～13	3～7
中粒式	AC-20		100	90～100	78～92	62～80	50～72	26～56	16～44	12～33	8～24	5～17	4～13	3～7
	AC-16			100	90～100	76～92	60～80	34～62	20～48	13～36	9～26	7～18	5～14	4～8
细粒式	AC-13				100	90～100	68～85	38～68	24～50	15～38	10～28	7～20	5～15	4～8
	AC-10					100	90～100	45～75	30～58	20～44	13～32	9～23	6～16	4～8
砂粒式	AC-5						100	90～100	55～75	35～55	20～40	12～28	7～18	5～10

（1）数解法　用数解法求矿质混合料组成的具体方法有多种，最常用的有“试算法”和“正规方程法”（又称“线性规划法”）。前者用于 3～4 种矿料组成，后者可用于多种矿料组成。

试算法的基本思路是在确定混合料中各组成集料的比例时，先假定混合料中的某种颗粒只是来源于某一该粒径占优势的集料，而其他各种集料不含这种粒径。依此试算各规格粒径集料的大致比例，然后校核混合后的实际级配，若不满足规定则再调整，直至达到要求的级配。

设有 A、B、C 三种集料，欲配制成级配为 M 的矿质混合料，求 A、B、C 集料的配合比。

设 X、Y、Z 分别为 A、B、C 三种集料在混合料中的用量比例，$a_A(i)$，$a_B(i)$，$a_C(i)$ 分别为 A、B、C 三种集料在某一粒径（i）的含量，$a_M(i)$ 为某一粒径（i）的集料在总体混合料 M 中的含量，则其各组分间的关系为：

$$X+Y+Z=100$$

$$a_A(i)X+a_B(i)Y+a_C(i)Z=100a_M(i)$$

根据试算法，计算 A 集料在矿质混合料中的用量时，按 A 集料占优势含量［即假设混合料 M 中某一粒径（i）主要由 A 集料提供］的某一粒径计算，而忽略其他集料在此粒径的含量［即假设 $a_B(i)=0$，$a_C(i)=0$］，则 A 集料用量可估算为：

$$X=100a_M(i)/a_A(i)$$

依同样原理，计算 C 集料在矿质混合料中的用量为：

$$Z=100a_M(j)/a_C(j)$$

计算 B 集料在矿质混合料中的用量：

$$Y=100-X-Z$$

如为四种集料配合时，D 集料仍可按其占优势粒径用试算法确定。

校核调整按以上计算的配合比，经校核如不在要求的级配范围内，应调整配合比重新计算和复核，直到符合要求为止。

【例 7.2】　现有碎石、砂和矿粉三种集料，经筛分析试验，各集料的分计筛余百分率列于表 7.22，并列出按推荐要求设计混合料的级配范围。试求碎石、砂和矿粉三种集料在要求级配混合料中的用量比例。

表 7.22　原有集料的分计筛余百分率和混合料要求的级配范围

筛孔尺寸 /mm	碎石分计筛余 $a_A(i)/\%$	砂分计筛余 $a_B(i)/\%$	矿粉分计筛余 $a_C(i)/\%$	矿质混合料要求级配范围 通过百分率/%
15	0.8	—	—	100
5	60.0	—	—	63～78
2.5	23.5	10.5	—	40～63
1.25	14.4	22.1	—	30～53
0.63	1.3	19.4	4.0	22～45
0.315	—	36.0	4.0	15～35
0.16	—	7.0	5.5	12～30
0.08	—	3.0	3.2	10～25
<0.08	—	2.0	83.3	—

解：先将矿质混合料要求级配范围的通过百分率换算为分计筛余百分率，计算结果列于表7.23，并设碎石、砂、矿粉的配合比为X、Y、Z。

表7.23 原有集料和要求级配范围的分计筛余百分率

筛孔尺寸/mm	碎石分计筛余 $a_A(i)/\%$	砂分计筛余 $a_B(i)/\%$	矿粉分计筛余 $a_C(i)/\%$	要求级配范围通过率的中值/%	要求级配范围累计筛余中值/%	要求级配范围分计筛余中值 $a_M(i)/\%$
15	0.8	—	—	—	—	—
5	**60.0**	—	—	70.5	29.5	29.5
2.5	23.5	10.5	—	51.5	48.5	19.0
1.25	14.4	22.1	—	41.5	58.5	10.0
0.63	1.3	19.4	4.0	33.5	66.5	8.0
0.315	—	36.0	4.0	25.0	75.0	8.5
0.16	—	7.0	5.5	21.0	79.0	4.0
0.08	—	3.0	3.2	17.5	82.5	3.5
<0.08	—	2.0	**83.3**	—	100.0	17.5

由表7.23可知，碎石中5mm粒径颗粒含量占优势，假设混合料中5mm的粒径全部由碎石提供，$a_B(5)=0$，$a_C(5)=0$，则碎石在矿质混合料中的用量比例：

$$X=a_M(5)/a_A(5)\times100\%=29.5/60.0\times100\%=49\%$$

同理，矿粉中<0.08mm粒径颗粒含量占优势，忽略碎石和砂中此粒径颗粒的含量，即$a_A(<0.08)=0$，$a_B(<0.08)=0$，则矿粉在矿质混合料中的用量比例：

$$Z=a_M(<0.08)/a_C(<0.08)\times100\%=17.5/83.3\times100\%=21\%$$

则砂在矿质混合料中的用量比例：

$$Y=(100-X-Z)\times100\%=(100-49-21)\times100\%=30\%$$

以试算所得配合比$X=49\%$，$Y=30\%$，$Z=21\%$，按表7.24进行校核。

根据校核结果符合级配范围要求，如不符合级配范围，应调整配合比再进行试算，经几次调整，逐步接近，直至达到要求。如经计算确实不能符合级配要求，应调整或增加集料品种。

正规方程法的基本原理是根据各种集料的筛分析数据和规范要求的级配中值，列出正规方程，然后用数学回归的方法或电算的方法求解。

设矿质混合料任何一级筛孔规定的通过率为$P_{(j)}$，它是由各种组成集料在该级的通过百分率$P_{i(j)}$乘各种集料在混合料中的用量（x_i）之和，即

$$\sum P_{i(j)}\cdot x_i=P_{(j)}$$

式中，i为集料的种类，$i=1, 2, \cdots, k$；j为任一级筛孔的筛孔号，$j=1, 2, \cdots, n$。

按上式列出下列方程组：

$$P_{1(1)}x_1+P_{2(1)}x_2+\cdots+P_{k(1)}x_k=P_{(1)}$$

$$P_{1(2)}x_1+P_{2(2)}x_2+\cdots+P_{k(2)}x_k=P_{(2)}$$

$$\cdots\cdots$$

$$P_{1(n)}x_1+P_{2(n)}x_2+\cdots+P_{k(n)}x_k=P_{(n)}$$

上述方程组有k个变量，有n个方程式，因此，可用数学回归法或点算法求解。

表 7.24　矿质混合料配合组成计算校核

筛孔尺寸/mm	碎石			砂			矿粉			矿质混合料			
	(1)	(2)	(3)	(4)	(5)	(6)	(7)	(8)	(9)	(10)	(11)	(12)	(13)
	原来级配分计筛余 $a_A(i)$/%	用量比例 X/%	占混合料百分率 $a_A(i)X$/%	原来级配分计筛余 $a_B(i)$/%	用量比例 Y/%	占混合料百分率 $a_B(i)Y$/%	原来级配分计筛余 $a_C(i)$/%	用量比例 Z/%	占混合料百分率 $a_C(i)Z$/%	分计筛余 $a_M(i)$/%	累计筛余/%	通过率/%	要求级配范围通过率/%
15	0.8		0.4	—		—	—		—	0.4	0.4	99.6	100
5	60.0		29.4	—		—	—		—	29.4	29.8	70.2	63～78
2.5	23.5		11.5	10.5		3.2	—		—	14.7	44.5	55.5	40～63
1.25	14.4		7.1	22.1		6.6	—			13.7	58.2	41.8	30～53
0.63	1.3	49	0.6	19.4	30	5.8	4.0	21	0.8	7.2	65.4	34.6	22～45
0.315	—		—	36.0		10.8	4.0		0.8	11.6	77.0	23.0	15～35
0.16	—		—	7.0		2.1	5.5		1.2	3.3	80.3	19.7	12～30
0.08	—		—	3.0		0.9	3.2		0.7	1.6	81.9	18.1	10～25
<0.08	—		—	2.0		0.6	83.3		17.5	18.1	100	—	—
校核	Σ=100		Σ=49	Σ=100		Σ=30	Σ=100		Σ=21	Σ=100			

(2) 图解法　图解法通常采用的是修正平衡面积法。由三种以上的多种集料进行组配时，采用此方法进行设计十分简便。

首先，根据级配范围中值，确定相应的横坐标位置。绘制一长方形图框，通常纵坐标（表示通过率）取 10cm，横坐标（表示筛孔尺寸）取 15cm，然后做一条左下右上对角线，如图 7.8 所示。该对角线作为合成级配中值。纵坐标按算数标尺标出通过百分率（0～100%）。根据合成级配中值要求的各筛孔通过百分率，从纵坐标引平行线与对角线相交，再从交点做垂线与横坐标相交，其交点即为各相应筛孔（mm）的位置。

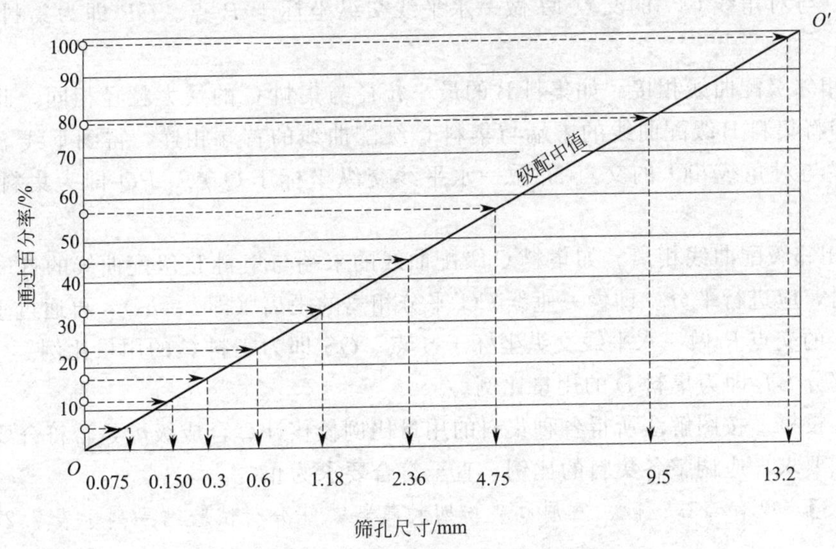

图 7.8　图解法用级配曲线坐标图

在坐标图上绘制各种集料的级配曲线，见图 7.9。

其次，确定各种集料的用量比例。从级配曲线上最粗集料开始，依次分析两种相邻集料的级配曲线，直至最细集料。各相邻集料的级配曲线可能有三种情况：不同集料之间的粒径分布可能相互重叠（级配曲线重叠），不同集料之间的粒径分布可能正好相互衔接（级配曲线相接），不同集料之间的粒径分布可能有间隔，彼此间有些粒径处于断档（级配曲线相离）。根据不同情况采用作图法确定各种集料所占比例，如图 7.9 所示。

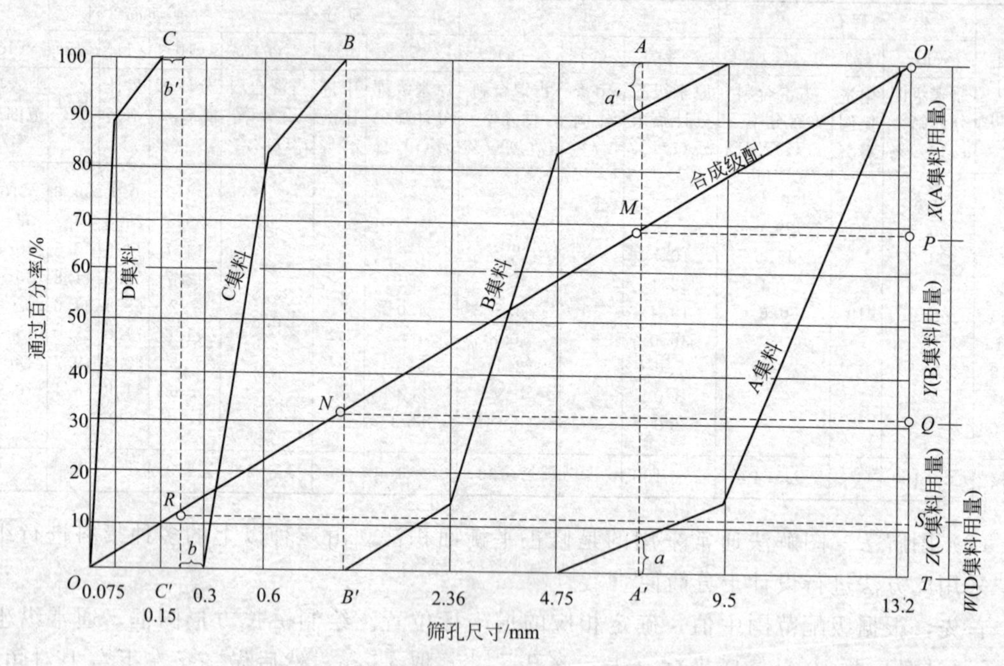

图 7.9 组成集料级配曲线和要求合成级配曲线图

① 两相邻级配曲线重叠。如集料 A 级配曲线下部粒径与集料 B 级配曲线上部粒径重叠，此时，应进行等分。即在两级配曲线相重叠的部分引一条使 $a=a'$的垂线 AA'，再通过垂线 AA'与对角线 OO'的交点 M 做一水平线交纵坐标于 P 点。OP 即为集料 A 的用量比例。

② 两相邻级配曲线相接。如集料 B 的最小粒径与集料 C 的最大粒径相同，此时，应进行连分。即将集料 B 级配曲线的末端与集料 C 级配曲线的首端相连，得到垂线 BB'，再通过垂线 BB'与对角线 OO'的交点 N 做一水平线交纵坐标于 Q 点。PQ 即为集料 B 的用量比例。

③ 两相邻级配曲线相离。如集料 C 级配曲线的末端与集料 D 级配曲线的首端相离一段距离，此时，应进行平分。即做一垂线 CC'平分相离的距离（即 $b=b'$），再通过垂线 CC'与对角线 OO'的交点 R 做一水平线交纵坐标于 S 点。QS 即为集料 C 的用量比例。

剩余部分 ST 即为集料 D 的用量比例。

最后，校核。按图解法所得各种集料的用量比例校核计算合成级配是否符合要求，如超出级配范围要求，应调整各集料的比例，直至符合要求为止。

【例 7.3】 现有碎石、砂、石屑和矿粉四种集料，筛分析试验结果列于表 7.25。

表 7.25 各种集料筛分析结果

材料名称	筛孔尺寸/mm									
	16.0	13.2	9.5	4.75	2.36	1.18	0.6	0.3	0.15	0.075
	通过率/%									
碎石	100	95	26	0	0	0	0	0	0	0
石屑	100	100	100	80	40	17	0	0	0	0

续表

材料名称	筛孔尺寸/mm									
	16.0	13.2	9.5	4.75	2.36	1.18	0.6	0.3	0.15	0.075
	通过率/%									
砂	100	100	100	100	94	90	76	38.5	17	0
矿粉	100	100	100	100	100	100	100	100	100	83

要求将上述四种集料组配成符合表 7.26 要求的矿质混合料，试确定各种集料的用量比例。

表 7.26　要求的矿质混合料的级配

材料	筛孔尺寸/mm									
	16.0	13.2	9.5	4.75	2.36	1.18	0.6	0.3	0.15	0.075
	通过率/%									
细粒式沥青混凝土 AC-13	100	90～100	68～85	38～68	24～50	15～38	10～28	7～20	5～15	4～8

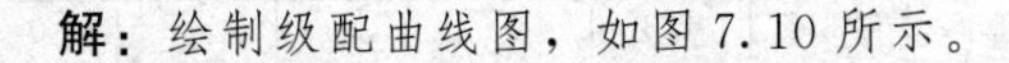

解： 绘制级配曲线图，如图 7.10 所示。

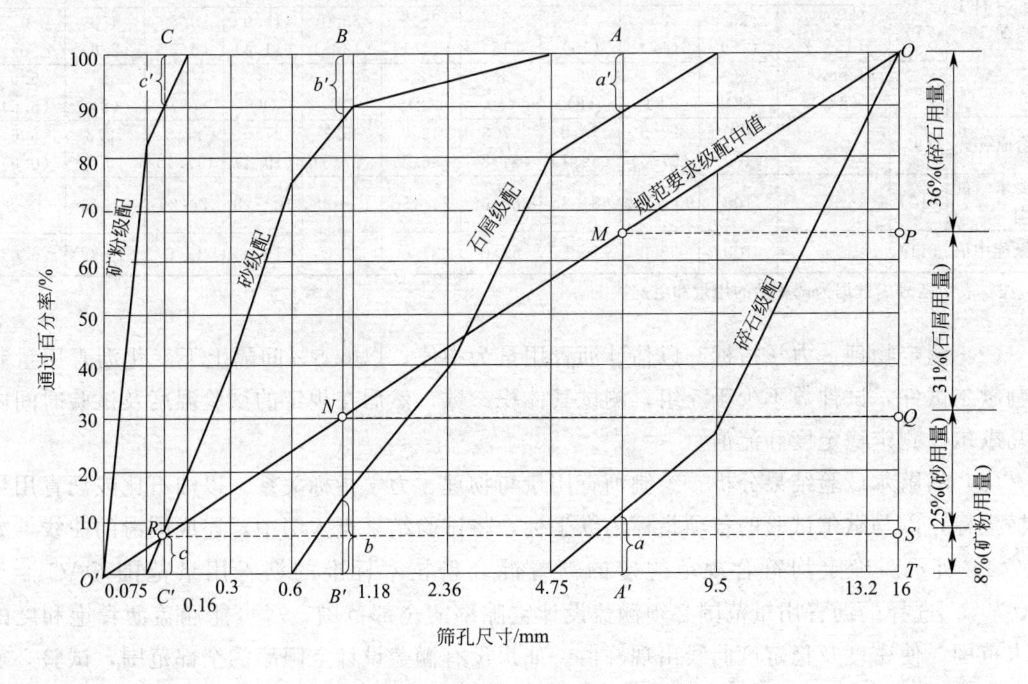

图 7.10　矿质混合料配合比计算图

在碎石和砂级配曲线相重叠部分做垂线 AA'（使 $a=a'$），自 AA' 与对角线 OO' 的交点 M 引一水平线交纵坐标于 P 点，OP 的长度为碎石的用量比例 36%。

同理，求出石屑的用量比例 31%，砂的用量比例 25%，剩余部分为矿粉的用量比例 8%。

用图解法求出矿质集料的比例关系，即碎石：石屑：砂：矿粉＝36%：31%：25%：

8%。并进行调整，使合成级配尽量接近要求级配范围中值（表7.27中括号内的数值）。

7.2.7.2 沥青最佳用量的确定

根据《公路沥青路面施工技术规范》（JTG F40—2004），采用马歇尔试验方法确定沥青最佳用量（OAC）。

（1）制备试样 按确定的矿质混合料配合比计算各种集料的用量，根据沥青用量范围的经验估计适宜的沥青用量（或油石比）。

表7.27 矿质混合料组配校核表

材料			筛孔尺寸/mm									
			16.0	13.2	9.5	4.75	2.36	1.18	0.6	0.3	0.15	0.075
			通过率/%									
原材料级配	(1)	碎石100%	100	95	26	0	0	0	0	0	0	0
	(2)	石屑100%	100	100	100	80	40	17	0	0	0	0
	(3)	砂100%	100	100	100	100	94	90	76	38.5	17	0
	(4)	矿粉100%	100	100	100	100	100	100	100	100	100	83
各种集料在混合料中的级配	(5)	碎石36% (41%)	36 (41)	33.8 (38.5)	9.4 (10.7)	0 (0)	0 (0)	0 (0)	0 (0)	0 (0)	0 (0)	0 (0)
	(6)	石屑31% (36%)	31 (36)	31 (36)	31 (36)	24.8 (28.8)	12.4 (14.4)	4.3 (6.1)	0 (0)	0 (0)	0 (0)	0 (0)
	(7)	砂25% (15%)	25 (15)	25 (15)	25 (15)	25 (15)	23.5 (14.1)	23.0 (13.5)	19.0 (11.4)	9.5 (5.7)	4.3 (2.6)	0 (0)
	(8)	矿粉8% (8%)	8 (8)	8 (8)	8 (8)	8 (8)	8 (8)	8 (8)	8 (8)	8 (8)	8 (8)	6.6 (6.6)
合成级配	(9)		100 (100)	97.5 (97.5)	73.0 (69.7)	57.8 (51.8)	43.9 (36.5)	35.3 (27.6)	27.0 (19.4)	17.5 (13.7)	12.3 (10.6)	6.6 (6.6)
要求级配范围	(10)		100	90～100	68～85	38～68	24～50	15～38	10～28	7～20	5～15	4～8
级配中值	(11)		100	95.0	76.5	53.0	37.0	26.5	19.0	13.5	10.0	6.0

注：表中括号内数据为调整后的用量和级配。

（2）测定物理、力学指标 以估计沥青用量为中值，以0.5%间隔上下变化沥青用量制备马歇尔试件，试件数不少于5组，测试其体积参数，然后在规定的试验温度及试验时间内用马歇尔仪测定稳定度和流值。

（3）马歇尔试验结果分析 绘制沥青用量与物理、力学指标关系。以油石比或沥青用量为横坐标，以马歇尔试验的各项指标为纵坐标，将试验结果点入图中，连成圆滑的曲线，如图7.11所示。确定均符合规范规定的沥青混合料技术标准的沥青用量范围OAC_{min}～OAC_{max}。选择的沥青用量范围必须涵盖设计空隙率的全部范围，尽可能涵盖沥青饱和度的要求范围，使密度及稳定度曲线出现峰值。如果没有涵盖设计空隙率的全部范围，试验必须扩大沥青用量范围重新进行。

绘制曲线时含VMA指标，且应为下凹性曲线，但确定OAC_{min}～OAC_{max}时不包括VMA。

在曲线上求取相应于密度最大值、稳定度最大值、目标空隙率（或中值）、沥青饱和度范围中值的沥青用量a_1、a_2、a_3、a_4，按下式取平均值作为OAC_1：

$$OAC_1=(a_1+a_2+a_3+a_4)/4$$

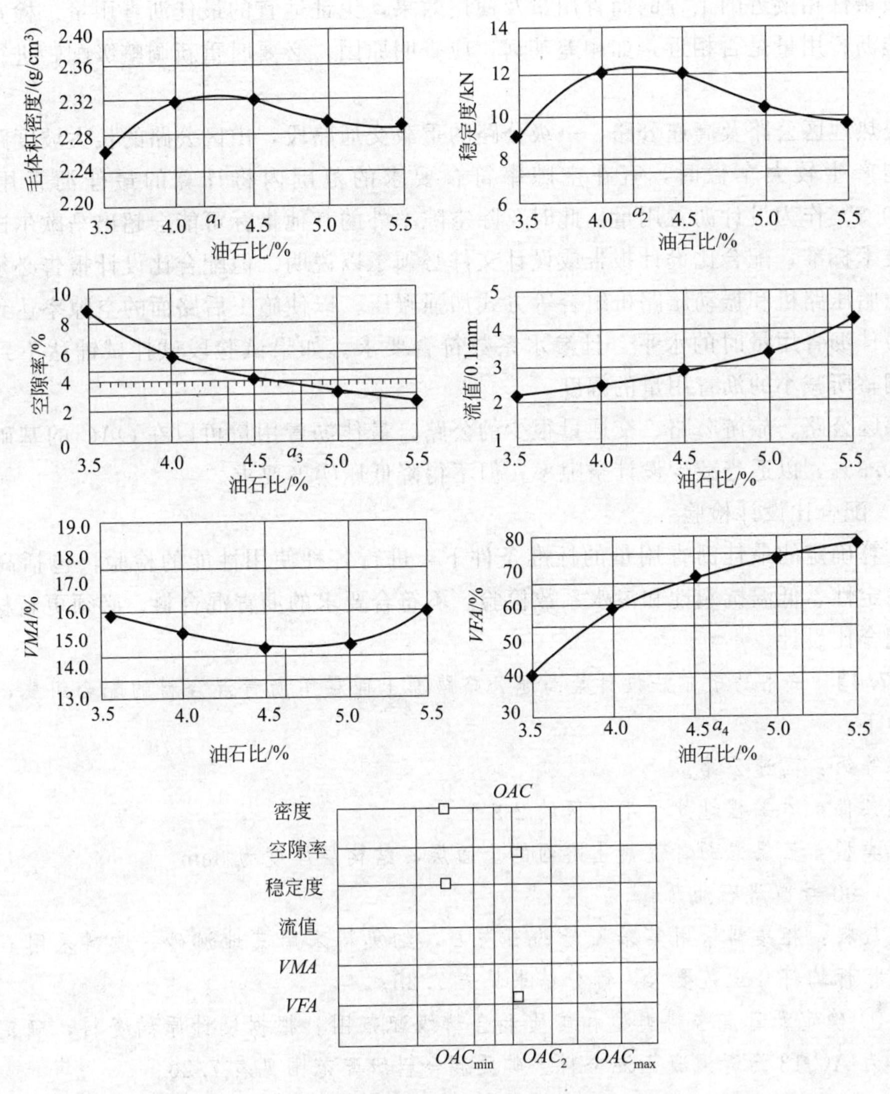

图 7.11　沥青用量与各项指标关系曲线图示例

如果所选择的沥青用量范围未能涵盖沥青饱和度的要求范围，按下式求取三者的平均值为 OAC_1：

$$OAC_1=(a_1+a_2+a_3)/3$$

对所选择试验的沥青用量范围，密度或稳定度没有出现峰值（最大值经常在曲线的两端）时，可直接以目标空隙率所对应的沥青用量 a_3 作为 OAC_1，但 OAC_1 必须介于 OAC_{min}～OAC_{max} 的范围内，否则应重新进行配合比设计。

以各项指标均符合技术标准（不含 VMA）的沥青用量范围 OAC_{min}～OAC_{max} 的中值作为 OAC_2：

$$OAC_2=(OAC_{min}+OAC_{max})/2$$

通常情况下，取 OAC_1 及 OAC_2 的中值作为计算的最佳沥青用量 OAC：

$$OAC=(OAC_1+OAC_2)/2$$

根据实践经验和公路等级、气候条件、交通情况，调整确定最佳沥青用量 OAC。调查当地各项条件相接近的工程的沥青用量及使用效果，论证适宜的最佳沥青用量。检查计算得到的最佳沥青用量是否相近，如相差甚远，应查明原因，必要时重新调整级配，进行配合比设计。

对炎热地区公路及高速公路、一级公路的重载交通路段，山区公路的长大坡度路段，预计有可能产生较大车辙时，宜在空隙率符合要求的范围内将计算的最佳沥青用量减小0.1%～0.5%作为设计沥青用量。此时，除空隙率外的其他指标可能会超出马歇尔试验配合比设计技术标准，配合比设计报告或设计文件必须予以说明。但配合比设计报告必须要求采用重型轮胎压路机和振动压路机组合等方式加强碾压，以使施工后路面的空隙率达到未调整前的原最佳沥青用量时的水平，且渗水系数符合要求。如果试验段试拌试铺达不到此要求时，宜调整所减小的沥青用量的幅度。

对寒区公路、旅游公路、交通量很少的公路，最佳沥青用量可以在 *OAC* 的基础上增加0.1%～0.3%，以适当减少设计空隙率，但不得降低压实度要求。

7.2.7.3 配合比设计检验

按计算确定的最佳沥青用量的标准条件下，进行各种使用性能的检验，包括高温稳定性、水稳定性、低温抗裂性和渗水系数检验。不符合要求的沥青混合料，必须更新材料或重新进行配合比设计。

【例 7.4】 试用马歇尔法设计某高速公路路面上面层用沥青混合料的配合组成，设计原始资料如下。

道路等级：高速公路。

气候条件：本工程地处于半干区的2-2区。

路面类型：三层式沥青混凝土路面的上面层，结构层厚度为3cm。

沥青：90号道路石油沥青。

矿质集料：粗集料采用某采石场的石灰石，细集料采用某地河砂，填料采用石灰石磨制。各项指标均符合规范要求，筛分结果见表7.25。

解：① 确定沥青混合料类型和矿质混合料级配范围。根据设计原始资料，确定沥青混合料类型为AC-13沥青混凝土混合料。矿质混合料级配范围见表7.26。

② 矿质混合料级配组成。用图解法求出矿质集料的比例关系，并进行调整，求解过程见例7.3。

③ 沥青最佳用量的确定。预估沥青用量范围为4.5%～6.5%。采用0.5%的间隔变化，配制5组马歇尔试件，测定其各项指标，试验结果见表7.28，沥青用量和各项指标之间的关系如图7.12所示。

表 7.28 沥青混合料马歇尔试验数据统计表

组数编号	沥青用量/%	实测密度/(g/cm³)	空隙率/%	饱和度/%	稳定度/kN	流值/0.1mm
1	4.5	2.472	7.5	53.3	10.4	28.8
2	5.0	2.512	5.5	63.6	11.9	29.3
3	5.5	2.531	4.1	72.6	12.4	30.7
4	6.0	2.542	3.4	77.6	10.9	33.2
5	6.5	2.532	2.6	83.4	9.0	36.2
JTG F40—2004 要求		—	3～5	65～75	≥8	20～40

由图7.12可见，$a_1=5.5\%$，$a_2=5.0\%$，$a_3=5.0\%$，$a_4=4.7\%$。则：

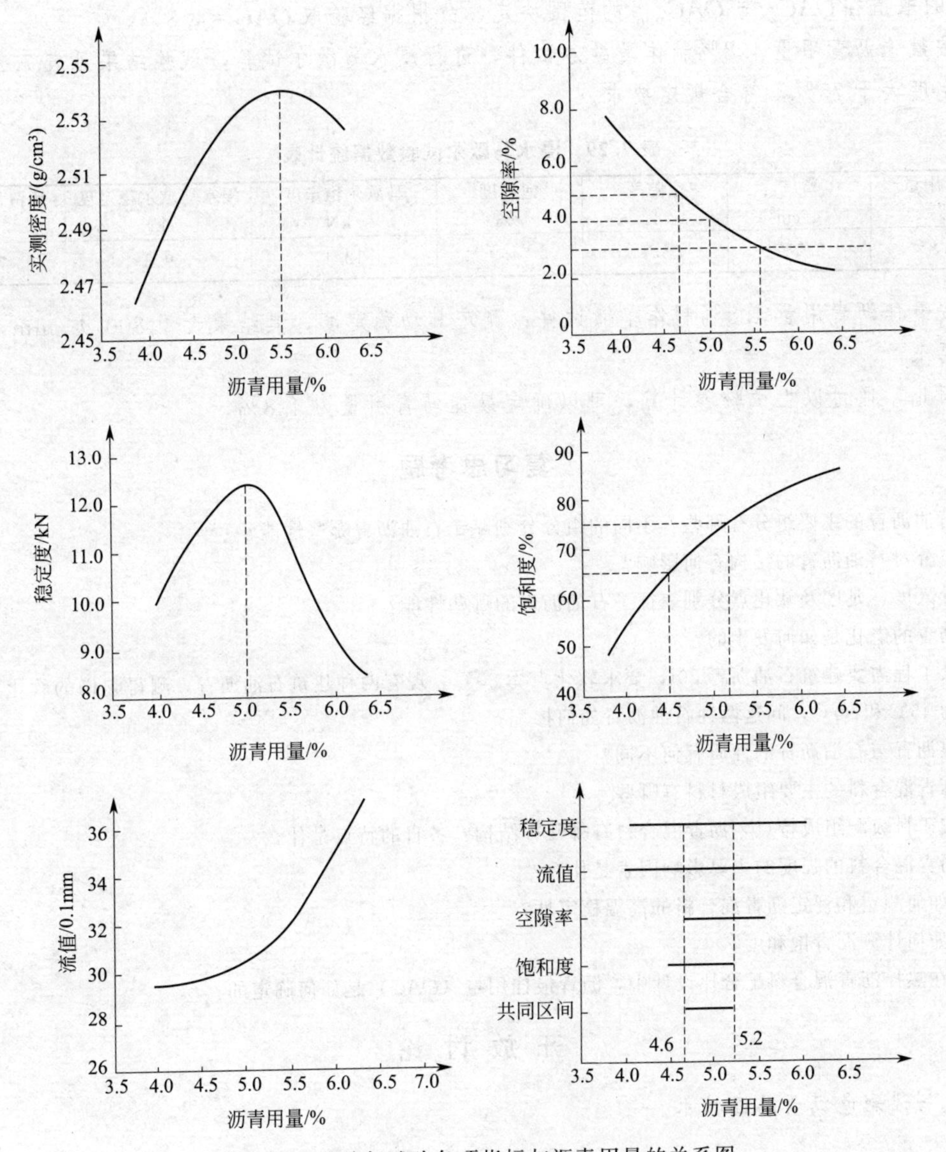

图 7.12　马歇尔试验各项指标与沥青用量的关系图

$$OAC_1=\frac{a_1+a_2+a_3+a_4}{4}=\frac{5.5\%+5.0\%+5.0\%+4.7\%}{4}=5.05\%$$

根据沥青混合料马歇尔试验技术指标（表 7.28）确定各关系曲线上沥青用量范围，取其共同部分得：

$$OAC_{min}=4.6\%\quad OAC_{max}=5.2\%$$

$$OAC_2=\frac{OAC_{min}+OAC_{max}}{2}=\frac{4.6\%+5.2\%}{2}=4.9\%$$

由 OAC_1 和 OAC_2 综合确定沥青最佳用量：

$$OAC=\frac{OAC_1+OAC_2}{2}=\frac{5.05\%+4.9\%}{2}=4.975\%$$

因为气候条件属于温和地区，且是车辆渠化交通的高速公路，预计有可能出现车辙，则

OAC 的取值在 OAC_2 与 OAC_{min} 的范围决定，故根据经验取 OAC＝4.8％。

按最佳沥青用量4.8％制作马歇尔试件，进行浸水马歇尔试验，试验结果见表7.29。残留稳定度大于75％，符合规定要求。

表7.29 浸水马歇尔试验数据统计表

沥青用量/％	密度/(g/cm^3)	空隙率/％	饱和度/％	马歇尔稳定度/kN	浸水马歇尔稳定度/kN	残留稳定度/％
4.8	2.537	3.7	74.9	12.4	9.8	79

按最佳沥青用量4.8％制作车辙试件，测定其动稳定度，其结果大于800次/mm，符合规定要求。

因此，通过以上试验和计算，可以确定最佳沥青用量为4.8％。

复习思考题

7.1 石油沥青的主要组分有哪些？不同的组分分别赋予石油沥青哪些性能？

7.2 组分对石油沥青的结构有何影响？

7.3 针入度、延度及软化点分别表征了石油沥青的哪些性能？

7.4 沥青的老化是如何发生的？

7.5 某工程需要建筑石油沥青20t，要求软化点为80℃，现有两种建筑石油沥青，测得它们的软化点分别为45℃和90℃，问这两种石油沥青如何掺配？

7.6 煤沥青与石油沥青的性质有何不同？

7.7 沥青混合料的主要组成材料有哪些？

7.8 按矿料级配组成特点，沥青混合料有哪几种结构？各自的特点是什么？

7.9 沥青混合料的强度的主要影响因素是什么？

7.10 如何测定和评定沥青混合料的高温稳定性？

7.11 如何计算沥青饱和度？

7.12 在热拌沥青混合料配合比设计中，沥青最佳用量（OAC）是如何确定的？

开放讨论

谈一谈彩色沥青路面技术。

第8章　木　　材

【学习要点】

1. 了解木材的分类与构造。
2. 掌握木材的主要物理和力学性质。
3. 了解木材的防护及主要木材产品。

木材应用于土木工程，历史悠久。我国在木材建筑技术和木材装饰艺术上有许多独到之处，并达到相当高的水平，如世界闻名的天坛祈年殿、山西应县木塔等都是木结构建筑的杰出代表。近年来，虽然出现了很多新材料，但木材由于其独特的优点，仍不失在土木工程中的重要地位。

土木工程中所用木材主要来自某些树木的树干部分。然而，树木的生长比较缓慢，大量使用木材将导致森林覆盖率下降，破坏人类赖以生存的自然环境。因此，为了保持生态平衡，保证人类的生存，在土木工程中，应节约木材，合理地使用木材。

8.1　木材的分类与构造

8.1.1　木材的分类

木材产自木本植物中的乔木，即针叶树和阔叶树。

8.1.1.1　针叶树材

针叶树树叶如针状（如松）或鳞片状（如侧柏），习惯上也包括宫扇形叶的银杏。针叶树树干通直高大，枝杈较小，分布较密，易得大材，其纹理顺直，材质均匀。大多数针叶树材的木质较轻而易于加工，故针叶树材又称软材。针叶树材强度较高，胀缩变形较小，耐腐蚀性强，土木工程中广泛用做承重构件和装饰材料。我国常用针叶树树种有陆均松、红松、红豆杉、云杉、冷杉和福建柏等。

8.1.1.2　阔叶树材

阔叶树树叶多数宽大、叶脉呈网状。阔叶树树干通直部分一般较短，枝杈较大，数量较少。相当数量阔叶树材的材质重硬而较难加工，故阔叶树材又称硬材。阔叶树材强度高，胀缩变形大，易翘曲开裂。阔叶树材板面通常较美观，具有很好的装饰作用，适于做家具、室内装修及胶合板等。我国常用阔叶树树种有水曲柳、栎木、樟木、黄菠萝、榆木、核桃木、酸枣木、梓木和檫木。

8.1.2　木材的构造

8.1.2.1　木材的宏观构造

木材的宏观构造是指用肉眼和放大镜就能观察到的木材组织。通常从树干的三个切面上进行观察，即横切面（垂直于树轴的面）、径切面（通过树轴的面）和弦切面（平行于树轴的面），如图8.1所示。

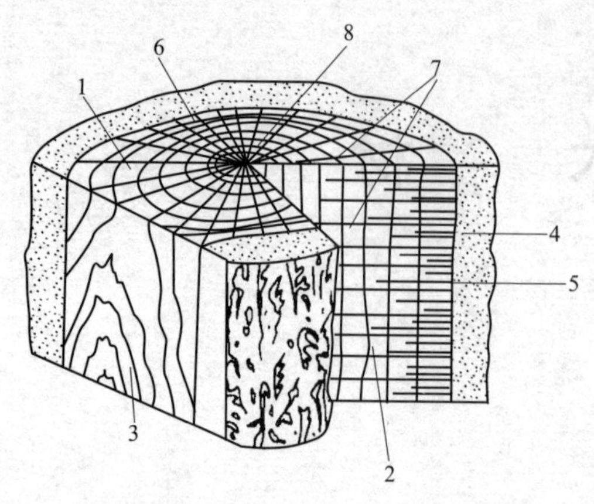

图8.1 树干的三个切面

1—横切面；2—径切面；3—弦切面；4—树皮；5—木质部；6—年轮；7—髓线；8—髓心

树木由树皮、木质部和髓心三部分组成。树皮覆盖在木质部的外表面，起保护树木的作用，工程上用途不大。髓心位于树干中心，是最早生成的木质部分，质地松软，强度低，易于腐朽。木质部是髓心和树皮之间的部分，是工程上使用的主要部分。靠近树皮的部分，色泽较浅，水分较多，称为边材；靠近髓心的部分，色泽较深，水分较少，称为心材。心材的材质较硬，密度较大，渗透性较低，耐久性、耐腐性均较边材高。

横切面上深浅相间的同心圆环，称为年轮。在同一年轮内，春天生长的木质，色较浅，质较松，强度低，称为春材（早材）；夏秋两季生长的木质，色较深，质较硬，强度高，称为夏材（晚材）。相同树种，年轮越密而均匀，材质越好；夏材部分越多，木材强度越高。

从髓心向外的辐射线，称为髓线或木射线。髓线与周围连接较差，木材干燥时易沿髓线开裂。阔叶树的髓线较发达。

8.1.2.2 木材的微观结构

木材的微观结构是指在显微镜下观察到的木材组织。木材由无数管状细胞紧密结合而成，绝大部分为纵向排列，少数横向排列（髓线）。每一个细胞由细胞壁和细胞腔两部分构成。细胞壁由细纤维组成，其纵向联结较横向牢固，细纤维间有极小的空隙，能吸附和渗透水分；细胞腔是由细胞壁包裹而成的空腔。细胞壁承受力的作用，所以木材的细胞壁越厚，细胞腔越小，木材越密实，其表观密度和强度也越大，但其胀缩变形也大。与春材比较，夏材的细胞壁较厚，细胞腔较小。

针叶树微观结构简单而规则，它主要由管胞和髓线组成，且其髓线较细而不明显。阔叶树微观结构较为复杂，其最大的特点是髓线发达、粗大而明显。

8.1.2.3 木材的缺陷

木材在生长、采伐、储运、加工和使用过程中会产生一些缺陷（疵病），如节子、裂纹、夹皮、斜纹、弯曲、伤疤、腐朽和虫害等，这些缺陷不仅降低木材的力学性能，而且影响木材的外观质量。其中节子、裂纹和腐朽对材质的影响最大。

埋藏在树干中的枝条称为节子。活节由活枝条形成，与周围木质紧密连生在一起，质地坚硬，构造正常。死节由枯死的枝条形成，与周围木质大部或全部脱离，质地坚硬或松软，在板材中有时脱离而形成空洞。材质完好的节子称为健全节，腐朽的节子称为腐朽节，漏节不但节子本身已经腐朽，而且深入树干内部，引起木材内部腐朽。木节对木材质量的影响随木节的种类、分布位置、大小、密集程度及木材的用途而不同。健全活节对木材力学性能无不利影响，死节、腐朽节和漏节对木材力学性能和外观质量影响最大。

木材纤维与纤维之间分离所形成的缝隙称为裂纹。在木材内部，从髓心沿半径方向开裂的裂纹称为径裂，沿年轮方向开裂的裂纹称为轮裂，纵裂是沿材身顺纹理方向、由表及里的径向裂纹。木材裂纹主要是在立木生长期因环境或生长应力等因素引起的，或者伐倒木因不合理干燥而引起。裂纹破坏了木材的完整性，影响木材的利用率和装饰价值，降低木材的强度，也是真菌侵入木材内部的通道。

8.2　木材的主要物理和力学性质

8.2.1　含水量

木材的含水量以含水率表示，即木材中所含水的质量占干燥木材质量的百分数。新伐倒的树木称为生材，其含水率一般在70%～140%。木材气干含水率因地而异，南方为15%～20%，北方为10%～15%。窑干木材的含水率在4%～12%。

8.2.1.1　木材中的水

木材中所含的水可分为自由水和吸附水两种。

自由水是存在于木材细胞腔和细胞间隙中的水分。自由水影响木材的表观密度、保存性、抗腐蚀性和燃烧性。

吸附水是被吸附在细胞壁基体相中的水分。由于细胞壁基体相具有较强的亲水性，且能吸附和渗透水分，所以水分进入木材后首先被吸入细胞壁。吸附水是影响木材强度和胀缩的主要因素。

8.2.1.2　纤维饱和点

湿木材在空气中干燥时，当自由水蒸发完毕而吸附水尚处于饱和时的状态，称为纤维饱和点。此时的木材含水率称为纤维饱和含水率，其大小随树种而异，通常介于23%～33%。纤维饱和点含水率的重要意义不在其数值的大小，而在于它是木材许多性质在含水率影响下开始发生变化的起点。在纤维饱和点之上，含水量变化是自由水含量的变化，它对木材强度和体积影响甚微；在纤维饱和点之下，含水量变化即吸附水含量的变化，将对木材强度和体积等产生较大的影响。

8.2.1.3　平衡含水率

潮湿的木材会向较干燥的空气中蒸发水分，干燥的木材也会从湿空气中吸收水分。木材长时间处于一定温度和湿度的空气中，当水分的蒸发和吸收达到动态平衡时，其含水率相对稳定，这时木材的含水率称为平衡含水率。木材平衡含水率随周围空气的温度、湿度而变化（图8.2），所以各地区、各季节木材的平衡含水率常不相同（表8.1）。事实上，各树种木材的平衡含水率也有差异。

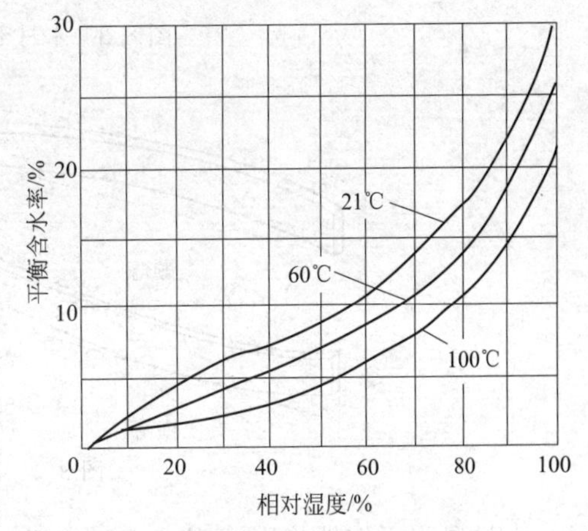

图8.2　木材的平衡含水率

表8.1　我国部分城市木材的平衡含水率　单位：%

城市	月份												
	1	2	3	4	5	6	7	8	9	10	11	12	平均
广州	13.3	16.0	17.3	17.6	17.6	17.5	16.6	16.1	14.7	13.0	12.4	12.9	15.1
上海	15.8	16.8	16.5	15.5	16.3	17.9	17.5	16.6	15.8	14.7	15.2	15.9	16.0

续表

城市	月份												
	1	2	3	4	5	6	7	8	9	10	11	12	平均
北京	10.3	10.7	10.6	8.5	9.8	11.1	14.7	15.6	12.8	12.2	12.2	10.8	11.4
拉萨	7.2	7.2	7.6	7.7	7.6	10.2	12.2	12.7	11.9	9.0	7.2	7.8	8.6
徐州	15.7	14.7	13.3	11.8	12.4	11.6	16.2	16.7	14.0	13.0	13.4	14.4	13.9

8.2.2　湿胀与干缩

木材具有显著的湿胀干缩性。当木材从潮湿状态干燥至纤维饱和点时，自由水蒸发不改变其尺寸；继续干燥，细胞壁中的吸附水蒸发，细胞壁基体相收缩，从而引起木材体积收缩。反之，干燥木材吸湿时将发生体积膨胀，直到含水量达纤维饱和点时为止。细胞壁愈厚，则胀缩愈大。因而，表观密度大、夏材含量多的木材胀缩变形较大。

由于木材构造不均匀，各方向、各部位胀缩也不同。其中，弦向最大，径向次之，纵向最小，边材大于心材。木材干燥时其横截面变形见图 8.3。不均匀干缩会使板材发生翘曲（包括顺弯、横弯、翘弯）和扭曲，如图 8.4 所示。

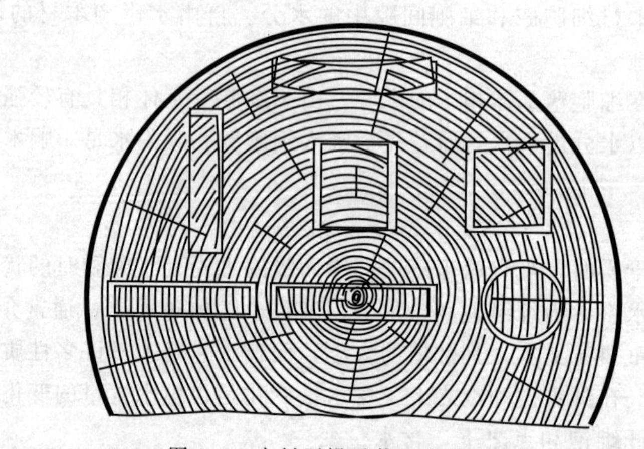

图 8.3　木材干燥后截面形状的改变

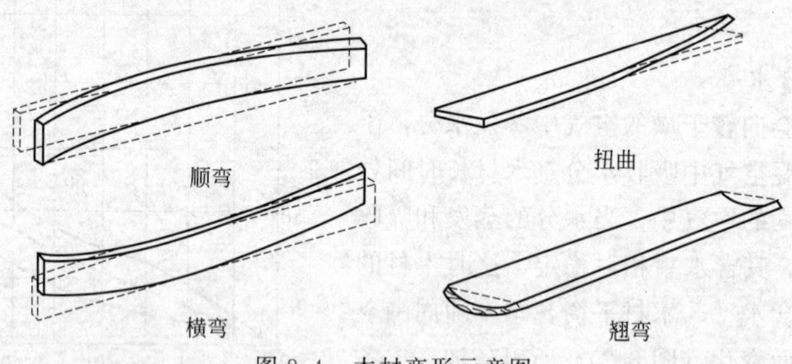

图 8.4　木材变形示意图

木材湿胀干缩性将影响到其实际使用。干缩会使木材翘曲开裂、接榫松弛、拼缝不严，湿胀则造成凸起。为了避免这种情况，在木材加工制作前必须预先进行干燥处理，使木材的含水率比使用地区平衡含水率低 2%～3%。

8.2.3　木材的强度

8.2.3.1　木材的各种强度

由于木材构造各向不同，其强度呈现出明显的各向异性，因此，木材强度应有顺纹和横纹之分。木材的顺纹抗压、抗拉强度均比相应的横纹强度大得多，这与木材细胞结构及细胞在木材中的排列有关。表8.2是木材各强度的特征及应用。

表8.2　木材各强度的特征及应用

强度类型	受力破坏原因	无缺陷标准试件强度相对值	我国主要树种强度值范围/MPa	缺陷影响程度	应　　用
顺纹抗压	纤维受压失稳，甚至折断	1	25～85	较小	木材使用的主要形式，如柱、桩等
横纹抗压	细胞腔被压扁，所测为比例极限强度	1/10～1/3		较小	应用形式有枕木和垫木等
顺纹抗拉	纤维间纵向联系受拉破坏，纤维被拉断	2～3	50～170	很大	抗拉构件连接处首先因横纹受压或顺纹受剪破坏，难以利用
横纹抗拉	纤维间横向联系脆弱，极易被拉开	1/20～1/3			不允许使用
顺纹抗剪	剪切面上纤维纵向连接破坏，见图8.5(a)	1/7～1/3	4～23	大	木构件的榫、销连接处
横纹抗剪	剪切面平行于木纹，剪切面上纤维横向连接破坏，见图8.5(b)	1/14～1/6			不宜使用
横纹切断	剪切面垂直于木纹，纤维被切断，见图8.5(c)	1/2～1			构件先被横纹受压破坏，难以利用
抗弯	在试件上部受压区首先达到强度极限，产生皱褶；最后在试件下部受拉区因纤维断裂或撕开而破坏	1.5～2	50～170	很大	应用广泛，如梁、桁条、地板等

木材的剪切类型如图8.5所示。

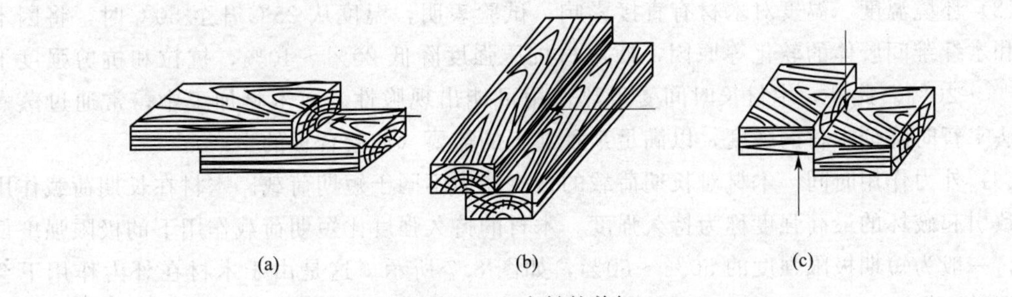

图8.5　木材的剪切

(a) 顺纹剪切；(b) 横纹剪切；(c) 横纹切断

根据《木结构设计规范》(GB 50005—2003)，针叶树材的强度等级为TC11、TC13、TC15、TC17；阔叶树材的强度等级为TB11、TB13、TB15、TB17、TB20。强度等级代号中的数值为木结构设计时的抗弯强度设计值。

8.2.3.2　影响木材强度的主要因素

(1) 含水量　木材含水量对强度影响极大（图8.6）。在纤维饱和点以下时，水分减少，则木材多种强度增加，其中抗弯和顺纹抗压强度提高较明显，对顺纹抗拉强度影响最小。在纤维饱和点以上，强度基本为一恒定值。为了正确判断木材的强度和比较试验结果，应根据木材实测含水率将强度按下式换算成标准含水率（12%的含水率）时的强度值：

$$\sigma_{12}=\sigma_{w}[1+\alpha(w-12)]$$

式中，σ_{12} 为含水率为12%时的木材强度，MPa；σ_{w} 为含水率为 w%时的木材强度，MPa；w 为试验时的木材含水率，%；α 为含水率校正系数，当木材含水率在9%～15%范

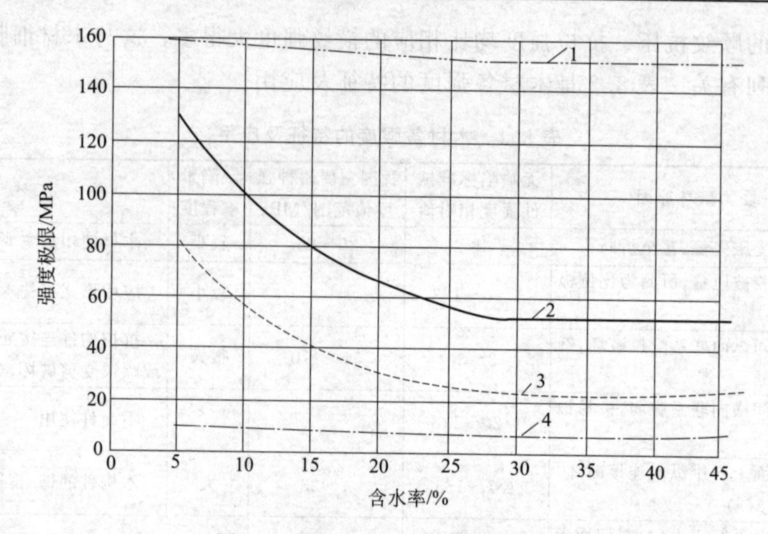

图 8.6 含水量对木材强度的影响

1—顺纹受拉；2—弯曲；3—顺纹受压；4—顺纹受剪

围内时，按表 8.3 取值。

表 8.3 α 取值表

强度类型	抗压强度		顺纹抗拉强度		抗弯强度	顺纹抗剪强度
	顺纹	横纹	阔叶树材	针叶树材		
α	0.05	0.045	0.015	0	0.04	0.03

(2) 环境温度　温度对木材有直接影响。试验表明，温度从 25℃升至 50℃时，将因木纤维和木纤维间胶体的软化等原因，使木材抗压强度降低 20%～40%，抗拉和抗剪强度下降 12%～20%。此外，木材长时间受干热作用可能出现脆性。在木材加工中，常通过蒸煮的方法来暂时降低木材的强度，以满足某种加工的需要（如胶合板的生产）。

(3) 外力作用时间　木材对长期荷载的抵抗能力不同于短期荷载。木材在长期荷载作用下不致引起破坏的最高强度称为持久强度。木材的持久强度比短期荷载作用下的极限强度低得多，一般为短期极限强度的 50%～60%，如图 8.7 所示。这是由于木材在外力作用下会产生塑性流变，经长时间负荷后，最后急剧产生大量连续变形而引起破坏。木结构通常处于长期负荷状态，因此，在设计时应考虑负荷时间对木材强度的影响。

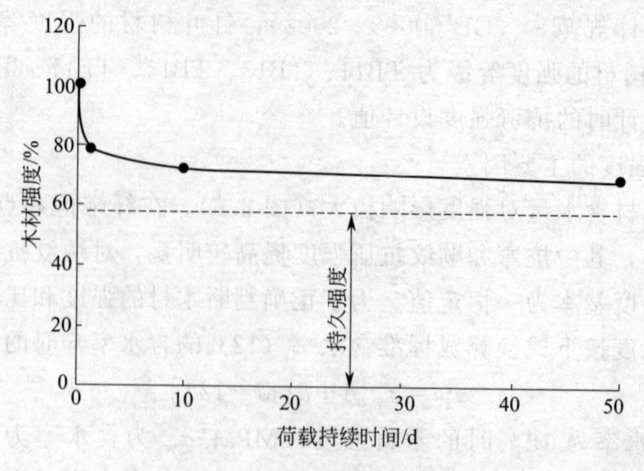

图 8.7 木材的持久强度

（4）缺陷　木材的强度是以无缺陷标准试件测得的，而实际木材在生长、采伐、加工和使用过程中会产生一些缺陷，如木节、裂纹和虫蛀等，这些缺陷影响了木材材质的均匀性，破坏了木材的构造，从而使木材的强度降低，其中对抗拉和抗弯强度影响最大。

除了上述影响因素外，树木的种类、生长环境、树龄及树干的不同部位均对木材强度有影响。

8.3　木材的防护

8.3.1　木材的干燥

木材在加工和使用之前进行干燥处理，可以提高强度，防止收缩、开裂和变形，减轻重量以及防腐防虫，从而改善木材的使用性能和寿命。木材的干燥有自然干燥和人工干燥两种方法。自然干燥法是将木材堆垛，避免雨淋与阳光直射，利用空气对流作用，使水分自然蒸发；人工干燥法是将木材置于干燥室内，使木材水分逐渐扩散。

8.3.2　木材的防腐

8.3.2.1　腐朽

木材的腐朽是由真菌在木材中寄生而引起的。侵蚀木材的真菌有三种，即霉菌、变色菌和木腐菌。霉菌一般只寄生在木材表面，并不破坏细胞壁，经过抛光后可去除。变色菌以木材细胞腔内含物为养料，不破坏细胞壁，对木材力学性能影响不大，但变色菌侵入木材较深，难以除去，损害木材外观质量。木腐菌侵入木材，分泌酶把木材细胞壁物质分解成可以吸收的简单养料，供自身生长发育。腐朽初期，木材仅颜色改变；以后真菌逐渐深入内部，木材强度开始下降；至腐朽后期，木材呈海绵状、蜂窝状或龟裂状等，颜色大变，材质极松软，甚至可用手捏碎。

8.3.2.2　虫害

因各种昆虫危害而造成的木材缺陷称为木材虫害。往往木材内部已被蛀蚀一空，而外表依然完整，几乎看不出破坏的痕迹，因此虫害危害极大。白蚁喜温湿，在我国南方地区种类多，数量大，常对建筑物造成毁灭性的破坏。甲壳虫（如天牛、蠹虫等）则在气候干燥时猖獗，它们危害木材主要在幼虫阶段。

木材中被昆虫蛀蚀的孔道称为虫眼或虫孔。虫眼对材质的影响与其大小、深度和密集程度有关。深的大虫眼或深而密集的小虫眼能破坏木材的完整性，降低其力学性质，也成为真菌侵入木材内部的通道。

8.3.2.3　防腐防虫的措施

真菌在木材中生存必须同时具备三个条件：水分、氧气和温度。木材含水率为35%～50%，温度为24～30℃，并含有一定量空气时最适宜真菌的生长。当木材含水率在20%以下时，真菌生命活动就受到抑制。浸没水中或深埋地下的木材因缺氧而不宜腐朽。所以可从破坏菌虫生产条件和改变木材的养料属性着手，进行防腐防虫处理，延长木材的使用年限。

（1）干燥　采用气干法或窑干法将木材干燥至较低的含水率，并在设计和施工中采取各种防潮和通风措施，如在地面设防潮层、木地板下设通风洞、木屋顶采用山墙通风等，使木材经常处于通风干燥状态。

（2）涂料覆盖　涂料种类很多，作为木材防腐应采用耐水性好的涂料。涂料本身无杀菌杀虫能力，但涂刷涂料可在木材表面形成完整而坚韧的保护膜，从而隔绝空气和水分，并阻止真菌和昆虫的侵入。

(3) 化学处理　化学防腐是将对真菌和昆虫有毒害作用的化学防腐剂注入木材中，使真菌、昆虫无法寄生。防腐剂主要有水溶性、油溶性和油质防腐剂三大类。室外应采用耐水性好的防腐剂。防腐剂注入方法主要有表面涂刷、常温浸渍、冷热槽浸透和压力渗透法等。

8.3.3　木材的防火

木材为易燃物质，应进行防火处理，以提高其耐火性。木材防火处理的方法通常有两种，即在木材表面涂刷或覆盖防火涂料或用防火浸剂浸渍木材。

通过防火处理能推迟或消除木材的引燃过程，降低火焰在木材上蔓延的速度，延缓火焰破坏木材的时间，从而给灭火或逃生提供更多机会。但应注意，防火涂料或防火浸剂中的防火组分随着时间的延长和环境因素的作用会逐渐减少或变质，从而导致其防火性能不断减弱。

8.4　木材的应用

8.4.1　木材的初级产品

按加工程度和用途不同，木材分为原条、原木、锯材三类（表8.4）。根据《木结构设计规范》(GB 50005—2003)，承重结构用的木材其材质按缺陷（木节、腐朽、裂纹、夹皮、虫害、弯曲和斜纹等）状况分为三等，各等级木材的应用范围见表8.5。

表8.4　木材的初级产品

分　类		说　明	用　途
原条		除去根、梢、枝的伐倒木	用作进一步加工
原木		除去根、梢、枝和树皮并加工成一定长度和直径的木段	用作屋架、柱、桁条等，也可用于加工锯材和胶合板等
锯材	板材：宽度为厚度的三倍或三倍以上	薄板：厚度12～21mm	门芯板、隔断、木装修等
		中板：厚度25～30mm	屋面板、装修、地板等
		厚板：厚度40～60mm	门窗
	方材：宽度小于厚度的三倍	小方：截面积$54cm^2$以下	椽条、隔断木筋、吊顶搁栅
		中方：截面积$55\sim100cm^2$	支撑、搁栅、扶手、檩条
		大方：截面积$101\sim225cm^2$	屋架、檩条
		特大方：截面积$226cm^2$以上	木或钢木屋架

表8.5　各质量等级木材在结构中的应用范围

木材等级	Ⅰ	Ⅱ	Ⅲ
应用范围	受拉或拉弯构件	受弯或压弯构件	受压构件及次要受弯构件

8.4.2　人造板材

8.4.2.1　胶合板

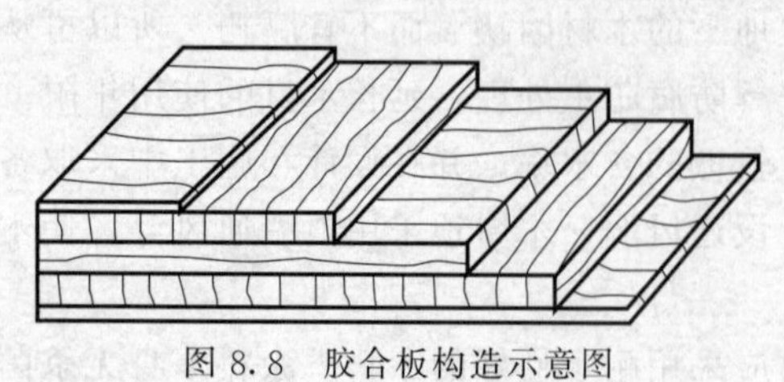
图8.8　胶合板构造示意图

胶合板是由一组单板按相邻层木纹方向互相垂直组坯经热压胶合而成的板材，常见的有三夹板、五夹板和七夹板等。图8.8是胶合板构造示意图。胶合板多数为平板，也可经一次或几次弯曲处理制成曲形胶合板。

胶合板克服了木材的天然缺陷和局限，大大提高了木材的利用率。其主要特点是，消除了天然疵点、变形、开裂等缺点，各向异性小，材质均匀，强度较高。纹理美观的优质材做面板，普通材做芯板，增加了装饰木材的出产率。因其厚度小、幅面宽大，产品规格化，使用起来很方便。胶合板常用作门面、隔断、吊顶、墙裙等室内高级装修。

8.4.2.2　纤维板

纤维板是用木材废料经切片、浸泡、磨浆、施胶、成形及干燥或热压等工序制成。为了提高纤维板的耐燃性和耐腐性，可在浆料里施加或在湿板坯表面喷涂耐火剂或防腐剂。纤维板材质均匀，完全避免了节子、腐朽、虫眼等缺陷，且胀缩性小，不翘曲，不开裂。纤维板按密度大小分为硬质纤维板、中密度纤维板和软质纤维板。

硬质纤维板密度大，强度高，主要用作壁板、门板、地板、家具和室内装修等；中密度纤维板是家具制造和室内装修的优良材料；软质纤维板表观密度小，吸声绝热性能好，可作为吸声或绝热材料使用。

8.4.2.3　刨花板

刨花板是利用刨花碎片、短小废料刨制的木丝和木屑，经干燥、拌胶结辅料、加压成形而制得的板材。所用胶结材料有动物胶、合成树脂、水泥、石膏和菱苦土等。表观密度小、强度低的板材主要作为绝热和吸声材料，表面喷以彩色涂料后，可以用于天花板等；表观密度大、强度高的板材可粘贴装饰单板或胶合板做饰面层，用作隔墙等。

8.4.2.4　细木工板

细木工板是一种夹芯板，芯板用木板条拼接而成，两个表面胶贴木质单板，经热压粘合制成。它集实木板与胶合板的优点于一身，可作为装饰构造材料，用于门板、壁板等。

8.4.3　木地板

木地板是由软木树材（如松、衫等）和硬木树材（如水曲柳、榆木、柚木、橡木、枫木、樱桃木、柞木等）经加工处理而制成的木板拼铺而成。木地板有实木地板、实木复合地板和强化复合地板。

实木地板是由实木直接加工而成的地板。实木地板自重轻，弹性好，脚感舒适，导热性小，冬暖夏凉，易于清洁。实木地板被公认为是良好的室内地面装饰材料。

实木复合地板是以实木拼板或单板为面层、实木条为芯层、单板为底层制成的企口地板，或者以单板为面层、胶合板为基材制成的企口地板。以面层树种来确定地板树种名称。实木复合地板抗变形（胀缩）性优于实木地板。

强化复合地板（浸渍纸层压木质地板）是以一层专用纸浸渍热固性氨基树脂，铺装在刨花板、高密度纤维板等人造板基材表面，背面加平衡层、正面加耐磨层，经热压、成形的地板。强化复合地板耐污、耐磨、抗压、施工方便。

复习思考题

8.1　木材按树种分为哪几类？其特点是什么？

8.2　试述木材的宏观构造。

8.3　木材主要有哪些缺陷，其中对木材材质影响较大的是什么？

8.4 说明木材的含水率、纤维饱和点和平衡含水率的各自含义。
8.5 木材的湿胀干缩是如何发生的？
8.6 影响木材强度的主要因素是什么？
8.7 木材的腐朽是如何发生的？如何防止？
8.8 木材综合利用的意义是什么？

开放讨论

为什么中国古代建筑以木结构为主？

第9章　合成高分子材料

【学习要点】

1. 了解高分子材料基础知识。

2. 了解高分子材料在土木工程中的应用。

高分子材料是指以高分子化合物为主要组分的材料。高分子化合物是由成千上万个原子以共价键连接的分子量很大的化合物，又称为聚合物或高聚物。高分子材料的分子量很大，但化学组成相对简单，一个大分子往往是由许多相同的、简单的结构单元通过共价键重复连接而成。如聚乙烯的分子结构为：

$$\text{-}\!\!\left[CH_2—CH_2\right]\!\!\text{-}_n$$

聚乙烯是由低分子化合物乙烯聚合而成的，这种能聚合成高聚物的低分子化合物称为单体，如 $CH_2═CH_2$ 为乙烯单体；而组成高聚物的最小重复结构单元称为链节，如—CH_2—CH_2—；高聚物中所含链节的数目 n 称为聚合度。

高分子材料按其主要原料的来源分为：天然高分子材料（如棉、木、橡胶、天然树脂、沥青等）和合成高分子材料（如合成塑料、合成纤维、合成橡胶等）。本章主要介绍合成高分子材料。

9.1　高分子材料基础知识

9.1.1　高分子化合物的分类

9.1.1.1　按分子链的几何形状分类

高分子化合物按其分子链在空间排列的几何形状，可分为线型聚合物和体型聚合物两类。

① 线型聚合物。线型聚合物各分子链连接成一个长链［图 9.1(a)］，或带有支链［图 9.1(b)］。这种聚合物可以溶解在一定的溶剂中，可以软化，甚至熔化。属于线型无支链结构的聚合物有聚苯乙烯（PS）、用低压法制造的高密度聚乙烯（HDPE）和聚酯纤维素分子等。属于线型带支链结构的聚合物有低密度聚乙烯（LDPE）和聚醋酸乙烯（PVAC）等。

② 体型聚合物。体型聚合物是线型大分子间相互交联，形成网状的三维结构聚合物［图 9.1(c)］。这种聚合物加热时不软化，也不能流动，不溶于有机溶剂，少数具有溶胀性。属于体型聚合物（网状结构）的有酚醛树脂（PF）、不饱和聚酯（UP）、环氧树脂（EP）和脲醛树脂（UF）等。

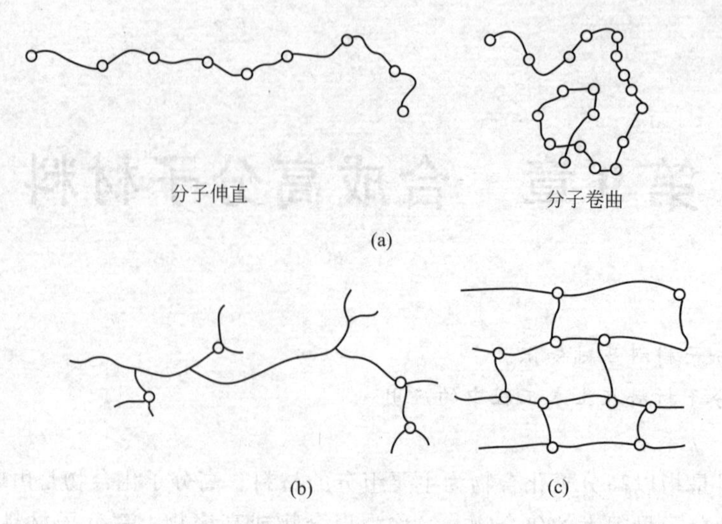

图 9.1 高分子化合物结构示意图
(a) 线型无支链结构；(b) 线型带支链结构；(c) 网状体型结构

9.1.1.2 按受热时发生的变化分类

按受热时发生的变化不同可分为热塑性聚合物和热固性聚合物两种。

① 热塑性聚合物。热塑性聚合物加热时软化甚至熔化，冷却后硬化，但不起化学变化，经过多次重复仍能保持这种性能。这种聚合物为线型结构，包括所有的加聚物和部分缩聚物。建筑上常用的热塑性聚合物有聚氯乙烯（PVC）、聚乙烯（PE）、聚苯乙烯（PS）、聚甲基丙烯酸甲酯（PMMA）等。

② 热固性聚合物。热固性聚合物初次加热可软化，具有可塑性，继续加热会发生化学反应，相邻分子互相连接而固化变硬，最终成为不溶解、不熔化的聚合物。这类聚合物多为体型结构，包括大部分缩聚物。土木工程中常用的热固性聚合物有酚醛树脂（PF）、环氧树脂（EP）、有机硅（OR）等。

9.1.2 高分子材料的性能特点

高分子材料之所以能在土木工程中得到广泛应用，是由于它与其他土木工程材料相比，具有以下优越性能。

(1) 良好的加工性能 高分子材料可以采用比较简便的方法加工成各种形状的产品。

(2) 质轻 大多高分子材料密度在 0.9～2.2g/cm^3 之间，平均为 1.45g/cm^3，约为钢材的 1/5。

(3) 热导率小 如泡沫塑料的热导率只有 0.02～0.046W/(m·K)，约为金属的 1/500，混凝土的 1/40，砖的 1/20，是理想的保温绝热材料。

(4) 化学稳定性较好 一般塑料对酸、碱、盐及油脂均有较好的耐腐蚀能力，其中最为稳定的聚四氟乙烯，仅能与熔融的碱金属反应，与其他化学物品均不起作用。

(5) 电绝缘性好。

(6) 功能的可设计性强 可通过改变组成配方与生产工艺，在相当大的范围内制成具有各种特殊性能的工程材料，如强度超过钢材的碳纤维复合材料、密封材料、防水材料等。

(7) 出色的装饰性能 塑料制品不仅可以着色，而且色彩鲜艳耐久。塑料制品可通过照相制版印刷模仿天然材料的纹理（如木纹、花岗石、大理石纹等），达到以假乱真的程度。

装饰涂料可根据需要调成任何颜色。

高分子材料虽具有上述优点，但也有一些普遍存在的缺点。

(1) 易老化 老化是指高分子化合物在阳光、空气、热及环境介质中的酸、碱、盐等作用下，分子组成和结构发生变化，致使其性质变化，如失去弹性、出现裂纹、变硬、变脆或变软、发黏失去原有的使用功能的现象。塑料、有机涂料和有机胶黏剂都会出现老化。目前采用的防老化措施主要有改变聚合物的结构、加入各种防老化剂的化学方法和涂防护层的物理方法。

(2) 可燃性及毒性 很多高分子材料属于可燃的材料，但可燃性受其组成和结构的影响有很大差别。如聚苯乙烯遇火会很快燃烧起来，聚氯乙烯则有自熄性，离开火焰会自动熄灭，部分高分子材料燃烧时发烟，产生有毒气体，一般可通过改进配方制成自熄和难燃甚至不燃的产品。不过其防火性仍比无机材料差，在工程应用中应予以注意。

(3) 耐热性差 高分子材料的耐热性能普遍较差，如使用温度偏高会促进其老化、变形甚至分解，在使用中要注意温度的限制。

9.2 高分子材料在土木工程中的应用

9.2.1 塑料

塑料是以合成树脂为主要成分，在一定条件（温度、压力等）下，可塑成一定形状并在常温下保持其形状的高分子材料。

9.2.1.1 塑料的组成

工程中常用的塑料制品绝大多数都是以合成高分子化合物（合成树脂）和添加剂组成的多组分材料，但也有少部分建筑塑料制品例外，如有机玻璃是由聚甲基丙烯酸甲酯（PMMA）聚合而成的单组分塑料，在聚合反应中不加入其他组分，可制成具有较高强度和良好抗冲击性能且具有高透明度的有机高分子材料。

(1) 合成树脂 合成树脂在塑料中主要起胶结作用，通过胶结作用把填充料等胶结成坚实的整体。塑料的性质主要取决于树脂的性质。在一般塑料中合成树脂占30%～60%。

(2) 添加剂 为了改善塑料的某些性能而加入的物质统称为添加剂。不同塑料所加入的添加剂不同，常用的添加剂有以下几种。

① 填料。填料又称填充剂，它是绝大多数建筑塑料制品中不可缺少的原料，填料占塑料组成材料的40%～70%。其作用有提高塑料的强度和刚度；减少塑料在常温下的蠕变现象及改善热稳定性；降低塑料制品的成本和增加产量；在某些建筑塑料中，填料还可以提高塑料制品的耐磨性、导热性、导电性及阻燃性，并可改善其加工性能。常用的填料有木屑、滑石粉、石灰石粉、炭黑、铝粉、玻璃纤维等。

② 增塑剂。增塑剂在塑料中掺加量不多，但却是不可缺少的添加剂之一。其作用有提高塑料加工时的可塑性和流动性；改善塑料制品柔韧性。常用的增塑剂有：用于改善加工性能及常温柔韧性的邻苯二甲酸二丁酯（DBP）、邻苯二甲酸二辛酯（DOP）；属于耐寒增塑剂的脂肪族二元酸酯类增塑剂等。

另外，根据塑料用途及成形加工的需要，还有着色剂、固化剂、稳定剂、偶联剂、润滑剂、抗静电剂、发泡剂、阻燃剂、防霉剂等添加剂。

9.2.1.2　土木工程中常用的塑料制品

塑料在土木工程中的应用十分广泛，如建筑门窗、建筑管、建筑装饰材料（如塑料地板、塑料墙纸等）、泡沫塑料、玻璃钢制品等。

(1) 塑料门窗　由于塑料具有容易加工成形和拼装的优点，因此其门窗结构形式的设计有更大的灵活性。塑料门窗与木、钢及铝合金门窗相比有以下优点。

① 隔热性能优异。常用聚氯乙烯（PVC）的热导率虽然与木材相近，但由于塑料门窗框、扇均为中空型材，密闭空气层热导率极低，所以它的保温隔热性能非常好。

② 气密性、水密性好。塑料门窗所用的中空异型材，挤压成形，尺寸准确，而且型材侧面带有嵌固弹性密封条的凹槽，使密封性大为改善。密封性的改善不仅提高了水密性、气密性，还减少了进入室内的尘土，改善了室内的生活和工作环境。

③ 装饰性好。塑料制品可根据需要设计出不同的颜色和样式，门窗尺寸准确，一次成形，具有良好的装饰性。

④ 加工性能好，便于施工。利用塑料易加工成形的优点，只要改变模具，即可挤压出适合不同风压强度要求及建筑功能要求的复杂断面的中空异型材。

⑤ 隔声性能好。塑料门窗隔声可达 30dB，优于其他门窗。

另外，生产时在塑料门窗用树脂中加入适当的抗老化剂，使其抗老化性有可靠的保证。

(2) 塑料管　塑料管是以合成高分子树脂为主要原料，经挤出、注塑、焊接等工艺成形的管材和管件。与传统的镀锌钢管和铸铁管相比，塑料管具有耐腐蚀、不生锈、不结垢、质量轻、施工方便和供水效率高等优点，因而在土木工程中得到了广泛应用。

按所用的聚合物划分，常用的塑料管包括硬质聚氯乙烯（PVC）管、聚乙烯（PE）管、聚丙烯（PP）管、聚丁烯（PB）管、玻璃钢（FRP）管及铝塑等复合塑料管等。

(3) 塑料地板　塑料地板主要包括用于地面装饰的各类塑料块板和铺地卷材。按材质不同，塑料地板分为硬质片材、半硬质片材和软质卷材。按产品结构划分为单层塑料地板和复合塑料地板。

不同种类的塑料地板，性能各有特色，但作为地面装饰材料，应满足如下要求：足够的耐磨性，脚感舒适，良好的耐火性，良好的装饰功能。目前常用的主要是聚氯乙烯（PVC）塑料地板，这是由于聚氯乙烯具有良好的耐燃性，并且价格便宜。

塑料地板可应用于绝大多数的公用建筑，如办公楼、商店、学校等地面。另外，以乙炔黑作为导电填料的防静电聚氯乙烯地板广泛应用于邮电部门、实验室、计算机房、精密仪表控制车间等的地面铺设，以消除静电危害。

(4) 塑料墙纸　塑料墙纸是以一定材料（如纸、纤维织物等）为基材，表面进行涂塑后，再经过印花、压花或发泡处理等多种工艺而制成的一种墙面装饰材料。它是目前国内外使用广泛的一种室内墙面装饰材料，也可用于天棚、梁、柱及车辆、船舶、飞机等装饰。塑料墙纸一般分为三类：普通墙纸、发泡墙纸和特种墙纸。

塑料墙纸的特点有：装饰性好；物理性能较好（塑料墙纸可根据需要加工成具有难燃、隔热、吸声消声、防霉等性能的新产品，而且不易结露，可水洗，不宜受机械损伤）；粘贴方便；使用寿命长，易维修保养，表面可清洗，对酸碱有较强的抵抗能力。

(5) 泡沫塑料　泡沫塑料是在聚合物中加入发泡剂，经发泡、固化或冷却等工序而制成的多孔塑料制品。泡沫塑料的孔隙率高达 95%～98%，且孔隙尺寸小，因而具有优良的隔热保温性能，常用的有聚苯乙烯泡沫塑料、聚氯乙烯泡沫塑料、聚氨酯泡沫塑料、脲醛泡沫塑料等。

聚苯乙烯泡沫塑料是应用最广的泡沫塑料，其体积密度为 10～20kg/m^3，热导率为 0.031～0.045W/(m·K)，使用温度范围为－100～70℃，主要用作墙体、屋面、地面、楼板等的隔热保温，也可与纤维增强水泥、纤维增强塑料或铝合金板等制成复合墙板。

(6) 玻璃钢制品　常见的玻璃钢制品是用玻璃纤维及其织物为增强材料，以热固性不饱和聚酯树脂（UP）或环氧树脂（EP）等为胶黏材料制成的一种复合材料。它质量轻，强度接近钢材，人们常把它称为玻璃钢。

常见的玻璃钢建筑制品有玻璃钢波形瓦、玻璃钢采光罩、玻璃钢卫生洁具等。

① 玻璃钢波形瓦。以无捻玻璃纤维布和不饱和聚酯树脂（UP）为原料，用手糊法或挤压工艺成形而成的一种轻型屋面材料。玻璃钢波形瓦的特点是质量轻、强度高、耐冲击、耐腐蚀、有较好的电绝缘性和透光性、色彩鲜艳、成形及施工安装方便，广泛用于临时商场、凉棚、货栈、摊篷、候车篷和车站月台等一般不接触明火的建筑物屋面。对于防火要求的建筑物（如货栈），应采用阻燃性的树脂。

② 玻璃钢采光罩。以不饱和聚酯树脂为胶黏剂，玻璃纤维布为增强材料，用手糊成形工艺制成的屋面采光用的拱形罩。玻璃钢采光罩具有质量轻、耐冲击、透光好、无眩光、安装方便、耐腐蚀等特点，适用于车间、厂房，配合大型屋面板等屋面结构的采光用。

③ 玻璃钢卫生洁具。玻璃钢卫生洁具包括玻璃钢浴缸、坐便器及洗面器等，特点与其他玻璃钢制品相同。

9.2.2　胶黏剂

胶黏剂是指能将相同或不同的材料粘合在一起的物质。

胶黏剂能否将被黏结材料牢固地黏结在一起，主要是取决于界面结合力。胶结界面结合力主要来源于机械结合力（胶黏剂渗入材料表面的凹陷处和孔隙内并转化成固体后，在界面处形成了许多微小的机械连接）、物理吸附力（由胶黏剂与被粘物之间的范德华力和氢键引起）及化学键结合力（胶黏剂与被粘物之间发生化学反应，产生化学键）。

不同的胶黏剂和被粘材料，黏结力的主要来源不同，当机械结合力、物理吸附力和化学键结合力共同作用时，可获得很高的黏结强度。

9.2.2.1　胶黏剂的组成

胶黏剂一般是由多组分物质所组成，不同胶黏剂的组分不同，常用胶黏剂的主要组成成分如下。

(1) 黏结料　黏结料简称黏料，它是胶黏剂中最基本的组分，它的性质决定了胶黏剂的性能、用途和使用工艺。一般胶黏剂是用黏料的名称来命名的，如环氧树脂胶。

(2) 固化剂　有的胶黏剂（如环氧树脂）若不加固化剂本身不能变成坚硬的固体。对于这类胶黏剂，固化剂也是主要成分之一，其性质和用量对胶黏剂的性能起着重要作用。

(3) 增韧剂　为了提高胶黏剂硬化后的韧性和抗冲击能力，常根据胶黏剂的种类加入适量的增韧剂。

(4) 填料　填料一般在胶黏剂中不发生化学反应，但加入填料可以改善胶黏剂的机械性能。同时，填料价格便宜，可显著降低胶黏剂的成本。

(5) 稀释剂　加稀释剂主要是为了降低胶黏剂的黏度，便于操作，提高胶黏剂的湿润性和流动性。

(6) 改性剂　为了改善胶黏剂某一性质，满足特殊要求，常加入一些改性剂。如为提高胶结强度，可加入偶联剂，另外还有防老化剂、稳定剂、防腐剂、阻燃剂等。

9.2.2.2 土木工程中常用的胶黏剂

(1) 环氧树脂胶黏剂 环氧树脂胶黏剂对大部分材料有良好的黏结能力，俗称万能胶。环氧树脂本身不能变成不溶的坚硬固体，必须有固化剂的存在才能固化。固化剂是环氧树脂胶黏剂的重要成分，其性质和用量对胶黏剂的性能起着重要作用。

环氧树脂胶黏剂属于结构用胶黏剂，具有黏结力强、收缩小、稳定性高等特点，固化后有很高的胶黏强度和良好的化学稳定性。环氧树脂胶黏剂在土木工程中的应用很多，主要用于裂缝修补、结构加固和表面防护等。

(2) 聚醋酸乙烯乳液胶黏剂 聚醋酸乙烯乳液胶黏剂由醋酸乙烯单体聚合而成，俗称白乳胶。聚醋酸乙烯乳液胶黏剂在常温下固化，具有良好的黏结强度，黏结层具有较好的韧性和耐久性，但耐热性、耐水性较差，固化时收缩大。

适用于黏结陶瓷、玻璃、木材、塑料等材料。

(3) 氯丁橡胶胶黏剂 氯丁橡胶胶黏剂是以氯丁橡胶为主要组分，加入氧化锌、氧化镁、填料、抗老化剂和抗氧化剂等制成，是目前应用最广的一种橡胶型胶黏剂。氯丁橡胶胶黏剂对水、油、弱酸、弱碱、脂肪烃和醇类有良好的抵抗力，可在－50～80℃的温度下工作，但是，徐变较大，且容易老化。土木工程中，常用在水泥混凝土或水泥砂浆的表面上粘贴塑料或橡胶制品等。

9.2.3 涂料

涂料是指涂敷于物体表面，在一定条件下形成连续完整的薄膜，能均匀地覆盖并良好地附着在被涂物体表面的物质。涂料对被涂物体可起装饰、防锈、防水、保温、吸声、防辐射等作用。

9.2.3.1 涂料的组成

(1) 成膜物质 成膜物质也称为基料，是涂料最主要的成分。其作用是将涂料中的其他组分黏结在一起，并能牢固地附着在基层表面形成连续、均匀、坚韧的保护膜。成膜物质的性质对形成涂膜的坚韧性、耐磨性、耐候性及化学稳定等起着决定作用。

(2) 颜料和填料 颜料主要起遮盖和着色作用，有的颜料还有提高涂膜机械强度，减少收缩，提高涂膜抗老化能力等。涂料中的着色颜料一般为无机矿物颜料，如氧化铁红、氧化铬绿、钛白、群青蓝等。

填料主要起填充及骨架作用，减少涂膜的固化收缩，增加涂抹的厚度，加强质感，提高涂膜的耐磨性、抗老化性等。常用的填料有重晶石粉、滑石粉、石英粉或砂。

(3) 溶剂 溶剂又称稀释剂，通常是用以溶解成膜物质的易挥发性的有机液体。涂料涂敷于物体表面后，溶剂基本上挥发掉，虽然溶剂不是一种永久性的组分，但溶剂对成膜物质的溶解力决定了所形成的树脂溶液的均匀性、黏度和稳定性。溶剂的挥发性影响涂膜的干燥速度、涂膜结构和涂膜外观。常用的溶剂有甲苯、二甲苯、丁醇、醋酸乙酯等。

涂料按溶剂及其对成膜物质作用的不同分为溶剂型涂料（以有机溶剂为稀释剂）、水溶性涂料（以水为稀释剂）和水乳型涂料（借助乳化剂形成乳液，并以乳液为主要成膜物质）。

(4) 辅料 辅料又称助剂或添加剂，是为了进一步改善涂料的某些性能而加入的少量物质。常用的辅料有增白剂、防污剂、润湿剂、增稠剂、消泡剂、催干剂等。

9.2.3.2 土木工程中常用的涂料

(1) 聚醋酸乙烯乳液涂料 聚醋酸乙烯乳液涂料是以聚醋酸乙烯乳液为基料的乳胶涂

料。该涂料无毒、不燃，涂膜细腻、平滑、色彩鲜艳，装饰效果良好，价格适中，施工方便，但是耐水性及耐候性较差。聚醋酸乙烯乳胶漆属于内墙涂料，不宜用于外墙。

(2) 醋酸乙烯-丙烯酸酯涂料　醋酸乙烯-丙烯酸酯涂料是以乙-丙共聚乳液为基料的乳液型内墙涂料。该涂料的耐水性、耐候性和耐碱性优于聚醋酸乙烯乳液涂料，并且有光泽，是一种高档的内墙装饰涂料。

(3) 丙烯酸酯涂料　丙烯酸酯涂料是以丙烯酸酯树脂为基料的外墙涂料，分为溶剂型和乳液型。该涂料的耐水性、耐高低温性和耐候性良好，不易变色、粉化或脱落，具有多种颜色，可以刷涂、喷涂或滚涂。丙烯酸酯涂料的装饰性好，耐久性好，是目前国内外应用较多的外墙涂料。

(4) 聚氨酯涂料　聚氨酯涂料是以聚氨酯树脂或聚氨酯与其他树脂复合物为主要成膜物质，加入填料、助剂组成的优质溶剂涂料。该涂料具有一定的弹性，当基层由于某种原因发生变形时，涂层也随之伸缩；耐水性、化学腐蚀性及耐候性较好；表面光洁度好，呈陶瓷质地；耐污染性好。聚氨酯涂料是一种高档外墙涂料，价格较贵。

(5) 环氧树脂厚质地面涂料　环氧树脂厚质地面涂料是以环氧树脂为基料的常温固化涂料。该涂料与水泥混凝土等基层材料的黏结性能良好，涂膜坚韧、耐磨，具有良好的耐化学腐蚀、耐油、耐水等性能以及优良的耐老化和耐候性，装饰性良好。

复习思考题

9.1　热塑性聚合物和热固性聚合物的主要不同是什么？

9.2　试述高分子材料的性能特点。

9.3　与传统门窗相比，塑料门窗有何优越性？

9.4　胶黏剂为什么能把被黏结材料牢固地黏结在一起？

9.5　试述涂料的组成成分及其作用。

开 放 讨 论

谈一谈我国建筑涂料的现状及发展趋势。

第10章　建筑功能材料

【学习要点】

1. 了解防水材料的主要类型及主要性能。
2. 了解绝热材料的主要类型及主要性能。
3. 了解吸声与隔声材料的主要类型及主要性能。
4. 了解装饰材料的主要类型及主要性能。

建筑功能材料是以材料的力学性能以外的功能为特征的材料，它赋予建筑物防水、绝热、吸声隔声、装饰等功能。建筑功能材料的出现大大改善了建筑物的使用功能，优化了人们的生活环境和工作环境，同时，对延长建筑物的使用寿命及建筑节能具有重要的意义。本章主要介绍防水材料、绝热材料、吸声隔声材料及装饰材料。

10.1　防水材料

防水材料是指能防止雨水、地下水和生活用水等侵入建筑物的材料。防水材料根据其特性有柔性防水材料和刚性防水材料。柔性防水材料是指具有一定柔韧性和较大延伸率的防水材料，如防水卷材、防水涂料等，它们构成柔性防水层；刚性防水材料是指强度较高和无延伸能力的防水材料，如防水砂浆、防水混凝土等，它们构成刚性防水层。

10.1.1　防水卷材

防水卷材是可卷曲成卷状的柔性防水材料。防水卷材是目前我国使用量最大的防水材料，包括沥青防水卷材、改性沥青防水卷材和高分子防水卷材三个系列。

10.1.1.1　沥青防水卷材

沥青防水卷材也称油毡，是以沥青为主要浸涂材料所制成的卷材，分有胎卷材和无胎卷材两大类。有胎沥青卷材是以原纸、纤维毡、纤维布、金属箔、塑料膜等材料中的一种或数种复合为胎基，浸涂沥青、改性沥青或改性焦油，并用隔离材料覆盖其表面所制成的防水卷材。无胎沥青防水卷材是以橡胶或树脂、沥青、各种配合剂和填料为原料，经热熔混合后成形而制成的无胎基的防水卷材。

隔离材料是防止油毡包装时卷材各层彼此黏结而起隔离作用的材料。油毡按所用隔离材料分为粉毡和片毡，粉毡是以粉状矿质材料（如滑石粉）为隔离材料的沥青防水卷材，片毡是以片状矿物材料（如云母片）为隔离材料的沥青防水卷材。使用前，隔离材料应扫掉。

普通沥青防水卷材包括石油沥青纸胎油毡和石油沥青玻璃纤维胎防水卷材等。

石油沥青纸胎油毡是以石油沥青浸渍原纸，再涂盖其两面，表面涂或撒隔离材料所制成的卷材。根据《石油沥青纸胎油毡》（GB 326—2007），石油沥青纸胎油毡按卷重和物理性能分为Ⅰ型（卷重≥17.5kg/卷）、Ⅱ型（卷重≥22.5kg/卷）和Ⅲ型（卷重≥28.5kg/卷），物理性能见表10.1。Ⅰ型和Ⅱ型油毡适用于辅助防水、保护隔离层、临时性建筑防水、防潮及包装等；Ⅲ型油毡适用于屋面工程的多层防水。

表 10.1　石油沥青纸胎油毡的物理性能

项目		指标		
		Ⅰ型	Ⅱ型	Ⅲ型
单位面积浸涂材料总量≥/(g/m²)		600	750	1000
不透水性	压力≥/MPa	0.02	0.02	0.10
	保持时间≥/min	20	30	30
吸水率≤/%		3.0	2.0	1.0
耐热度		(85±2)℃，2h 涂盖层无滑动、流淌和集中性气泡		
拉力(纵向)≥/(N/50mm)		240	270	340
柔度		(18±2)℃，绕 ϕ20mm 棒或弯板无裂纹		

石油沥青玻璃纤维胎防水卷材是以玻纤毡为胎基，浸涂石油沥青，两面覆以隔离材料制成的防水卷材。根据《石油沥青玻璃纤维胎防水卷材》（GB 14686—2008），石油沥青玻璃纤维胎防水卷材按单位面积质量分为15号和25号；按上表面材料分为PE膜、砂面；按力学性能分为Ⅰ型和Ⅱ型，见表10.2和表10.3。石油沥青玻璃纤维胎防水卷材的抗拉强度、耐腐蚀性等性能均优于石油沥青纸胎油毡，可用于屋面、地下等防水工程中。

表 10.2　石油沥青玻璃纤维胎防水卷材单位面积质量

标号	15号		25号	
上表面材料	PE膜	砂面	PE膜	砂面
单位面积质量≥/(kg/m²)	1.2	1.5	2.1	2.4

表 10.3　石油沥青玻璃纤维胎防水卷材材料性能

序号	项目		指标	
			Ⅰ型	Ⅱ型
1	可溶物含量≥/(g/m³)	15号	700	
		25号	1200	
		试验现象	胎基不燃	
2	拉力≥/(N/50mm)	纵向	350	500
		横向	250	400
3	耐热性		85℃	
			无滑动、流淌、滴落	
4	低温柔性		10℃	5℃
			无裂缝	
5	不透水性		0.1MPa，30min 不透水	
6	钉杆撕裂强度≥/N		40	50
7	热老化	外观	无裂纹、无起泡	
		拉力保持率≥/%	85	
		质量损失率≤/%	2.0	
		低温柔性	15℃	10℃
			无裂缝	

常用的沥青防水卷材的特点及适用范围见表10.4。

表 10.4 常用的沥青防水卷材的特点及适用范围

卷材名称	特 点	适用范围	施工工艺
石油沥青纸胎油毡	传统的防水材料，低温柔性差，防水层耐久年限较短，但价格较低	三毡四油、二毡三油叠层设的屋面工程	热玛𤧛脂、冷玛𤧛脂粘贴施工
玻璃布胎沥青油毡	抗拉强度高，胎体不易腐烂，材料柔韧性好，耐久性比纸胎油毡提高一倍以上	多用作纸胎油毡的增强附加层和突出部位的防水层	热玛𤧛脂、冷玛𤧛脂粘贴施工
玻纤毡胎沥青油毡	具有良好的耐水性、耐腐蚀性和耐久性，柔韧性也优于纸胎沥青油毡	常用作屋面或地下防水工程	热玛𤧛脂、冷玛𤧛脂粘贴施工
黄麻胎沥青油毡	抗拉强度高，耐水性好，但胎体材料易腐烂	常用作屋面增强附加层	热玛𤧛脂、冷玛𤧛脂粘贴施工
铝箔胎沥青油毡	有很高的阻隔蒸汽的渗透能力，防水功能好，且具有一定的抗拉强度	与带孔玻纤毡配合或单独使用，宜用于隔气层	热玛𤧛脂粘贴

10.1.1.2 改性沥青防水卷材

改性沥青防水卷材是以改性沥青作浸涂材料制成的沥青防水卷材。我国常用的改性沥青防水卷材有弹性体改性沥青防水卷材、塑性体改性沥青防水卷材等。

弹性体改性沥青防水卷材是以聚酯毡、玻纤毡、玻纤增强聚酯毡为胎基，以苯乙烯-丁二烯-苯乙烯（SBS）热塑性弹性体作石油沥青改性剂，两面覆以隔离材料所制成的防水卷材。根据《弹性体改性沥青防水卷材》（GB 18242—2008），弹性体改性沥青防水卷材按胎基分为聚酯毡（PY）、玻纤毡（G）、玻纤增强聚酯毡（PYG）；按上表面隔离材料分为聚乙烯膜（PE）、细砂（S）、矿物粒料（M）；按下表面隔离材料分为细砂（S）、聚乙烯膜（PE）；按材料性能分为Ⅰ型和Ⅱ型，见表 10.5。

表 10.5 弹性体改性沥青防水卷材材料性能

序号	项 目		指标 Ⅰ PY	指标 Ⅰ G	指标 Ⅱ PY	指标 Ⅱ G	指标 Ⅱ PYG
1	可溶物含量≥/(g/m³)	3mm	2100				—
		4mm	2900				—
		5mm	3500				
		试验现象	—	胎基不燃	—	胎基不燃	—
2	耐热性	℃	90		105		
		mm	≤2				
		试验现象	无流淌、滴落				
3	低温柔性/℃		−20		−25		
			无裂缝				
4	不透水性(30min)		0.3MPa	0.2 MPa	0.3 MPa		
5	拉力	最大峰拉力≥/(N/50mm)	500	350	800	500	900
		次高峰拉力≥/(N/50mm)	—	—	—	—	800
		试验现象	拉伸过程中，试件中部无沥青涂盖层开裂或与胎基分离现象				
6	延伸率	最大峰时延伸率≥/%	30	—	40	—	—
		第二峰时延伸率≥/%	—		—		15
7	浸水后质量增加≤/%	PE,S	1.0				
		M	2.0				
8	热老化	拉力保持率≥/%	90				
		延伸率保持率≥/%	80				
		低温柔性/℃	−15		−20		
			无裂缝				
		尺寸变化率≤/%	0.7	—	0.7	—	0.3
		质量损失≤/%	1.0				

续表

序号	项目		指标 I PY	指标 I G	指标 II PY	指标 II G	指标 II PYG
9	渗油性	张数≤	2				
10	接缝剥离强度≥/(N/mm)		1.5				
11	钉杆撕裂强度≥/N		—				300
12	矿物粒料黏附性≤/g		2.0				
13	卷材下表面沥青涂盖层厚度≥/mm		1.0				
14	人工气候加速老化	外观	无滑动、流淌、滴落				
		拉力保持率≥/%	80				
		低温柔性/℃	−15		−20		
			无裂缝				

塑性体改性沥青防水卷材是以聚酯毡、玻纤毡、玻纤增强聚酯毡为胎基，以无规聚丙烯(APP)或聚烯烃类聚合物（APAO、APO等）作石油沥青改性剂，两面覆以隔离材料所制成的防水卷材。根据《塑性体改性沥青防水卷材》(GB 18243—2008)，塑性体改性沥青防水卷材按胎基分为聚酯毡（PY）、玻纤毡（G）、玻纤增强聚酯毡（PYG）；按上表面隔离材料分为聚乙烯膜（PE）、细砂（S）、矿物粒料（M）；按下表面隔离材料分为细砂（S）、聚乙烯膜（PE）；按材料性能分为Ⅰ型和Ⅱ型，见表10.6。

表10.6　塑性体改性沥青防水卷材材料性能

序号	项目		指标 I PY	指标 I G	指标 II PY	指标 II G	指标 II PYG
1	可溶物含量≥/(g/m^3)	3mm	2100				—
		4mm	2900				—
		5mm	3500				
		试验现象	—	胎基不燃	—	胎基不燃	—
2	耐热性	℃	110		130		
		mm	≤2				
		试验现象	无流淌、滴落				
3	低温柔性/℃		−7		−15		
			无裂缝				
4	不透水性 30min		0.3MPa	0.2 MPa	0.3 MPa		
5	拉力	最大峰拉力≥/(N/50mm)	500	350	800	500	900
		次高峰拉力≥/(N/50mm)	—	—	—	—	800
		试验现象	拉伸过程中,试件中部无沥青涂盖层开裂或与胎基分离现象				
6	延伸率	最大峰时延伸率≥/%	25	—	40	—	—
		第二峰时延伸率≥/%	—		—		15
7	浸水后质量增加≤/%	PE,S	1.0				
		M	2.0				
8	热老化	拉力保持率≥/%	90				
		延伸率保持率≥/%	80				
		低温柔性/℃	−2		−10		
			无裂缝				
		尺寸变化率≤/%	0.7	—	0.7	—	0.3
		质量损失≤/%	1.0				
9	接缝剥离强度≥/(N/mm)		1.0				

续表

序号	项目		指标				
			Ⅰ		Ⅱ		
			PY	G	PY	G	PYG
10	钉杆撕裂强度≥/N		—				300
11	矿物粒料黏附性≤/g		2.0				
12	卷材下表面沥青涂盖层厚度≥/mm		1.0				
13	人工气候加速老化	外观	无滑动、流淌、滴落				
		拉力保持率≥/%	80				
		低温柔性/℃	−2		−10		
			无裂缝				

由表 10.5 和表 10.6 可知，改性沥青防水卷材改善了普通沥青防水卷材温度稳定性差、延伸率小等缺点，具有高温不流淌、低温不脆裂、拉伸强度高、延伸率较大等优点。弹性改性沥青防水卷材尤其适用于寒冷地区的防水工程，塑性改性沥青防水卷材尤其适用于较炎热地区的防水工程。

常用的改性沥青防水卷材的特点及适用范围见表 10.7。

表 10.7 常用的改性沥青防水卷材的特点及适用范围

卷材名称	特点	适用范围	施工工艺
SBS 改性沥青防水卷材	耐高、低温性能有明显提高，卷材的弹性和耐疲劳性明显改善	单层铺设的屋面防水工程或复合使用，适合于寒冷地区和结构变形频繁的建筑	冷施工铺贴或热熔铺贴
APP 改性沥青防水卷材	具有良好的强度、延伸性、耐热性、耐紫外线照射及耐老化性能	单层铺设，适合于紫外线辐射强烈及炎热地区屋面使用	热熔法或冷贴法铺设
聚氯乙烯改性焦油防水卷材	有良好的耐热及耐低温性能，最低开卷温度为−18℃	有利于在冬季负温度下施工	可热作业亦可冷施工
再生胶改性沥青防水卷材	有一定的延伸性，且低温柔性较好，有一定的防腐蚀能力，价格低廉，属低档防水卷材	变形较大或档次较低的防水工程	热沥青粘贴
废橡胶粉改性沥青防水卷材	比普通石油沥青纸胎油毡的抗拉强度、低温柔性均有明显改善	叠层使用于一般屋面防水工程，宜在寒冷地区使用	热沥青粘贴

10.1.1.3 高分子防水材料

高分子防水卷材是以合成橡胶、合成树脂或两者共混为基料，加入适量助剂和填料等，经过特定工序（混炼、压延或挤出等）而制成的防水卷材。高分子防水卷材分类见表 10.8。

表 10.8 高分子防水卷材分类

分类		代号	主要原料
均质片	硫化橡胶类	JL1	三元乙丙橡胶
		JL2	橡塑共混
		JL3	氯丁橡胶、氯磺化聚乙烯、氯化聚乙烯等
	非硫化橡胶类	JF1	三元乙丙橡胶
		JF2	橡塑共混
		JF3	氯化聚乙烯
	树脂类	JS1	聚氯乙烯等
		JS2	乙烯醋酸乙烯共聚物、聚乙烯等
		JS3	乙烯醋酸乙烯共聚物与改性沥青共混等
复合片	硫化橡胶类	FL	（三元乙丙、丁基、氯丁橡胶、氯磺化聚乙烯等）/织物
	非硫化橡胶类	FF	（氯化聚乙烯、三元乙丙、丁基、氯丁橡胶、氯磺化聚乙烯等）/织物
	树脂类	FS1	聚氯乙烯/织物
		FS2	（聚乙烯、乙烯醋酸乙烯共聚物等）/织物

续表

分类		代号	主要原料
自粘片	硫化橡胶类	ZJL1	三元乙丙/自粘料
		ZJL2	橡塑共混/自粘料
		ZJL3	(氯丁橡胶、氯磺化聚乙烯、氯化聚乙烯等)/自粘料
		ZFL	(三元乙丙、丁基、氯丁橡胶、氯磺化聚乙烯等)/织物/自粘料
	非硫化橡胶类	ZJF1	三元乙丙/自粘料
		ZJF2	橡塑共混/自粘料
		ZJF3	氯化聚乙烯/自粘料
		ZFF	(氯化聚乙烯、三元乙丙、丁基、氯丁橡胶、氯磺化聚乙烯等)/织物/自粘料
	树脂类	ZJS1	聚氯乙烯/自粘料
		ZJS2	(乙烯醋酸乙烯共聚物、聚乙烯等)/自粘料
		ZJS3	乙烯醋酸乙烯共聚物与改性沥青共混等/自粘料
		ZFS1	聚氯乙烯/织物/自粘料
		ZFS2	(聚乙烯、乙烯醋酸乙烯共聚物等)/织物/自粘料
异型片	树脂类(防排水保护板)	YS	高密度聚乙烯、改性聚丙烯、高抗冲聚苯乙烯等
点(条)粘片	树脂类	DS1/TS1	聚氯乙烯/织物
		DS2/TS2	(乙烯醋酸乙烯共聚物、聚乙烯等)/织物
		DS3/TS3	乙烯醋酸乙烯共聚物与改性沥青共混物等/织物

注：均质片：以高分子合成材料为主要材料，各部位截面结构一致的防水片材。复合片：以高分子合成材料为主要材料，复合织物等为保护或增强层，以改变其尺寸稳定性和力学特性，各部位截面结构一致的防水片材。自粘片：在高分子片材表面复合一层自粘材料和隔离保护层，以改善或提高其与基层的粘接性能，各部位截面结构一致的防水片材。异型片：以高分子合成材料为主要材料，经特殊工艺加工成表面为连续凸凹壳体或特定几何形状的防（排）水片材。点（条）粘片：均质片材与织物等保护层多点（条）粘接在一起，粘接点（条）在规定区域内均匀分布，利用粘接点（条）的间距，使其具有切向排水功能的防水片材。

均质片、复合片、自粘片、异型片和点（条）粘片的性能见《高分子防水材料 第 1 部分：片材》(GB 18173.1—2012)。

高分子防水卷材具有多方面的优点，如高弹性，高延伸性，良好的耐老化性、耐高温性和耐低温性等。常用的高分子防水卷材的特点和适用范围见表 10.9。

表 10.9　常用的高分子防水卷材的特点和使用范围

卷材名称	特点	适用范围	施工工艺
再生胶防水卷材	有良好的延伸性、耐热性、耐寒性和耐腐蚀性，价格低廉	单层非外露部位及地下防水工程，或加盖保护层的外露防水工程	冷粘法施工
氯化聚乙烯防水卷材	具有良好的耐候、耐臭氧、耐热老化、耐油、耐化学腐蚀及抗撕裂的性能	单层或复合使用，宜用于紫外线强的炎热地区	冷粘法施工
聚氯乙烯防水卷材	具有较高的拉伸和撕裂强度，延伸率较大，耐老化性能好，原材料丰富，价格便宜，容易黏结	单层或复合使用于外露或有保护层的防水工程	冷粘法或热风焊接法施工
三元乙丙橡胶防水卷材	防水性能优异，耐候性好，耐臭氧性、耐化学腐蚀性、弹性和抗拉强度大，对基层变形开裂的适用性强，质量轻，使用温度范围宽，寿命长，但价格高，黏结材料尚需配套完善	防水要求较高、防水层耐用年限长的工业与民用建筑，单层或复合使用	冷粘法或自粘法
三元丁橡胶防水卷材	有较好的耐候性、耐油性、抗拉强度和延伸性，耐低温性能稍低于三元乙丙防水卷材	单层或复合使用于要求较高的防水工程	冷粘法施工
氯化聚乙烯-橡胶共混防水卷材	不但具有氯化聚乙烯特有的高强度和优异的耐臭氧、耐老化性能，而且具有橡胶所特有的高弹性、高延伸性及良好的低温柔性	单层或复合使用，尤其宜用于寒冷地区或变形较大的防水工程	冷粘法施工

10.1.2 防水涂料

防水涂料常温下呈黏稠状态，将其涂布在基层表面，经溶剂或水分挥发或各组分间的化学反应，形成具有一定弹性的连续薄膜，使基层表面与水隔绝，起到防水和防潮作用。

防水涂料固化前呈液态，固化后可形成无接缝的完整防水膜，故特别适用于各种复杂的、不规则部位的防水；防水涂料大多采用冷施工，施工方便，环境污染小，劳动强度低；涂布的防水涂料，既是防水层的主体，又是黏结剂，施工质量容易保证，维修较简单。但是，由于防水涂料施工时须采用刷子或刮板等逐层涂刷（刮），故防水膜的厚度较难保持均匀一致。

防水涂料按液态类型分为溶剂型、水乳型和反应型三大类；按成膜物质的主要成分可分为沥青类、改性沥青类及合成高分子类三大类。

沥青基防水涂料是以沥青为基料配制而成的水乳型或溶剂型防水涂料，主要品种有石灰乳化沥青涂料等。沥青基防水涂料主要适用于防水等级较低的工业与民用建筑屋面、混凝土地下室和卫生间防水等。

改性沥青类防水涂料是以沥青为基料，用合成高分子聚合物进行改性制成的水乳型或溶剂型防水涂料。改性沥青类防水涂料在柔韧性、抗裂性、拉伸强度、耐高低温性能、使用寿命等方面比沥青基涂料有很大改善。主要品种有氯丁橡胶防水涂料、水乳型橡胶沥青防水涂料、APP改性沥青防水涂料、SBS改性沥青防水涂料等。这类涂料广泛应用于各级屋面、地下室、卫生间等防水工程。

合成高分子类防水涂料是以合成橡胶或合成树脂为主要成膜物质制成的单组分或多组分的防水涂料。合成高分子类防水涂料具有高弹性、高耐久性及优良的耐高低温性能，主要品种有聚氨酯防水涂料、聚合物乳液防水涂料、聚合物水泥防水涂料、有机硅防水涂料等。这类防水涂料适用于高防水等级屋面、地下室及卫生间等防水工程。

10.1.3 密封材料

建筑密封材料是能承受位移以达到气密、水密目的而嵌入建筑接缝中的材料。有定型和不定型两大类，定型密封材料是指具有特定形状的密封衬垫（如密封条等）；不定型密封材料是指一种黏稠的膏状材料（俗称密封膏或嵌缝膏）。

常用的密封材料有沥青嵌缝油膏、聚氨酯密封胶及硅酮密封胶等。

沥青嵌缝油膏是以石油沥青为基料，加入改性材料、稀释剂及填充料混合制成的密封膏，主要作为屋面、墙面等的防水嵌缝材料。

聚氨酯密封胶是以氨基甲酸酯聚合物为主要成分的单组分和多组分建筑密封胶。聚氨酯密封胶的弹性、黏结性及耐气候老化性能好，与混凝土的黏结性也很好。可用于屋面、墙面的水平或垂直接缝，尤其适用于游泳池工程，聚氨酯密封胶还可用于公路及机场跑道的补缝、接缝，也可用于玻璃、金属材料的嵌缝。

硅酮密封胶是以聚硅氧烷为主要成分，室温固化的密封胶。硅酮密封胶具有优异的耐热、耐寒性和良好的耐候性，与各种材料都有较好的黏结性能，耐拉伸-压缩疲劳性强，耐水性好。

10.1.4 刚性防水材料

刚性防水材料是指以水泥、砂、石为原料，或同时掺入少量外加剂、高分子聚合物等材料，配制成的具有一定抗渗透能力的水泥砂浆、混凝土类防水材料。

刚性防水材料通常通过两种方法配制，其一，以硅酸盐水泥为基料，加入无机或有机外加剂配制而成的防水砂浆、防水混凝土，如外加剂防水混凝土、聚合物防水砂浆等；其二，以膨胀水泥为主的特种水泥为基料配制的防水砂浆、防水混凝土。

10.2　绝热材料

绝热材料是指用于减少结构物与环境热交换的一种功能材料，包括保温材料（控制室内热量外流的材料）和隔热材料（防止室外热量进入室内的材料）两类。

10.2.1　绝热材料的绝热机理

热量的传递方式有三种：热传导、热对流和热辐射。热传导是指由温差引起的物体内部微粒运动产生的热量转移过程；热对流是指因流体内各部分相对位移引起的热量转移过程；热辐射是指由于物体的温度使物体表面发射电磁波的热量转移过程。

在每一实际的传热过程中，往往都同时存在着两种或三种传热方式。例如，通过实体结构本身的传热过程，主要是靠热传导，但一般材料内部或多或少都有些孔隙，在孔隙内除存在气体的热传导外，同时还存在热对流和热辐射。

根据热量的传递方式，绝热材料的绝热机理主要有以下几个方面。

（1）多孔型　多孔型绝热材料绝热作用的机理可由图 10.1 说明。当热量从高温面向低温面传递时，在未碰到气孔之前，传递过程为固相中的导热，在碰到气孔后，一条路线仍然是通过固相传递，但其传热方向发生变化，总的传热路线大大增加，从而使传递速度减缓。另一条路线是通过气孔内气体的传热，其中包括高温固体表面对气体的辐射与对流传热、气体自身的对流传热、气体的热传导、热气体对低温固体表面的辐射及对流传热以及热固体表面和冷固体表面之间的辐射传热。由于在常温下对流和辐射传热在总的传热中所占比例很小，故以气孔中气体的热传导为主，但由于空气的热导率大大小于固体的热导率，故热量通过气孔传递的阻力较大，从而传热速度大大减缓，这就是含有大量气孔的材料能起绝热作用的原因。

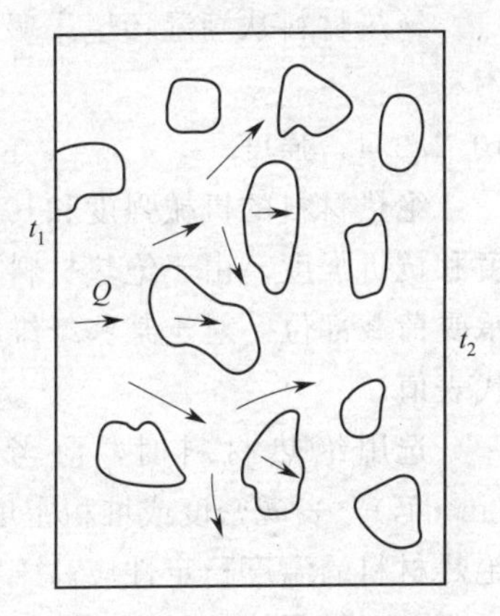

图 10.1　多孔材料传热过程

（2）纤维型　纤维型绝热材料的绝热机理基本上和通过多孔材料的情况相似，当传热方向和纤维垂直时，其绝热性能比传热方向和纤维方向平行时要好一些。

（3）反射型　当外来的热辐射能量投射到物体上时，通常会将一部分能量反射掉，另一部分被吸收（一般土木工程材料都不能穿透热射线，故透射部分忽略不计）。根据能量守恒原理，被吸收的能量与被反射掉的能量之和为总的辐射能。由此可以看出，凡是反射能力强的材料，吸收热辐射的能力就小，故利用某些材料对热辐射的反射作用（如铝箔的热反射率为 0.95），在需要绝热的部位表面贴上这种材料，就可以将绝大部分外来热辐射（如太阳光）反射掉，从而起到绝热的作用。

10.2.2　绝热材料的性能

10.2.2.1　热导率

热导率是材料本身热量传导能力大小的度量，它主要受材料的物质构成、孔隙、环境温湿度及热流方向的影响。

(1) 材料的物质构成　材料的热导率受组成材料物质的化学组成和分子结构的影响。一般来说，化学组成和分子结构越复杂热导率越小。

(2) 孔隙率、孔隙大小及孔隙特征　由于固体物质的热导率比空气的热导率大得多，因此，一般来说，材料的孔隙率越大，其热导率越小。在孔隙率相同的情况下，孔隙的尺寸越小，热导率越小。对于相同的孔隙率和孔隙尺寸，当孔隙彼此封闭时，热导率较小，当孔隙相互连通时，热导率较大。

(3) 温度　材料的热导率随温度的升高而增大，因为温度升高，材料中固体分子的热运动增强，同时，材料孔隙中空气的热传导和孔壁间的热辐射作用也有所增加。

(4) 湿度　材料受潮吸水后，会使其热导率增大，这是因为水和冰的热导率都远远大于空气的热导率，从而导致材料的热导率增加较多。

(5) 热流方向　对于纤维材料，热流方向与纤维排列方向垂直时材料表现出的热导率要小于平行时的热导率，这是因为前者可对空气的对流等起有效的阻止作用所致。

10.2.2.2　温度稳定性

材料在受热作用下保持其原有性能不变的能力，称为绝热材料的温度稳定性。通常用其不致丧失绝热性能的极限温度来表示。

10.2.2.3　吸湿性

绝热材料从潮湿环境中吸收水分的能力称为吸湿性。一般吸湿性越大，对绝热效果越不利。

10.2.2.4　强度

绝热材料的机械强度和其他土木工程材料一样是用强度极限来表示的，通常采用抗压强度和抗折强度。由于绝热材料有大量孔隙，故其强度一般都不大，因此不宜将绝热材料用于承受荷载部位。对于某些纤维材料等，有时常用材料达到某一变形时的承载能力作为其强度代表值。

选用绝热材料时，应考虑其主要性能达到如下指标：热导率不宜大于 0.23W/(m·K)，表观密度或堆积密度不宜大于 600kg/m^3，块状材料的抗压强度不低于 0.3MPa，绝热材料的温度稳定性应高于实际使用温度。

10.2.3　常用绝热材料

(1) 矿物棉　由熔融玻璃制成的矿物棉为玻璃棉；由熔融矿渣制成的矿物棉为矿渣棉；主要由熔融天然火成岩制成的矿物棉为岩棉。将矿物棉与有机胶结剂结合可以制成矿棉板、毡、管壳等制品，可用于围护结构及管道绝热以及低温保冷工程。矿物棉吸水性强，不宜露天存放。

(2) 膨胀蛭石　蛭石是一种天然矿物，由云母类矿物风化而成，具有层状结构。膨胀蛭石是蛭石经焙烧膨胀而制成的层状颗粒绝热材料。膨胀蛭石可以呈松散状铺设于墙壁、楼板、屋面等夹层中，作为绝热之用；也可以膨胀蛭石为主要成分，掺加适量的黏结剂（如水泥等）制成绝热制品，用于墙、楼板和屋面板等构件的绝热。膨胀蛭石吸水性强，使用时注意防潮。

(3) 膨胀珍珠岩　珍珠岩是一种天然酸性火山灰质玻璃岩，膨胀珍珠岩是珍珠岩经焙烧膨胀而制成的颗粒状多孔绝热材料。膨胀珍珠岩可用于围护结构、低温及超低温保冷设备、热工设备等处的隔热保温材料；也可以膨胀珍珠岩为主要成分，掺加适量的黏结剂（如水泥等）制成具有一定形状的板、块、管壳等绝热制品。

(4) 绝热混凝土　各类多孔轻质混凝土的总称，如加气混凝土、泡沫混凝土等。其热导率小于普通黏土砖，故墙体厚度一定时，绝热混凝土墙体的绝热效果优于普通黏土砖墙体，但随着表观密度减小，绝热效果提高的同时，强度呈下降趋势。

(5) 泡沫塑料　泡沫塑料是以各种树脂为基料，加入一定剂量的发泡剂、催化剂、稳定剂等辅助材料，经加热发泡而制成。目前，泡沫塑料是广泛应用的绝热材料，其表观密度小，隔热性能好，加工使用方便。常用的泡沫塑料有聚苯乙烯泡沫塑料、聚乙烯泡沫塑料、聚氨酯泡沫塑料、聚氯乙烯泡沫塑料、脲醛泡沫塑料、酚醛泡沫塑料、环氧树脂泡沫塑料等。该类绝热材料可用作复合墙板、屋面板的夹心层和冷藏包装等。

(6) 热反射玻璃　在平板玻璃表面采用一定方法涂覆金属或金属氧化膜，可制得热反射玻璃。该玻璃的热反射率可达 40%，从而可起绝热作用。热反射玻璃多用于门、窗、橱窗上，近年来广泛用作高层建筑的幕墙玻璃。

10.3　吸声与隔声材料

10.3.1　吸声材料

声音起源于物体的振动，产生振动的物体称为声源。声源发声后迫使临近的空气跟着振动而形成声波，并在空气介质中向四周传播。声音在传播过程中，一部分由于声能随着距离的增大而扩散，另一部分则因空气分子的吸收而减弱。当声波遇到材料表面时，入射声能的一部分从材料表面反射，另一部分则被材料吸收。被吸收声能和入射声能之比，称为吸声系数。

材料的吸声特性除与声波的方向有关外，尚与声波的频率有关，同一材料，对于高、中、低不同频率，其吸声系数不同。为了全面反映材料的吸声特性，通常取 125Hz、250Hz、500Hz、1000Hz、2000Hz、4000Hz 六个频率的吸声系数来表示材料吸声的频率特性。凡六个频率的平均吸声系数大于 0.2 的材料，可称为吸声材料。材料的吸声系数越高，吸声效果越好。

在音乐厅、影剧院、大会堂、播音室等内部的墙面、地面、天棚等部位，适当采用吸声材料，能改善声波在室内传播的质量，保持良好的音响效果。

常用的吸声材料主要有以下几种。

10.3.1.1　多孔性吸声材料

多孔性吸声材料的构造特征是材料中含有大量互相贯通的微孔。当声波入射到材料表面时，进入材料孔隙内部，引起孔隙内部的空气振动，由于摩擦、空气黏滞阻力和材料内部的热传导作用，使相当一部分声能转化为热能而被吸收。因此，只有孔洞对外开口、孔隙之间连通且孔较深才能有效吸收声能。一般来说，多孔性吸声材料以吸收中、高频声能为主。

影响多孔材料吸声特性的因素主要有以下几个方面。

(1) 材料的表观密度和孔隙构造的影响　表观密度减小，则孔隙率增大，使高频吸声效果提高，但低频吸声效果下降。材料的孔隙率高、孔隙细小，吸声效果好；孔隙过大，则效果变差；封闭孔隙不利于吸声。

(2) 材料厚度的影响　材料厚度增加，低频吸声系数增加，对高频吸声系数影响不大。材料过厚，则变化不明显。

（3）吸声材料背后空气层的影响　吸声材料在安装时背后留有一定的空气层，相当于增加了材料的厚度，可以提高吸声效果。当空气层厚度等于1/4波长的奇数倍时，可以获得最大的吸声系数。

10.3.1.2　薄板振动吸声结构

胶合板、薄木板、硬质纤维板、石膏板、石棉水泥板或金属板等薄板，周边固定在墙或顶棚的龙骨上，并在背后留有空气层，即成薄板振动吸声结构。

在声波作用下，薄板和空气层的空气发生振动，在板内部和龙骨间出现摩擦损耗，使声能转变为热能，而起到吸声作用。由于低频声波比高频声波容易激起薄板产生振动，所以薄板振动吸声结构具有低频吸声特性。

10.3.1.3　穿孔板组合共振吸声结构

穿孔板组合共振吸声结构是在薄板上穿孔并在其后设置空气层，必要时在空腔中添加多孔吸声材料。当入射声波的频率和系统的共振频率一致时，孔板颈处的空气产生激烈振动摩擦，使声能减弱。

这种吸声结构通常由穿孔的胶合板、硬质纤维板、石膏板、铝合金板、薄钢板等，将周边固定在龙骨上，并在背后设置空气层而构成。

穿孔板厚度、穿孔率、孔径、背后空气层厚度及是否填充多孔吸声材料等，都直接影响吸声结构的吸声性能。穿孔板组合共振吸声结构具有适合中频的吸声特性。

10.3.1.4　柔性吸声材料

具有封闭气孔和一定弹性的材料，其声波引起的空气振动不易传递至内部，只能相应地产生振动，在振动过程中克服材料内部的摩擦而消耗声能，引起声波衰减，如泡沫塑料。这种材料的吸声特性是在一定的频率范围内出现一个或多个吸声频率。

10.3.1.5　悬挂空间吸声体

悬挂空间吸声体由于声波与吸声材料的两个或两个以上的表面接触，增加了有效的吸声面积，产生边缘效应，加上声波的衍射作用，大大提高了实际的吸声效果。实际使用时，可根据不同的使用地点和要求设计成各种形式的悬挂在顶棚下的空间吸声体。空间吸声体有平板形、球形、圆锥形、棱锥形等多种形式。

10.3.1.6　帘幕吸声体

帘幕吸声体是用具有通气性能的纺织品，安装在离墙面或窗洞一定距离处，背后设置空气层。这种吸声体对中、高频都有一定的吸声效果。帘幕的吸声效果与材料种类和褶纹有关。帘幕吸声体安装、拆卸方便，兼具装饰作用，应用价值较高。

10.3.2　隔声材料

建筑上把主要起隔绝声音作用的材料称为隔声材料。隔声材料主要用于建筑围护及分隔部分，即外墙、内墙、楼板以及门窗等。

声音按其传播途径可分为空气声（通过空气传播的声音）和固体声（通过撞击和振动传播的声音），两者的隔声原理截然不同。

对于隔绝空气声，主要服从质量定律，即材料的体积密度越大，质量越大，隔声性能越好，因此应选用密实、沉重的材料作为隔声材料，如砖、混凝土、钢板等。

对于隔绝固体声，最有效的措施是采用不连续结构处理，即在构件接触处（如墙体和承重梁之间等）加弹性衬垫，如毛毡、软木、橡皮等材料，或在楼板上加弹性地毯。

10.4 装饰材料

建筑装饰材料一般是指主体结构工程完成后，进行室内外墙面、顶棚、地面的装饰等所需的材料。装饰材料除了起装饰作用，满足人们的审美需要外，通常还起着保护建筑物主体结构和改善建筑物使用功能等作用。

10.4.1 装饰材料的基本要求

10.4.1.1 外观要求

（1）颜色　材料的颜色实质上是材料对光谱的反射，并非是材料本身固有的。它主要与光线的光谱组成有关，还与观看者的眼睛对光谱的敏感性有关。建筑装饰效果最突出的一点是材料的色彩，它是人造环境中的第一装饰。颜色选择合理既能创造出色彩协调的整体环境，又能使人们在生理和心理上产生良好的效果，颜色对于建筑物的装饰效果十分重要。

（2）光泽　光泽是材料表面方向性反射光线的性质，它对形成于材料表面的物体形象的清晰程度，亦即反射光线的强弱起着决定性的作用。光泽是材料表面的一种特性，与材料表面的平整程度、材料的材质、光线的投射与反射方向等因素有关。在评定材料的外观时，光泽的重要性仅次于颜色。

（3）透明度　材料的透明性也是与光线有关的一种性质。既能透光又能透视的物体，称为透明体；只能透光而不能透视的物体，称为半透明体；既不能透光又不能透视的物体，称为不透明体。如普通平板玻璃是透明的，磨砂玻璃和压花玻璃是半透明的，釉面砖是不透明的。

（4）质感　质感是对材料质地的感觉，即材料的表面组织结构、花纹图案、颜色、光泽、透明性等给人的一种综合感觉。质感不仅取决于饰面材料的性质，而且取决于施工方法，同种材料不同的施工方法也会产生不同的质地感觉。一般来说，粗糙不平的表面能给人以粗犷豪迈的感觉，而光滑细致的表面则给人的是细腻精美的感觉。

（5）形状和尺寸　材料的形状和尺寸能给人带来空间尺寸的大小和使用上是否舒适的感觉。对于块材、板材和卷材等装饰材料的形状、尺寸、表面的天然花纹（如天然石材）、纹理（如木材）及人造花纹或图案（如墙纸）等都有特定的要求和规格，除卷材的尺寸和形状可在使用时按需要裁剪外，大多数装饰板材和块材都有一定的形状和规格，以便拼装成各种图案或花纹。

10.4.1.2 耐久性要求

建筑装饰材料应具有良好的耐久性及较长的耐久性年限。工程所处的环境不同，对装饰材料耐久性的要求不同，如潮湿环境的建筑物要求装饰材料具有一定的耐水性，北方地区的建筑物外墙用装饰材料应具有一定的抗冻性，地面用装饰材料应具有一定的硬度和耐磨性等。材料的组成和性质不同，耐久性要求也不同，如对花岗石要求其耐久性寿命为数十年至数百年以上，而对质量好的外墙涂料则要求其耐久性寿命为10～15年。

10.4.1.3 安全性要求

安全性一方面是指材料本身的有害物质含量不超过一定限值，另一方面是指材料在受到火灾等灾害时，不产生或少产生对人体有害的物质。对于室内装饰材料，要妥善处理装饰效果和使用安全的矛盾，优先选用环保型材料和不燃烧或难燃烧材料，以避免在使用过程中挥发有毒成分和在燃烧时产生大量浓烟或有毒气体。

10.4.2 装饰材料的分类

建筑装饰材料品种繁多，通常按照在建筑中的装饰部位分类。

① 外墙装饰材料，常用的有天然石材、人造石材、饰面砖、玻璃制品、装饰混凝土、装饰砂浆、铝合金、外墙涂料等。

② 内墙装饰材料，常用的有天然石材、人造石材、饰面砖、玻璃、墙纸与墙布、织物类（如挂毯、装饰布等）、装饰板、涂料等。

③ 地面装饰材料，常用的有天然石材、人造石材、地砖、木地板、塑料地板、地毯、地面涂料等。

④ 顶棚装饰材料，常用的有塑料吊顶板、铝合金吊顶板、石膏板、各种吸声板、涂料等。

10.4.3 装饰材料的选用原则

不同种类的建筑，对装饰的要求不同，即使是同一类型的建筑，由于其建筑标准不同，对装饰的要求也会有很大的不同。在建筑装饰工程中，为确保装饰效果及装饰质量，应根据不同需求，正确合理地选择建筑装饰材料。

（1）装饰效果　装饰效果是选择建筑装饰材料时首先要考虑的问题。应结合建筑的造型、功能及所处环境等因素，充分考虑建筑装饰材料的颜色、光泽、质感以及不同材料的配合等，最大限度地表现出建筑装饰材料的装饰效果。

（2）使用功能　选择建筑装饰材料时应考虑建筑功能的要求，对不同使用部位的材料有不同的具体要求。比如，对于外墙装饰材料，应兼顾美观和对建筑的保护作用，同时，还应考虑在大气环境中的耐久性问题；对于内墙装饰材料，应处理好装饰效果和使用安全的矛盾；对于地面材料，应特别关注耐磨性能，等等。

（3）经济性　选择建筑装饰材料应该考虑经济性问题，一方面，应将装饰效果与装饰投资综合起来考虑，充分利用有限的资金取得最佳的使用和装饰效果；另一方面，应有一个总体观念，既要考虑一次性投资，也应考虑到维修费用，在关键性问题上宁可加大投资，延长使用年限，保证总体上的经济性。

10.4.4 常用装饰材料

10.4.4.1 装饰石材

建筑装饰用石材可分为天然石材和人造石材两种。

（1）天然石材　凡是从天然岩石开采出来的，经加工或未加工的石材，统称为天然石材。天然石材在地壳中蕴藏量丰富，分布广泛，便于就地取材。天然石材具有抗压强度高、耐久、耐磨等良好的性能，同时具有坚定、稳重的质感，能获得庄重、雄伟的装饰效果。常用的天然装饰石材有花岗岩和大理石两类。

花岗岩强度高，吸水率小，耐酸性、耐磨性及耐久性好，颜色有深青、紫红、浅灰、纯黑等，并有小而均匀的黑点，常用于室内外墙面和地面的装饰。因花岗岩中含大量石英，石英在高温下会发生晶态转变，产生体积膨胀，故火灾时花岗岩会产生严重开裂破坏。另外，某些花岗岩具有放射性污染问题。

纯净的大理石为白色，洁白如玉，晶莹纯净，熠熠生辉，故称汉白玉。大理石一般均含有某些杂质，使其呈现出红、黄、黑、绿、灰、褐等多种色彩组成的花纹，色彩斑斓。纯白和纯黑的大理石属名贵品种，为高档装饰材料。天然大理石的主要化学成分为碳酸钙，易被酸性介质侵蚀，使表面失去光泽，变得粗糙多孔，从而降低装饰效果，因此，除少数质地纯正、杂质少、比较稳定耐久的品种如汉白玉等大理石可用于外墙饰面，一般大理石不宜用于室外装饰。另外，大理石的硬度相对较小，使用过程中应避免用作要求耐磨性能高的场合。

(2) 人造石材 人造石材是以天然石材碎料、石英砂、石渣等为骨料，聚酯树脂或水泥等为胶结料，经拌合、成形、聚合或养护后，打磨抛光切割而成。

人造石材具有天然石材的质感，但质量轻、强度高、耐腐蚀、耐污染，可锯切钻孔，施工方便。与天然石材相比，人造石材是一种比较经济的饰面材料，常用的人造石材主要有树脂型人造石材、水泥型人造石材及复合型人造石材。

树脂型人造石材一般是以不饱和树脂为胶结料，石英砂、大理石碎粒或粉等无机材料为骨料，经配料、搅拌、成形、固化、脱模、烘干、抛光等工序制成。产品光泽度好，颜色浅，可以调成不同的颜色，而且树脂黏度比较低，易于成形，固化快，可在常温下固化。

水泥型人造石材是以水泥为胶结料，砂为细骨料，大理石或花岗岩碎粒等为粗骨料，经配料、搅拌、成形、养护、磨光、抛光等工序制成。产品成本低，耐大气稳定性好，并具有较强的耐磨性，但耐腐蚀性能较差，且表面容易出现微小龟裂。

复合型人造石材所用的胶结料中既有聚合物树脂，又有水泥。先将无机填料用无机胶结料胶结成形，养护后，再将坯体浸渍于具有聚合性能的有机单体中，使其聚合。对于板材制品，基层一般用性能稳定的水泥砂浆，面层用树脂和大理石碎粒或粉制作，可获得较佳效果。

10.4.4.2 建筑陶瓷

凡以黏土、长石、石英为基本原料，经配料、制坯、干燥、焙烧而制成的成品，称为陶瓷制品。陶瓷制品按其致密程度分为陶质、瓷质和炻质三大类。

陶质制品为多孔结构，通常吸水率较大，断面粗糙无光，敲击时声粗哑，有无釉和施釉两种制品。根据其原料土杂质含量的不同，又分为粗陶和精陶两种。粗陶不施釉，建筑上常用的烧结黏土砖、瓦就是最普通的陶制品，精陶一般施有釉，建筑饰面用的面砖以及卫生陶瓷和彩陶等均属此类。

瓷质制品结构致密，吸水率小，有一定透明性，表面通常均施有釉。瓷质制品多为日用餐具、陈设瓷、电瓷及美术用品等。

炻质制品是介于陶质和瓷质之间的一类陶瓷制品，也称半瓷。其构造比陶质致密，一般吸水率较小，但又不如瓷质制品那么洁白，其坯体多带有颜色，且无半透明性。按其坯体的细密程度不同，又分为粗炻器和细炻器两种。建筑饰面用的外墙面砖、地砖和陶瓷锦砖等均属炻器。

用于装饰墙面、铺设地面、卫生间的设备等各种陶瓷材料及其制品统称为建筑陶瓷。建筑陶瓷通常构造致密，质地较为均匀，有一定的强度，耐水、耐磨、耐化学腐蚀、耐久性好，能拼制出各种色彩图案。建筑陶瓷品种很多，最常用的有釉面砖、墙地砖、陶瓷锦砖、琉璃制品及卫生陶瓷等。

釉面砖色泽柔和典雅，坚固耐用，易于清洁，并具有防火、防水、耐磨、耐腐蚀等性能。主要用于建筑物内部墙面，如厨房、卫生间、浴室、墙裙等的装饰和保护，但不宜用于室外，因其多孔坯体层和表面釉层的吸水率、膨胀率相差较大，在室外受到日晒雨淋及温度变化时，易开裂或剥落。

墙地砖是墙砖和地砖的总称。墙地砖以优质陶土为主要原料，经成形、烧结等工艺处理而成，有施釉和不施釉两种。墙地砖具有强度高、耐磨、化学性能稳定、不燃、吸水率低、易清洁等特点。该类砖颜色繁多，表面质感多样，通过配料和制作工艺的变化，可制成平面、麻面、毛面、抛光面、仿石表面、压花浮雕面等多种制品。

陶瓷锦砖俗称马赛克，是以优质瓷土为主要原料，经压制烧成的片状小瓷砖，有施釉和不施釉两类。通常将不同颜色和形状的小块瓷片铺贴在牛皮纸上形成色彩丰富、图案繁多的装饰砖成联使用。陶瓷锦砖具有耐磨、耐火、吸水率小、抗压强度高、易清洗、色泽稳定、造价较低等特点。主要用于建筑物墙面和地面装饰，如厨房、餐厅、浴室等的地面铺贴。

建筑琉璃制品用难熔黏土制坯，经干燥、上釉后焙烧而成，多属陶质制品，颜色有绿、黄、蓝、青等。品种可分为三类，瓦类（板瓦、滴水瓦、筒瓦、沟头）、脊类和饰件类（吻、博古、兽）。其特点是质地致密，表面光滑，不易沾污，坚实耐久，色彩绚丽，造型古朴。主要用于具有民族色彩的宫殿式建筑和园林中的亭台楼阁等。

卫生陶瓷用于浴室、盥洗室、厕所等处的卫生洁具，如洗面器、坐便器、水槽等。卫生陶瓷多用耐火黏土或难溶黏土经配料制浆、灌浆成形、上釉焙烧而成。卫生陶瓷结构形式多样，颜色分为白色和彩色，表面光洁、不透水、易于清洗，并耐化学腐蚀。

10.4.4.3 建筑玻璃

玻璃是以石英、纯碱、石灰石和长石等为原料在高温下熔融、成形、急冷而成的无定形晶态物质。随着现代建筑的发展，玻璃及其制品已由单纯的采光和装饰逐渐向着控制光线、调节热量、控制噪声等方向发展。建筑工程中常用的玻璃制品如下。

(1) 普通平板玻璃 普通平板玻璃具有透光、透视、隔声、耐磨、耐气候变化等特点，还可以通过着色、表面处理、磨光、钢化、夹层等深加工技术，获得具有特殊性能和装饰效果的玻璃制品。普通平板玻璃是建筑玻璃中用量最大的一种，大部分直接用于建筑门窗。

(2) 安全玻璃 安全玻璃指具有良好安全性能的玻璃。主要特点是力学强度高，抗冲击能力较好，被击碎时碎块不会飞溅伤人，并兼有防火的功能。主要有钢化玻璃、夹层玻璃及夹丝玻璃。

钢化玻璃也称强化玻璃，它是平板玻璃经物理强化方法或化学方法处理后所得的玻璃制品。经过加工处理后，玻璃表面产生一个预压的应力，这个表面预压应力使玻璃的机械强度和抗冲击性能大大提高。钢化玻璃具有强度高、抗冲击性好、热稳定性高、安全性高（一旦受损，整块玻璃呈现网状裂纹，破碎后，碎片小且无尖锐棱角）、不易伤人等特性。

夹层玻璃是指两片或多片平板玻璃之间嵌夹透明塑料薄片，经加热、加压、粘合而成的复合玻璃制品。夹层玻璃抗冲击性和抗穿透性好，玻璃破碎时不裂成分离的碎片，只有辐射状的裂纹和少量玻璃碎屑，碎片仍粘贴在膜片上，不致伤人。

夹丝玻璃是在玻璃熔融状态时将经预热处理的钢丝或钢丝网压入玻璃中间，经退火、切割而成。夹丝玻璃抗折强度高，防火性能好，破碎时即使有许多裂缝，其碎片仍能附着在钢丝上，不致四处飞溅而伤人。

(3) 节能玻璃 节能玻璃包括热反射玻璃、吸热玻璃及中空玻璃等。它们既具有良好的装饰效果，又具有特殊的绝热功能，除用于一般门窗之外，常作为幕墙玻璃。

热反射玻璃又称镀膜玻璃或镜面玻璃，是既具有较高的热反射能力，又能保持良好透光性能的玻璃。热反射玻璃是在玻璃表面用热分解法、真空镀膜法或化学镀膜法等方法，喷涂金、银、铜、镍、铬、铁等金属或金属氧化物薄膜而成。热反射玻璃反射率高，装饰性强，并具有单向透像作用，即白天能在室内看到室外景物，而在室外却看不到室内的景物，对建筑物内部起到遮蔽及帷幕的作用；而在晚上的情形则相反，室内的人看不到外面，而室外却可清楚地看到室内。值得注意的是，热反射玻璃不适当使用会给环境带来光污染问题。

吸热玻璃是既能吸收大量红外线辐射，又能保持良好的光透过率的平板玻璃。吸热玻璃是在玻璃中引入有着色作用的氧化物，或在玻璃表面涂着色氧化物薄膜而成，吸热玻璃可呈灰色、茶色、蓝色、绿色等颜色。

中空玻璃由于玻璃片与玻璃片之间留有一定的空隙，内部充满干燥气体，因此具有优良的保温、隔热与隔声性能。

(4) 压花玻璃和磨砂玻璃　压花玻璃是熔融的玻璃液在冷却过程中通过带图案花纹的辊轴辊压而成的制品。磨砂玻璃又称毛玻璃，是将平板玻璃的表面经机械喷砂、手工研磨或氢氟酸溶蚀等方法处理成均匀毛面而成的制品。这两种玻璃的主要特点是表面粗糙，光线产生漫射，透光不透视，适用于卫生间、浴室等处的门窗。

(5) 玻璃砖　玻璃砖又称特厚玻璃，玻璃砖有空心砖和实心砖两种。实心砖是采用机械压制方法制成的，空心砖是采用箱式模具压制而成的，即用两块玻璃加热熔接成整体的空心砖，中间充以干燥空气，也可填充玻璃棉等。玻璃砖绝热、隔声、光线柔和优美，可用来砌筑透光墙壁、隔断、门厅、通道等。

(6) 玻璃马赛克　玻璃马赛克又称玻璃锦砖，它与陶瓷锦砖的区别主要在于：陶瓷锦砖系由瓷土制成的不透明陶瓷材料，而玻璃锦砖为半透明的玻璃质材料，呈乳浊或半乳浊状，内含少量气泡和未熔颗粒，是一种小规格的彩色饰面玻璃。玻璃马赛克在外形和使用上与陶瓷锦砖相似，但花色多，价格较低，主要用于外墙装饰。

10.4.4.4　金属装饰材料

金属材料具有独特的光泽、色彩和质感。金属作为装饰材料高贵华丽、经久耐用，且安装方便。目前，建筑装饰工程中常用的金属主要有铝、钢、铜等。

(1) 铝合金装饰材料　常用的铝合金装饰材料有铝合金门窗及铝合金装饰板等。铝合金门窗是将按特定要求成形并经表面处理的铝合金型材，经下料、打孔、铣槽、攻丝等，加工制成门窗料构件，再加连接件、密封件、开闭五金等组合装配而成。按其结构与开启方式，可分为推拉窗（门）、平开窗（门）、悬挂窗、回转窗（门）、百叶窗、纱窗等。铝合金门窗质量轻、密封性能好、耐腐蚀、使用维修方便、色调美观。铝合金装饰板质量轻、易加工、刚度较好、耐久性好，广泛用于墙面和屋面装饰。铝合金装饰板种类繁多，常用的有铝合金花纹板、铝合金压型板、铝合金冲孔平板等。

(2) 不锈钢装饰材料　不锈钢耐腐蚀性好，经不同的表面加工可形成不同的光泽度和反射性，高级别抛光不锈钢表面具有与玻璃相同的反射能力。不锈钢可以加工成板材、管材、型材等，在建筑装饰工程中，通常用于幕墙、屋面、墙面、包柱、栏杆扶手等。

(3) 彩色钢板　彩色钢板通常包括彩色涂层钢板和彩色压型钢板。为提高普通钢板的防腐蚀性能和表面装饰效果，可在钢板表面涂饰一层具有保护性的装饰膜，由此制成彩色涂层钢板。彩色涂层钢板涂层附着力强，可长期保持新鲜色泽，板材加工性好，可以切断、弯曲、钻孔、卷边等，可用于制造彩色门窗，也可用于建筑屋面及墙面等。彩色压型钢板通常以镀锌钢板为基材，经成形轧制、表面涂装而成。彩色压型钢板质量轻、抗震性能好、经久耐用、色彩鲜艳，并且易加工，安装方便，广泛用于建筑外墙及屋面。

10.4.4.5 装饰涂料

装饰涂料是指能涂于建筑物表面，并能形成连续性涂膜，从而对建筑物起保护、装饰作用或使其具有某些特殊功能的材料。根据涂料使用部位和功能的不同，装饰涂料主要有墙面涂料和地面涂料。

墙面涂料的作用是保护墙体和装饰墙体，提高墙体的耐久性或弥补墙体在功能方面的不足。墙面涂料分为外墙涂料和内墙涂料，外墙涂料应适应大气环境的变化，如具有耐污染性、耐洗刷性、耐冻融性等；内墙涂料要求不含对人体健康不利的有害物质，特别是挥发性有害物质（如甲醛）。

地面涂料对地面起保护和装饰作用，同时起到防潮、防静电、防腐蚀等作用。要求地面涂料应具有较好的耐磨性、耐水性、耐碱性和良好的抗冲击性。

10.4.4.6 其他装饰材料

（1）墙纸与墙布 墙纸与墙布通常用于室内墙面、顶棚、柱面的装饰。

墙纸又称壁纸，壁纸品种很多，如塑料壁纸、纸基织物壁纸、麻草壁纸及金属壁纸等，其中最常用的是塑料壁纸。塑料壁纸以一定材料为基材，表面进行涂塑后，再经印花、压花或发泡处理等多种工艺而制成的一种墙面装饰材料。塑料壁纸可分为普通壁纸、发泡壁纸和特种壁纸。塑料壁纸有适合各种环境的花纹图案，装饰性好，具有难燃、隔热、吸声、防霉、耐水、耐酸碱等良好性能，且施工方便，使用寿命长，被广泛应用于建筑室内装饰工程中。

常用的装饰墙布有玻璃纤维印花贴墙布、无纺贴墙布、化纤装饰贴墙布、棉纺装饰墙布等；常用的高级织物有锦缎、丝绒、呢料等。墙布的特殊质感会产生不同的装饰效果。

（2）地板 目前，比较常用的地板有木地板和塑料地板。

木地板有条板地板和拼花地板两种，前者使用较为普遍。条板地板木质感强，弹性好，脚感舒适，美观大方，常采用松、衫、柞、榆等材质制作，拼缝可做成平头、企口或错口。拼花地板是用水曲柳、柞木、柚木等制成条状小条木，用于室内地面装饰拼铺。拼花地板常见拼花图案有正芦席纹、人字纹、砖墙纹等。

塑料地板主要有卷材塑料地板和块状塑料地板。卷材塑料地板为软质塑料地板材料，该地板质地柔软、有弹性、脚感好，但表面耐热性较差。块状塑料地板也称塑料地板砖，一般多为硬质塑料，该地板价格较低，尺寸稳定，耐磨，耐燃。有的塑料地板砖为了提高其表面材料性能及装饰功能，还进行压花印花工艺处理，生产出压花印花塑料地板砖。

复习思考题

10.1 改性沥青防水卷材与传统沥青防水卷材比较，主要有哪些性能得到了改善？

10.2 试述绝热材料的绝热机理。

10.3 多孔吸声材料的孔隙应具有什么特征？

10.4 试述固体声和空气声的隔声原理。

10.5 对于建筑装饰材料的基本要求是什么？

开放讨论

谈一谈天然石材的放射性。

第 11 章　土木工程材料试验

【学习要点】

1. 验证和巩固所学的基本理论。
2. 掌握常用土木工程材料的试验方法。
3. 进行科学研究的基本训练。
4. 培养科学研究的能力和严谨的科学态度。

试验 1　材料基本物理性质试验

1. 试验目的

测定并计算石材的密度、体积密度、孔隙率及吸水率。以石材为例，了解材料常用物理性能试验方法。

2. 参照的标准

《天然饰面石材试验方法》(GB/T 9966.3—2001)。

3. 主要试验设备

(1) 干燥箱　温度可控制在 (105±2)℃范围内。

(2) 天平　最大称量 1000g，感量 10mg；最大称量 200g，感量 1mg。

(3) 比重瓶　容积 25～30mL。

(4) 标准筛　63μm。

4. 试样及其制备

(1) 密度、孔隙率试样　取洁净样品 1000g 左右并将其破碎成小于 5mm 的颗粒，以四分法缩分到 150g，再用瓷研钵研磨成可通过 63μm 标准筛的粉末。

(2) 体积密度、吸水率试样　试样为边长 50mm 的正方体或直径、高度均为 50mm 的圆柱体，尺寸偏差±0.5mm。每组五块，试样不允许有裂纹。

5. 试验步骤

(1) 密度、孔隙率

① 将试样装入称量瓶中，放入 (105±2)℃的干燥箱内干燥 4h 以上，取出，放入干燥器中冷却至室温。

② 称取试样三份，每份 10g (m_0')，精确至 0.002g，每份试样分别装入洁净的比重瓶中。

③ 向比重瓶内注入蒸馏水，其体积不超过比重瓶容积的一半，将比重瓶放入水浴中煮沸 10～15min 或将比重瓶放入真空干燥器内，以排除试样中的气泡。

④ 擦干比重瓶并使其冷却至室温后，向其中再次注入蒸馏水至标记处，称其质量 (m_2')，精确至 0.002g。

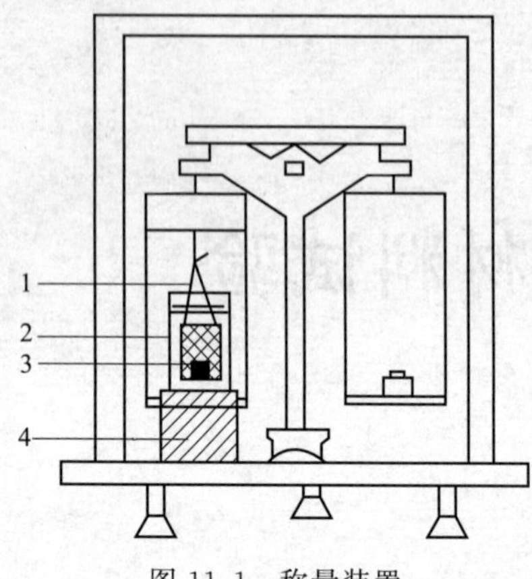

图 11.1 称量装置
1—网篮；2—烧杯；3—试样；4—支架

⑤ 清空比重瓶并将其冲洗干净，重新注入蒸馏水至标记处并称量质量（m_1'），精确至 0.002g。

（2）体积密度、吸水率

① 将试样置于（105±2）℃的干燥箱内干燥至恒重，连续两次质量之差小于 0.02%，放入干燥器中冷却至室温，称其质量（m_0），精确至 0.02g。

② 将试样放在（20±2）℃的蒸馏水中浸泡 48h 后取出，用拧干的湿毛巾擦去试样表面水分，立即称其质量（m_1），精确至 0.02g。

③ 立即将水饱和的试样置于网篮中并将网篮与试样一起浸入（20±2）℃的蒸馏水中，称其试样在水中质量（m_2）（注意称量时须先小心除去附着在网篮和试样上的气泡），精确至 0.02g，称量装置见图 11.1。

6. 结果计算

（1）密度 ρ 按下式计算：

$$\rho=\frac{m_0'\rho_w}{m_0+m_1-m_2}$$

式中，ρ 为密度，g/cm^3；m_0' 为干燥试样在空气中的质量，g；m_1 为水饱和试样在空气中的质量，g；m_2 为水饱和试样在水中的质量，g；ρ_w 为室温下蒸馏水的密度，g/cm^3。

（2）体积密度 ρ_0 按下式计算：

$$\rho_0=\frac{m_0\rho_w}{m_1-m_2}$$

式中，ρ_0 为体积密度，g/cm^3；m_0 为干燥试样在空气中的质量，g；m_1 为水饱和试样在空气中的质量，g；m_2 为水饱和试样在水中的质量，g；ρ_w 为室温下蒸馏水的密度，g/cm^3。

（3）孔隙率 P 按下式计算：

$$P=\left(1-\frac{\rho_0}{\rho}\right)\times 100$$

式中，P 为孔隙率，%。

（4）吸水率 W 按下式计算：

$$W=\frac{m_1-m_0}{m_0}\times 100$$

式中，W 为吸水率，%。

计算每组试样密度、体积密度、孔隙率、吸水率的算术平均值作为试验结果。密度、体积密度取三位有效数字；孔隙率、吸水率取两位有效数字。

试验 2 水泥试验

1. 试验目的

测定水泥细度、标准稠度用水量、凝结时间、安定性和水泥胶砂强度等水泥主要技术性质。了解各项性能指标的意义，掌握试验方法。

2. 参照的标准

《水泥细度检验方法　筛析法》(GB/T 1345—2005)，《水泥标准稠度用水量、凝结时间、安定性检验方法》(GB/T 1346—2011)，《水泥胶砂强度检验方法》(GB/T 17671—1999)，《通用硅酸盐水泥》(GB 175—2007)。

3. 一般规定

① 同一试验用的水泥应在同一水泥厂生产的同品种、同强度等级、同编号的水泥中取样。

② 当试验水泥从取样至试验要保持 24h 以上时，应把它贮存在基本装满和气密的容器里，这个容器应不与水泥起反应。

③ 水泥试样应充分拌匀，且用 0.9mm 方孔筛过筛。

④ 试验用水必须是洁净的饮用水，如有争议时应以蒸馏水为准。

⑤ 试验室温度应保持在 (20±2)℃，相对湿度应不低于 50%。养护箱温度保持在 (20±1)℃，相对湿度应不低于 90%。试体养护池水温应在 (20±1)℃范围内。

⑥ 水泥试样、标准砂、拌合用水及试模等的温度应与试验室温度相同。

4. 水泥细度检验

细度检验有负压筛析法、水筛法和手工筛析法。负压筛析法、水筛法和手工筛析法测定的结果发生争议时，以负压筛析法为准。

(1) 主要试验设备

① 试验筛。试验筛由圆形筛和筛网组成，分负压筛、水筛和手工筛三种。

② 负压筛析仪。负压筛析仪由筛座、负压筛、负压源及收尘器组成。其中筛座由转速为 (30±2)r/min 的喷气嘴、负压表、控制板、微电机及壳体构成。筛析仪负压可调范围为 4000～6000Pa。

③ 水筛架和喷头。

④ 天平。最小分度值不大于 0.01g。

(2) 试验步骤

① 试验准备。试验前所用试验筛应保持清洁，负压筛和手工筛应保持干燥。试验时，80μm 筛析试验称取试样 25g，45μm 筛析试验称取试样 10g。

② 负压筛析法。筛析试验前应把负压筛放在筛座上，盖上筛盖，接通电源，检查控制系统，调节负压至 4000～6000Pa 范围内。称取试样精确至 0.01g，置于洁净的负压筛中，放在筛座上，盖上筛盖，接通电源，开动筛析仪连续筛析 2min，在此期间如有试样附着在筛盖上，可轻轻地敲击筛盖使试样落下。筛毕，用天平称量全部筛余物。

③ 水筛法。筛析试验前，应检查水中有无泥、砂，调整好水压及水筛架的位置，使其能正常运转，并控制喷头底面与筛网之间距离为 35～75mm。称取试样精确至 0.01g，置于洁净的水筛中，立即用淡水冲洗至大部分细粉通过后，放在水筛架上，用水压为 (0.05±0.02) MPa 的喷头连续冲洗 3min。筛毕，用少量水把筛余物充至蒸发皿中，等水泥颗粒全部沉淀后，小心倒出清水，烘干并用天平称量全部筛余物。

④ 手工筛析法。称取水泥试样精确至 0.01g，倒入手工筛内。用一只手持筛往复摇动，另一只手轻轻拍打，往复摇动和拍打过程应保持近于水平，拍打速度每分钟约 120 次，每 40 次向同一方向转动 60°，使试样均匀分布在筛网上，直至每分钟通过的试样量不超过

0.03g 为止，称量全部筛余物。

(3) 结果计算　水泥试样筛余百分数按下式计算（结果计算至 0.1%）：

$$F=\frac{R_t}{W}\times 100$$

式中，F 为水泥试样的筛余百分数，%；R_t 为水泥筛余物的质量，g；W 为水泥试样的质量，g。

5. 水泥标准稠度用水量测定（标准法）

(1) 主要试验设备

① 水泥净浆搅拌机。

② 标准法维卡仪。见图 11.2 和图 11.3。

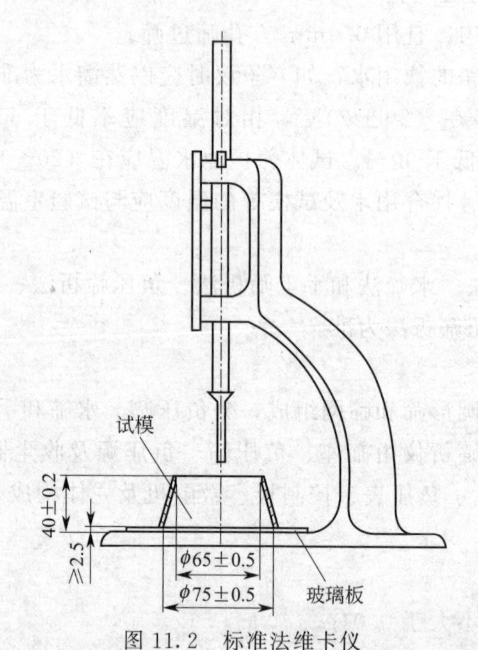

图 11.2　标准法维卡仪

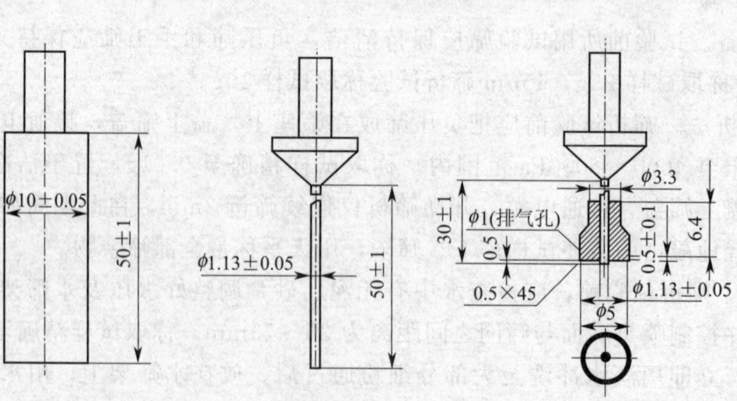

图 11.3　标准法维卡仪附件

(a) 标准稠度试杆；(b) 初凝用试针；(c) 终凝用试针

(2) 试验准备　维卡仪的金属棒能自由滑动；试模和玻璃底板用湿布擦拭，将试模放在底板上；调整至试杆接触玻璃板时指针对准零点；搅拌机运行正常。

（3）水泥净浆的拌制　用水泥净浆搅拌机搅拌，搅拌锅和搅拌叶片先用湿布擦过，将拌合水倒入搅拌锅内，然后在 5～10s 内小心将称好的 500g 水泥加入水中，防止水和水泥溅出；拌合时，先将锅放在搅拌机的锅座上，升至搅拌位置，启动搅拌机，低速搅拌 120s，停 15s，同时将叶片和锅壁上的水泥浆刮入锅中间，接着高速搅拌 120s 停机。

（4）标准稠度用水量的测定步骤　拌合结束后，立即取适量水泥净浆一次性将其装入已置于玻璃底板上的试模中，浆体超过试模上端，用宽约 25mm 的直边刀轻轻拍打超出试模部分的浆体 5 次以排除浆体中的孔隙，然后在试模上表面约 1/3 处，略倾斜于试模分别向外轻轻锯掉多余净浆，再从试模边沿轻抹顶部一次，使净浆表面光滑。在锯掉多余净浆和抹平的操作过程中，注意不要压实净浆。抹平后迅速将试模和底板移到维卡仪上，并将其中心定在杆下，降低试杆直至与水泥净浆表面接触，拧紧螺丝 1～2s 后，突然放松，使试杆垂直自由地沉入水泥净浆中。在试杆停止沉入或释放试杆 30s 时记录试杆距底板之间的距离，升起试杆后，立即擦净，整个操作应在搅拌后 1.5min 内完成。以试杆沉入净浆并距底板（6±1）mm 的水泥净浆为标准稠度净浆，其拌合水量为该水泥的标准稠度用水量（P），按水泥质量的百分比计。

6. 水泥标准稠度用水量测定（代用法）

（1）主要试验设备

① 水泥净浆搅拌机。

② 代用法维卡仪。

（2）试验准备　维卡仪的金属棒能自由滑动；调整至试锥接触锥模顶面时指针对准零点；搅拌机运行正常。

（3）水泥净浆的拌制　同标准法。

（4）标准稠度用水量的测定步骤　采用代用法测定水泥标准稠度用水量可用调整水量和不变水量两种方法的任一种测定。采用调整水量方法时拌合水量按经验找水，采用不变水量方法时拌合水量用 142.5mL。

拌合结束后，立即将拌制好的水泥净浆装入锥模中，用宽约 25mm 的直边刀在浆体表面轻轻插捣 5 次，再轻振 5 次，刮去多余的净浆；抹平后迅速放到试锥下面固定的位置上，将试锥降至净浆表面，拧紧螺丝 1～2s 后，突然放松，让试锥垂直自由地沉入水泥净浆中。到试锥停止下沉或释放试锥 30s 时记录试锥下沉深度，整个操作应在搅拌后 1.5min 内完成。

用调整水量方法测定时，以试锥下沉深度（30±1）mm 时的净浆为标准稠度净浆，其拌合水量为该水泥的标准稠度用水量（P），按水泥质量的百分比计。如下沉深度超出范围需另称试样，调整水量，重新试验，直至达到（30±1）mm 为止。

用不变水量方法测定时，根据下式（或仪器上对应标尺）计算得到标准稠度用水量 P（%）：

$$P=33.4-0.185S$$

当试锥下沉深度小于 13mm 时，应改用调整水量法测定。

7. 凝结时间的测定

（1）主要试验设备

① 水泥净浆搅拌机。

② 标准法维卡仪。见图 11.2 和图 11.3。

（2）试验准备　调整凝结时间测定仪的试针接触玻璃板时，指针对准零点。

（3）试件制备　以标准稠度用水量制成标准稠度净浆，装模和刮平后，立即放入湿气养护箱中，水泥净浆制成、装模及刮平方法参见“标准稠度用水量测定方法（标准法）”。记录水泥全部加入水中的时间作为凝结时间的起始时间。

（4）初凝时间的测定　试件在湿气养护箱中养护至加水后30min时进行第一次测定。测定时，从湿气养护箱中取出试模放到试针下，降低试针与水泥净浆表面接触，拧紧螺丝1～2s后，突然放松，试针垂直自由地沉入水泥净浆。观察试针停止下沉或释放试针30s时指针的读数。临近初装时间时每隔5min（或更短时间）测定一次，当试针沉至距底板（4±1）mm时，为水泥达到初凝状态，由水泥全部加入水中至初凝状态的时间为水泥的初凝时间，用min表示。

（5）终凝时间的测定　完成初凝时间测定后，换上终凝用试针（图11.3），将试模连同浆体以平移的方式从玻璃板取下，翻转180°，直径大端向上，小端向下，放在玻璃板上，再放入湿气养护箱中继续养护。临近终装时间时每隔15min（或更短时间）测定一次，当试针沉入试体0.5mm时，即环形附件开始不能在试体上留下痕迹时，为水泥达到终凝状态，由水泥全部加入水中至终凝状态的时间为水泥的终凝时间，用min表示。

测定时应注意，在最初测定的操作时，应轻轻扶持金属柱，使其徐徐下降，以防试针撞弯，但结果应以自由下落为准，在整个测试过程中试针沉入的位置至少要距试模内壁10mm。临近初凝时，每隔5min（或更短时间）测定一次，临近终凝时，每隔15min（或更短时间）测定一次，到达初凝或终凝状态时，应立即重复测一次，当两次结论相同时，才能定为到达初凝或终凝状态。每次测定不能让试针落入原针孔。每次测试完毕，须将试针擦净并将试模放回湿气养护箱内，整个测试过程要防止试模受振。

8. 安定性的测定（标准法）

（1）主要试验设备

① 雷氏夹。见图11.4。

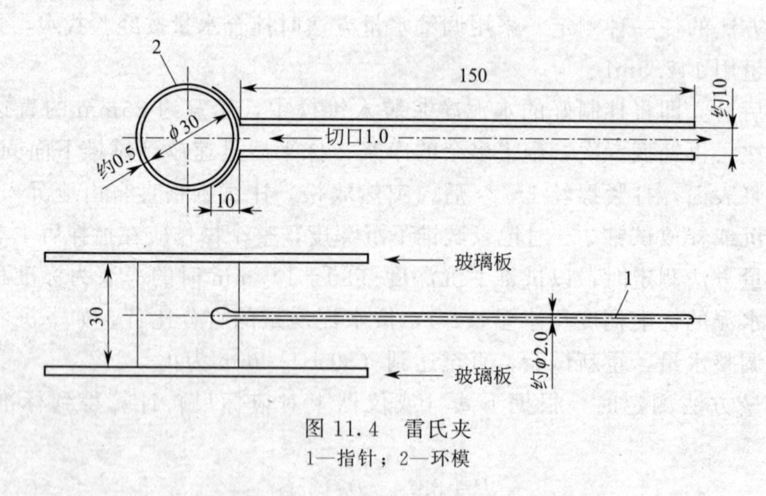

图11.4　雷氏夹

1—指针；2—环模

② 雷氏夹膨胀测定仪。见图11.5，标尺最小刻度为0.5mm。

③ 沸煮箱。

（2）试验准备　每个试样需成形两个试件，每个雷氏夹需配备两个边长或直径约80mm，厚度4～5mm的玻璃板，凡与水泥净浆接触的玻璃板和雷氏夹内表面都要稍稍涂上一层油。

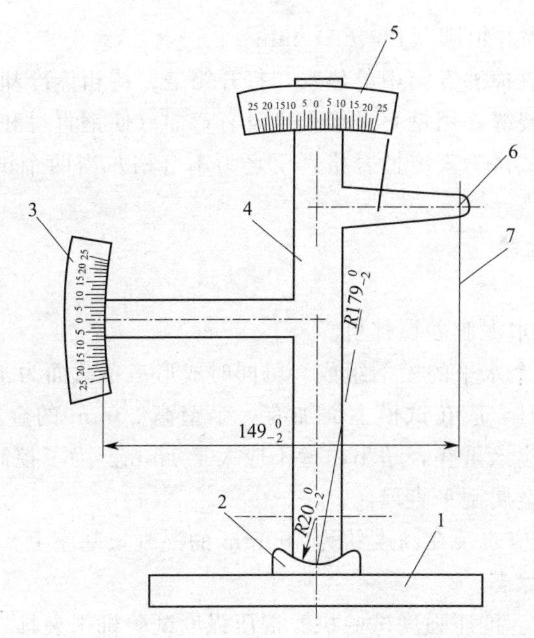

图 11.5　雷氏夹膨胀测定仪

1—底座；2—模子座；3—测弹性标尺；4—立柱；5—测膨胀值标尺；6—悬臂；7—悬丝

(3) 雷氏夹试件的成型　将预先准备好的雷氏夹放在已稍擦油的玻璃板上，并立即将已制好的标准稠度净浆一次装满雷氏夹，装浆时一只手轻轻扶持雷氏夹，另一只手用宽约 25mm 的直边刀在浆体表面轻轻插捣 3 次，然后抹平，盖上稍涂油的玻璃板，接着立即将试件移至湿气养护箱内养护 (24±2)h。

(4) 沸煮　调整好沸煮箱内的水位，使其能保证在整个沸煮过程中都超过试件，不需中途添补试验用水，同时又能保证在 (30±5)min 内升至沸腾。

脱去玻璃板取下试件，先测量雷氏夹指针尖端间的距离 (A)，精确到 0.5mm，接着将试件放入沸煮箱水中的试件架上，指针朝上，然后在(30±5)min 内加热至沸并恒沸(180±5)min。

沸煮结束后，立即放掉沸煮箱中的热水，打开箱盖，待箱体冷却至室温，取出试件进行判别。测量雷氏夹指针尖端的距离 (C)，精确至 0.5mm，当两个试件煮后增加距离 ($C-A$) 的平均值不大于 5.0mm 时，即认为该水泥安定性合格，当两个试件的 ($C-A$) 值相差超过 5.0mm 时，应用同一样品立即重做一次试验。以复检结果为准。

9. 安定性的测定（代用法）

(1) 试验准备　每个样品须准备两块约 100mm×100mm 的玻璃板，凡与水泥净浆接触的玻璃板都要稍稍涂上一层油。

(2) 试饼的成型方法　将制好的标准稠度净浆取出一部分分成两等分，使之成球形，放在预先准备好的玻璃板上，轻轻振动玻璃板并用湿布擦过的小刀由边缘向中央抹，做成直径 70～80mm、中心厚约 10mm、边缘渐薄、表面光滑的试饼，接着将试饼放入湿气养护箱内养护 (24±2) h。

(3) 沸煮　调整好沸煮箱内的水位，使其能保证在整个沸煮过程中都超过试件，不需中途添补试验用水，同时又能保证在 (30±5) min 内升至沸腾。

脱去玻璃板取下试饼，在试饼无缺陷的情况下将试饼放在沸煮箱水中的箅板上，然后在

(30±5) min 内加热至沸并恒沸 (180±5) min。

沸煮结束后，立即放掉沸煮箱中的热水，打开箱盖，待箱体冷却至室温，取出试件进行判别。目测试饼未发现裂缝，用钢直尺检查也没有弯曲（使钢直尺和试饼底部紧靠，以两者间不透光为不弯曲）的试饼为安定性合格，反之为不合格。当两个试饼判别结果有矛盾时，该水泥的安定性为不合格。

10. 水泥胶砂强度检验

(1) 主要试验设备

① 搅拌机。行星式水泥胶砂搅拌机。

② 试模。试模由三个水平的模槽组成，可同时成形三条截面为 40mm×40mm×160mm 的棱形试体。成形操作时，应在试模上面加有一个壁高 20mm 的金属模套，当从上往下看时，模套壁与模型内壁应该重叠，超出内壁不应大于 1mm。为了控制料层厚度和刮平胶砂，应备有两个播料器和一金属刮平直尺。

③ 振实台。振实台应安装在高度约为 400mm 的混凝土基座上，用地脚螺丝固定在基座上，安装后设备成水平状态。

④ 抗折强度试验机、抗压强度试验机、抗压强度试验机用夹具。

(2) 试件的制备

① 配合比。胶砂的质量配合比为一份水泥、三份标准砂和半份水，一锅胶砂成三条试体，每锅材料需要量为：水泥 (450±2)g，标准砂 (1350±5)g，水 (225±1)g。

② 搅拌。每锅胶砂用搅拌机进行机械搅拌，先使搅拌机处于待工作状态，然后按以下程序进行操作。

把水加入锅里，再加入水泥，把锅放在固定架上，上升至固定位置，然后立即开动机器，低速搅拌 30s 后，在第二个 30s 开始的同时均匀地将砂子加入。当各级砂是分装时，从最粗粒级开始，依次将所需的每级砂量加完。把机器转至高速再拌 30s，停拌 90s，在第 1 个 15s 内用一胶皮刮具将叶片和锅壁上的胶砂刮入锅中间，在高速下继续搅拌 60s。各个搅拌阶段，时间误差应在±1s 以内。

③ 成形。用振实台成形：胶砂制备后立即进行成形。将空试模和模套固定在振实台上，用一个适当的勺子直接从搅拌锅里将胶砂分两层装入试模，装第一层时，每个槽里约放 300g 胶砂，用大播料器垂直架在模套顶部沿每个模槽来回一次将料层播平，接着振实 60 次。再装入第二层胶砂，用小播料器播平，再振实 60 次。移走模套，从振实台上取下试模，用一金属直尺以近似 90°的角度架在试模模顶的一端，然后沿试模长度方向以横向锯割动作慢慢向另一端移动，一次将超过试模部分的胶砂刮去，并用同一直尺在近乎水平的情况下将试体表面抹平。在试模上做标记或加字条标明试件编号和试件相对于振实台的位置。

用振动台成形：在搅拌胶砂的同时将试模和下料漏斗卡紧在振动台的中心。将搅拌好的全部胶砂均匀地装入下料漏斗中，开动振动台，胶砂通过漏斗流入试模，振动 (120±5)s 停车。振动完毕，取下试模，用刮平尺按标准刮平手法刮去其高出试模的胶砂并抹平，接着在试模上做标记或用字条标明试件编号。

(3) 试件的养护

① 脱模前的处理和养护。去掉留在模子四周的胶砂，立即将做好标记的试模放入雾室或湿箱的水平架子上养护，湿空气应能与试模各边接触。养护时不应将试模放在其他试模上，一直养护到规定的脱模时间时取出脱模。脱模前，用防水墨汁或颜料笔对试体进行编号

和做其他标记。两个龄期以上的试体，在编号时应将同一试模中的三条试体分在两个以上龄期内。

② 脱模。脱模应非常小心。对于24h龄期的，应在破形试验前20min脱模。对于24h以上龄期的，应在成形后20～24h之间脱模。如经24h养护，会因脱模对强度造成损害时，可以延迟至24h以后脱模，但在试验报告中应予说明。已确定作为24h龄期试验（或其他不下水直接做试验）的已脱模试体，应用湿布覆盖至做试验时为止。

③ 养护。将做好标记的试件立即水平或竖直放在（20±1)℃水中养护，水平放置时刮平面朝上。试件放在不易腐烂的篦子上，并彼此间保持一定间距，以让水与试件的六个面接触。养护期间试件之间间隔或试体上表面的水深不得小于5mm。除24h龄期或延迟至48h脱模的试体外，任何到龄期的试体应在试验（破形）前15min从水中取出，擦去试体表面沉积物，并用湿布覆盖至试验为止。

（4）强度试验

① 试体龄期从水泥加水搅拌开始试验算起。不同龄期强度试验在下列时间里进行：24h±15min，48h±30min，72h±45min，7d±2h，＞28d±8h。

② 抗折强度测定。将试体一个侧面放在试验机支撑圆柱上，试体长轴垂直于支撑圆柱，通过加荷柱以（50±10)N/s的速率均匀地将荷载垂直地加在棱柱体相对侧面上，直至折断。抗折强度R_f按下式计算（精确至0.1MPa)：

$$R_f=\frac{1.5F_fL}{b^3}$$

式中，R_f为抗折强度，MPa；F_f为折断时施加于棱柱体中部的荷载，N；L为支撑圆柱之间的距离，mm；b为棱柱体正方形截面的边长，mm。

以一组三个棱柱体抗折结果的平均值作为试验结果。当三个强度值中有超出平均值±10%时，应剔除后再取平均值作为抗折强度试验结果，计算精确至0.1MPa。

③ 抗压强度测定。抗压强度试验通过规定的仪器，在半截棱柱体的侧面上进行。半截棱柱体中心与压力机压板受压中心差应在±0.5mm内，棱柱体露在压板外的部分约有10mm。在整个加荷过程中以（2400±200）N/s的速率均匀地加荷直至破坏。抗压强度R_c按下式计算（精确至0.1MPa)：

$$R_c=\frac{F_c}{A}$$

式中，R_c为抗折强度，MPa；F_c为破坏时的最大荷载，N；A为受压部分面积，mm^2（$40mm\times40mm=1600mm^2$）。

以一组三个棱柱体上得到的六个抗压强度测定值的算术平均值为试验结果。如六个测定值中有一个超出六个平均值±10%时，就应剔除这个结果，而以剩下五个的平均数为结果。如果五个测定值中再有超过它们平均数±10%的，则此组结果作废。计算精确至0.1MPa。

试验3　骨料试验

1. 参照的标准

《普通混凝土用砂、石质量及检验方法标准》(JGJ 52—2006)。

2. 取样与缩分方法

（1）取样　从料堆上取样时，取样部位应均匀分布。取样前应先将取样部位表层铲除，然后由各部位抽取大致相等的砂 8 份、石子 16 份，组成各自一组样品。从皮带运输机、火车、汽车、货船上取样时，应遵照《普通混凝土用砂、石质量及检验方法标准》（JGJ 52—2006）的相关规定。

对于每一单项检验项目，砂、石的每组样品取样数量应按《普通混凝土用砂、石质量及检验方法标准》（JGJ 52—2006）的相关规定进行。部分单项试验的最少取样数量见表 11.1 和表 11.2。当需要做多项检验时，可在确保样品经一项试验后不致影响其他试验结果的前提下，用同组样品进行多相不同的试验。

表 11.1　部分单项砂试验的最少取样量

试验项目	筛分析	表观密度	紧密密度、堆积密度	含水率
最少取样量/g	4400	2600	5000	1000

表 11.2　部分单项石子试验的最少取样量　单位：kg

试验项目	最大公称粒径/mm							
	10.0	16.0	20.0	25.0	31.5	40.0	63.0	80.0
筛分析	8	15	16	20	25	32	50	64
表观密度	8	8	8	8	12	16	24	24
堆积密度、紧密密度	40	40	40	40	80	80	120	120
含水率	2	2	2	2	3	3	4	6

（2）缩分

用分料器缩分：将样品在潮湿状态下拌合均匀，然后将其通过分料器，留下两个接料斗中的一份，并将另一份再次通过分料器。重复上述过程，直至把样品缩分到试验所需量为止。

人工四分法缩分：将样品置于平板上，在潮湿状态下拌合均匀，并堆成厚度约为 20mm 的“圆饼”状，然后沿互相垂直的两条直径把“圆饼”分成大致相等的四份，取其对角的两份重新拌匀，再堆成“圆饼”状。重复上述过程，直至把样品缩分后的材料量略多于进行试验所需量为止。

石子缩分采用四分法进行。将样品倒在平整洁净的平板上，在自然状态下拌合均匀，堆成锥体，然后用四分法将样品缩分至略多于试验所需量。

砂、碎石或卵石的含水率、堆积密度、紧密密度检验所用的试样可不经缩分，拌匀后直接进行试验。

3. 砂的筛分析试验

（1）试验目的　测定砂在不同孔径筛上的筛余量，用于评定砂的颗粒级配；计算砂的细度模数，用于评定砂的粗细程度。

（2）主要试验设备

① 试验筛。筛孔公称直径分别为 10.0mm、5.00mm、2.50mm、1.25mm、630μm、315μm、160μm 的方孔筛以及筛的底盘和盖各一只。

② 天平。称量 1000g，感量 1g。

③ 摇筛机。

④ 烘箱。温度控制范围为（105±5）℃

⑤ 浅盘、硬、软毛刷等。

(3) 试样制备　用于筛分析的试样，其颗粒的公称粒径不应大于 10.0mm。试验前应先将试样通过公称直径 10.0mm 的方孔筛，并计算筛余。称取经缩分后样品不少于 550g 两份，分别装入两个浅盘，在 (105±5)℃的温度下烘干至恒重，冷却至室温备用。

(4) 试验步骤

① 准确称取烘干试样 500g（特细砂可称 250g），置于按筛孔大小顺序排列（大孔在上，小孔在下）的套筛的最上一只筛（公称直径为 5.00mm 的方孔筛）上。

② 将套筛装入摇筛机内固紧，筛分 10min。

③ 取出套筛，再按筛孔由大到小的顺序，在清洁的浅盘上逐一进行手筛，直至每分钟的筛出量不超过试样总量的 0.1%时为止。通过的颗粒并入下一只筛子，并和下一只筛子中的试样一起进行手筛。按这样顺序依次进行，直至所有的筛子全部筛完为止。试样在各筛上的筛余量均不得超过按下式计算得出的剩留量：

$$m_r=\frac{A\sqrt{d}}{300}$$

式中，m_r 为某一筛上的剩留量，g；d 为筛孔边长，mm；A 为筛的面积，mm^2。

否则应将该筛的筛余试样分成两份或数份，再次进行筛分，并以其筛余量之和作为该筛的筛余量。

④ 称取各筛筛余试样的质量（精确至 1g），所有各筛的分计筛余量和底盘中的剩余量之和与筛分前的试样总量相比，相差不得超过 1%。

(5) 结果计算

① 计算分计筛余百分率（各筛上的筛余量除以试样总量的百分率）精确至 0.1%。

② 计算累计筛余百分率（该筛的分计筛余百分率与筛孔大于该筛的各筛的分计筛余百分率之总和），精确至 0.1%。

根据各筛两次试验累计筛余的平均值，评定该试样的颗粒级配分布情况，精确至 1%。

③ 砂的细度模数按下式计算，精确至 0.01：

$$\mu_f=\frac{\beta_2+\beta_3+\beta_4+\beta_5+\beta_6-5\beta_1}{100-\beta_1}$$

式中，μ_f 为砂的细度模数；β_1，β_2，β_3，β_4，β_5，β_6 分别为公称直径 5.00mm、2.50mm、1.25mm、630μm、315μm、160μm 的方孔筛上的累计筛余。

以两次试验结果的算数平均值作为测定值，精确至 0.1。当两次试验所得的细度模数之差大于 0.20 时，应重新取试样进行试验。

4. 砂的表观密度试验

(1) 试验目的　测定砂的表观密度，用于混凝土配合比设计。

(2) 主要试验设备

① 天平。称量 1000g，感量 1g。

② 容量瓶。容量 500mL。

③ 烘箱。温度控制范围为 (105±5)℃。

④ 干燥器、浅盘、铝制料勺、温度计等。

(3) 试样制备　经缩分后不少于 650g 的样品装入浅盘，在温度为 (105±5)℃的烘箱中烘干至恒重，并在干燥器内冷却至室温。

(4) 试验步骤

① 称取烘干的试样 300g (m_0)，装入盛有半瓶冷开水的容量瓶中。

② 摇转容量瓶，使试样在水中充分搅动以排除气泡，塞进瓶塞，静置 24h；然后用滴管加水至与瓶颈刻度线平齐，再塞紧瓶塞，擦干容量瓶外壁的水分，称其质量 (m_1)。

③ 倒出容量瓶中的水和试样，将瓶的内外壁洗净，再向瓶内加入与②中水温相差不超过 2℃的冷开水至瓶颈刻度线。塞紧瓶塞，擦干容量瓶外壁水分，称质量 (m_2)。

在砂的表观密度试验过程中，应测量并控制水的温度，试验的各项称量可在 15～25℃的温度范围内进行。从试样加水静置的最后 2h 起直至试验结束，其温度相差不应超过 2℃。

(5) 结果计算　表观密度 ρ_0 按下式计算，精确至 $10kg/m^3$：

$$\rho_0=\left(\frac{m_0}{m_0+m_2-m_1}-\alpha_t\right)\times 1000$$

式中，ρ_0 为表观密度，kg/m^3；m_0 为试样的烘干质量，g；m_1 为试样、水及容量瓶总质量，g；m_2 为水及容量瓶总质量，g；α_t 为水温对砂的表观密度影响的修正系数，见表 11.3。

表 11.3　不同水温对砂的表观密度影响的修正系数

水温/℃	15	16	17	18	19	20	21	22	23	24	25
α_t	0.002	0.003	0.003	0.004	0.004	0.005	0.005	0.006	0.006	0.007	0.008

以两次试验结果的算术平均值作为测定值，当两次结果之差大于 $20kg/m^3$ 时，应重新取样进行试验。

5. 砂的堆积密度试验

(1) 试验目的　测定砂的堆积密度，用于混凝土配合比设计。

(2) 主要试验设备

① 秤。称量 5kg，感量 5g。

② 容量筒。金属制，圆柱形，内径 108mm，净高 109mm，筒壁厚 2mm，容积 1L，筒底厚度为 5mm。

③ 漏斗或铝制料勺。

④ 烘箱。温度控制范围为 (105±5)℃。

⑤ 直尺、浅盘等。

(3) 试样制备　先用公称直径 5.00mm 的筛子过筛，然后取经缩分后的样品不少于 3L，装入浅盘，在温度为 (105±5)℃烘箱中烘干至恒重，取出并冷却至室温，分成大致相等的两份备用。试样烘干后若有结块，应在试验前先予捏碎。

(4) 试验步骤

① 取试样一份，用漏斗或铝制勺将它徐徐装入容量筒（漏斗出料口或料勺距容量筒筒口不应超过 50mm）直至试样装满并超出容量筒筒口。

② 用直尺将多余的试样沿筒口中心线向相反方向刮平，称其质量 (m_2)。

(5) 结果计算　堆积密度 ρ_0' 按下式计算，精确至 $10kg/m^3$：

$$\rho_0'=\frac{m_2-m_1}{V}\times 1000$$

式中，ρ_0' 为堆积密度，kg/m^3；m_1 为容量筒的质量，kg；m_2 为容量筒和砂的总质量，

kg；V 为容量筒容积，L。

以两次试验结果的算数平均值作为测定值。

6. 砂的含水率试验

（1）试验目的　测定砂的含水率，用于修正混凝土配合比中水和砂的用量。

（2）主要试验设备

① 烘箱。温度控制范围为（105±5)℃。

② 天平。称量 1000g，感量 1g。

③ 容器。如浅盘等。

（3）试验步骤

① 由密封的样品中取各重 500g 的试样两份，分别放入已知质量的干燥容器（m_1）中称重，记下每盘试样与容器的总重（m_2）。

② 将容器连同试样放入温度为（105±5)℃的烘箱中烘干至恒重，称量烘干后的试样与容器的总质量（m_3）。

（4）结果计算　砂的含水率 w_{wc} 按下式计算，精确至 0.1%：

$$w_{wc}=\frac{m_2-m_3}{m_3-m_1}\times 100\%$$

式中，w_{wc} 为砂的含水率，%；m_1 为容器质量，g；m_2 为未烘干的试样与容器的总质量，g；m_3 为烘干后的试样与容器的总质量，g。

以两次试验结果的算数平均值作为测定值。

7. 碎石或卵石的筛分析试验

（1）试验目的　测定石子在不同孔径筛上的筛余量，用于评定石子的颗粒级配。

（2）主要试验设备

① 试验筛。筛孔公称直径为 100.0mm、80.0mm、63.0mm、50.0mm、40.0mm、31.5mm、25.0mm、20.0mm、16.0mm、10.0mm、5.00mm、2.50mm 的方孔筛，以及筛的底盘和盖各一只。

② 天平和秤。天平的称量 5kg，感量 5g；秤的称量 20kg，感量 20g。

③ 烘箱。温度控制范围为（105±5)℃。

④ 浅盘。

（3）试样制备　试验前，应将样品缩分至表 11.4 所规定的试样最少质量，并烘干或风干后备用。

表 11.4　筛分析所需试样的最少质量

公称粒径/mm	10.0	16.0	20.0	25.0	31.5	40.0	63.0	80.0
试样最少质量/kg	2.0	3.2	4.0	5.0	6.3	8.0	12.6	16.0

（4）试验步骤

① 按表 11.4 的规定称取试样。

② 将试样按筛孔大小顺序过筛，当每只筛上的筛余层厚度大于试样的最大粒径值时，应将该筛上的筛余试样分成两份，再次进行筛分，直至各筛每分钟的通过量不超过试样总量的 0.1%。当筛余试样的颗粒粒径比公称粒径大 20mm 以上时，在筛分过程中，允许用手拨动颗粒。

③ 称取各筛筛余的质量，精确至试样总质量的0.1%。各筛的分计筛余量和筛底剩余量的总和与筛分前测定的试样总量相比，其相差不得超过1%。

(5) 结果计算

① 计算分计筛余百分率（各筛上的筛余量除以试样总量的百分率），精确至0.1%。

② 计算累计筛余百分率（该筛的分计筛余百分率与筛孔大于该筛的各筛的分计筛余百分率之总和），精确至0.1%。

③ 根据各筛的累计筛余，评定该试样的颗粒级配。

8. 碎石或卵石的表观密度试验

(1) 试验目的　测定石子的表观密度，用于混凝土配合比设计。此法不宜用于最大公称粒径超过40mm的碎石或卵石的表观密度。

(2) 主要试验设备

① 烘箱。温度控制范围为(105±5)℃。

② 秤。称量20kg，感量20g。

③ 广口瓶。容量1000mL，磨口，并带玻璃片。

④ 试验筛。筛孔公称直径为5.00mm的方孔筛一只。

⑤ 毛巾、刷子等。

(3) 试样制备　试验前，筛除样品中公称粒径为5.00mm以下的颗粒，缩分至略大于表11.5所规定的量的两倍。洗刷干净后，分成两份备用。

表11.5　表观密度试验所需的试样最少质量

最大公称粒径/mm	10.0	16.0	20.0	25.0	31.5	40.0	63.0	80.0
试样最少质量/kg	2.0	2.0	2.0	2.0	3.0	4.0	6.0	6.0

(4) 试验步骤

① 按表11.5规定的数量称取试样。

② 将试样浸水饱和，然后装入广口瓶中。装试样时，广口瓶应倾斜放置，注入饮用水，用玻璃片覆盖瓶口，以上下左右摇晃的方法排除气泡。

③ 气泡排尽后，向瓶中添加饮用水直至水面凸出瓶口边缘，然后用玻璃片沿瓶口迅速滑行，使其紧贴瓶口水面。擦干瓶外水分后，称取试样、水、瓶和玻璃片总质量(m_1)。

④ 将瓶中的试样倒入浅盘中，放在(105±5)℃的烘箱中烘干至恒重，取出，放在带盖的容器中冷却至室温后称取质量(m_0)。

⑤ 将瓶洗净，重新注入饮用水，用玻璃片紧贴瓶口水面，擦干瓶外水分后称取质量(m_2)。

试验时，各项称重可以在15～25℃的温度范围内进行，但从试样加水静置的最后2h起直至试验结束，其温度相差不应超过2℃。

(5) 结果计算　表观密度ρ_0按下式计算，精确至10kg/m^3：

$$\rho_0=\left(\frac{m_0}{m_0+m_2-m_1}-\alpha_t\right)\times 1000$$

式中，ρ_0为表观密度，kg/m^3；m_0为烘干后试样质量，g；m_1为试样、水、瓶和玻璃片的总质量，g；m_2为水、瓶和玻璃片总质量，g；α_t为水温对表观密度影响的修正系数，见表11.6。

表 11.6　不同水温下碎石或卵石的表观密度影响的修正系数

水温/℃	15	16	17	18	19	20	21	22	23	24	25
α_t	0.002	0.003	0.003	0.004	0.004	0.005	0.005	0.006	0.006	0.007	0.008

以两次试验结果的算数平均值为测定值。当两次结果之差大于 $20kg/m^3$ 时，应重新取样进行试验。对颗粒材质不均匀的试样，如两次试验结果之差大于 $20kg/m^3$ 时，可取四次测定结果的算术平均值作为测定值。

9. 碎石或卵石的堆积密度试验

(1) 试验目的　测定石子的堆积密度，用于混凝土配合比设计。

(2) 主要试验设备

① 秤：称量 100kg，感量 100g。

② 容量筒：金属制，其规格见表 11.7。

③ 平头铁锹。

④ 烘箱：温度控制范围为 (105±5)℃。

表 11.7　容量筒的规格要求

碎石或卵石的最大公称粒径/mm	容量筒容积/L	容量筒规格/mm		筒壁厚度/mm
		内径	净高	
10.0,16.0,20.0,25.0	10	208	294	2
31.5,40.0	20	294	294	3
63.0,80.0	30	360	294	4

(3) 试样制备　按表 11.2 的规定称取试样，放入浅盘，在 (105±5)℃的烘箱中烘干，也可摊在清洁的地面上风干，拌匀后分成两份备用。

(4) 试验步骤

① 取试样一份，置于平整干净的地板（或铁板）上，用平头铁锹铲起试样，使石子自由落入容量筒内。此时，从铁锹的齐口至容量筒上口的距离应保持为 50mm 左右。

② 装满容量筒除去凸出筒口表面的颗粒，并以合适的颗粒填入凹陷部分，使表面稍凸起部分和凹陷部分的体积大致相等，称取试样和容量筒总质量 (m_2)。

(5) 结果计算　堆积密度 ρ_0' 按下式计算，精确至 $10kg/m^3$：

$$\rho_0'=\frac{m_2-m_1}{V}\times 1000$$

式中，ρ_0' 为堆积密度，kg/m^3；m_1 为容量筒的质量，kg；m_2 为容量筒和试样总质量，kg；V 为容量筒容积，L。

以两次试验结果的算数平均值作为测定值。

10. 碎石或卵石的含水率试验

(1) 试验目的　测定石子的含水率，用于修正混凝土配合比中水和石子的用量。

(2) 主要试验设备

① 烘箱。温度控制范围为 (105±5)℃。

② 秤。称量 20kg，感量 20g。

③ 容器。如浅盘等。

(3) 试验步骤

① 按表 11.2 的要求称取试样，分成两份备用。

② 将试样置于干净的容器中，称取试样和容器的总质量（m_1），并在（105±5）℃的烘箱中烘干至恒重。

③ 取出试样，冷却后称取试样与容器的总质量（m_2），并称取容器的质量（m_3）。

（4）结果计算　石子的含水率 w_{wc} 按下式计算，精确至 0.1%：

$$w_{wc}=\frac{m_1-m_2}{m_2-m_3}\times 100\%$$

式中，w_{wc} 为石子的含水率，%；m_1 为烘干前试样与容器总质量，g；m_2 为烘干后试样与容器总质量，g；m_3 为容器质量，g。

以两次试验结果的算数平均值作为测定值。

试验 4　普通混凝土试验

1. 参照的标准

《普通混凝土拌合物性能试验方法标准》（GB/T 50080—2002），《普通混凝土力学性能试验方法标准》（GB/T 50081—2002）。

2. 混凝土拌合物拌制方法

（1）一般规定

① 拌制混凝土的原材料应符合技术要求，并与施工实际用料相同，在拌合前，材料的温度应与室温［应保持（20±5）℃］相同。

② 试验室拌合混凝土时，材料用量应以质量计。称量精度：骨料为±1%；水、水泥、掺合料、外加剂均为±0.5%。

（2）主要试验设备

① 混凝土搅拌机。

② 磅秤：称量 50kg，感量 50g。

③ 其他用具：天平（称量 5kg，感量 1g），量筒（200cm^3，1000cm^3），拌铲，拌板（1.5m×2m），盛器等。

（3）拌合方法

① 人工拌合。按配合比称量各材料。将拌板及拌铲用湿布湿润后，将砂、水泥倒在拌板上，用铲自拌板一端翻拌至另一端，如此重复，直至颜色均匀，再加上石子，翻拌至混合均匀为止。将干混合物堆成堆，在中间做一凹槽，将已称量好的水倒一半左右在凹槽中（勿使水流出），然后仔细翻拌，并徐徐加入剩余的水，继续翻拌，每翻拌一次，用铲在拌合物上铲切一次，直到拌合均匀为止。拌合时力求动作敏捷，拌合时间从加水时算起，应大致符合下列规定：拌合物体积为 30L 以下时，4～5min；拌合物体积为 30～50L 时，5～9min；拌合物体积为 51～75L 时，9～12min。

② 机械拌合。搅拌量不应小于搅拌机额定搅拌量的 1/4。按配合比称量各材料，预拌一次，即用按配合比的水泥、砂和水组成的砂浆及少量石子，在搅拌机中进行涮膛（挂浆），然后倒出并刮去多余的砂浆，以免正式拌合时浆体损失。开动搅拌机，向搅拌机内一次加入石子、砂和水泥，干拌均匀，再将水徐徐加入，全部加料时间不超过 2min，水全部加入后，继续拌合 2min。将拌合物自搅拌机卸出，倾倒在拌板上，再经人工拌合 1～2min，即可进

行测试或成形试件。从开始加水时算起，全部操作必须在30min内完成。试验前，混凝土拌合物应经人工略加翻拌，以保证其质量均匀。

3. 稠度试验（坍落度与坍落扩展度法）

本方法适用于骨料最大粒径不大于40mm、坍落度不小于10mm的混凝土拌合物稠度测定。

（1）试验目的　测定混凝土拌合物坍落度或坍落扩展度，评定塑性或流动性混凝土拌合物的工作性。

（2）主要试验设备

① 坍落度筒。由金属制成的圆台形筒，内壁光滑。在筒外上端有手把，下端有踏板。筒的内部尺寸为：底部直径为200mm，顶部直径为100mm，高度为300mm，如图11.6所示。

② 捣棒。直径为16mm、长为600mm的钢棒，端部磨圆。

③ 拌板、铁锹、小铲、钢尺等。

（3）试验步骤

① 湿润坍落度筒及底板，在坍落度筒内壁和底板上应无明水。底板应放置在坚实水平面上，并把筒放在底板中心，然后用脚踩住两边的脚踏板，坍落度筒在装料时应保持固定的位置。

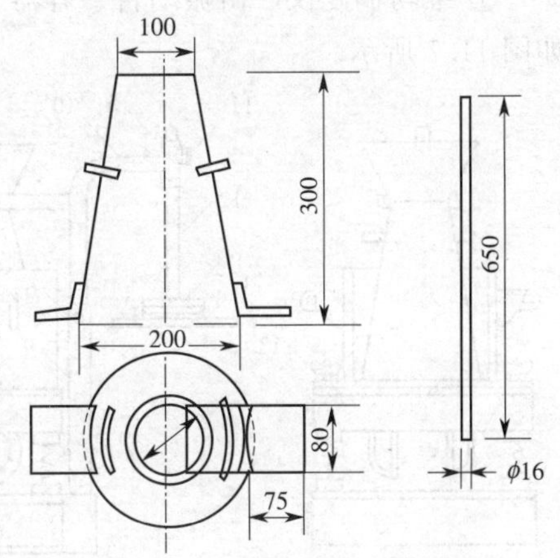

图11.6　坍落度筒及捣棒

② 把按要求取得的混凝土试样用小铲分三层均匀地装入筒内，使捣实后每层高度为筒高的三分之一左右。每层用捣棒插捣25次。插捣应沿螺旋方向由外向中心进行，各次插捣应在截面上均匀分布，插捣筒边混凝土时，捣棒可以稍稍倾斜。插捣底层时，捣棒应贯穿整个深度，插捣第二层和顶层时，捣棒应插透本层至下一层的表面；浇灌顶层时，混凝土应灌到高出筒口。插捣过程中，如混凝土沉落到低于筒口，则应随时添加。顶层插捣完后，刮去多余的混凝土，并用抹刀抹平。

③ 清除筒边底板上的混凝土后，垂直平稳地提起坍落度筒。坍落度筒的提离过程应在5～10s内完成，从开始装料到提坍落度筒的整个过程应不间断地进行，并应在150s内完成。

④ 提起坍落度筒后，测量筒高与坍落后混凝土试体最高点之间的高度差，即为该混凝土拌合物的坍落度值；坍落度筒提离后，如混凝土发生崩坍或一边剪坏现象，则应重新取样另行测定；如第二次试验仍出现上述现象，则表示该混凝土和易性不好，应予记录备查。

⑤ 观察坍落后的混凝土试体的黏聚性及保水性。黏聚性的检查方法是，用捣棒在已坍落的混凝土锥体侧面轻轻敲打，此时如果锥体逐渐下沉，则表示黏聚性良好，如果锥体倒塌、部分崩裂或出现离析现象，则表示黏聚性不好。保水性以混凝土拌合物稀浆析出的程度来评定，坍落度筒提起后如有较多的稀浆从底部析出，锥体部分的混凝土也因失浆而骨料外露，则表明此混凝土拌合物的保水性能不好；如坍落度筒提起后无稀浆或仅有少量稀浆自底部析出，则表示此混凝土拌合物保水性良好。

⑥ 当混凝土拌合物的坍落度大于220mm时，用钢尺测量混凝土拌合物扩展后最终的最大直径和最小直径，在这两个直径之差小于50mm的条件下，用其算术平均值作为坍落扩展度值；否则，此次试验无效。

如果发现粗骨料在中央集堆或边缘有水泥浆析出，表示此混凝土拌合物抗离析性不好，应予记录。

混凝土拌合物的坍落度和坍落扩展度值以毫米为单位，测量精确至1mm，结果表达修约至5mm。

4. 稠度试验（维勃稠度法）

本方法适用于骨料最大粒径不大于40mm，维勃稠度在5～30s之间的混凝土拌合物稠度测定。

（1）试验目的　测定混凝土拌合物的维勃稠度，评定干硬性混凝土的工作性。

（2）主要试验设备

① 维勃稠度仪。由振动台、容器、旋转架、透明圆盘、无踏板的坍落度筒等部分组成，如图11.7所示。

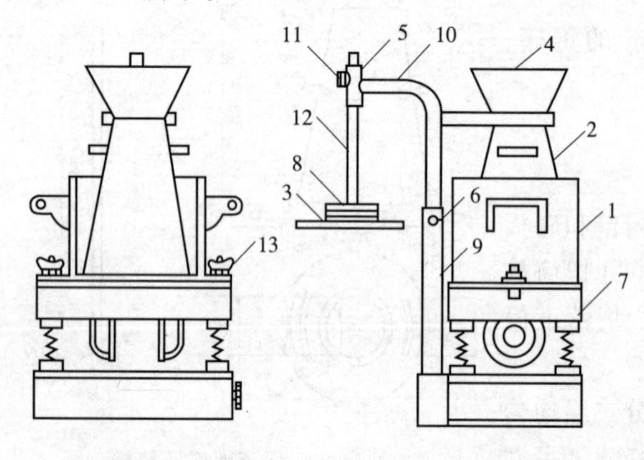

图11.7　维勃稠度仪

1—容器；2—坍落度筒；3—透明圆盘；4—喂料斗；5—套筒；6—定位螺丝；7—振动台；8—荷重；9—支柱；10—旋转架；11—测杆螺丝；12—测杆；13—固定螺丝

② 秒表、小铲、拌板等。

（3）试验步骤

① 维勃稠度仪应放置在坚实水平面上，用湿布把容器、坍落度筒、喂料斗内壁及其他用具润湿。

② 将喂料斗提到坍落度筒上方扣紧，校正容器位置，使其中心与喂料中心重合，然后拧紧固定螺丝。

③ 把按要求取样或制作的混凝土拌合物试样用小铲分三层经喂料斗均匀地装入筒内，装料及插捣方法与坍落度法同。

④ 把喂料斗转离，垂直地提起坍落度筒，此时应注意不使混凝土试体产生横向的扭动。

⑤ 把透明圆盘转到混凝土圆台体顶面，放松测杆螺钉，降下圆盘，使其轻轻接触到混凝土顶面。

⑥ 拧紧定位螺钉，并检查测杆螺钉是否已经完全放松。

⑦ 在开启振动台的同时用秒表计时，当振动到透明圆盘的底面被水泥浆布满的瞬间停止计时，并关闭振动台。

由秒表读出的时间即为该混凝土拌合物的维勃稠度值，精确至1s。

5. 混凝土立方体抗压强度试验

（1）试验目的　测定混凝土立方体抗压强度，作为评定混凝土强度等级的依据。

（2）主要试验设备

① 压力试验机。测量精度为±1%，试件破坏荷载应大于压力机全量程的20%，且小于压力机全量程的80%。

② 试模。由铸铁或钢制成，应具有足够的刚度并拆装方便。

③ 振动台、捣棒、小铁铲、金属直尺、镘刀等。

（3）试件制作　混凝土立方体抗压强度试验一般以三个试件为一组，每组试件所用的混凝土拌合物应由同一次拌合成的拌合物中取出。

150mm×150mm×150mm 的试件为标准试件。试件尺寸按骨料最大粒径选用，见表 11.8。制作前，应将试模洗干净并在试模的内表面涂一薄层矿物油。

表 11.8　混凝土试件尺寸选择表

试件尺寸/mm×mm×mm	骨料最大粒径/mm
100×100×100	31.5
150×150×150	40
200×200×200	63

坍落度不大于 70mm 的混凝土宜用振动台振实。将拌合物一次装入试模，装料时，应用抹刀沿试模内壁插捣并使混凝土拌合物高出试模上口。振动时，试模不得有任何自由跳动，振动应持续到拌合物表面出浆为止，应避免过度振动。振动结束后，刮去多余的混凝土，并用镘刀抹平。

坍落度大于 70mm 的混凝土宜用捣棒人工捣实。将混凝土拌合物分两层装入试模，每层厚度大致相等。插捣应按螺旋方向从边缘向中心均匀进行。插捣底层时，捣棒应达到试模底面，插捣上层时，捣棒应穿入下层 20～30mm。插捣时，捣棒应保持垂直，不得倾斜，然后用抹刀沿试模内壁插拔数次，每层的插捣次数按在 10000mm^2 截面积内不得少于 12 次。插捣后，应用橡皮锤轻轻敲击试模四周，直至捣棒留下的孔洞消失为止。插捣完后，刮除多余的混凝土，待混凝土临近初凝时并用抹刀抹平。

(4) 试件养护　试件成型后应立即用不透水的薄膜覆盖表面，以防水分蒸发。

采用标准养护的试件应在温度为 (20±5)℃环境下静置一至两昼夜，然后编号、拆模。

拆模后应立即放入温度为 (20±2)℃、相对湿度为 95%以上的标准养护室中养护，或在温度为 (20±2)℃的不流动的 $Ca(OH)_2$ 饱和溶液中养护。标准养护室内的试件应放在支架上，彼此间隔 10～20mm，试件表面应保持潮湿，并不得被水直接冲淋。

同条件养护试件的拆模时间可与实际构件的拆模时间相同，拆模后，试件仍需保持同条件养护。

标准养护龄期为 28d（从搅拌加水开始计时）。

(5) 抗压强度试验

① 试件从养护地点取出后应及时进行试验，将试件表面与上下承压板面擦干净。

② 将试件安放在试验机的下压板或垫板上，试件的承压面应与成形时的顶面垂直。试件的中心应与试验机下压板中心对准，开动试验机，当上压板与试件或钢垫板接近时，调整球座，使接触均衡。

③ 在试验过程中应连续均匀地加荷，混凝土强度等级＜C30 时，加荷速度取每秒钟 0.3～0.5MPa；混凝土强度等级≥C30 且＜C60 时，取每秒钟 0.5～0.8MPa；混凝土强度等级≥C60 时，取每秒 0.8～1.0MPa。

④ 当试件接近破坏开始急剧变形时，应停止调整试验机油门，直至破坏，然后记录破坏荷载。

(6) 结果计算　混凝土立方体抗压强度按下式计算，精确至 0.1MPa：

$$f_{cc}=\frac{F}{A}$$

式中，f_{cc} 为混凝土立方体试件抗压强度，MPa；F 为试件破坏荷载，N；A 为试件承压面积，mm^2。

三个试件测值的算术平均值作为该组试件的强度值（精确至 0.1MPa）。三个测值中的最大值或最小值中如有一个与中间值的差值超过中间值的 15%时，则把最大及最小值一并舍除，取中间值作为该组试件的抗压强度值。如最大值和最小值与中间值的差均超过中间值的 15%，则该组试件的试验结果无效。

混凝土强度等级＜C60 时，用非标准试件测得的强度值均应乘以尺寸换算系数，其值为对 200mm×200mm×200mm 试件为 1.05；对 100mm×100mm×100mm 试件为 0.95。当混凝土强度等级≥C60 时，宜采用标准试件；使用非标准试件时，尺寸换算系数应由试验确定。

6. 混凝土劈裂抗拉强度试验

（1）试验目的　测定混凝土的抗拉强度，评价其抗裂性能。

（2）主要试验设备

① 压力试验机及试模。同混凝土抗压强度试验要求。

② 垫块。半径为 75mm 的钢制弧形垫块，垫块长度与试件相同。

③ 垫条。三层胶合板制成，宽度为 20mm，厚度为 3～4mm，长度不小于试件长度，垫条不得重复使用。

（3）试件　与混凝土立方体抗压强度试验相同。

（4）试验步骤

① 试件从养护地点取出后应及时进行试验，将试件表面与上下承压板面擦干净。

② 将试件放在试验机下压板的中心位置，劈裂承压面和劈裂面应与试件成形时的顶面垂直；在上、下压板与试件之间垫一圆弧形垫层及垫条，垫块与垫条应与试件上、下面的中心线对准并与成形时的顶面垂直，如图 11.8 所示。

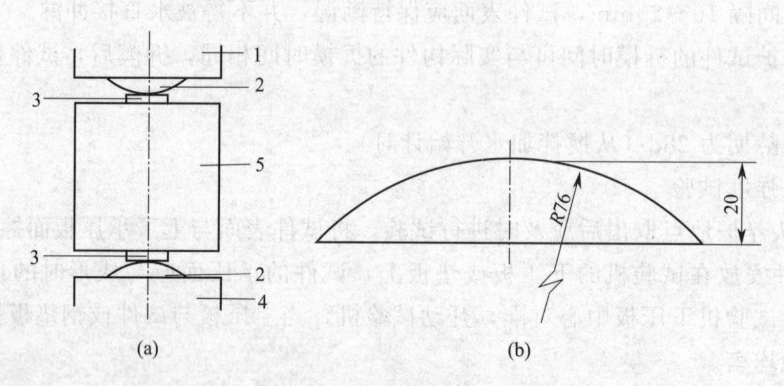

图 11.8　混凝土劈裂抗拉试验装置图

（a）装置示意图；（b）垫块示意图

1,4—压力机上、下压板；2—垫块；3—垫条；5—试件

③ 开动试验机，当上压板与圆弧形垫条接近时，调整球座，使接触均衡。加荷应连续均匀，当混凝土强度等级＜C30 时，加荷速度取每秒钟 0.02～0.05MPa；混凝土强度等级≥C30 且＜C60 时，取每秒钟 0.05～0.08MPa；当混凝土强度等级≥C60 时，取每秒 0.08～0.10MPa。

④ 当试件接近破坏时，应停止调整试验机油门，直至试件破坏，然后记录破坏荷载。

(5) 结果计算　混凝土劈裂抗拉强度应按下式计算，精确至 0.01MPa：

$$f_{ts}=\frac{2F}{\pi A}=0.637\frac{F}{A}$$

式中，f_{ts} 为混凝土劈裂抗拉强度，MPa；F 为试件破坏荷载，N；A 为试件劈裂面面积，mm^2。

三个试件测值的算数平均值作为该组试件的强度值（精确至 0.01MPa）。三个测值中的最大值或最小值中，如有一个与中间值的差值超过中间值的 15%时，则把最大及最小值一并舍除，取中间值作为该组试件的抗压强度值。如最大值和最小值与中间值的差均超过中间值的 15%，则该组试件的试验结构无效。

采用 100mm×100mm×100mm 非标准试件测得的劈裂抗拉强度值，应乘以尺寸换算系数 0.85；当混凝土强度等级≥C60 时，宜采用标准试件，使用非标准试件时，尺寸换算系数应由试验确定。

7. 混凝土抗折强度试验

(1) 试验目的　测定混凝土抗折强度，评价其抗弯折能力。

(2) 主要试验设备

① 试验机。50～300kg 抗折试验机或万能试验机。

② 抗折试验装置如图 11.9 所示。

(3) 试件

① 边长为 150mm×150mm×600mm(或 550mm) 的棱柱体试件是标准试件，骨料最大粒径 40mm。

② 边长为 100mm×100mm×400mm 的棱柱体试件是非标准试件，骨料最大粒径 31.5mm。

试件在长向中部 1/3 区段内不得有表面直径超过 5mm、深度超过 2mm 的孔洞。

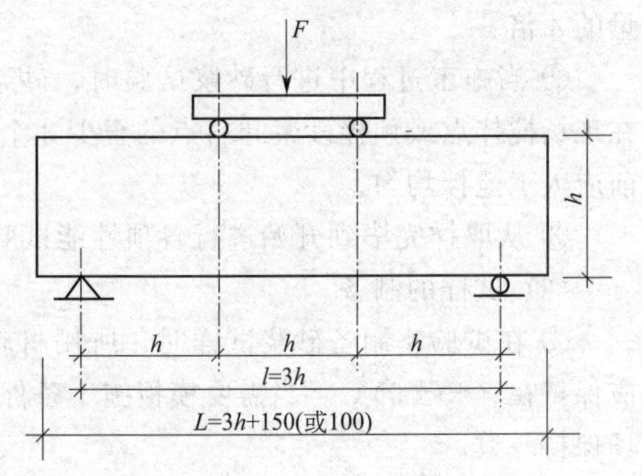

图 11.9　混凝土抗折试验装置（单位：mm）

(4) 试验步骤

① 试件从养护地点取出后应及时进行试验，将试件表面擦干净。

② 按图 11.9 装置试件，安装尺寸偏差不得大于 1mm，试件的承压面应为试件成形时的侧面。支座及承压面与圆柱的接触面应平稳、均匀，否则应垫平。

③ 施加荷载应保持均匀、连续。当混凝土强度等级＜C30 时，加荷速度取每秒钟 0.02～0.05MPa；当混凝土强度等级≥C30 且＜C60 时，取每秒钟 0.05～0.08MPa；当混凝土强度等级≥C60 时，取每秒 0.08～0. 10MPa。

④ 当试件接近破坏时，应停止调整试验机油门，直至试件破坏，然后记录试件破坏荷载的试验机示值及试件下边缘断裂位置。

(5) 结果计算　若试件下边缘断裂位置处于两个集中荷载作用线之间，则试件的抗折强度 f_f 按下式计算，精确至 0.1MPa：

$$f_f=\frac{Fl}{bh^2}$$

式中，f_f 为混凝土抗折强度，MPa；F 为试件破坏荷载，N；l 为支座间跨度，mm；h 为试件截面高度，mm；b 为试件截面宽度，mm。

三个测值中的最大值或最小值中如有一个与中间值的差值超过中间值的15%时，则把最大及最小值一并舍除，取中间值作为该组试件的抗压强度值。如最大值和最小值与中间值的差均超过中间值的15%，则该组试件的试验结果无效。

三个试件中若有一个折断面位于两个集中荷载之外，则混凝土抗折强度值按另两个试件的试验结果计算。若这两个测值的差值不大于这两个测值的较小值的15%时，则该组试件的抗折强度值按这两个测值的平均值计算，否则该组试件的试验值无效。若有两个试件的下边缘断裂位置位于两个集中荷载作用线之外，则该组试件试验无效。

当试件尺寸为100mm×100mm×400mm非标准试件时，应乘以尺寸换算系数0.85；当混凝土强度等级≥C60时，宜采用标准试件，使用非标准试件时，尺寸换算系数应由试验确定。

试验5 建筑砂浆试验

1. 参照的标准

《建筑砂浆基本性能试验方法标准》（JGJ/T 70—2009）。

2. 取样及试样制备

（1）取样

① 建筑砂浆试验用料应从同一盘砂浆或同一车砂浆中取样，取样量不应少于试验所需量的4倍。

② 当施工过程中进行砂浆试验时，砂浆取样方法应按相应的施工验收规范执行，并宜在现场搅拌点或预拌砂浆卸料点的至少3个不同部位及时取样。对于现场取得的试样，试验前应人工搅拌均匀。

③ 从取样完毕到开始进行各项性能试验，不宜超过15min。

（2）试样的制备

① 在试验室制备砂浆试样时，所用材料应提前24h运入室内。拌和时，试验室的温度应保持在（20±5）℃。当需要模拟施工条件下所用的砂浆时，所用原材料的温度宜与施工现场保持一致。

② 试验所用原材料应与现场使用材料一致，砂应通过4.75mm筛。

③ 试验室拌制砂浆时，材料用量应以质量计。水泥、外加剂、掺合料等的称量精度应为±0.5%，细骨料的称量精度应为±1%。

④ 在试验室搅拌砂浆时应采用机械搅拌，搅拌量宜为搅拌机容量的30%～70%，搅拌时间不应少于120s，掺有掺合料和外加剂的砂浆，其搅拌时间不应少于180s。

3. 稠度试验

（1）试验目的　确定砂浆的配合比或施工过程中控制砂浆的稠度。

（2）主要试验设备

① 砂浆稠度仪。由试锥、容器和支座三部分组成。试锥应由钢材或铜材制成，试锥高度应为145mm，锥底直径为75mm，试锥连同滑杆的质量应为（300±2）g；盛浆容器应由钢板制成，筒高应为180mm，锥底内径应为150mm；支座应包括底座、支架及刻度显示三

个部分，应由铸铁、钢或其他金属制成，如图11.10所示。

② 钢制捣棒：直径为10mm，长度为350mm，端部磨圆。

③ 秒表。

(3) 试验步骤

① 应先采用少量润滑油轻擦滑杆，再将滑杆上多余的油用吸油纸擦净，使滑杆能自由滑动。

② 应先采用湿布擦净盛浆容器和试锥表面，再将砂浆拌合物一次装入容器。砂浆表面宜低于容器口10mm，用捣棒自容器中心向边缘均匀地插捣25次，然后轻轻地将容器摇动或敲击5～6下，使砂浆表面平整，随后将容器置于稠度测定仪的底座上。

③ 拧开制动螺丝，向下移动滑杆，当试锥尖端与砂浆表面刚接触时，应拧紧制动螺丝，使齿条测杆下端刚接触滑杆上端，并将指针对准零点上。

④ 拧开制动螺丝，同时计时间，10s时立即拧紧螺丝，将齿条测杆下端接触滑杆上端，从刻度盘上读出下沉深度（精确至1mm），即为砂浆的稠度值。

⑤ 盛浆容器内的砂浆，只允许测定一次稠度，重复测定时，应重新取样测定。

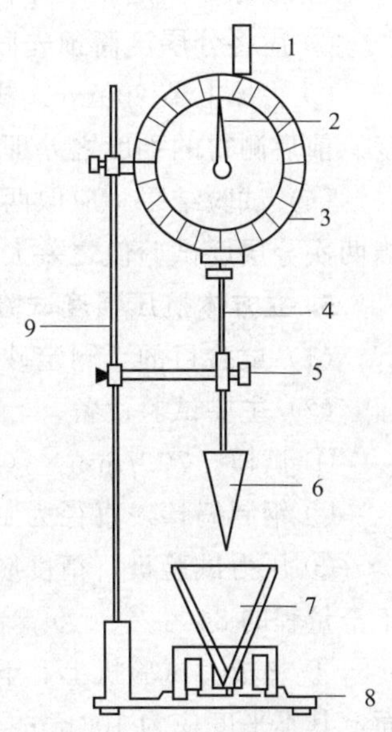

图11.10　砂浆稠度测定仪
1—齿条测杆；2—指针；3—刻度盘；4—滑杆；5—制动螺丝；6—试锥；7—盛浆容器；8—底座；9—支架

(4) 试验结果　同盘砂浆应取两次试验结果的算术平均值作为测定值，并应精确至1mm；当两次试验值之差大于10mm时，应重新取样测定。

4. 分层度试验

(1) 试验目的　测定砂浆拌合物的分层度，以确定在运输及停放时砂浆拌合物的稳定性。

(2) 主要试验设备

① 砂浆分层度筒。应由钢板制成，内径应为150mm，上节高度应为200mm，下节带底净高应为100mm，两节的连接处应加宽3～5mm，并应设有橡胶垫圈，如图11.11所示。

② 振动台。振幅应为(0.5±0.05)mm，频率应为(50±3)Hz。

③ 砂浆稠度仪、木槌等。

分层度的测定可采用标准法和快速法，当发生争议时，应以标准法的测定结果为准。

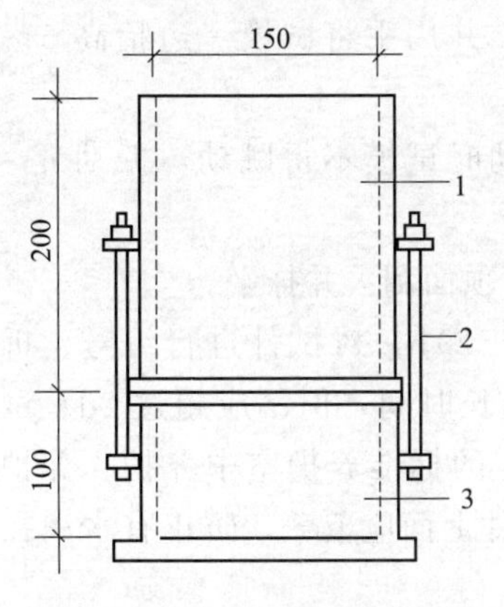

图11.11　砂浆分层度测定仪
1—无底圆筒；2—连接螺栓；3—有底圆筒

(3) 标准法测定分层度试验步骤

① 按标准测定砂浆拌合物的稠度。

② 应将砂浆拌合物一次装入分层度筒内，待装满后，用木槌在分层度筒周围距离大致相等的四个不同部位轻轻敲击1～2下；当砂浆沉落到低于筒口时，应随时添加，然后刮去多余的砂浆并用抹刀抹平。

③ 静置30min后，去掉上节200mm砂浆，然后将剩余的100mm砂浆倒在拌和锅内拌2min，再按标准测其稠度。前后测得的稠度之差即为该砂浆的分层度。

(4) 快速法测定分层度试验步骤

① 按标准测定砂浆拌合物的稠度。

② 应将分层度筒预先固定在振动台上，砂浆一次装入分层度筒内，振动20s。

③ 去掉上节200mm，剩余100mm砂浆倒出放在拌和锅内拌2min，再按标准测其稠度。前后测得的稠度之差即为该砂浆的分层度。

(5) 试验结果　应取两次试验结果的算术平均值作为该砂浆的分层度值，精确至1mm；当两次分层度试验值之差大于10mm时，应重新取样测定。

5. 立方体抗压强度试验

(1) 试验目的　测定砂浆立方体抗压强度，作为评定砂浆强度等级的依据。

(2) 主要试验设备

① 试模。70.7mm×70.7mm×70.7mm的带底试模。

② 钢制捣棒。直径为10mm，长度为350mm，端部磨圆。

③ 压力试验机。精度应为1%，试件破坏荷载应不小于压力机量程的20%，且不应大于全量程的80%。

④ 垫板。试验机上、下压板及试件之间可垫以钢垫板，垫板的尺寸应大于试件的承压面，其不平度应为100mm不超过0.02mm。

⑤ 振动台。空载中台面的垂直振幅应为(0.5±0.05)mm，空载频率应为(50±3)Hz，空载台面振幅均匀度不宜大于10%，一次试验应至少能固定3个试模。

(3) 试件制作及养护

① 应采用立方体试件，每组试件应为3个。

② 应采用黄油密封材料涂抹试模的外接缝，试模内应涂刷薄层机油或隔离剂。应将拌制好的砂浆一次性装满砂浆试模，成形方法应根据稠度确定。当稠度大于50mm时，宜采用人工插捣成形；当稠度不大于50mm时，宜采用振动台振实成形。

人工插捣：应采用捣棒均匀地由边缘向中心按螺旋方式插捣25次，插捣过程中当砂浆沉落低于试模口时，应随时添加砂浆，可用油灰刀插捣数次，并用手将试模一边抬高5～10mm各振动5次，砂浆应高出试模顶面6～8mm。

机械振动：将砂浆一次装满试模，放置到振动台上，振动时试模不得跳动，振动5～10s或持续到表面泛浆为止，不得过振。

③ 应待表面水分稍干后，再将高出试模部分的砂浆沿试模顶面刮去并抹平。

④ 试件制作后应在温度为(20±5)℃的环境下静置(24±2)h，对试件进行编号、拆模。当气温较低时，或者凝结时间大于24h的砂浆，可适当延长时间，但不应超过2d。试件拆模后应立即放入温度为(20±2)℃、相对湿度为90%以上的标准养护室中养护。养护期间，试件彼此间隔不得小于10mm，混合砂浆、湿拌砂浆试件上面应覆盖，防止有水滴在试件上。

⑤ 从搅拌加水开始计时，标准养护龄期应为28d，也可根据相关标准要求增加7d或14d。

(4) 试验步骤

① 试件从养护地点取出后应及时进行试验。试验前应将试件表面擦拭干净，测量尺寸，并检查其外观，并应计算试件的承压面积。当实测尺寸与公称尺寸之差不超过1mm时，可按照公称尺寸进行计算。

② 将试件安放在试验机的下压板或下垫板上，试件的承压面应与成形时的顶面垂直，

试件中心应与试验机下压板或下垫板中心对准。开动试验机，当上压板与试件或上垫板接近时，调整球座，使接触面均衡受压。承压试验应连续而均匀地加荷，加荷速度应为 0.25～1.5kN/s；砂浆强度不大于 2.5MPa 时，宜取下限。当试件接近破坏而开始迅速变形时，停止调整试验机油门，直至试件破坏，然后记录破坏荷载。

(5) 结果计算　砂浆立方体抗压强度按下式计算，精确至 0.1MPa：

$$f_{m,cu}=K\frac{N_u}{A}$$

式中，$f_{m,cu}$ 为砂浆立方体试件抗压强度，MPa；N_u 为试件破坏荷载，N；A 为试件承压面积，mm^2；K 为换算系数，取 1.35。

应以三个试件测值的算术平均值作为该组试件的砂浆立方体抗压强度平均值（f_2），精确至 0.1MPa。当三个测值的最大值或最小值中有一个与中间值的差值超过中间值的 15％时，应把最大值及最小值一并舍去，取中间值作为该组试件的抗压强度值。当两个测值与中间值的差值均超过中间值的 15％时，该组试验结果应为无效。

试验 6　钢筋试验

1. 参照的标准

《金属材料　拉伸试验　第 1 部分：室温试验方法》(GB/T 228.1—2010)，《金属材料　弯曲试验方法》(GB/T 232—2010)。

2. 一般规定

自每批（每批应由同一牌号、同一炉罐号、同一规格、同一交货状态的钢筋组成）同一截面尺寸的钢筋中任取四根，于每根钢筋距端部 50cm 处截取一定长度的钢筋做试样，两根用于拉伸试验，两根用于冷弯试验。拉伸、冷弯试验用钢筋试样不允许进行车削加工。

试验一般在室温 10～35℃范围内进行，对温度要求严格的试验，试验温度应为 (23±5)℃。

3. 拉伸试验

(1) 试验目的　测定钢材在拉伸过程中应力和应变的关系曲线以及下屈服强度、抗拉强度、断后伸长率三个重要指标，来评定钢材的质量。

(2) 主要试验设备

① 万能材料试验机。示值误差不大于 1％。为保证机器安全和试验准确，所有测值应在试验机最大荷载的 20％～80％范围内。

② 量具。精确度为 0.1mm。

(3) 试样制备　根据钢筋直径 a 确定试件的标距长度。原始标距 $l_0=5a$ ($l_0=10a$)，如钢筋长度比原始标距长许多，可以标出相互重叠的几组原始标距，如图 11.12 所示。

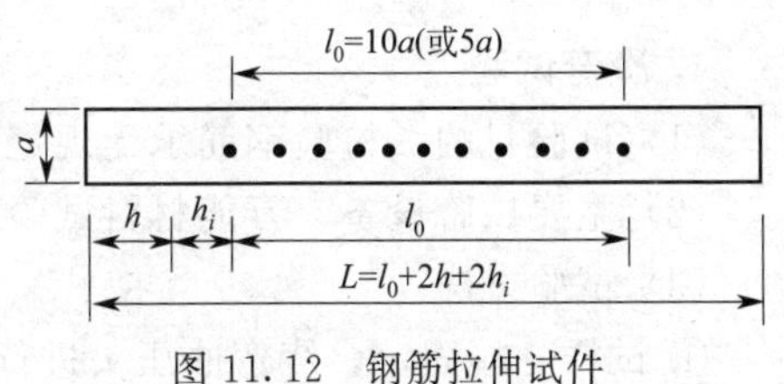

图 11.12　钢筋拉伸试件

a—试件原始直径；l_0—标距长度；h—夹头长度；h_i—(0.5～1) a

(4) 试验步骤

① 将试样固定在试验机夹具内，应确保试样受轴向拉力的作用。

② 上屈服强度（R_{cH}）和下屈服强度（R_{cL}）的测定。指针方法：试验时读取测力度盘指针首次回转前指示的最大力和不计初始瞬时效应时屈服阶段中指示的最小力或首次停止转动指示的恒定力，将其分别除以试样原始横截面面积（S_0）得到上屈服强度和下屈服强度。上屈服强度（R_{cH}）和下屈服强度（R_{cL}）分别按下式计算：

$$R_{cH}=\frac{F_{cH}}{S_0}$$

$$R_{cL}=\frac{F_{cL}}{S_0}$$

式中，F_{cH} 为试样发生屈服而力首次下降前的最大力，kN；F_{cL} 为在屈服期间，不计初始瞬时效应的最小力，kN；S_0 为原始横截面面积，mm^2。

③ 抗拉强度（R_m）的测定。从测力度盘读取试验过程中的最大力。抗拉强度（R_m）按下式计算：

$$R_m=\frac{F_m}{S_0}$$

式中，F_m 为最大力，kN；S_0 为原始横截面面积，mm^2。

④ 断后伸长率（A）的测定。将已拉断试件的两段在断裂处对齐，尽量使其轴线位于一条直线上。如拉断处由于各种原因形成缝隙，则此缝隙应计入试件拉断后的标距部分长度内。如拉断处到邻近标距端点的距离大于 $l_0/3$ 时，可用卡尺直接量出已被拉长的标距长度 l_1（精确至 0.1mm）。如拉断处到邻近标距端点距离小于等于 $l_0/3$ 时，可用移位法确定 l_1：在长段上，从拉断处 O 点取基本等于短段格数，得 B 点，接着取等于长段所余格数［偶数，图 11.13(a)］之半，得 C 点；或者取所余格数［奇数，图 11.13(b)］减 1 与加 1 之半，得 C 点与 C_1 点。移位后的 l_1 分别为 $AO+OB+2BC$ 或者 $AO+OB+BC+CC_1$。断后伸长率按下式计算：

$$A=\frac{l_1-l_0}{l_0}\times 100\%$$

式中，l_1 为断后标距，mm；l_0 为原始标距，mm。

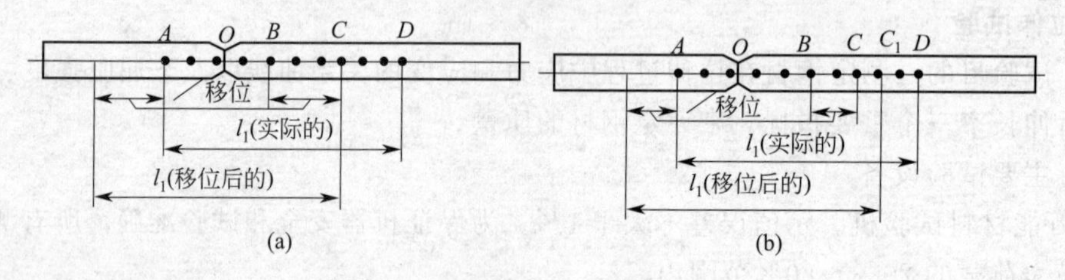

图 11.13 用位移法测量断后标距

4. 冷弯试验

（1）试验目的 检验钢筋承受规定弯曲程度的弯曲变形能力。

（2）主要试验设备 万能材料试验机或压力试验机。

（3）试验方法

① 试样一端固定，绕弯曲压头进行弯曲，如图 11.14(a) 所示。试样弯曲到规定的弯曲角度或出现裂纹、裂缝或裂断为止。

② 试样放置于两个支点上，将一定直径的弯曲压头在试样两个支点中间施加压力，使

试样弯曲到规定的角度［图 11.14(b)］或出现裂纹、裂缝或裂断为止。

③ 试样在两个支点上按一定弯曲直径弯曲至两臂平行时，可一次完成试验，亦可先弯曲到如图 11.14(b) 所示状态，然后放置在试验机平板之间继续施加压力，压至试样两臂平行。此时可以加与弯曲直径相同尺寸的衬垫进行试验，如图 11.14(c) 所示。

④ 当试样需要弯曲至两臂接触时，首先将试样弯曲到如图 11.14(b) 所示状态，然后放置在两平板间继续施加压力，直至两壁接触，如图 11.14(d) 所示。

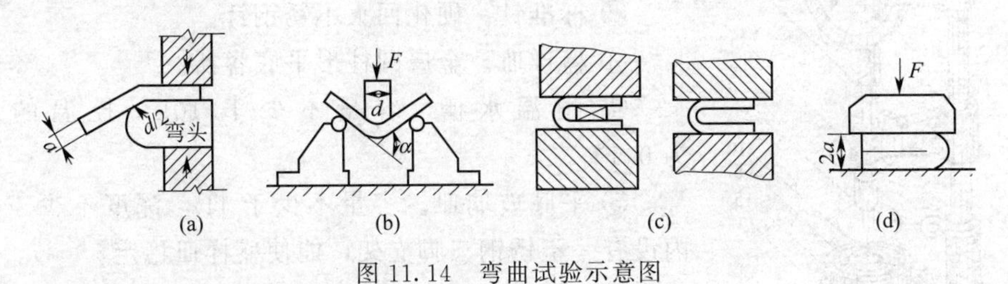

图 11.14　弯曲试验示意图

(4) 试验结果　弯曲后，按有关标准规定检查试样弯曲外表面，进行结果评定。若无裂纹、裂缝或裂断，则评定试样合格。

试验 7　沥青试验

1. 参照的标准

《公路工程沥青及沥青混合料试验规程》(JTG E20—2011)。

2. 取样方法

从桶、袋、箱装或散装整块中取样，应在表面以下及容器侧面以内至少 5cm 处采取。如沥青能够打碎，可用一个干净的工具将沥青打碎后取中间部分试样；若沥青是软塑的，则用一个干净的热工具切割取样。

3. 试样制备

① 将装有试样的盛样器带盖放入恒温烘箱中，当石油沥青试样中含有水分时，烘箱温度 80℃左右，加热至沥青全部熔化后供脱水用。当石油沥青中无水分时，烘箱温度宜为软化点温度以上 90℃，通常为 135℃左右。对取来的沥青试样不得直接采用电炉或燃气炉明火加热。

② 当石油沥青试样中含有水分时，将盛样器皿放在可控温的砂浴、油浴、电热套上加热脱水，不得已采用电炉、燃气炉加热脱水时必须加放石棉垫。加热时间不超过 30min，并用玻璃棒轻轻搅拌，防止局部过热。在沥青温度不超过 100℃的条件下，仔细脱水至无泡沫为止，最后的加热温度不超过软化点以上 100℃（石油沥青）。

③ 将盛样器中的沥青通过 0.6mm 的滤筛过滤，不等冷却立即一次灌入各项试验的模具中。当温度下降太多时宜适当加热再灌模。根据需要也可将试样分装入擦拭干净并干燥的一个或数个沥青盛样器皿中，数量应满足一批试验项目所需的沥青样品。

④ 在沥青灌模过程中，如温度下降可放入烘箱中适当加热，试样冷却后反复加热的次数不得超过 2 次，以防沥青老化影响试验结果。为避免混进气泡，在沥青灌模时不得反复搅动沥青。

⑤ 灌模剩余的沥青应立即清洗干净，不得重复使用。

4. 沥青针入度试验

（1）试验目的　测定针入度，作为评定沥青牌号的主要依据。

（2）主要试验设备

① 针入度仪。如图 11.15 所示。

② 标准针。硬化回火不锈钢针。

③ 盛样皿。金属圆柱形平底容器。

④ 恒温水槽。容量不少于 10L，控温的准确度为 0.1℃。

⑤ 平底玻璃皿。容量不少于 1L，深度不少于 80mm。内设有一不锈钢三脚支架，能使盛样皿稳定。

⑥ 温度计或位移传感器。精度为 0.1℃。

⑦ 计时器。精度 0.1s。

⑧ 盛样皿盖。毛板玻璃，直径不小于盛样皿开口尺寸。

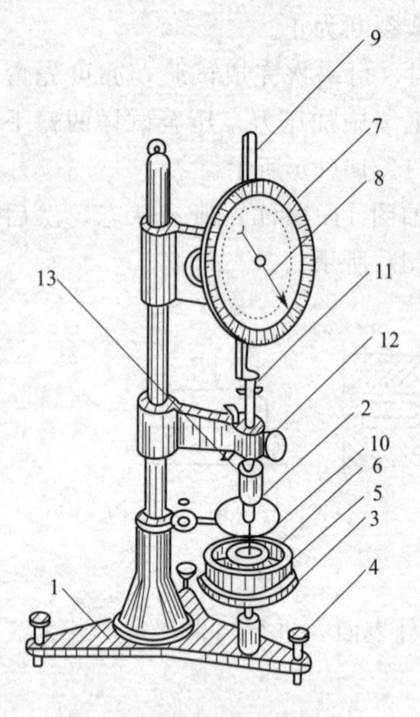

图 11.15　针入度仪

1—底座；2—小镜；3—圆形平台；4—调平螺丝；5—保温皿；6—试样；7—刻度盘；8—指针；9—活杆；10—标准针；11—连杆；12—按钮；13—砝码

（3）试验步骤

① 将试样注入盛样皿中，试样高度应超过预计针入度值 10mm，并盖上盛样皿，以防落入灰尘。盛有试样的盛样皿在 15～30℃室温中冷却 1～2h 后移入保持规定试验温度±0.1℃的恒温水槽中 1～2h。

② 调整针入度仪使之水平。检查针连杆和导轨，以确认无水和其他外来物，无明显摩擦。用三氯乙烯或其他溶剂清洗标准针，并擦平。将标准针插入针连杆，用螺丝固紧。按试验条件，加上附加砝码。

③ 取出达到恒温的盛样皿，并移入水温控制在试验温度±0.1℃的平底玻璃皿中的三脚支架上，试样表面以上的水层深度不少于 10mm。将盛有试样的平底玻璃皿置于针入度仪的平台上，慢慢放下针连杆，使针尖恰好与试样表面接触。将位移计或刻度盘的指针复位为零。

④ 开始试验，按下释放键，这时计时与标准针落下贯入试样同时开始，至 5s 时自动停止。

⑤ 读取位移计或刻度盘指针的读数，准确至 0.1mm。

⑥ 同一试样平行试验至少 3 次，各测试点之间及与盛样皿边缘的距离不应少于 10mm。每次试验后应将盛有盛样皿的平底玻璃皿放入恒温水槽，使平底玻璃皿中水温保持试验温度。每次试验应换一根干净标准针或将标准针取下用蘸有三氯乙烯溶剂的棉花或布擦净，再用干棉花或布擦干。

（4）结果评定　取 3 次测定针入度的平均值，取至整数，作为试验结果。同一试样 3 次平行试验结果的最大值和最小值之差不应大于表 11.9 所列数值，否则试验应重新进行。

表 11.9　针入度测定允许差值

针入度/×0.1mm	0～49	50～149	150～249	250～500
最大差值	2	4	12	20

5. 沥青延度试验

(1) 试验目的　测定延度，作为评定沥青牌号的主要依据。

(2) 主要试验设备

① 延度仪。延度仪是一个带标尺的长方形水槽，以规定的试验温度及规定的拉伸速度拉伸试件。

② 试模。如图 11.16 所示。

③ 试模底板。玻璃板或磨光铜板，不锈钢板。

④ 恒温水槽。容量不少于 10L，控制温度的准确度为 0.1℃。

⑤ 温度计。量程 0～50℃，分度值 0.1℃。

(3) 试验步骤

① 将隔离剂拌和均匀，涂于清洁干燥的试模底板和两个侧模的内侧表面，并将试模安装在试模底板上。

② 将制备好的试样自试模的一端至另一端往返数次缓缓注入模中，最后略高出试模，灌模时不得使气泡混入。

③ 试件在室温中冷却不少于 1.5h，然后用热刮刀刮除高出试模的沥青，使沥青面与试模面齐平。沥青的刮法应自试模的中间刮向两端，且表面应刮得平滑。将试模连同底板再浸入规定试验温度的水槽中保温 1.5h。

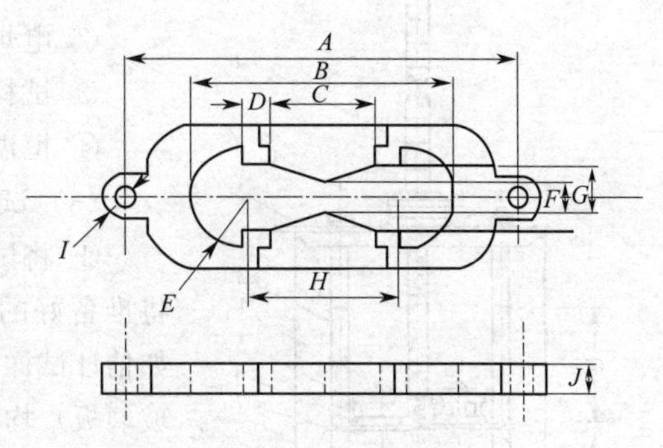

图 11.16　延度仪试模

A—两端模环中心点距离 111.5～113.5mm；
B—试件总长 74.5～75.5mm；
C—端模间距 29.7～30.3mm；
D—肩长 6.8～7.2mm；
E—半径 15.75～16.25mm；
F—最小横断面宽 9.9～10.1mm；
G—端模口宽 19.8～20.2mm；
H—两半圆心间距离 42.9～43.1mm；
I—端模孔直径 6.5～6.7mm；
J—厚度 9.9～10.1mm

④ 检查延度仪延伸速度是否符合规定要求，然后移动滑板使其指针正对标尺的零点。将延度仪注水，并保温达试验温度±0.1℃。

⑤ 将保温后的试件连同底板移入延度仪的水槽中，然后将盛有试样的试模自玻璃板或不锈钢板上取下，将试模两端的孔分别套在滑板及槽端固定板的金属柱上，并取下侧模。水面距试件表面应不小于 25mm。

⑥ 开动延度仪，并注意观察试样的延伸情况。此时，水温应始终保持在试验温度规定范围内，且仪器不得有振动，水面不得有晃动。如发现沥青细丝浮于水面或沉入槽底时，则应在水中加入酒精或食盐，调整水的密度至与试样相近后，重新试验。

⑦ 试件拉断时，读取指针所指标尺上的读数，即试样延度，以厘米表示。

(4) 结果评定　同一试样，每次平行试验不少于 3 个，如 3 个测定结果均大于 100cm，试验结果记作“＞100mm”，特殊需要也可分别记录实测值。如 3 个测定结果中，有一个以上的测定值小于 100cm 时，若最大值或最小值与平均值之差满足重复性试验要求，则取 3 个测定结果的平均值的整数作为延度试验结果，若平均值大于 100cm，记作“＞100mm”；若最大值或最小值与平均值之差不符合重复性试验要求时，试验应重新进行。

注：当试验结果小于 100mm 时，重复性试验的允许差为平均值的 20％，复现性试验的允许差为平均值的 30％。

6. 沥青软化点试验（环球法）

（1）试验目的　测定软化点，作为评定沥青牌号的主要依据。

（2）主要试验设备

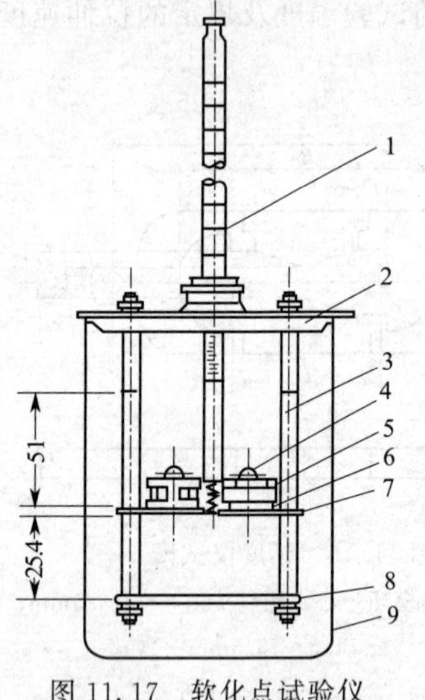

图 11.17　软化点试验仪

1—温度计；2—上盖板；3—立杆；4—钢球；5—钢球定位环；6—金属环；7—中层板；8—下底板；9—烧杯

① 软化点试验仪，包括钢球、试样杯、钢球定位环、金属支架、耐热玻璃烧杯、温度计，如图 11.17 所示。

② 电炉或其他加热炉具。

③ 试样底板。金属板或玻璃板。

④ 恒温水槽。控温准确度为±0.5°C。

（3）试验步骤

① 将试样环置于涂有甘油滑石粉隔离剂的试样底板上。将准备好的沥青试样徐徐注入试样环内至略高出环面为止。如估计试样软化点高于 120℃，则试样环和试样底板（不用玻璃板）均应预热至 80～100℃。

② 试样在室温冷却 30min 后，并用热刮刀刮除环面上的试样，应使其与环面齐平。

③ 将装有试样的试样环连同试样底板置于装有（5±0.5)℃水的恒温水槽中至少 15min；同时将金属支架、钢球、钢球定位环等亦置于相同水槽中。

④ 烧杯内注入新煮沸并冷却至 5℃的蒸馏水或纯净水，水面略低于立杆上的深度标记。

⑤ 从恒温水槽中取出盛有试样的试样环放置在支架中层板的圆孔中，套上定位环；然后将整个环架放入烧杯中，调整水面至深度标记，并保持水温为（5±0.5)℃。环架上任何部分不得附有气泡。将 0～100℃的温度计由上层板中心孔垂直插入，使端部测温头底部与试样环下面齐平。

⑥ 将盛有水和环架的烧杯移至放有石棉网的加热炉具上，然后将钢球放在定位环中间的试样中央，立即开动电磁振荡搅拌器，使水微微振荡，并开始加热，使杯中水温在 3min 内调节至维持每分钟上升（5±0.5)℃。在加热过程中，应记录每分钟上升的温度值，如温度上升速度超出此范围，则试验应重做。

⑦ 试样受热软化逐渐下坠，至与下层底板表面接触时，立即读取温度，准确至 0.5℃。

（4）结果评定　同一试样平行试验两次，当两次测定值的差值符合重复性试验要求时，取其平均值作为软化点试验结果，准确至 0.5℃。

注：当试样软化点小于 80℃时，重复性试验的允许差为 1℃，复现性试验的允许差为 4℃；当试样软化点等于或大于 80℃时，重复性试验的允许差为 2℃，复现性试验的允许差为 8℃。

试验 8　沥青混合料马歇尔稳定度试验

1. 参照的标准

《公路工程沥青及沥青混合料试验规程》(JTG E20—2011)。

2. 试验目的

用标准击实法制作沥青混合料试样，测定沥青混合料的表观密度以及马歇尔稳定度和流值。

3. 试件制备

（1）主要试验设备

① 标准击实仪。将压实锤举起，从（457.2±1.5)mm 高度沿导向棒自由落下击实，标准击实锤质量（4536±9)g。

② 试验室用沥青混合料拌合机。能保证拌合温度并充分拌合均匀，可控制拌合时间，容量不小于 10L。

③ 试模。内径（101.6±0.2）mm、高 87mm 的圆柱形金属筒、底座（直径约 120.6mm）和套筒（内径 104.8mm，高 70mm）。由高碳钢或工具钢制成。

④ 脱模器。应能无破损地推出圆柱体试件。

⑤ 烘箱。大、中型各一台，装有温度调节器。

⑥ 天平或电子秤。用于称量矿料的，感量不大于 0.5g；用于称量沥青的，感量不大于 0.1g。

⑦ 布洛克菲尔德黏度计。

⑧ 温度计。分度值 1℃。宜采用有金属插杆的插入式数显温度计，金属插针长度不小于 150mm，量程 0～30℃。

⑨ 其他。插刀或大螺丝刀、电炉或燃气炉、沥青熔化锅、拌合铲、标准筛、滤纸（或普通纸)、胶布、卡尺、秒表、粉笔、棉纱等。

（2）准备工作

① 确定制作沥青混合料试件的拌合与压实温度。按规程测定沥青的黏度，绘制黏温曲线。按表 11.10 的要求确定适宜于沥青混合料拌合及压实的等黏温度。

表 11.10　适宜于沥青混合料拌合及压实的沥青等黏温度

沥青结合料种类	黏度与测定方法	适宜于拌合的沥青结合料黏度	适宜于压实的沥青结合料黏度
石油沥青	表观黏度，T0625	(0.17±0.02)Pa·s	(0.28±0.03)Pa·s

注：液体沥青混合料的压实成形温度按石油沥青要求执行。

当缺乏沥青黏度测定条件时，试件的拌和与压实温度可按表 11.11 选用，并根据沥青品种和标号做适当调整。针入度小、稠度大的沥青取高限，针入度大、稠度小的沥青取低限，一般取中值。对于改性沥青，应根据实践经验改性剂的品种和用量，适当提高混合料的拌合和压实温度；对大部分聚合物改性沥青，通常在普通沥青的基础上提高 10～20℃；掺加纤维时，尚需再提高 10℃左右。

常温沥青混合料的拌合及压实在常温下进行。

表 11.11　沥青混合料拌合及压实温度参考表

沥青结合料种类	拌合温度/℃	压实温度/℃
石油沥青	140～160	120～150
改性沥青	160～175	140～170

② 将各种规格的矿料置于（105±5)℃的烘箱中烘干至恒重（一般不少于 4～6h)。

③ 将烘干分级的粗细集料，按每个试件设计级配要求称其质量，在一金属盘中混合均匀，矿粉单独放入小盆里；然后置于烘箱中加热至沥青拌合温度以上约 15℃（采用石油沥青时通常为

163℃；采用改性沥青时通常需180℃）备用。当采用替代法时，对粗集料中粒径大于26.5mm的部分，以13.2～26.5mm粗集料等量代替。常温沥青混合料的矿料不应加热。

④ 按规定制备的沥青试样，用烘箱加热至规定的沥青混合料拌合温度，但不得超过175℃。当不得已采用燃气炉或电炉直接加热进行脱水时，必须使用石棉垫隔开。

（3）混合料拌制（黏稠石油沥青或煤沥青混合料）

① 用蘸有少许黄油的棉纱擦净试模、套筒及击实座等，置于与100℃左右烘箱中加热1h备用，常温沥青混合料用试模不加热。

② 将沥青混合料拌合机预热至拌和温度以上10℃左右。

③ 将加热的粗细集料置于拌和机中，用小铲子适当混合，然后加入需要数量的沥青，开动拌合机一边搅拌一边将拌和叶片插入混合料中拌合1～1.5min，然后暂停拌合，加入加热的矿粉，继续拌合至均匀为止，并使沥青混合料保持在要求的拌合温度范围内。标准的总拌合时间为3min。

（4）试件成型

① 将拌好的沥青混合料，用小铲适当拌合均匀，称取一个试件所需的用量（标准马歇尔试件约1200g）。当已知沥青混合料的密度时，可根据试件的标准尺寸计算并乘以1.03得到要求的混合料数量。当一次拌合几个试件时，宜将其倒入经预热的金属盘中，用小铲适当拌合均匀分成几份，分别取用。在试件制作过程中，为防止混合料温度下降，应连盘放在烘箱中保温。

② 从烘箱中取出预热的试模及套筒，用蘸有少许黄油的棉纱擦拭套筒、底座及击实锤底面，将试模装在底座上，垫一张圆形的吸油性小的纸，用小铲将混合料铲入试模中，用插刀或大螺丝刀沿周边插捣15次，中间10次。插捣后将沥青混合料表面整平。

③ 插入温度计至混合料中心附近，检查混合料温度。

④ 待混合料温度符合要求的压实温度后，将试模连同底座一起放在击实台上固定，在装好的混合料上面垫一张吸油性小的圆纸，再将装有击实锤及导向棒的压实头放入试模中，开启电机，使击实锤从457mm的高度自由落下击实规定的次数（75次或50次）。

⑤ 试件击实一面后，取下套筒，将试模翻面，装上套筒，然后以同样的方法和次数击实另一面。

⑥ 试件击实结束后，立即用镊子取掉上下面的纸，用卡尺量取试件离试模上口的高度并由此计算试件高度，如高度不符合要求时，试件应作废，并按下式调整试件的混合料质量，以保证高度符合（63.5±1.3)mm（标准试件）的要求：

调整后混合料质量＝要求试件高度×原用混合料质量/所得试件的高度

⑦ 卸去套筒和底座，将装有试件的试模横向放置冷却至室温后（不少于12h），置脱模机上脱出试件。

⑧ 将试件仔细置于干燥洁净的平面上，供试验用。

4. 沥青混合料马歇尔稳定度试验

（1）主要试验设备

① 沥青混合料马歇尔试验仪。对ϕ63.5mm的标准马歇尔试件，试验仪最大荷载不小于25kN，读数准确度100N，加载速率应能保持（50±5)mm/min。

② 恒温水槽。控温准确度为1℃，深度不小于150mm。

③ 真空饱水容器。包括真空泵及真空干燥器。

④ 烘箱。

⑤ 天平。感量不大于 0.1g。

⑥ 温度计。分度为 1℃。

⑦ 卡尺。

⑧ 其他。棉纱，黄油。

(2) 标准马歇尔试验方法

① 用卡尺测量试件直径和高度［如试件高度不符合（63.5±1.3)mm（标准试件）要求或两侧高度差大于 2mm 时，此试件作废］。

② 将恒温水槽调节至要求的试验温度，对黏稠石油沥青为（60±1)℃。将试件置于已达规定温度的恒温水槽中保温 45～60min，试件之间应有间隔，底下应垫起，距水槽底部不小于 5cm。

③ 将马歇尔试验仪的上下压头放入水槽或烘箱中达到同样温度。将上下压头从水槽或烘箱中取出擦拭干净内面。为使上下压头滑动自如，可在下压头的导棒上涂少量黄油，再将试件取出置于下压头上，盖上上压头，然后装在加载设备上。

④ 在上压头的球座上放妥钢球，并对准荷载测定装置的压头。

⑤ 当采用自动马歇尔试验仪时，将自动马歇尔试验仪的压力传感器、位移传感器与计算机或 *X-Y* 记录仪正确连接，调整好适宜的放大比例，压力和位移传感器调零，将流值计安装在导棒上，使导向套管轻轻地压住上压头，同时将流值计读数调零。调整压力环中百分表对准零。

⑥ 启动加载设备，使试件承受荷载，加载速度为（50±5)mm/min。计算机或 *X-Y* 记录仪自动记录传感器压力和试件变形曲线并将数据自动存入计算机。

⑦ 当试验荷载达到最大值的瞬间，取下流值计，同时读取压力环中百分表读数及流值计的流值读数。

⑧ 从恒温水槽中取出试件至测出最大荷载值的时间不得超过 30s。

(3) 浸水马歇尔试验　浸水马歇尔试验方法与标准马歇尔试验方法的不同之处在于试件在已达规定温度恒温水槽中的保温时间为 48h，其余均与标准马歇尔试验方法相同。

(4) 结果计算　当采用自动马歇尔试验仪时，将计算机采集的数据绘制成压力和试件变形曲线，或由 *X-Y* 记录仪自动记录的荷载-变形曲线，按图 11.18 所示的方法在切线方向延长曲线与横坐标相交于 O_1，将 O_1 作为修正原点，从 O_1 起量取相应于荷载最大值时的变形作为流值（*FL*），以 mm 计，准确至 0.1mm。最大荷载即为稳定度（*MS*），以 kN 计，准确至 0.01kN。

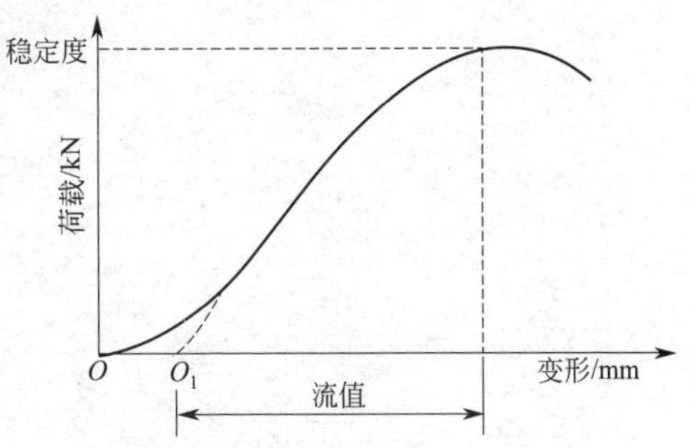

图 11.18　马歇尔试验结果的修正方法

采用压力环和流值计测定时，根据压力环标定曲线，将压力环中百分表的读数换算为荷载值，或者由荷载测定装置读取的最大值即为试样的稳定度（*MS*），以 kN 计，准确至 0.01kN。由流值计及位移传感器测定装置读取的试件垂直变形即为试件的流值（*FL*），以 mm 计，准确至 0.1mm。

试件的马歇尔模数按下式计算：

$$T=\frac{MS}{FL}$$

式中，T 为试件的马歇尔模数，kN/mm；MS 为试件的稳定度，kN；FL 为试件的流值，mm。

试件的浸水残留稳定度按下式计算：

$$MS_0=\frac{MS_1}{MS}\times 100$$

式中，MS_0 为试件的浸水残留稳定度，%；MS_1 为试件浸水 48h 后的稳定度，kN。

参 考 文 献

[1] 伍勇华，高琼英．土木工程材料．武汉：武汉理工大学出版社，2016.

[2] 贾福根，宋高嵩，刘红宇，于冰，徐智．土木工程材料．北京：清华大学出版社，2016.

[3] 苏达根．土木工程材料．第3版．北京：高等教育出版社，2015.

[4] 严捍东，王起才，陈德鹏，史巍．土木工程材料．第2版．上海：同济大学出版社，2014.

[5] 黄政宇，尚建丽．土木工程材料．第2版．北京：高等教育出版社，2013.

[6] 朋改非．土木工程材料．第2版．武汉：华中科技大学出版社，2013.

[7] 吴科如，张雄．土木工程材料．第3版．上海：同济大学出版社，2013.

[8] 王立久．建筑材料学．第3版．北京：中国水利水电出版社，2013.

[9] 李继业，胡琳琳，张平．绿色建筑材料．北京：化学工业出版社，2016.

[10] 孙家瑛，耿健，徐亦冬，陈伟．道路与桥梁工程材料．重庆：重庆大学出版社，2015.

[11] 张光磊．新型建筑材料．第2版．北京：中国电力出版社，2014.

[12] 徐瑛，陈友治，吴力立．建筑材料化学．北京：化学工业出版社，2005.

[13] 杨学稳．化学建材．重庆：重庆大学出版社，2006.

[14] 马一平，孙振平．建筑功能材料．上海：同济大学出版社，2014.

[15] 林宗寿，水中和．胶凝材料学．武汉：武汉理工大学出版社，2014.

[16] 库马尔P梅塔，保罗JM蒙蒂罗．混凝土微观结构、性能和材料．原著第4版．欧阳东译．北京：中国建筑工业出版社，2016.

[17] Sidney Mindess，J Francis Young，David Darwin 著．混凝土．吴科如，张雄，姚武，张东译．北京：化学工业出版社，2005.

[18] 葛兆明，余成行，魏群，苗洪滨．混凝土外加剂．第2版．北京：化学工业出版社，2012.

[19] 张金升，贺中国，王彦敏，李进娟．道路沥青材料．哈尔滨：哈尔滨工业大学出版社，2013.

[20] 张金升，郝秀红，张旭，李超．沥青混合料及其设计与应用．哈尔滨：哈尔滨工业大学出版社，2013.

[21] 曹德光，陈益兰．新型墙体材料教程．北京：化学工业出版社，2015.